浙江省高校“十三五”优势特色专业建设规划教材
浙江省“十一五”重点教材

建筑材料与检测技术

（第2版）

主　编　陈宇翔　陈　瑾　杨玉泉
副主编　曹　敏　黄黎明　徐红健
主　审　刘进宝　张梦宇

黄河水利出版社
·郑州·

内容提要

本书是浙江省高校"十三五"优势特色专业建设规划教材、浙江省"十一五"重点教材，是编者在总结近几年建筑材料课程教学与改革实践经验的基础上，针对工程建设领域建筑材料质量检测岗位(群)的任职要求，校企合作编写而成的高职高专教材。本书以建筑材料的性能与质量检测为主线，重点介绍了水利工程、建筑工程、土木工程、市政工程中常用建筑材料的技术性能、工程应用和质量检测技术。本书共十二章，包括建筑材料的基本性质、建筑材料检测技术基础、建筑钢材、细骨料、粗骨料、水泥、水泥混凝土及砂浆、砌筑块材、防水材料、土工合成材料、气硬性胶凝材料、止水材料等内容。本教材配套有《建筑材料与检测技术习题集(第2版)》(另册)，以便于学生把握重点和难点，进一步巩固和提高。

本书可作为各类高职高专院校水利工程、水利水电建筑工程、建筑工程技术、建设工程监理、市政工程技术等专业的教材，还可作为水利、建筑等行业岗位培训、技能鉴定的教材，亦可供其他相关专业的师生和工程技术人员参考。

图书在版编目(CIP)数据

建筑材料与检测技术/陈宇翔，陈瑾，杨玉泉主编. —2版. —郑州：黄河水利出版社，2018.7

浙江省高校"十三五"优势特色专业建设规划教材

ISBN 978-7-5509-1954-9

Ⅰ.①建… Ⅱ.①陈… ②陈… ③杨… Ⅲ.①建筑材料-检测-高等学校-教材 Ⅳ.①TU502

中国版本图书馆CIP数据核字(2018)第001436号

组稿编辑：王路平　电话：0371-66022212　E-mail：hhslwlp@163.com

出 版 社：黄河水利出版社　网址：www.yrcp.com

地址：河南省郑州市顺河路黄委会综合楼14楼　邮政编码：450003

发行单位：黄河水利出版社

发行部电话：0371-66026940、66020550、66028024、66022620(传真)

E-mail：hhslcbs@126.com

承印单位：河南承创印务有限公司

开本：787 mm×1 092 mm　1/16

印张：24.25

字数：560千字　印数：1—2 100

版次：2010年8月第1版　印次：2018年7月第1次印刷

2018年7月第2版

定价：62.00元(全二册)

第 2 版前言

建筑材料与检测技术是水利工程与管理类专业一门重要的专业基础课,既为学生学习专业课程提供必要的基础知识,也为他们将来解决工程实际问题奠定基础。

本书为浙江省高校“十三五”优势特色专业建设规划教材、浙江省“十一五”重点教材,第 1 版由刘进宝、张梦宇、余学芳担任主编,自 2010 年出版以来受到广大师生和工程技术人员的好评。第 2 版在保持第 1 版主要内容的基础上,结合教材使用情况,秉承第 1 版参照试验员、质检员、材料员等职业标准,校企合作,以理论够用为度,突出实用与技能的原则,重点在以下方面做了改进:

(1)2010 年后国内建筑材料的新规范陆续发布更新,教材内容按现行标准进行了相应调整。

(2)在第 1 版的基础上对部分内容进行了修改和调整。增加了工程实例,突出教材内容的实用性;删除了每章后的习题,将习题和检测试验两部分内容整合在一起单独汇编成册(《建筑材料与检测技术习题集(第 2 版)》),以便于教学;对不妥之处进行了改正。

本书不仅可以作为各类高职高专院校相关专业的建筑材料课程教材和教学用书,还可以作为水利、建筑等行业岗位培训、技能鉴定的教材和工程技术人员的参考书。

本书编写人员及编写分工如下:浙江同济科技职业学院陈宇翔(第 1 章、第 2 章、第 3 章),浙江同济科技职业学院陈瑾(第 4 章、第 5 章、第 8 章及习题集中的习题部分),浙江省水利水电工程质量与安全监督管理中心黄黎明(第 6 章),浙江省水利河口研究院曹敏(第 7 章),浙江同济科技职业学院徐红健(第 9 章),浙江同济科技职业学院杨玉泉(第 10 章、第 11 章、第 12 章及习题集中的试验部分)。本书由陈宇翔、陈瑾、杨玉泉担任主编,陈宇翔负责全书统稿;由曹敏、黄黎明、徐红健担任副主编;由浙江同济科技职业学院刘进宝、黄河水利职业技术学院张梦宇担任主审,两位主审分别审阅了本书全稿,并提出了宝贵的修改意见。

在本书编写过程中,参考引用了有关文献、资料,未在书中一一注明出处。在此,谨向所有文献的作者表示感谢!

由于作者的水平有限,书中难免有不少缺点和不妥之处,恳切希望广大读者批评指正。

编　者

2018 年 3 月

目　录

1　建筑材料的基本性质

建筑材料是建筑工程中所使用的各种材料及其制品的总称，它是工程建设的物质基础。

1.1　建筑材料的分类、发展和作用

1.1.1　建筑材料的分类

建筑材料品种繁多，分类方法也很多。最常用的分类方法是按材料的化学成分分类，可分为无机材料、有机材料和复合材料三大类，如表1-1所示。

表1-1　建筑材料按化学成分分类

<table>
<tr><th colspan="3">分类</th><th>实例</th></tr>
<tr><td rowspan="7">无机材料</td><td rowspan="2">金属材料</td><td>黑色金属</td><td>钢、铁及其合金、合金钢、不锈钢等</td></tr>
<tr><td>有色金属</td><td>铜、铝及其合金等</td></tr>
<tr><td rowspan="5">非金属材料</td><td>天然石材</td><td>砂、石及石材制品</td></tr>
<tr><td>烧土制品</td><td>黏土砖、瓦、陶瓷制品等</td></tr>
<tr><td>胶凝材料及制品</td><td>石灰、石膏及制品、水泥及混凝土制品、硅酸盐制品等</td></tr>
<tr><td>玻璃</td><td>普通平板玻璃、特种玻璃等</td></tr>
<tr><td>无机纤维材料</td><td>玻璃纤维、矿物棉等</td></tr>
<tr><td rowspan="3">有机材料</td><td colspan="2">植物材料</td><td>木材、竹材、植物纤维及制品等</td></tr>
<tr><td colspan="2">沥青材料</td><td>煤沥青、石油沥青及其制品等</td></tr>
<tr><td colspan="2">合成高分子材料</td><td>塑料、涂料、胶黏剂、合成橡胶等</td></tr>
<tr><td rowspan="3">复合材料</td><td colspan="2">有机与无机非金属材料复合</td><td>聚合物混凝土、玻璃纤维增强塑料等</td></tr>
<tr><td colspan="2">金属与无机非金属材料复合</td><td>钢筋混凝土、钢纤维混凝土等</td></tr>
<tr><td colspan="2">金属与有机材料复合</td><td>PVC钢板、有机涂层铝合金板等</td></tr>
</table>

此外，建筑材料按使用功能可分为结构材料、围护材料、建筑功能材料、建筑器材等。按材料所处的建筑物部位可分为主体结构材料、屋面材料、地面材料、外墙材料、内墙材料、吊顶材料等。

1.1.2　建筑材料的发展

利用建筑材料改造自然、促进人类物质文明的进步，是人类社会发展的一个重要标

志。远在新石器时期之前,人类就已开始利用土、石、木、竹等天然材料从事营造活动。据考证,我国在4 500年前就已有木架建筑和木骨泥墙建筑。随着生产力的发展,人类能够对天然原料进行简单的加工,出现了人造建筑材料,使人类突破了仅使用天然材料的限制,开始大量修建房屋、寺塔、陵墓和防御工程。我国早在公元前5世纪的西周初期就已有烧制的瓦;公元前4世纪的战国时期有了烧制的砖;始建于公元前475年的万里长城,所使用的砖石材料就达1亿 m^3。山西五台山木结构的佛光寺大殿已有千余年历史。2 000年前的古罗马已用石灰、火山灰、砂和砾石配制混凝土,建造著名的万神庙、斗兽场的巨大墙体。

17世纪工业革命后,随着资本主义国家工业化的发展,建筑、桥梁、铁路和水利工程大量兴建,对建筑材料的性能有了较高的要求。17世纪70年代在工程中开始使用生铁,19世纪初开始用熟铁建造桥梁和房屋,出现了钢结构的雏形。自19世纪中叶开始,冶炼并轧制出强度高、延性好、质地均匀的建筑钢材,随后又生产出高强钢丝和钢索,钢结构得到了迅速发展,使建筑物的跨度从砖石结构、木结构的几米、几十米发展到百米、几百米乃至现代建筑的上千米。

19世纪20年代,英国瓦匠约瑟夫·阿斯普丁发明了波特兰水泥,出现了现代意义上的水泥混凝土。19世纪40年代,出现了钢筋混凝土结构,利用混凝土受压、钢筋受拉,以充分发挥两种材料各自的优点,从而使钢筋混凝土结构广泛应用于工程建设的各个领域。为克服钢筋混凝土结构抗裂性能差、刚度低的缺点,20世纪30年代又发明了预应力混凝土结构,使土木工程跨入了飞速发展的新阶段。

自新中国成立后,特别是改革开放以来,我国建筑材料生产得到了更迅速的发展。自1995年后,我国的水泥、平板玻璃、建筑卫生陶瓷和石墨、滑石等部分非金属矿产品产量已位居世界第一,是名副其实的建材生产大国。

随着社会的发展,人类对建筑工程的功能要求越来越高,对建筑材料的性能要求也越来越高。轻质、高强、耐久、高效、便于施工等具有优良的综合性能的建筑材料,是今后发展的基本方向。同时,随着人们环境保护与可持续发展意识的增强,保护环境、节约能源与土地,合理开发和综合利用原料资源,尽量利用工业废料,也是建筑材料发展的一种趋势。

1.1.3　建筑材料的作用

建筑材料是各项基本建设的重要物质基础,其产量及质量直接影响着建筑业的进步和国民经济的发展。建筑材料在建设工程中的用量相当大,据统计,在工程总造价中,材料费所占比重可达50% ~70%。所以,在建设工程中能恰当地选择、合理地使用建筑材料对降低工程造价、提高投资效益具有十分重要的意义。

建筑材料的性能、种类、规格及合理使用,将影响工程的坚固、耐久、美观等工程质量。若选择、使用材料不当,轻则达不到预期效果,重则会导致工程质量降低甚至酿成工程事故。因此,加强建筑材料质量检测工作是保证工程质量与安全的重要措施。

建筑材料对工程技术的发展也起着至关重要的作用,新材料的出现往往促使工程技术的革新,而工程变革与社会发展的需要又常常促进新材料的诞生。

1.2　材料的物理性质

1.2.1　基本物理性质

自然界中的材料,由于其单位体积中所含孔隙形状及数量不同,因而其基本的物理性质参数——单位体积的质量也有差别。块状材料在自然状态下的体积是由固体物质体积及其内部孔隙体积组成的。材料内部的孔隙按孔隙特征又分为开口孔隙和闭口孔隙。闭口孔隙不进水,开口孔隙与材料周围的介质相通,材料在浸水时易吸水饱和,见图 1-1。

散粒材料是指具有一定粒径材料的堆积体,如工程中常用的砂、石子等。其体积构成包括固体物质体积、颗粒内部孔隙体积及固体颗粒之间的空隙体积,见图 1-2。

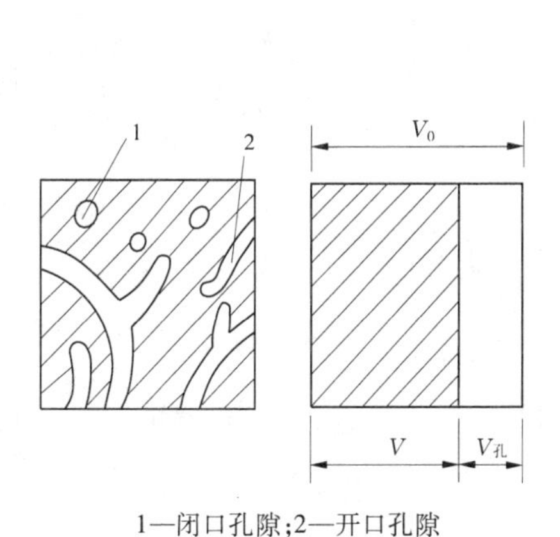

1—闭口孔隙;2—开口孔隙

图 1-1　块状材料体积构成示意

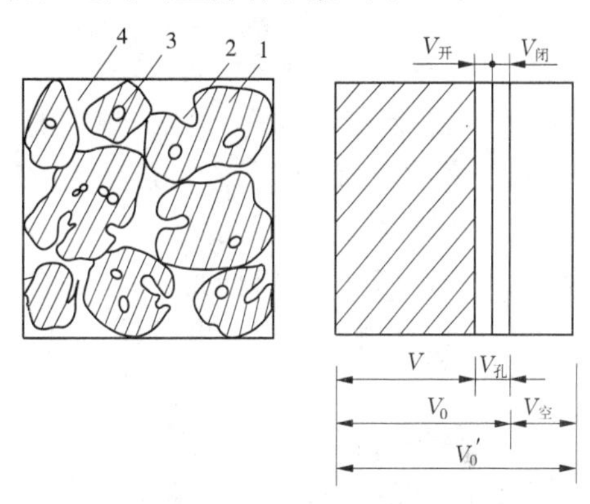

1—颗粒中固体物质;2—颗粒的开口孔隙;
3—颗粒的闭口孔隙;4—颗粒间的空隙

图 1-2　散粒材料体积构成示意

1.2.1.1　密度

密度是指材料在绝对密实状态下单位体积的质量,用下式计算:

$$\rho = \frac{m}{V} \tag{1-1}$$

式中　ρ——材料的密度,g/cm^3;

m——材料在干燥状态下的质量,g;

V——材料在绝对密实状态下的体积,cm^3。

材料在绝对密实状态下的体积,才是材料的实际体积。而实际上,只有少数材料(如钢材、玻璃、沥青等)可视为密实材料,可直接测定其密度,其他大多数材料内部都含有一定的孔隙。对这类材料,可将其磨制成规定细度的粉末,用排液法(密度瓶法等)测得其体积,再根据式(1-1)计算出其实际密度。

1.2.1.2　表观密度

表观密度是指材料在自然状态下单位体积的质量。材料在自然状态下的体积,是指构成材料的固体物质的体积与全部孔隙体积之和,又称表观体积。根据表观体积测定方法的不同，材料的表观密度通常分为体积密度和视密度两种。

包含材料所有孔隙条件下单位体积的质量称为体积密度，可用下式计算：

$$\rho_0 = \frac{m}{V_0} \tag{1-2}$$

式中 ρ_0——材料的体积密度，g/cm^3 或 kg/m^3；

m——材料的质量，g 或 kg；

V_0——材料在自然状态下的体积，cm^3 或 m^3。

只包含内部闭口孔隙条件下单位体积的质量称为视密度，可用下式计算：

$$\rho' = \frac{m}{V_{(b)}} \tag{1-3}$$

式中 ρ'——材料的视密度，g/cm^3 或 kg/m^3；

m——材料的质量，g 或 kg；

$V_{(b)}$——材料在自然状态下不含开口孔隙的体积，cm^3 或 m^3。

对于砖、混凝土、石材等形状较规则的材料，可直接测其外形体积作为表观体积，故常用体积密度表示；而对卵石、砂等形状不规则的材料，可用排液法测得其排开液体的体积作为表观体积，故常用视密度表示。

材料的表观密度与材料的含水状态有关，含水状态不同，材料的质量及体积均会发生改变，故在提供材料的表观密度的同时，应提供材料的含水率。未注明者，是指干燥状态的体积密度。

1.2.1.3 堆积密度

堆积密度(旧称松散容重)，是指散粒(粉状、粒状或纤维状)材料在自然堆积状态下，单位体积(包含了颗粒内部的孔隙体积及颗粒之间的空隙体积)所具有的质量，用下式计算：

$$\rho_0' = \frac{m}{V_0'} \tag{1-4}$$

式中 ρ_0'——散粒材料的堆积密度，kg/m^3；

m——材料的质量，kg；

V_0'——散粒材料的堆积体积，m^3。

散粒材料的堆积体积包括固体颗粒体积、颗粒内部孔隙体积和颗粒之间的空隙体积。堆积体积用容量筒测定。堆积密度与材料的装填条件及含水状态有关。

1.2.1.4 材料的密实度与孔隙率

1. 密实度

密实度是指材料体积内被固体物质所充实的程度，也就是固体物质的体积占总体积的比例。密实度反映了材料的致密程度，以 D 表示：

$$D = \frac{V}{V_0} \times 100\% = \frac{\rho_0}{\rho} \times 100\% \tag{1-5}$$

含有孔隙的固体材料的密实度均小于1。材料的很多性能(如强度、吸水性、耐久性、导热性等)均与其密实度有关。

2. 孔隙率

孔隙率是指块状材料中孔隙体积与材料在自然状态下总体积的百分比，用 P 表示：

$$P = \frac{V_{孔}}{V_0} \times 100\% \tag{1-6}$$

$$P = \frac{V_0 - V}{V_0} \times 100\% = \left(1 - \frac{V}{V_0}\right) \times 100\% = \left(1 - \frac{\rho_0}{\rho}\right) \times 100\% \tag{1-7}$$

孔隙率与密实度的关系为：

$$P + D = 1 \tag{1-8}$$

式(1-8)表明，材料的总体积是由该材料的固体物质与其包含的孔隙所组成的。

材料开口孔隙率的计算公式如下：

$$P_K = \frac{m_2 - m_1}{V_0} \times \frac{1}{\rho_H} \times 100\% \tag{1-9}$$

式中　P_K——材料的开口孔隙率(%)；

m_1、m_2——材料在干燥状态和饱和面干状态下的质量，g；

ρ_H——水的密度，g/cm^3。

材料的闭口孔隙率可从材料的孔隙率、开口孔隙率中求得，见下式：

$$P_B = P - P_K \tag{1-10}$$

式中　P_B——材料的闭口孔隙率(%)。

1.2.1.5　材料的填充率与空隙率

1. 填充率

填充率是指散粒材料的堆积体积中，被其颗粒填充的程度，以 D' 表示：

$$D' = \frac{V_0}{V'_0} \times 100\% = \frac{\rho'_0}{\rho_0} \times 100\% \tag{1-11}$$

2. 空隙率

散粒材料在松散状态下，颗粒之间的空隙体积与松散体积的百分比称为空隙率，用 P' 表示：

$$P' = \frac{V'_0 - V_0}{V'_0} \times 100\% = \left(1 - \frac{V_0}{V'_0}\right) \times 100\% = \left(1 - \frac{\rho'_0}{\rho_0}\right) \times 100\% = 1 - D' \tag{1-12}$$

即

$$D' + P' = 1 \tag{1-13}$$

空隙率的大小，反映了散粒材料的颗粒之间相互填充的致密程度。空隙率可作为控制混凝土骨料级配与计算含砂率的依据。

常用建筑材料的密度、体积密度、堆积密度和孔隙率见表1-2。

表1-2　常用建筑材料的密度、体积密度、堆积密度和孔隙率

材料	密度(g/cm^3)	体积密度(kg/m^3)	堆积密度(kg/m^3)	孔隙率(%)
石灰岩	2.60	1 800～2 600	—	—
花岗岩	2.60～2.90	2 500～2 800	—	0.5～3.0
碎石	2.60	—	1 400～1 700	—
砂	2.60	—	1 450～1 650	—

续表1-2

材料	密度(g/cm^3)	体积密度(kg/m^3)	堆积密度(kg/m^3)	孔隙率(%)
黏土	2.60	—	1 600~1 800	—
普通黏土砖	2.50~2.80	1 600~1 800	—	20~40
黏土空心砖	2.50	1 000~1 400	—	—
水泥	3.10	—	1 200~1 300	—
普通混凝土	—	2 100~2 600	—	5~20
松木	1.55	380~700	—	55~75
建筑钢材	7.85	7 850	—	0
玻璃	2.55	—	—	—

1.2.2 材料与水有关的性质

1.2.2.1 亲水性与憎水性

材料在空气中与水接触,根据其能否被水润湿,将材料分为亲水性材料和憎水性材料。

在材料、空气、水三相交界处,沿水滴表面作切线,切线与材料表面(水滴一侧)所成的夹角θ,称为润湿角。θ越小,浸润性越强,当$\theta=0°$时,表示材料完全被水润湿。一般认为,当$\theta\leq 90°$时,水分子之间的内聚力小于水分子与材料分子之间的吸引力,此种材料称为亲水性材料;当$\theta>90°$时,水分子之间的内聚力大于水分子与材料分子之间的吸引力,材料表面不易被水润湿,此种材料称为憎水性材料,如图1-3所示。

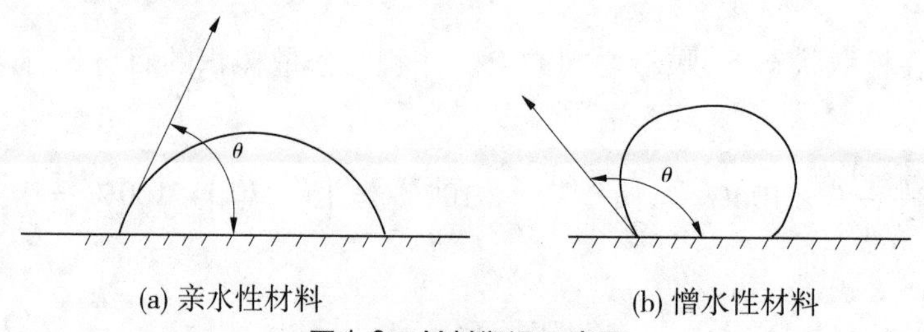

(a) 亲水性材料　(b) 憎水性材料

图1-3　材料润湿示意图

沥青、石蜡等少数材料属于憎水性材料,表面不能被水润湿。憎水性材料能阻止水分渗入其毛细管中,能降低材料的吸水性。它不仅可用作防水材料,还可以用于亲水性材料的表面处理,以降低其吸水性。

大多数建筑材料,如混凝土、砖石、木材等都属于亲水性材料,表面均能被水润湿,且能通过毛细管作用将水吸入材料的毛细管内部。通常可将亲水性材料的含水情况分为以下四种基本状态(见图1-4)。

(1)干燥状态:材料的孔隙中不含水或含水极微。

(2)气干状态:材料的孔隙中所含水与大气湿度相平衡。

(3)饱和面干状态:材料表面干燥,而孔隙中充满水达到饱和。

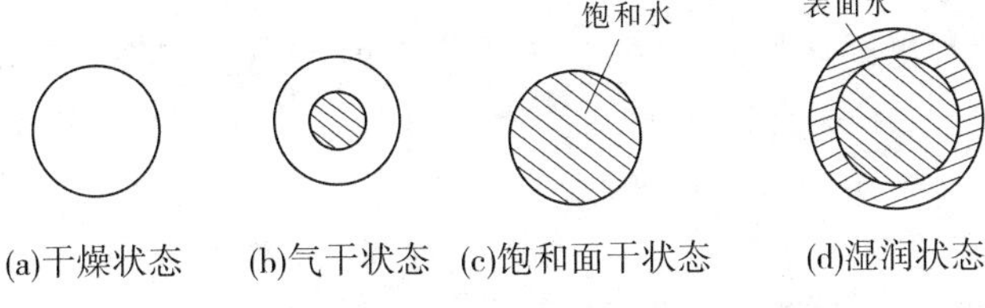

图 1-4　材料的含水状态

(4)湿润状态:材料不仅孔隙中含水饱和,而且表面上为水润湿而附有一层水膜。材料的含水状态会对材料的多种性质产生一定影响。

1.2.2.2　吸水性

材料在浸水状态下吸入水分的能力称为吸水性。多数材料由于具有亲水性及开口孔隙,其内部常含有水分。

材料吸水达到饱和状态时,其内部所含水分的多少,用吸水率表示。材料的吸水率可用质量吸水率或体积吸水率表示。质量吸水率是指材料吸水饱和时,所吸收水分的质量与材料干燥质量的百分比,用下式计算:

$$W_{质} = \frac{m_2 - m_1}{m_1} \times 100\% \tag{1-14}$$

式中　$W_{质}$——材料的质量吸水率(%);

m_1、m_2——材料在干燥状态与饱和面干状态下的质量,g。

对于多孔材料,常用体积吸水率表示。体积吸水率是指材料体积内被水充实的程度,即材料吸水饱和时,所吸收水分的体积与干燥材料自然体积的百分比,用下式表示:

$$W_{体} = \frac{V_{水}}{V_0} \times 100\% = \frac{m_2 - m_1}{V_0} \times \frac{1}{\rho_H} \times 100\% \tag{1-15}$$

式中　$W_{体}$——材料的体积吸水率(%);

ρ_H——水的密度,g/cm^3;

V_0——干燥材料在自然状态下的体积,cm^3。

质量吸水率与体积吸水率存在如下关系:

$$W_{体} = W_{质} \times \frac{\rho_0}{\rho_H} \tag{1-16}$$

式中　ρ_0——材料干燥状态的体积密度。

当 $\rho_H = 1\ g/cm^3$ 时,$W_{体} = W_{质} \times \rho_0$。

材料吸水率的大小取决于材料的亲水属性及材料的构造。材料开口孔隙率越大,吸水性越强,特别是材料具有很多微小开口孔隙时,吸水率非常大。封闭的孔隙,水分不易进入;粗大开口的孔隙,水分不易存留,故材料的体积吸水率常小于孔隙率。这类材料常用质量吸水率表示它的吸水性。

对于某些轻质材料,如加气混凝土、软木等,由于具有很多开口而微小的孔隙,所以它的质量吸水率往往超过100%,即湿质量为干质量的几倍,在这种情况下,最好用体积吸水率表示其吸水性。

【工程实例1-1】

某施工队原使用普通烧结黏土砖,后改为多孔的、表观密度仅为700 kg/m³的加气混凝土砌块。在抹灰前,往墙上浇水,发觉原使用的普通烧结黏土砖易吸足水量,但加气混凝土砌块表面看来浇水不少,但实则吸水不多,请分析原因。

分析:加气混凝土砌块虽多孔,但其气孔大多数为"墨水瓶"结构,肚大口小,毛细管作用差,只有少数孔是水分蒸发形成的毛细孔,故吸水及导湿均缓慢。材料的吸水性不仅要看孔的数量多少,还需要看孔的结构。

1.2.2.3　吸湿性

干燥的材料在潮湿的空气中吸收空气中水分的性质,称为吸湿性。吸湿性的大小用含水率表示。材料在所处环境中其含水的质量占材料干燥质量的百分数,称为材料的含水率,可用下式计算:

$$W_{含} = \frac{m_3 - m_1}{m_1} \times 100\% \tag{1-17}$$

式中　$W_{含}$——材料的含水率(%);

m_1、m_3——材料在干燥状态和气干状态下的质量,g。

材料的含水率除与材料的亲水属性、组织构造有关外,还受周围空气的温度和湿度影响,空气的温度越低、相对湿度越大,材料的含水率越大。

材料吸水后会对工程产生不良影响,如受潮后的材料表观密度、导热性增大,强度、抗冻性降低。

1.2.2.4　耐水性

材料长期在饱和水作用下不破坏、强度也不显著降低的性质,称为耐水性。一般情况下,潮湿的材料均较干燥时强度低,主要是由于浸入的水分削弱了材料微粒间的结合力,同时材料内部往往含有一些易被水软化或溶解的物质(如黏土、石膏等)。材料的耐水性以软化系数表示:

$$K_{软} = \frac{f_w}{f} \tag{1-18}$$

式中　$K_{软}$——材料的软化系数;

f_w、f——材料在水饱和状态下及干燥状态下的强度,MPa。

软化系数的大小反映了材料浸水后强度降低的程度。在选择受水作用的结构材料时,$K_{软}$值是一项重要指标。受水浸泡或长期受潮的重要结构材料,其软化系数不宜小于0.85~0.90;受潮较轻或次要的结构材料,其软化系数不宜小于0.70~0.85。软化系数大于0.85的材料,通常认为是耐水材料。

1.2.2.5　抗渗性

材料抵抗压力水渗透的性质,称为抗渗性(或不透水性)。抗渗性常用渗透系数和抗渗等级表示。

1. 渗透系数

根据达西定律,在一定时间t内,透过材料的水量Q与试件的过水断面面积A及作用于试件的水头差H成正比,与试件的厚度d成反比,比例系数K称为渗透系数,用下式表示:

$$K = \frac{Qd}{AtH} \tag{1-19}$$

式中 K——材料的渗透系数,cm/s;

Q——透水量,cm^3;

d——试件厚度,cm;

A——透水面积,cm^2;

t——透水时间,s;

H——静水压力水头,cm。

渗透系数反映材料内部组织构造的疏密程度。K 值越小,表明材料的抗渗能力越强。

2. 抗渗等级

混凝土的抗渗等级,以每组 6 个试件中 2 个出现渗水时的最大水压力表示。抗渗等级按式(1-20)计算:

$$W = 10H - 1 \tag{1-20}$$

式中 W——混凝土的抗渗等级;

H—— 6 个试件中有 3 个渗水时的水压力,MPa。

抗渗等级常用于表示砂浆和混凝土的抗渗能力,W 值越大,材料的抗渗能力越强。材料孔隙率小,且具有闭口孔隙的材料往往抗渗能力较强。

1.2.2.6 抗冻性

材料在水饱和状态下,经受多次冻融循环作用而不破坏,其强度及质量也不显著降低的性质,称为抗冻性。

抗冻性试验通常是将规定的标准试件浸水饱和后,在 -15 ℃温度条件下冻结一定时间,然后在室温的水中融化,进行反复冻融,试件强度降低及质量损失值不超过规定值、材料表面无明显损伤,所对应的最大循环次数,定为该材料的抗冻等级。材料的抗冻性用抗冻等级“F*i*”表示,“*i*”表示冻融循环次数,如“F25”“F50”等,抗冻等级越高,材料的抗冻能力越强。

冻结的破坏作用主要是材料孔隙中的水结冰膨胀所致。当材料孔隙中充满水时,水结冰约产生 9% 的体积膨胀,使材料孔壁产生拉应力,当拉应力超过材料的抗拉强度时,孔壁形成局部开裂。随着冻融次数的增加,开裂加剧,材料表面逐渐剥落,强度也随之降低。

材料的抗冻能力取决于材料的吸水饱和程度和抗拉强度。闭口孔隙不易进水,粗大的开口孔隙水分不易充满孔隙,都会使材料抗冻能力提高;材料的抗拉强度高,变形能力强,也会提高材料的抗冻能力。

水工建筑物经常处于干湿交替作用的环境中,选用材料时应按材料所处的工作环境和使用部位合理确定抗冻等级。

1.2.3 材料与热有关的性质

建筑材料除须满足必要的强度及其他性能的要求外,为了节约建筑物的使用能耗,以及为生产和生活创造适宜的条件,常要求材料具有一定的热性质。

1.2.3.1　导热性

材料传导热量的性质称为导热性。材料的导热能力用导热系数 λ 表示,计算公式如下:

$$\lambda = \frac{Q\delta}{At(T_2 - T_1)} \tag{1-21}$$

式中　λ——材料的导热系数,W/(m·K);

Q——传导的热量,J;

A——热传导面积,m^2;

δ——材料厚度,m;

t——导热时间,s;

T_1、T_2——材料两侧的温度,K。

材料的导热能力与材料的孔隙率、孔隙特征及材料的含水状态有关。密闭空气的导热系数很小(0.025 W/(m·K)),故材料闭口孔隙率大时导热系数小。开口连通孔隙具有空气对流作用,材料的导热系数较大。材料受潮时,由于水的导热系数较大(0.58 W/(m·K)),材料的导热系数增大。

材料的导热系数越小,隔热保温效果越好。有隔热保温要求的建筑物宜选用导热系数小的材料做围护结构。工程中通常将 λ <0.23 W/(m·K)的材料称为绝热材料。

几种常用材料的导热系数见表1-3 。

表1-3　常用材料的导热系数及比热容

材料	导热系数(W/(m·K))	比热容(J/(kg·K))	材料	导热系数(W/(m·K))	比热容(J/(kg·K))
铜	370	0.38	绝热纤维板	0.05	1.46
钢	55	0.46	玻璃棉板	0.04	0.88
花岗岩	2.9	0.80	泡沫塑料	0.03	1.30
普通混凝土	1.8	0.88	冰	2.20	2.05
普通黏土砖	0.55	0.84	水	0.58	4.19
松木(顺纹)	0.15	1.63	密闭空气	0.025	1.00

1.2.3.2　比热容及热容量

材料受热时吸收热量,使温度升高;冷却时放出热量,使温度降低。材料温度升高(或降低)1 K时,所吸收(或放出)的热量,称为材料的热容量。1 kg材料的热容量,称为材料的比热容(简称比热)。用下式表示:

$$Q = cm(T_2 - T_1) \tag{1-22}$$

$$c = \frac{Q}{m(T_2 - T_1)} \tag{1-23}$$

式中　Q——材料吸收或放出的热量,J;

c——材料的比热容,J/(kg·K);

m——材料的质量,kg;

$T_2 - T_1$——材料受热或冷却前后的温差,K。

材料的热容量值对保持材料温度的稳定性有很大作用。热容量值高的材料,对室温的调节作用大。

几种常见材料的比热容值见表1-3。

【工程实例1-2】

某工程顶层欲加保温层,以下两图为两种材料的剖面。请问选择何种材料?

(a)

(b)

图1-5　两种材料的剖面图

分析:保温层的目的是减少外界温度变化对住户的影响。材料保温性能的主要描述指标为导热系数和热容量,其中导热系数越小越好。观察两种材料的剖面,可见(a)图的材料为多孔结构,(b)图材料为密实结构,因多孔材料的导热系数较小,故(a)图的材料适于作保温层材料。

1.3　材料的力学性质

材料的力学性质主要是指材料在外力(荷载)作用下,抵抗破坏和变形的能力的性质。

1.3.1　材料的变形性质

1.3.1.1　弹性变形与塑性变形

材料在外力作用下会发生形状、体积的改变,即变形。当外力除去后,能完全恢复原有形状的性质,称为材料的弹性,这种变形称为弹性变形。

弹性变形的大小与外力成正比,比例系数 E 称为弹性模量。在弹性变形范围内,用下式表达:

$$\varepsilon = \frac{\sigma}{E} \tag{1-24}$$

式中　ε——材料的应变;

σ——材料的应力,MPa;

E——材料的弹性模量,MPa。

弹性模量是材料刚度的度量,E 值越大,材料越不容易变形。

材料在外力作用下产生变形,但不破坏,除去外力后材料仍保持变形后的形状、尺寸的性质,称为材料的塑性,这种变形称为塑性变形。

有些材料在受力不大时,表现为弹性变形,当外力超过一定限度后,材料产生塑性变形(如低碳钢);有些材料受力后,弹性变形和塑性变形同时产生,除去外力后,弹性变形可以恢复,而塑性变形则不能恢复(如混凝土)。

通常在规定的试验条件下,按规定的试验方法对材料加荷,按材料在破坏前有无显著变形,将材料分为塑性材料和脆性材料两类。混凝土、砖瓦、生铁及石料等建筑材料,在受力破坏之前均无显著变形,称为脆性材料;反之,则称为塑性材料。

1.3.1.2 徐变与应力松弛

在恒定外力的长期作用下,固体材料的变形随时间的延续而逐渐增大的现象,称为徐变;若总变形不变,其中塑性变形随时间的延续增大,弹性变形逐渐减小,因而引起材料中弹性应力随时间延长而逐渐降低的现象,称为应力松弛。

引起材料徐变和应力松弛的原因,主要是在材料中存在某些非晶体物质,在外力作用下产生黏性流动,晶体物质在剪应力作用下产生晶格错动或滑移。

徐变和应力松弛除与材料本身的性质有关外,还与材料所受外力的大小有关。当应力未超过某一极限时,徐变会随时间延长逐渐减小,最后徐变变形停止发展;当应力超过某一极限值时,徐变变形会随时间延长而逐渐加大,直至材料破坏。徐变和应力松弛还与材料所处的环境温度有关,温度越高,材料的徐变和应力松弛越大。

1.3.2 材料的静力强度

1.3.2.1 静力强度

材料抵抗静荷载作用而不破坏的能力,称为静力强度。静力强度以材料试件按规定的试验方法,在静荷载作用下达到破坏时的极限应力值表示。

根据外力作用方式不同,静力强度可分为抗拉强度、抗压强度、抗弯(折)强度及抗剪强度。

不同种类的材料具有不同的强度特点,一般脆性材料具有较高的抗压强度,而抗拉强度、抗弯强度均较低。塑性材料的抗压强度及抗拉强度大致相同。纤维状的材料具有顺纹强度较高的特点,应根据材料在工程中的受力特性合理选用。

几种常用材料的静力强度见表1-4。

表1-4 常用材料的静力强度 (单位:MPa)

材料	静力强度			材料	静力强度		
	抗压	抗拉	抗弯		抗压	抗拉	抗弯
花岗岩	100~150	5~8	10~14	松木(顺纹)	30~50	80~120	60~100
普通黏土砖	7.5~30		1.8~4	建筑钢材	240~1 500	240~1 500	
普通混凝土	7.5~60	1~4	1.5~8				

1.3.2.2 比强度及强度等级

比强度是指材料单位体积质量的强度,常用来衡量材料轻质高强的性质。表1-5给出了低碳钢、松木和普通混凝土的比强度。

表 1-5 低碳钢、松木和普通混凝土的比强度

材料	表观密度(kg/m^3)	抗压强度(MPa)	比强度
低碳钢	7 860	415	0.053
松木	500	34.3(顺纹)	0.069
普通混凝土	2 400	29.4	0.012

比强度高的材料具有轻质高强的特性,可用于高层、大跨度的结构材料。轻质高强是材料的发展方向。

为方便设计及对工程材料进行质量评价,对于以力学性质为主要性能指标的材料,通常按材料的极限强度划分为若干不同的强度等级。强度等级越高的材料,承受的荷载越大。一般脆性材料按抗压强度划分强度等级,塑性材料按抗拉强度划分强度等级。

1.3.2.3 影响材料强度的因素

材料的组成、结构及构造是决定材料强度的内在因素。材料强度除受内在因素的影响外,还受外在因素的影响,外在因素主要包括材料的表观密度、孔隙率、含水率、环境温度等。

试件强度还与试件形状、大小和试验条件密切相关。受试件与承压板表面摩擦的影响,棱柱体形状等长试件的抗压强度较立方体等短试件的抗压强度低;大试件由于材料内部缺陷出现机会的增多,强度比小试件低一些;表面凸凹不平的试件受力面受力不均,强度也会降低;试件含水率的增大,环境湿度的升高,都会使材料强度降低。由于材料破坏是其变形达到极限变形而破坏,而应变发展总是滞后于应力发展,故加荷速度越快,所测强度值也越高。为了使试验结果具有可比性,材料试验应严格按国家有关试验规程的规定进行。

1.3.3 材料的其他力学性质

1.3.3.1 冲击韧性

材料抵抗冲击或振动荷载作用而不破坏的能力,称为冲击韧性。根据荷载作用的方式不同,分冲击抗压、冲击抗拉、冲击抗弯等。冲击试验是用带缺口的试件做冲击抗弯试验。冲击韧性以标准试件破坏时消耗于试件单位面积上的功(J/cm^2)表示。桥梁、路面、吊车梁及某些设备基础等有冲击抗震要求的结构,应考虑材料的冲击韧性。

建筑钢材、木材的冲击韧性较好,而脆性材料的冲击韧性均较差。

1.3.3.2 硬度

材料表面抵抗其他较硬物体压入或刻划的性能称为硬度。不同材料硬度的测定方法不同,矿物质材料硬度按刻划法(莫氏硬度)分 10 级,钢材的硬度常用钢球压入法(布氏硬度)测定。硬度大的材料具有耐磨性较强、强度较高的特点,但不易机械加工。

1.3.3.3 磨损及磨耗

材料表面在外界物质的摩擦作用下,其质量和体积减小的现象称为磨损。磨损用磨损率表示:

$$K = \frac{m_1 - m_2}{A} \tag{1-25}$$

式中　K——试件的磨损率,g/cm^2;

m_1、m_2——试件磨损前、后的质量,g;

A——试件受磨表面积,cm^2。

材料在摩擦和冲击同时作用下,其质量和体积减小的现象,称为磨耗。磨耗以试验前、后的试件质量损失百分数表示。

磨损与磨耗统称为材料的耐磨性。材料的硬度大、韧性好、构造均匀致密时,其耐磨性较强。多泥沙河流上水闸的消能结构,要求使用耐磨性较强的材料。

1.4　材料的化学性质

某些材料在使用环境条件下与周围介质或与其他材料配合时会发生化学反应,根据化学反应能力的强弱,可将材料分为活性材料和非活性材料两类。活性材料容易和其他物质发生化学反应并生成新物质,改变材料原有的技术性质;非活性材料在周围环境介质中或与其他材料配合时不易发生化学反应,能较好地保持其原有的化学成分和技术性质的稳定性。

材料在使用过程中,往往受到周围环境侵蚀性介质(酸、碱、盐溶液或气体)的作用,长期作用的结果会使材料受到化学侵蚀。材料抵抗化学介质侵蚀作用不破坏,其性质也不发生显著改变的性质,称为化学稳定性。影响材料化学稳定性的主要因素是材料的组成成分和材料构造的密实程度。选用材料时,要考虑材料的使用环境,从材料的组成成分、结构和构造方面着手,提高材料的抗侵蚀能力。

有些活性材料在激发剂的作用下发生化学反应,生成的新物质能满足工程所要求的性质,这是材料改性方面的一条重要途径,也是充分利用一些工业废料的有效方法。例如粒化高炉矿渣。

1.5　材料的耐久性

耐久性是指材料在长期使用过程中保持其工作性能到极限状态的性质。材料的工作性能是指材料在使用过程中所必须具备的物理、化学及力学性质。极限状态要依据材料的破坏程度、建筑物的安全度及经济指标等几方面因素综合确定。

改变材料工作性能的因素,除了外力的作用,还与材料所处的工作环境有关。环境因素的破坏作用主要是物理作用、化学作用及生物作用。这些因素或单独或交互发生,具有复杂多变的关系。材料的耐久性与环境破坏因素关系见表1-6。

材料的耐久性是一项综合性质。对材料耐久性的判断,需要在使用条件下进行长期的观察和测定。通常对材料耐久性的判断,是根据工程对所用材料的使用要求,在实验室进行有关的快速试验,如干湿循环,冻融循环,加湿与紫外线干燥循环,碳化、盐溶液浸渍与干燥循环,化学介质浸渍等。

表 1-6　材料的耐久性与环境破坏因素关系

名称	破坏作用	环境因素	评定指标
抗渗性	物理	压力水	渗透系数、抗渗等级
抗冻性	物理	水、冻融	抗冻等级
冲磨气蚀	物理	流水、泥沙	磨损率
碳化	化学	CO_2、H_2O	碳化深度
化学侵蚀	化学	酸、碱、盐及其溶液	*
老化	化学	阳光、空气、水	*
锈蚀	物理、化学	H_2O、O_2、Cl^-、电流	锈蚀率
碱—骨料反应	物理、化学	K_2O、活性骨料	*
腐朽	生物	H_2O、O_2、菌	*
虫蛀	生物	昆虫	*
耐热	物理	湿热、冷热交替	*
耐火	物理	高温、火焰	*

注： * 表示可参考其强度变化率、裂缝开裂情况、变形情况进行评定。

由于矿物质材料的抗冻性可以综合反映材料抵抗温度变化、干湿变化等风化作用的能力，因此抗冻性可作为矿物质材料抵抗周围环境物理作用的耐久性综合指标。在水利工程中，处于温暖地区的结构材料，为抵抗风化作用，对材料也提出一定的抗冻性要求。

2　建筑材料检测技术基础

2.1　建筑材料技术标准

建筑材料质量检测,是利用一定的检测方法和仪器对建筑材料的一项或多项质量特性进行测量、检查、试验或度量,并将结果与相关的技术标准或规定要求相比较,从而确定每项特性的合格情况。材料检测工作内容可概括为“测、比、判”,“测”就是测量、检查、试验、度量,“比”就是将“测”的结果与规定要求进行比较,“判”就是根据“比”的结果作出合格与否的判断。建筑材料的检测工作与建筑物的安全、经济效益关系密切,不仅是判定和控制建筑材料质量、监控施工过程、保障工程质量的手段和依据,也是推动科技进步、合理使用建筑材料、降低生产成本、提高企业效益的有效途径。建筑材料检测贯穿于工程施工的整个过程,各项建筑材料的检测结果,是工程施工及工程质量验收必需的技术依据。

建筑材料检测工作,均以现行的技术标准及有关的规范、规程为依据。技术标准或规范主要是对产品在工程建设的质量、规格及其检测方法等方面所做的技术规定,也是在生产、建设、科学研究及商品流通工作中一种共同的技术依据。建筑材料技术标准的主要内容包括产品规格、分类、技术要求、检测方法、验收规则、包装、标志、运输贮存等。

目前,建筑材料技术标准大致包括材料质量要求和检测两方面。有些标准的质量要求和检测二者合在一起,有些标准则分开订立。在现场配制的一些材料,其原材料应符合相应的材料标准要求,而其制成品的检测和使用方法,通常在施工验收规范和有关规程中得以体现。如钢筋混凝土材料,其原料水泥、细骨料(砂子)、粗骨料(石子)、钢筋等应符合各自相关标准要求,而钢筋混凝土构件的检测常包含于施工验收规范及有关规程中。

2.1.1　技术标准的分类

技术标准通常可分为基础标准、产品标准、方法标准三类。

(1)基础标准,是指在一定范围内作为其他标准的基础,并被普遍使用、具有广泛指导意义的标准。如《水泥的命名原则和术语》《墙体材料术语》等。

(2)产品标准,是指衡量产品质量好坏的依据,对产品结构、规格、质量和检测方法所做的技术规定。如《通用硅酸盐水泥》《钢筋混凝土用钢　第2部分:热轧带肋钢筋》等。

(3)方法标准,是指以试验、检查、分析、抽样、统计、计算、测定等各种方法途径为对象制定的标准。如《水泥胶砂强度检验方法(ISO法)》《水泥取样方法》等。

2.1.2　技术标准的等级

建筑材料的技术标准根据发布单位与适用范围的不同,分为国家标准、行业标准(含协会标准)、地方标准及企业标准四级。各项标准分别由相应的标准化管理部门批准并颁布,国家质量监督检验检疫总局是我国国家标准化管理的最高机关。国家标准和行业标准都是全国通用标准,分为强制性标准和推荐性标准。地方标准是由地方主管部门制定和发布的地方性技术文件,根据本地区的现状、经济要素等适合本地区使用。如省、自治区、直辖市有关部门制定的工业产品的安全、卫生要求等地方标准在本行政区域内是强制性标准。企业生产的产品没有国家标准、行业标准、地方标准的,企业应制定相应的企业标准作为组织生产管理的依据。企业标准由企业组织制定,一般情况下,企业标准所制定的相关技术要求应高于类似(或相关)产品的国家标准,并报请有关主管部门审查备案。鼓励企业制定各项技术指标均严于国家标准、行业标准、地方标准的企业标准在企业内使用。

2.1.3 技术标准编码代号

各级部门都有各自相应的部门代号,各等级的标准代号如下:

GB——中华人民共和国国家标准;

GBJ——国家工程建设标准;

GB/T——中华人民共和国推荐性国家标准;

JC——中华人民共和国建筑材料行业标准;

JGJ——中华人民共和国住房和城乡建设部建筑工程行业标准;

JGJ/T——中华人民共和国住房和城乡建设部建筑工程行业推荐性标准;

SL——中华人民共和国水利行业标准;

SD——中华人民共和国水利电力行业标准;

SY——中华人民共和国石油行业标准;

YB——中华人民共和国冶金行业标准;

JT——中华人民共和国交通行业标准;

CECS——中国工程建设标准化协会标准;

DB——地方标准;

QB——企业标准。

标准的表示方法,由标准名称、部门代号、标准编号和颁布年份组成。例如:国家推荐性标准《低碳钢热轧圆盘条》(GB/T 701—2008),标准的部门代号为GB/T,编号为701,颁布年份为2008年。建筑材料行业标准《砂浆、混凝土防水剂》(JC 474—2008),标准的部门代号为JC,编号为474,颁布年份为2008年。又如,1999年制定的国家强制性175号硅酸盐水泥及普通硅酸盐水泥的标准是《硅酸盐水泥、普通硅酸盐水泥》(GB 175—1999),2007年修订了该标准,但标准号不变,颁布的时间改变了,则标准名称改为《通用硅酸盐水泥》(GB 175—2007)。

世界各国对材料的标准化都很重视,均制定了各自的标准。如美国的材料试验协会标准"ASTM"、英国标准"BS"、德国工业标准"DIN"、罗马尼亚国家标准"STSA"、匈牙利国家标准"MSZ"、日本工业标准"JIS"等。世界范围内,统一使用的国际标准为"ISO"体系。

2.2 材料检测基础知识

2.2.1 检测工作内容

2.2.1.1 取样

在进行材料检测之前,首先要选取具有代表性的材料作为试样。取样的原则是代表性和随机性,即在若干批次的材料中,按照相应规定对任意堆放材料抽取一定数量试样,并依据测试结果对其所代表的批次的质量进行判断。取样方法因材料的不同而不同,有关的技术规范标准中都做出了明确的规定。

2.2.1.2 仪器的选择

材料检测仪器的选择要充分考虑精度和量程的要求。通常,称量精度大致为试样质量的0.1%,有效量程以仪器最大量程的20% ~80%为宜。例如,需要称取试件或称量试样的质量时,若试样称量的精度要求为0.1 g,则应选用感量为0.1 g的天平。测量试件的尺寸时,同样有精度要求,一般对边长大于50 mm的试件,精度可取1 mm;对边长小于50 mm的试件,精度可取0.1 mm。力学试验时,对试验机量程的选择,根据试件破坏荷载的大小,以使指针停在试验机度盘的20% ~80%为宜。

2.2.1.3 测试

检测前一般应将取得的试样进行处理、加工或成型,以制备满足检测要求的试样或试件。制备方法随检测项目而异,应严格按照各个试验所规定的方法进行。如混凝土抗压强度检测要制成标准立方体试件,水泥胶砂抗压、抗折强度检测要制成相应尺寸的试件。

2.2.1.4 结果计算与评定

对各次检测结果,进行数据处理,一般情况下,取n次平行检测结果的算术平均值作为检测结果。检测结果应满足精度和有效数字的要求。

检测结果经计算处理后,应给予相应评定,评定是否满足标准要求,评定其等级。有时,根据需要还应对检测结果进行分析,并得出结论。

2.2.2 检测条件

由于材料自身的复杂性,总会有这样或那样的不同,材料检测的结果也不会是完全一样的。同一材料在检测条件发生变化的时候,质量特性也会有很大的不同,导致得出不同检测结果。如温度、湿度、试件尺寸、荷载及试件制作的差别都会引起检测数据的变化,最终影响检测数据的准确性。

2.2.2.1 温度

检测时的温度对材料的某些检测结果影响很大,特别是温度冷热极端的情况下更加明显。在常温下进行检测,对一般材料来说影响不大,但对温度敏感性强的材料,必须严格控制温度。一般情况下,材料的强度会随着检测时温度的升高而降低。

2.2.2.2 湿度

检测时试件的湿度也明显影响检测数据,试件的湿度越大,测得的强度越低。在物理性能测试中，材料的干湿程度对检测结果的影响就更为明显了。因此，在检测时试件的湿度应控制在一定范围内。

2.2.2.3 试件尺寸

由材料力学性质可知，当试件受压时，对于同一材料小试件强度比大试件强度高。相同受压面积的试件，高度大的试件比高度小的试件检测强度小。因此，对于不同材料的试件尺寸大小都有规定。如混凝土立方体抗压强度试件，标准立方体试件的尺寸是150 mm×150 mm×150 mm，如果不采用标准立方体试件尺寸，计算的过程中要乘以相应的折算系数。

2.2.2.4 受荷面平整度

试件受荷面的平整度也会对检测强度造成影响，如受荷面不平整，较为粗糙，会引起应力集中而使强度大为降低。在混凝土强度检测中，不平整度达到0.25 mm时，强度可能降低30%。上凸比下凹引起的应力集中更加明显。所以，受压面必须平整，如成型面受压，必须用适当强度的材料找平。

2.2.2.5 加载速度

施加于试件的加载速度对强度检测结果有较大影响，加载速度越慢，测得的强度越低，这是由于应变有足够的时间发展，应力还不大时变形已达到极限应变，试件即破坏。因此，对各种材料的力学性能检测都有加载速度的规定。

2.2.3 检测报告

材料检测的主要结果应在检测报告中反映，检测报告的格式可以不尽相同，但一般都由封面、扉页、报告主页、附件等组成。

工程的质量检测报告内容一般包括：委托方名称和地址，报告日期，样品编号，工程名称、样品产地和名称，规格及代表数量，检测条件，检测依据，检测项目，检测结果和结论，审核与批准信息，有效性声明等一些辅助备注说明等。

检测报告反映的是质量检测经过数据整理、计算、编制的结果，而不是原始记录，更不是计算过程的罗列。经过整理计算后的数据可以用图表等形式表示，达到说明的目的，起到一目了然的效果。

2.2.4 检测记录

为了编写出符合要求的检测报告，在整个检测过程中必须认真做好有关现象及原始数据的记录，以便于分析、评定检测结果。

2.2.4.1 检测记录的基本要求

（1）完整性。检测记录的完整性要求是：检测记录应信息齐全，以保证检测行为能够再现；检测表格内容应齐全；记录齐全，计算公式齐全，步骤齐全，应附加的曲线、资料齐全；签字手续完备、齐全；工程检测记录档案齐全完整。

（2）严肃性。检测记录的严肃性要求是：按规定要求记录、修正检测数据，保证记录具有合法性和有效性；记录数据清晰、规整，保证其识别的唯一性；检测、记录、数据处理及计算过程的规范性，保证其校核的简便、正确。

(3)实用性。检测记录的实用性要求是:记录应符合实际需要,记录表格应按参数技术特性设计,栏目先后顺序表现较强的逻辑关系;表格栏目内容应包含数据处理过程和结果;表格应按检测需要设计栏目,避免检测时多数栏目出现空白情况;记录用纸应符合归档和长期保存的要求。

(4)原始性。检测记录的原始性要求是:检测记录必须当场完成,不得追记、誊写,不得事后采取回忆方式补记;记录的修正必须当场完成,不得事后修改;记录必须按规定使用的笔完成;记录表格必须事先准备统一规格的正式表格,不得采用临时设计的未经过批准的非正式表格。

(5)安全性。检测记录的安全性要求是:记录应有编码,以保证其完整性;记录应定点有序存放保管,不得丢失和损坏;记录应按保密要求妥善保管;记录内容不得随意扩散,不得占有利用;记录应及时整理,全部上交归档,不得私自留存。

2.2.4.2 原始记录的基本要求

(1)所有的检测原始记录应按规定的格式填写,书写时应使用蓝(黑)钢笔或签字笔,要求字迹端正、清晰,不得漏记、补记、追记。记录数据占记录格的1/2以下,以便修正记录错误。

(2)修正记录错误应遵循"谁记录谁修正"的原则,由原始记录人员采用"杠改"方式更正,即先杠改发生的错误记录,表示该记录数据已经无效,然后在杠改记录格的右上方填写正确的数据,并加盖自己的专门名章或签名。其他人不得代替原始记录人修改。在任何情况下都不得采用涂抹、刮除或其他方式销毁原错误的记录,并应保证其清晰可见。

(3)使用法定计量单位,按标准规定的有效数字的位数记录,正确进行数据修约。

(4)原始记录在检测期间应由检测人妥善保管,不丢失、不损坏。

(5)原始记录应用书面方式归档保存。

(6)原始记录属于保密文件,无关人员不得随意借阅,借阅时需按规定程序批准。

(7)原始记录的保存期应根据要求确定。如根据我国目前的有关政策规定,水利工程的检测记录要求在工程运行期内不得销毁。

2.3 检测数据的分析与处理

2.3.1 数据分析

2.3.1.1 误差

在材料检测中,由于测量仪器设备、方法、人员或环境等因素,测量结果与被测量的量的真值之间总会有一定差距。误差就是指测量结果与真值之间的差异。

1. *绝对误差和相对误差*

绝对误差是测试结果 X 减去被测试的量的真值 X_0 所得的差,简称误差,即 $\Delta = X - X_0$。绝对误差往往不能用来比较测试的准确程度,为此,需要用相对误差来表达差异。相对误差是绝对误差 Δ 除以被测量的量的真值 X_0 所得的商,即 $s = \Delta / X_0 \times 100\% = (X - X_0)/X_0 \times 100\%$。

2. 系统误差和随机误差

系统误差是指在重复性条件下(是指在测量程序、人员、仪器、环境等尽可能相同的条件下,在尽可能短的时间间隔内完成重复测量任务),对同一量进行无限多次测量所得结果的平均值与被测量的量的真值之差,称为系统误差。系统误差决定测量结果的正确程度,其特征是误差的绝对值和符号保持恒定或遵循某一规律变化。

随机误差是指测量结果在重复条件下,对同一被测量进行无限多次测量所得结果的平均值之差。随机误差决定测量结果的精密程度,其特征是每次误差的取值和符号没有一定规律,且不能预计,多次测量的误差整体服从统计规律,当测量次数不断增加时,其误差的算术平均值趋于零。

2.3.1.2　可疑数据的取舍

在一组条件完全相同的重复检测中,当发现有某个过大或过小的可疑数据时,应按数理统计方法给予鉴别并决定取舍。常用方法有以下两种。

1. 格拉布斯方法

(1)把试验所得数据从小到大排列:$X_1, X_2, X_i, \cdots, X_n$。

(2)计算统计量 T 值。

设 X_i 为可疑值时,则

$$T = \frac{\overline{X} - X_i}{S} \tag{2-1}$$

式中　$\overline{X}$——试件平均值,$\overline{X} = \sum_{i=1}^{n} X_i / n$;

X_i——测定值;

n——试件个数;

S——试件标准差,$S = \sqrt{\frac{1}{n-1} \sum_{i=1}^{n} (X_i - \overline{X})^2}$。

(3)选定显著性水平 a(一般取 0.05),查表 2-1 中相应于 n 与 a 的 $T(n,a)$的值。

表 2-1　n、a 和 T 值的关系

a(%)	当 n 为下列数值时的 T 值							
	3	4	5	6	7	8	9	10
5.0	1.15	1.46	1.67	1.82	1.94	2.03	2.11	2.18
2.5	1.15	1.48	1.71	1.89	2.02	2.13	2.21	2.29
1.0	1.15	1.49	1.75	1.94	2.10	2.22	2.31	2.41

(4)当计算的统计量 $T \geq T(n,a)$时,则假设的可疑数据是对的,应予舍弃。当 $T < T(n,a)$时,则不能舍弃。

这样判决犯错的概率为 $a = 0.05$。

2. 三倍标准差法

三倍标准差法是美国混凝土标准(ACT214 的修改建议)中所采用的方法。其准则是:$|X_i - \overline{X}| > 3S$($S$ 为样本标准差)时应予舍弃;$|X_i - \overline{X}| \leqslant 3S$ 时则保留,但需存疑。当发现试件制作、养护、检测过程中有可疑的变异时,该试件强度值应予舍弃。

以上两种方法,三倍标准差法最简单,但要求较宽,几乎绝大部分数据可不舍弃。格拉布斯方法适用于标准没有规定的情况。

2.3.2　数据统计

2.3.2.1　数据的均值

测试结果的真值是一个理想概念,一般情况下是不知道的。根据统计规律,当测试次数足够多时,测试结果的均值便接近真值。但在工程实践中,测试次数不可能太多,一般检测项目都规定了进行有限次平行测试,将各次测试数据的均值作为测试结果。

1. 算术平均值

算术平均值是最常用的一种均值计算方法,用来了解一批数据的平均水平,度量这些数据中间位置,按下式计算:

$$\overline{X} = \frac{X_1 + X_2 + \cdots + X_n}{n} = \frac{\sum_{i=1}^{n} X_i}{n} \tag{2-2}$$

式中　$\overline{X}$——算术平均值;

$X_1, X_2, \cdots, X_n$——各个测试数据值;

n——测试数据个数。

2. 均方根平均值

均方根平均值对数据大小跳动反映较为灵敏,计算公式如下:

$$X_S = \sqrt{\frac{X_1^2 + X_2^2 + \cdots + X_n^2}{n}} = \sqrt{\frac{\sum_{i=1}^{n} X_i^2}{n}} \tag{2-3}$$

式中　X_S——各测试数据的均方根平均值;

$X_1, X_2, \cdots, X_n$——各个测试数据值;

n——测试数据个数。

3. 加权平均值

测试数据均值的大小不仅取决于各个测试数据的大小,而且取决于各测试数据出现的次数(频数),各测试数据出现的次数对其在平均数中的影响起着权衡轻重的作用。因此,可将各测试数据乘以其出现的次数,加总求和后再除以总的测试次数,得到的数值称为加权平均值。其中,各测试数据出现的次数叫作权数或权重。计算公式如下:

$$X_M = \frac{X_1 g_1 + X_2 g_2 + \cdots + X_n g_n}{g_1 + g_2 + \cdots + g_n} = \frac{\sum_{i=1}^{n} X_i g_i}{\sum_{i=1}^{n} g_i} \tag{2-4}$$

式中 X_M——加权平均值；

$X_1, X_2, \cdots, X_n$——各个不同测试数据值；

$g_1, g_2, \cdots, g_n$——各个不同测试数据值的频数；

n——总的测试数据个数。

建筑材料检测中，计算水泥的平均强度通常采用加权平均值。

2.3.2.2 中位数

将一组数据按大小顺序排列，位于中间的数据称为中位数，也叫中值。当数据的个数 n 为奇数时，居中者即为该组数据的中位数；当数据的个数 n 为偶数时，居中间的两个数据的平均值即是该组数据的中位数。例如一组混凝土抗压强度的测试值分别为 25.20 MPa、25.63 MPa、25.71 MPa、25.93 MPa、25.43 MPa、25.62 MPa，则这组数据的中位数为 25.62 MPa。

2.3.2.3 数据的分散程度

1. 极差

极差是表示数据离散的范围，也可用来度量数据的离散性，也叫范围误差或全距，是指一组平行测试数据中最大值和最小值之差。例如三块砂浆试件抗压强度分别为 5.20 MPa、5.63 MPa、5.71 MPa，则这组试件的极差或范围误差为 5.71 − 5.20 = 0.51(MPa)。

2. 算术平均误差

算术平均误差又叫平均偏差，是指各个测试数据与总体平均值的绝对误差的绝对值的平均值，其计算公式为：

$$\delta = \frac{|X_1 - \overline{X}| + |X_2 - \overline{X}| + \cdots + |X_n - \overline{X}|}{n} \tag{2-5}$$

式中 δ——算术平均误差；

$X_1, X_2, \cdots, X_n$——各个测试数据值；

$\overline{X}$——测试数据的算术平均值；

n——测试数据个数。

例如三块砂浆试块的抗压强度分别为 5.21 MPa、5.63 MPa、5.72 MPa，这组试件的平均抗压强度为 5.52 MPa，则其算术平均误差为 $\delta = \frac{|5.21 - 5.52| + |5.63 - 5.52| + |5.72 - 5.52|}{3} = 0.2\text{(MPa)}$。

3. 标准差(均方根差)

只知试件的平均水平是不够的，还要了解数据的波动情况及其带来的危险性，标准差(均方根差)是衡量波动性(离散性大小)的指标。标准差的计算公式为：

$$S = \sqrt{\frac{(X_1 - \overline{X})^2 + (X_2 - \overline{X})^2 + \cdots + (X_n - \overline{X})^2}{n - 1}} \tag{2-6}$$

式中 S——标准差；

$X_1, X_2, \cdots, X_n$——各个测试数据值；

$\overline{X}$——测试数据的算术平均值；

n——测试数据个数。

例如某厂某月生产 10 个编号的 32.5 级矿渣硅酸盐水泥试件,28 d 抗压强度分别为 37.3 MPa、35.0 MPa、38.4 MPa、35.8 MPa、36.7 MPa、37.4 MPa、38.1 MPa、37.8 MPa、36.2 MPa、34.8 MPa,这 10 个编号水泥试件的算术平均强度为 $\overline{X}=\frac{\sum_{i=1}^{n}X_i}{n}=\frac{367.5}{10}=36.8$(MPa),其标准差为

$$S=\sqrt{\frac{(X_1-\overline{X})^2+(X_2-\overline{X})^2+\cdots+(X_n-\overline{X})^2}{n-1}}=\sqrt{\frac{14.47}{10-1}}=1.268(\mathrm{MPa})$$

4. 变异系数

标准差是表示测试数据绝对波动大小的指标,当测试较大的量值时绝对误差一般较大,因此需要考虑用相对波动的大小来表示标准差,即变异系数。计算式为

$$C_{\mathrm{V}}=\frac{S}{\overline{X}}\times 100\% \tag{2-7}$$

式中 C_{V}——变异系数(%);

S——标准差;

$\overline{X}$——测试数据的算术平均值。

由变异系数可以看出用标准差所表示不出来的数据波动情况。例如,甲、乙两厂均生产 32.5 级矿渣水泥,甲厂某月的水泥 28 d 抗压强度平均值为 39.8 MPa,标准差为 1.68。同月乙厂生产的水泥 28 d 抗压强度平均值为 36.2 MPa,标准差为 1.62,而两厂的变异系数分别为:甲厂 $C_{\mathrm{V}}=\frac{1.68}{39.8}\times 100\%=4.22\%$,乙厂 $C_{\mathrm{V}}=\frac{1.62}{36.2}\times 100\%=4.48\%$。从标准差看,甲厂大于乙厂。但从变异系数看,甲厂小于乙厂,说明乙厂生产的水泥强度相对跳动要比甲厂大,产品的稳定性较差,进而可以说明其质量差别大。

5. 正态分布和概率

如果想得到测试数据波动的更加完整的规律,则须通过画出测试数据概率分布图的办法观察分析。在工程实践中,很多随机变量的概率分布都可以近似地用正态分布来描述。读者可参阅有关教材或文献资料。

2.3.3 数据修约

2.3.3.1 有效数字及其运算规则

若某一近似数据的绝对误差不大于(小于等于)该近似值末位的半个单位,则以此近似数据左起第一个非零数字起到最后一位数字止的所有数字都是有效数字,有效数字的个数为该近似数据的有效位数。如 0.005 6、0.056、5.6、5.6×10^{-2} 均为两位有效数字,0.056 0、5.60×10^{-2} 为三位有效数字,0.056 00 为四位有效位数。

常见的有效数字运算规则如下。

1. 加、减运算

当几个有效数字作加、减运算时,在各数中以小数位数最少的数为准,其余各数均凑成比该数多一位小数位。若计算结果尚需参加下一步运算,则有效位数可多保留一位。

例如，12.37 + 0.656 − 3.8→12.37 + 0.66 − 3.8 = 9.23≈9.2，计算结果为 9.2，若尚需要参与下一步运算，则取 9.23。

2. 乘、除运算

当几个有效数字作乘、除运算时，在各数中以小数位数最少的数为准，其余各数均凑成比该数多一位小数位。若计算结果尚需参加下一步运算，则有效位数可多保留一位。例如，1.162 8 × 0.72 × 0.508 00→1.163 × 0.72 × 0.508 = 0.425 4≈0.425，计算结果为 0.425，若需参与下一步运算，则取 0.425 4。

乘方、开方运算规则同乘、除运算。例如 $12.6^2 = 1.58 \times 10^2$。

3. 计算平均值

在计算几个有效数字的平均值时，如有 4 个以上的数字进行平均计算，则平均值的有效位数可以增加一位。

2.3.3.2　数据修约规则

在运算或其他原因需要减少数字位数时，应按照数字修约进舍规则进行修约。

（1）当拟舍弃数字的最左一位数字小于 5，则舍去，即保留数的末位数字不变。例如，将 16.243 8 修约到个数位，得 16；将 16.243 8 修约到一位小数，得 16.2。

（2）当拟舍弃数字的最左一位数字大于 5，则进一，即保留数的末位数字加 1。例如，将 21.68 修约到个数位，得 22；将 21.68 修约到一位小数，得 21.7。

（3）当拟舍弃数字的最左一位数字是 5，5 后有非 0 数字时，则进一，即保留数的末位数字加 1。当 5 后无数字或皆为 0 时，则保留数的末位数字应凑成偶数（若所保留的末位数字为奇数，则保留数字的末位数字加 1；若所保留的末位数字为偶数，则保留数字的末位数字不变）。例如，将 11.500 2 修约到个数位，得 12；将 250.650 00 修约为 4 位有效数字，得 250.6；将 18.075 00 修约为 4 位有效数字，得 18.08。

（4）负数修约时，先将它的绝对值按上述规定进行修约，然后在所得值前面加上负号。例如，将 −0.036 5 修约到两位小数，得 −0.04；将 −0.037 5 修约到三位小数，得 −0.038。

（5）拟修约数字应确定修约间隔或指定修约数位后一次修约获得结果，而不得多次按进舍规则连续修约。例如修约 97.46，修约到保留一位小数，正确的做法是 97.46→97.5（一次修约），不正确的做法是 97.46→97.5→98.0（两次修约）。

2.3.4　根据检测数据建立直线关系式

在进行材料检测时，有时需要根据测试数据找出材料的某两个质量特性指标之间的关系，建立相关经验公式，如抗压强度—抗拉（抗折）强度的关系、快速试验—标准试验强度的关系等。在工程实践中，常见的两个变量之间的经验相关公式是简单的直线关系式，如标准稠度 $p = 33.4 - 0.185S$（下沉深度）、$f_{cu} = 0.53f_{ce}(B/W - 0.20)$ 等经验公式都是直线关系式。直线关系式为

$$Y = b + aX \tag{2-8}$$

式中　Y——因变量；

　　　X——自变量；

a——系数或斜率；

b——常数或截距。

建立两个变量间直线关系的方法很多，有作图法、选点法、平均法、最小二乘法等，下面举例逐一说明。

【例2-1】 测得8对水泥快速抗压强度$R_{快}$与28 d标准抗压强度$R_{标}$值见表2-2。试分别用作图法、选点法、平均法、最小二乘法建立标准抗压强度$R_{标}$与快速抗压强度$R_{快}$的直线相关公式。

表2-2　水泥快速抗压强度$R_{快}$与28 d标准抗压强度$R_{标}$值　(单位:MPa)

序号	1	2	3	4	5	6	7	8
$X(R_{快})$	6.3	40.9	12.5	38.6	19.6	21.5	25.2	31.9
$Y(R_{标})$	26.1	62.6	29.0	58.4	37.1	41.1	45.7	52.6

解:(1)作图法。建立坐标系，横坐标代表快速抗压强度$R_{快}$，纵坐标代表标准抗压强度$R_{标}$，将8对测试数据点绘于坐标中，通过点群中心画一直线(见图2-1)，使8个点在直线两侧分布均匀。这条直线即表示$Y=b+aX$，就是$R_{快}$与$R_{标}$的相关式。延长直线使之与纵坐标轴相交，交点至零点的距离即为截距$b=17.3$ MPa，系数a为直线的斜率$a=\frac{Y}{X}=\frac{35.6}{32.8}=1.085\ 4$，则得$R_{标}=17.3+1.085\ 4R_{快}$。

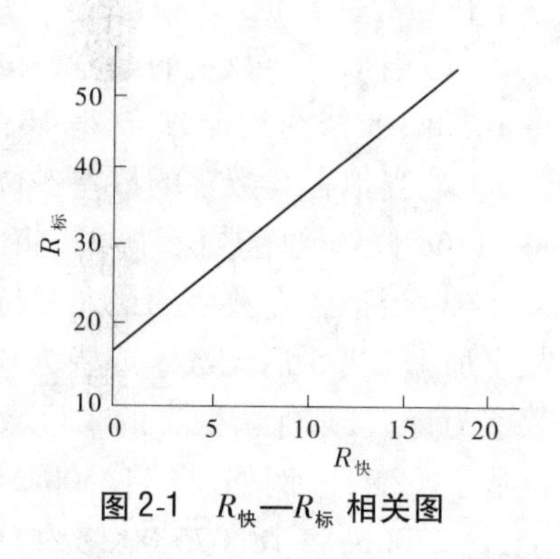

图2-1　$R_{快}$—$R_{标}$相关图

有了上述经验公式，就可以用快速抗压强度$R_{快}$推算28 d标准抗压强度$R_{标}$。如测得快速抗压强度$R_{快}=30.0$ MPa，代入相关公式$R_{标}=17.3+1.085\ 4R_{快}$得28 d标准抗压强度$R_{标}=49.9$ MPa。

用作图法求两个变量间的直线经验公式时，特别要注意截距b和斜率a的正负号。相关直线与Y轴(纵坐标)的交点在零点以上时，b为正值；交点在零点以下时，b为负值。

(2)选点法。先将8对测试数据按照从小到大排序，见表2-3。在8对测试数据中大小两端各任选一对数据，如选第1组(6.3,26.1)和第8组(40.9,62.6)，则根据这两组数据可得联立方程组：

$$\begin{cases}26.1=b+6.3a\\62.6=b+40.9a\end{cases}$$

通过求解此方程组，可得$a=1.054\ 9$，$b=19.5$，由此可写出$R_{快}$和$R_{标}$的直线关系式：$R_{标}=19.5+1.054\ 9R_{快}$。

如果测得快速抗压强度$R_{快}=30.0$ MPa，代入上式得28 d标准抗压强度$R_{标}=51.1$ MPa。

利用选点法建立的相关公式，因选择的两组测试数据的不同而有差别。

表 2-3 按照大小次序排列的水泥快速抗压强度 $R_{快}$ 与 28 d 标准抗压强度 $R_{标}$ 值 (单位:MPa)

序号	1	2	3	4	5	6	7	8
$X(R_{快})$	6.3	12.5	19.6	21.5	25.2	31.9	38.6	40.9
$Y(R_{标})$	26.1	29.0	37.1	41.1	45.7	52.6	58.4	62.6

(3)平均法。先将 8 对测试数据按照从小到大排序,见表 2-3。再将 8 对测试数据分成两组,前 4 对一组,后 4 对一组,并求出两组检测数据的算术平均值:

第一组 $\overline{X_1}=15.0,\overline{Y_1}=33.3$

第二组 $\overline{X_2}=34.2,\overline{Y_2}=54.8$

组成方程组

$$\begin{cases}33.3 = b + 15.0a\\54.8 = b + 34.2a\end{cases}$$

求解此方程组得 $a=1.119\ 79$,$b=16.503$,即可得到 $R_{快}$ 和 $R_{标}$ 的直线关系式为 $R_{标}=16.503+1.119\ 79R_{快}$。

(4)最小二乘法。最小二乘法是一种最常用的统计分析方法,其基本原理是使各测试数据与统计分析得到的直线关系间的误差的平方和为最小。最小二乘法中,直线方程式的截距 b、斜率 a、相关系数 r、标准离差 σ 及变异系数 C_V 的计算公式如下:

截距
$$b=\frac{\sum XY\sum X-\sum Y\sum X^2}{(\sum X)^2-n\sum X^2}$$

斜率
$$a=\frac{\sum X\sum Y-n\sum XY}{(\sum X)^2-n\sum X^2}$$

相关系数
$$r=\frac{n\sum XY-\sum X\sum Y}{\sqrt{[n\sum X^2-(\sum X)^2][n\sum Y^2-(\sum Y)^2]}}$$

标准离差
$$\sigma=\sqrt{1-r^2}\sqrt{\frac{n\sum Y^2-(\sum Y)^2}{n(n-2)}}$$

变异系数
$$C_V(\%)=\frac{\sigma}{X}\times 100\%$$

先列表计算 8 对测试数据的 $\sum X$、$\sum Y$、$\sum X^2$、$\sum Y^2$、$\sum XY$ 等数值,见表 2-4,然后代入上述公式计算得 b、a、r、σ、C_V 值。

代入公式得:

$$b=\frac{9\ 781.90\times 196.5-352.6\times 5\ 857.77}{196.5^2-8\times 5\ 857.77}=17.371\approx 17.4$$

表 2-4　最小二乘法计算表

n	$Y(R_{标})$	$X(R_{快})$	Y^2	X^2	XY
1	26.1	6.3	681.21	39.69	164.43
2	62.6	40.9	3 918.76	1 672.81	2 560.34
3	29.0	12.5	841.00	156.25	362.50
4	58.4	38.6	3 410.56	1 489.96	2 254.24
5	37.1	19.6	1 376.41	384.16	727.16
6	41.1	21.5	1 689.21	462.25	883.65
7	45.7	25.2	2 088.49	635.04	1 151.64
8	52.6	31.9	2 766.76	1 017.61	1 677.94
Σ	352.6	196.5	16 772.40	5 857.77	9 781.90

$$a = \frac{196.5 \times 352.6 - 8 \times 9\,781.90}{196.5^2 - 8 \times 5\,857.77} = 1.087\,2$$

得到 b 和 a 值后,即可写出直线关系式 $R_{标} = 17.4 + 1.087\,2R_{快}$,如果测得快速抗压强度 $R_{快} = 30.0$ MPa,代入关系式便得到 28 d 标准抗压强度 $R_{标} = 50.0$ MPa。

另外,将列表计算得到的数值分别代入 r、σ、C_V 的计算公式可得 $r = 0.994\,9$,$\sigma = 1.445$ MPa,$C_V = 5.88$。相关系数越接近 1,说明统计分析得到的直线关系式与测试数据之间的相关性越好,公式的使用可靠性越大,用公式计算的结果越接近实测值。

用最小二乘法统计分析直线关系式的计算较为复杂、费时,但利用 Excel 电子表格进行计算则可大大提高计算的效率和精度。

3 建筑钢材

建筑钢材是建筑工程中所用各种钢材的总称。钢材具有强度高,有一定塑性和韧性,能承受冲击和振动荷载,可以焊接或铆接,便于装配等优点;其缺点主要是易锈蚀,维护费用高,耐火性差,生产能耗大。在建筑工程中,钢材被大量用做结构材料,并被列为建筑工程的三大重要材料之一。

3.1 概 述

3.1.1 钢的冶炼

钢是由炼钢生铁在1 700 ℃左右的炼钢炉中冶炼,把生铁中的杂质氧化,将含碳量降到2.06%以下,并将其他元素调整到规定范围得到的铁碳合金。钢的密度为7.84~7.86 g/cm^3。

钢的冶炼方法根据炼钢设备的不同主要分为平炉炼钢法、转炉炼钢法和电弧炼钢法三种。建筑钢多是平炉钢、顶吹氧气转炉钢和侧吹转炉钢。平炉炼钢法是以固态或液态的生铁、铁矿石或废钢材作为原料,用煤气或重油加热冶炼。由于冶炼时间长,钢的化学成分较易控制,除渣较净,成品质量高,可生产优质碳素钢、合金钢或特殊要求的专用钢,但投资大、能耗大、冶炼周期长。生产侧吹转炉钢是将熔融状态的铁水,由转炉侧面吹入高压热空气,使铁水中的杂质在空气中氧化,从而除去杂质。但是,在吹炼时易混入氮、氢等有害气体使钢质变坏,控制钢的成分较难。侧吹转炉钢的炉体容量小、出钢快,一般只能用来炼制普通碳素钢。顶吹氧气转炉炼钢法是将纯氧从转炉顶部吹入炉内,克服了空气转炉法的缺点,效率较高,钢质也易控制,近年来采用较多。

炼钢需要足够的氧,但如果钢材中残存了氧,就会使钢质变差。因此,必须在冶炼后期脱氧。根据脱氧程度所表现的状态,浇铸的钢锭可分为沸腾钢、镇静钢、半镇静钢、特殊镇静钢四种。

钢材交货时,必须对所用炉种以规定的代号作出标志,脱氧状态也是钢质标志的内容。

3.1.2 钢的分类

钢的品种繁多,一般分类归纳如下。

3.1.2.1 按化学成分分类

1. 碳素钢

碳素钢的化学成分主要是铁,其次是碳,故也称铁碳合金。其含碳量为0.02%~2.06%。此外,还含有极少量的硅、锰和微量的硫、磷等元素。碳素钢按含碳量又可分为低碳钢(含碳量小于0.25%)、中碳钢(含碳量为0.25%~0.60%)和高碳钢(含碳量大于

0.60%)三种。其中,低碳钢在建筑工程中应用最多。

2. 合金钢

合金钢是指在炼钢过程中,加入一种或多种能改善钢材性能的合金元素而制得的钢种。常用的合金元素有硅、锰、钛、钒、铌、铬等。按合金元素总含量的不同,合金钢可以分为低合金钢(合金元素总含量小于5%)、中合金钢(合金元素总含量为5% ~10%)和高合金钢(合金元素总含量大于10%)。低合金钢为建筑工程中常用的主要钢种。

3.1.2.2 按冶炼时脱氧程度分类

冶炼时脱氧程度不同,钢的质量差别很大,通常可分为以下四种。

1. 沸腾钢

炼钢时仅加入锰铁进行脱氧,脱氧不完全。这种钢水浇入锭模时,有大量的一氧化碳气体从钢水中外逸,引起钢水呈沸腾状,故称沸腾钢,代号为“F”。沸腾钢组织不够致密,成分不太均匀,硫、磷等杂质偏析较严重,故质量较差。但因其成本低、产量高,故被广泛用于一般建筑工程。

2. 镇静钢

炼钢时采用锰铁、硅铁和铝锭等作脱氧剂,脱氧完全,并且同时能起去硫作用。这种钢水铸锭时能平静地充满锭模并冷却凝固,故称镇静钢,代号为“Z”。镇静钢虽成本较高,但其组织致密,成分均匀,性能稳定,故质量好。镇静钢适用于预应力混凝土等重要的结构工程。

3. 半镇静钢

半镇静钢的脱氧程度介于沸腾钢和镇静钢之间,为质量较好的钢,其代号为“b”。

4. 特殊镇静钢

特殊镇静钢是比镇静钢脱氧程度还要充分彻底的钢,故其质量最好,适用于特别重要的结构,代号为“TZ”。

3.1.2.3 按有害杂质含量分类

按钢中有害杂质硫(S)和磷(P)含量的多少,钢材可分为以下四类。

1. 普通钢

硫含量不大于0.045% ~0.050%,磷含量不大于0.045%。

2. 优质钢

硫含量不大于0.035%,磷含量不大于0.035%。

3. 高级优质钢

硫含量不大于0.025%,磷含量不大于0.025%。

4. 特级优质钢

硫含量不大于0.015%,磷含量不大于0.025%。

3.1.2.4 按用途分类

1. 结构钢

结构钢是主要用作工程结构构件及机械零件的钢。

2. 工具钢

工具钢是主要用于各种刀具、量具及模具的钢。

3. 特殊钢

特殊钢是具有特殊物理、化学或机械性能的钢,如不锈钢、耐热钢、耐酸钢、耐磨钢、磁性钢等。

建筑钢材的产品一般分为型材、线材、板材和管材等几类。型材包括钢结构用的角钢、工字钢、槽钢、方钢、轨道钢等。线材包括钢筋混凝土和预应力混凝土用的钢筋、钢丝和钢绞线等。板材包括用于水利水电工程金属结构、房屋、桥梁及建筑机械的中厚钢板,用于屋面、墙面、楼板等的薄钢板。管材主要用于钢桁架和供水、供气(汽)管线等。

3.1.3 钢材的加工

冶炼生产的钢,除极少量直接用作铸件外,绝大部分都是先浇铸成钢锭,然后加工制成各种钢材。

将钢锭加热到 1 150 ~ 1 300 ℃后进行热轧,所得的产品为热轧钢材。将钢锭先热轧,经冷却至室温后再进行冷轧的产品为冷轧钢材。一般建筑钢材以热轧为主。钢管是用钢板加工焊制而成的。无缝钢管是对实心钢坯进行穿孔,经热轧、挤压、冷轧、冷拔等工艺而制成的。

3.2 建筑钢材的主要技术性能

钢材的技术性能包括力学性能、工艺性能和化学性能等。了解、掌握钢材的各种性能是正确、经济、合理地选用钢材的基础。

3.2.1 力学性能

3.2.1.1 拉伸性能

钢材的拉伸性能,典型地反映在广泛使用的软钢(低碳钢)拉伸试验时得到的应力 σ 与应变 ε 的关系上,如图 3-1 所示。钢材从拉伸到拉断,在外力作用下的变形可分为 4 个阶段,即弹性阶段、屈服阶段、强化阶段和颈缩阶段。

在拉伸的开始阶段,OA 为直线,说明应力与应变成正比,即 $\sigma/\varepsilon = E$ 。A 点对应的应力 σ_p 称为比例极限。当应力超过比例极限时,应力与应变开始失去比例关系,但仍保持弹性变形。所以,e 点对应的应力 σ_e 称为弹性极限。Oe 为弹性阶段。

当荷载继续增大时,线段呈曲线形,开始形成塑性变形。应力增加到 $B_{上}$ 点后,变形急剧增加,应力则在不大的范围($B_{上}$、$B_{下}$)内波动,呈现锯齿状。把此时应力不增加,应变增加时的应力 σ_s 定义为屈服极限强度。屈服点 σ_s 是热轧钢筋和冷拉钢筋的强度标准值确定的依据,也是工程设计中强度取值的依据。该阶段为屈服阶段。超过屈服点后,应力增加又产生应变,钢材进入强化阶段,C 点所对应的应力,即试件拉断前的最大应力 σ_b 称为抗拉强度。抗拉强度 σ_b 是钢丝、钢绞线和热处理钢筋强度标准值确定的依据。BC 为强化阶段。超过 C 点后,塑性变形迅速增大,试件出现颈缩,应力随之下降,试件很快被拉断,CD 为颈缩阶段。

钢材的 σ_e 和 σ_s 越高,表示钢材对小量塑性变形的抵抗能力越大。因此,在不发生塑性变形的条件下,所能承受的应力就越大。σ_s 与 σ_b 差值越大的钢,说明超过屈服点后的强度储备能力越大,结构的安全性越高。

试件拉断后,将拉断后的两段试件拼对起来,量出拉断后的标距长 l_1,见图3-2。按公式(3-1)计算伸长率:

$$\delta = \frac{l_1 - l_0}{l_0} \times 100\% \tag{3-1}$$

式中　δ——试件的伸长率(%);

l_0——原始标距长度,mm;

l_1——断后标距长度,mm。

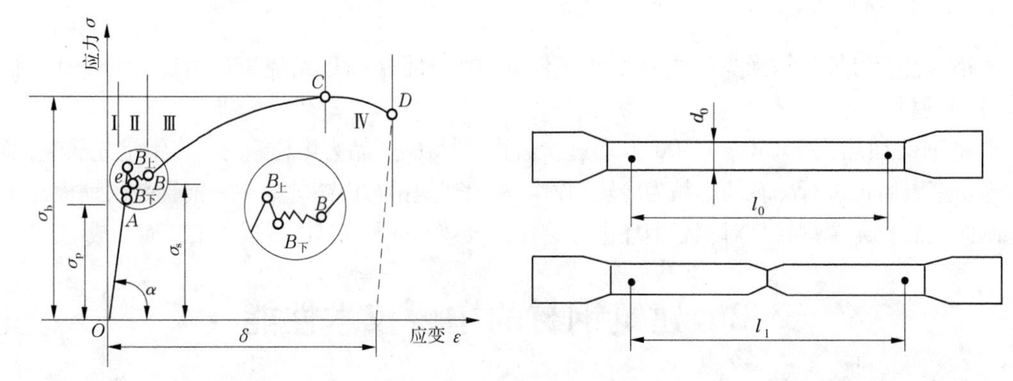

图3-1　低碳钢受拉应力—应变　　　　图3-2　试件拉伸前和断裂后标距长度

伸长率是衡量钢材塑性的重要指标,其值越大说明钢材的塑性越好。塑性变形能力强,可使应力重新分布,避免应力集中,结构的安全性增大。塑性变形在试件标距内的分布是不均匀的,颈缩处的变形最大,离颈缩部位越远其变形越小。所以,原始标距与直径之比越小,则颈缩处伸长值在整个伸长值中的比重越大,计算出来的 δ 值就越大。标距的大小影响伸长率的计算结果,通常以 δ_5 和 δ_{10} 分别表示 $l_0 = 5d_0$ 和 $l_0 = 10d_0$ 时的伸长率。对于同一种钢材,其 δ_5 大于 δ_{10}。某些线材的标距 $l_0 = 100$ mm,伸长率用 δ_{100} 表示。

中碳钢和高碳钢(硬钢)的拉伸曲线与低碳钢不同,屈服现象不明显,伸长率小。这类钢材由于没有明显的屈服阶段,难以测定屈服点,则规定产生残余变形为0.2%原标距长度时所对应的应力值,作为钢的屈服强度,称为条件屈服点,用 $\sigma_{0.2}$ 表示。

3.2.1.2　冲击韧性

钢材抵抗冲击荷载作用而不被破坏的能力称为冲击韧性。用于重要结构的钢材,特别是承受冲击振动荷载的结构所使用的钢材,必须保证冲击韧性。

钢材的冲击韧性用标准试件在做冲击试验时,每平方厘米所吸收的冲击断裂功(J/cm^2)表示,其符号为 α_k。试验时将试件放置在固定支座上,然后以摆锤冲击试件刻槽的背面,使试件承受冲击弯曲而断裂。显然,α_k 值越大,钢材的冲击韧性越好。

影响钢材冲击韧性的因素很多,当钢材内硫、磷的含量高,存在化学偏析,含有非金属夹杂物及焊接形成的微裂缝时,钢材的冲击韧性都会显著降低。

环境温度对钢材的冲击韧性影响很大。试验证明,冲击韧性随温度的降低而下降,开始时下降缓慢,当达到一定温度范围时,突然下降很多而呈脆性,这种性质称为钢材的冷脆性。这时的温度称为脆性临界温度,其数值愈低,钢材的低温冲击韧性愈好。所以,在负温下使用的结构,应选用脆性临界温度较使用温度低的钢材。由于脆性临界温度的测定较复杂,故规范中通常是根据气温条件规定 -20 ℃或 -40 ℃的负温冲击值指标。

冲击韧性随时间的延长而下降的现象称为时效,完成时效的过程可达数十年,但钢材如经冷加工或使用中受振动和反复荷载的影响,时效可迅速发展。因时效导致钢材性能改变的程度称为时效敏感性。时效敏感性越大的钢材,经过时效后冲击韧性的降低越显著。为了保证安全,对于承受动荷载的重要结构,应当选用时效敏感性小的钢材。

总之,对于直接承受动荷载,而且可能在负温下工作的重要结构,必须按照有关规范要求进行钢材的冲击韧性检验。

3.2.1.3 疲劳强度

钢材在交变荷载反复多次作用下,可在最大应力远低于抗拉强度的情况下突然破坏,这种破坏称为疲劳破坏。钢材的疲劳破坏指标用疲劳强度(或称疲劳极限)来表示,它是试件在交变应力的作用下,不发生疲劳破坏的最大应力值。一般将承受交变荷载达 10^7 周次时不发生破坏的最大应力定义为疲劳强度。在设计承受反复荷载且须进行疲劳验算的结构时,应当了解所用钢材的疲劳强度。

研究表明,钢材的疲劳破坏是由拉应力引起的,首先在局部开始形成微细裂缝,由于裂缝尖端处产生应力集中而使裂缝迅速扩展直至钢材断裂。因此,钢材内部成分的偏析和夹杂物的多少,以及最大应力处的表面光洁程度、加工损伤等,都是影响钢材疲劳强度的因素。疲劳破坏常常是突然发生的,往往造成严重事故。

3.2.1.4 硬度

硬度是指钢材抵抗外物压入表面而不产生塑性变形的能力,即钢材表面抵抗塑性变形的能力。

钢材的硬度是以一定的静荷载,把一定直径的淬火钢球压入试件表面,然后测定压痕的面积或深度来确定的。测定钢材硬度的方法有布氏法、洛氏法和维氏法等,较常用的为布氏法和洛氏法。相应的硬度试验指标称布氏硬度(HB)和洛氏硬度(HR)。

布氏法是利用直径为 D(mm)的淬火钢球,以 P(N)的荷载将其压入试件表面,经规定的持续时间后卸除荷载,得到直径为 d(mm)的压痕,以荷载 P 除以压痕表面积 F(mm^2),所得的应力值即为试件的布氏硬度值,以数字表示,不带单位。各类钢材的 HB 值与抗拉强度之间有较好的相关关系。钢材的强度越高,塑性变形抵抗力越强,硬度值也越大。对于碳素钢:当 HB < 175 时,抗拉强度 $\sigma_b \approx 3.6HB$;当 HB > 175 时,抗拉强度 $\sigma_b \approx 3.5HB$。根据这一关系,可以直接在钢结构上测出钢材的 HB 值,并估算出该钢材的抗拉强度。

洛氏法是按压入试件深度的大小表示材料的硬度值。洛氏法压痕很小,一般用于判断机械零件的热处理效果。

3.2.2 工艺性能

良好的工艺性能可以保证钢材顺利通过各种加工,而使钢材制品的质量不受影响。冷弯、冷拉、冷拔及焊接性能均是建筑钢材的重要工艺性能。

3.2.2.1 冷弯性能

冷弯性能是指钢材在常温下承受弯曲变形的能力,以试件弯曲的角度和弯心直径对试件厚度(或直径)的比值来表示。弯曲的角度愈大,弯心直径对试件厚度(或直径)的比值愈小,表示对冷弯性能的要求愈高。冷弯检验是按规定的弯曲角度和弯心直径进行弯曲后,检查试件弯曲处外面及侧面不发生裂缝、断裂或起层,即认为冷弯性能合格。

冷弯是钢材处于不利变形条件下的塑性,更有助于暴露钢材的某些内在缺陷,而伸长率则是反映钢材在均匀变形下的塑性。因此,相对于伸长率而言,冷弯是对钢材塑性更严格的检验,它能揭示钢材是否存在内部组织不均匀、内应力和夹杂物等缺陷。冷弯试验对焊接质量也是一种严格的检验,能揭示焊件在受弯表面存在未熔合、微裂纹及夹杂物等缺陷。

3.2.2.2 冷加工性能及时效

1.冷加工强化处理

将钢材在常温下进行冷加工(如冷拉、冷拔或冷轧),使之产生塑性变形,从而提高屈服强度,这个过程称为冷加工强化处理。经过强化处理后钢材的塑性和韧性降低。由于塑性变形中产生内应力,故钢材的弹性模量降低。

建筑工地或预制构件厂常利用该原理对钢筋按一定程序进行冷拉或冷加工,以提高屈服强度,节约钢材。

1)冷拉

冷拉是将热轧钢筋用冷拉设备加力进行张拉。钢材冷拉后,屈服强度可提高20%~30%,钢材经冷拉后屈服阶段缩短,伸长率降低,材质变硬。

2)冷拔

冷拔是将光圆钢筋通过硬质合金拔丝模强行拉拔。每次拉拔断面缩小应在10%以下。钢筋在冷拔过程中,不仅受拉,同时还受到挤压作用,因而冷拔作用比冷拉作用强烈。经过一次或多次冷拔后的钢筋,表面光洁度高,屈服强度提高40%~60%,但塑性大大降低,具有硬钢的性质。

2.时效

钢材经冷加工后,在常温下存放15~20 d,或加热至100~200 ℃保持2 h左右,其屈服强度、抗拉强度及硬度进一步提高,而塑性及韧性继续降低,这种现象称为时效。前者称为自然时效,后者称为人工时效。

钢材经冷拉及时效处理后,其应力—应变关系变化的规律,可明显地在应力—应变图上得到反映,如图3-3所示。

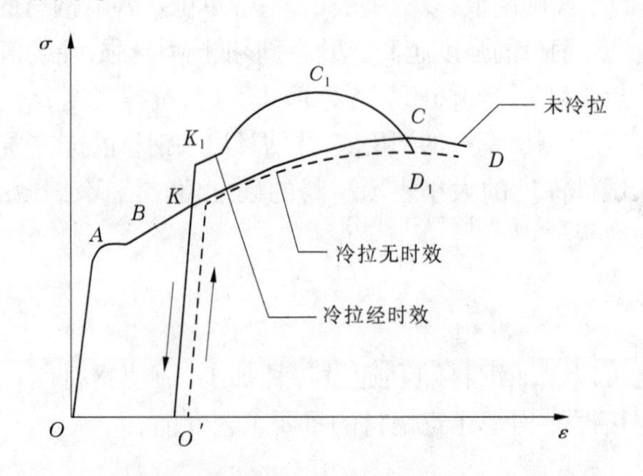

图3-3 钢筋经冷拉及时效处理后应力—应变图的变化

3.2.2.3 焊接性能

焊接是各种型钢、钢板、钢筋的重要连接方式。建筑工程的钢结构有90%以上是焊接结构。焊接的质量取决于焊接工艺、焊接材料及钢的焊接性能。

钢材的可焊性是指钢材适用通常的方法与工艺进行焊接的性能。可焊性的好坏，主要取决于钢材的化学成分。含碳量小于0.25%的碳素钢具有良好的可焊性。加入合金元素（如硅、锰、钒、钛等）将增大焊接处的硬脆性，降低可焊性，特别是硫能使焊接产生热裂纹及硬脆性。

钢筋焊接应注意以下问题：

（1）冷拉钢筋的焊接应在冷拉之前进行；

（2）钢筋焊接之前，焊接部位应清除铁锈、熔渣、油污等；

（3）应尽量避免不同国家的进口钢筋之间或进口钢筋与国产钢筋之间的焊接。

3.2.3 钢的化学成分对钢材性能的影响

3.2.3.1 碳（C）

碳是形成钢材强度的主要成分，是钢材中除铁外最主要的元素。含碳量高，则钢材强度高，但同时钢材的塑性、韧性、冷弯性能、可焊性及抗锈蚀能力下降。因此，建筑钢材对含碳量要加以限制，一般不应超过0.22%，在焊接结构中还应低于0.20%。

3.2.3.2 硅（Si）

硅是强脱氧剂，是制作镇静钢的必要元素。硅适量时可提高钢材的强度而不显著影响其塑性、韧性、冷弯性能及可焊性。在碳素镇静钢中硅的含量为0.12%～0.30%，在低合金钢中为0.20%～0.55%。过量时会恶化钢材的可焊性及抗锈蚀性。

3.2.3.3 锰（Mn）

锰是钢中的有益元素，它能显著提高钢材的强度而不过多降低塑性和冲击韧性。锰有脱氧作用，是弱脱氧剂。同时，还可以消除硫引起的钢材热脆现象及改善冷脆倾向。锰是低合金钢中的主要合金元素，含量一般为1.2%～1.6%，过量时会降低钢材的可焊性。

3.2.3.4 硫（S）

硫是钢中的有害元素，属杂质。硫在钢材温度达到800～1 000 ℃时生成硫化铁而熔化，使钢材变脆，易出现裂缝，称为热脆。硫还会降低钢材的冲击韧性、可焊性、疲劳强度及抗锈蚀能力。因此，对硫的含量必须严加控制，一般不超过0.045%～0.05%，Q235的C级与D级钢要求更严。

3.2.3.5 磷（P）

磷可以提高钢材的强度和抗锈蚀能力，但却严重降低钢材的塑性、韧性和可焊性，特别是在温度较低时使钢材变脆（冷脆），即在低温条件下使钢材的塑性和韧性显著降低，钢材容易脆裂。因此，应严格控制其含量，一般不超过0.045%。但采取适当的冶金工艺处理，磷也可作为合金元素，含量为0.05%～0.12%。

3.2.3.6 氧（O）和氮（N）

氧和氮也是钢中的有害元素。氧能使钢材热脆，其作用比硫剧烈；氮能使钢材冷脆，与磷类似，故其含量应严格控制。由于氧和氮在冶炼过程中容易逸出，一般不会超过极限含量,故不作含量要求。

3.2.3.7 **铝、钛、钒、铌**

铝、钛、钒、铌均是炼钢时的强脱氧剂,也是钢中常用的合金元素。它们能提高钢材的强度和抗锈蚀性,又不显著降低塑性。

3.3 建筑钢材的技术标准及应用

建筑钢材常用于钢结构和钢筋混凝土结构,前者主要用型钢,后者主要用钢筋和钢丝,两者均多为碳素结构钢和低合金结构钢。

3.3.1 碳素结构钢

3.3.1.1 碳素结构钢的牌号及其表示方法

国家标准《碳素结构钢》(GB/T 700—2006)规定,碳素结构钢按其屈服点分 Q195、Q215、Q235 和 Q275 四个牌号。各牌号钢又按其硫、磷含量由多至少分为 A、B、C、D 四个质量等级。碳素结构钢的牌号由代表屈服强度的字母"Q"、屈服强度数值(单位为 MPa)、质量等级符号(A、B、C、D)、脱氧方法符号(F、Z、TZ)等四个部分按顺序组成。例如,Q235AF,它表示屈服强度为 235 MPa、质量等级为 A 级的沸腾碳素结构钢。

碳素结构钢的牌号组成中,表示镇静钢的符号"Z"和表示特殊镇静钢的符号"TZ"可以省略,例如:质量等级分别为 C 级和 D 级的 Q235 钢,其牌号表示为 Q235CZ 和 Q235DTZ,可以省略为 Q235C 和 Q235D。

3.3.1.2 碳素结构钢的技术要求

碳素结构钢的化学成分、力学性能及冷弯性能应符合表 3-1 ~ 表 3-3 的规定。

表 3-1 碳素结构钢的化学成分(GB/T 700—2006)

<table>
<tr><th rowspan="2">牌号</th><th rowspan="2">统一数字代号</th><th rowspan="2">等级</th><th rowspan="2">厚度(或直径)(mm)</th><th rowspan="2">脱氧方法</th><th colspan="5">化学成分(质量百分数)(%),≤</th></tr>
<tr><th>C</th><th>Si</th><th>Mn</th><th>P</th><th>S</th></tr>
<tr><td>Q195</td><td>U11952</td><td>—</td><td>—</td><td>F、Z</td><td>0.12</td><td>0.30</td><td>0.50</td><td>0.035</td><td>0.040</td></tr>
<tr><td rowspan="2">Q215</td><td>U12152</td><td>A</td><td rowspan="2">—</td><td rowspan="2">F、Z</td><td rowspan="2">0.15</td><td rowspan="2">0.35</td><td rowspan="2">1.20</td><td rowspan="2">0.045</td><td>0.050</td></tr>
<tr><td>U12155</td><td>B</td><td>0.045</td></tr>
<tr><td rowspan="4">Q235</td><td>U12352</td><td>A</td><td rowspan="4">—</td><td rowspan="2">F、Z</td><td>0.22</td><td rowspan="4">0.35</td><td rowspan="4">1.40</td><td rowspan="2">0.045</td><td>0.050</td></tr>
<tr><td>U12355</td><td>B</td><td>0.20</td><td>0.045</td></tr>
<tr><td>U12358</td><td>C</td><td>Z</td><td rowspan="2">0.17</td><td>0.040</td><td>0.040</td></tr>
<tr><td>U12359</td><td>D</td><td>TZ</td><td>0.035</td><td>0.035</td></tr>
<tr><td rowspan="5">Q275</td><td>U12752</td><td>A</td><td>—</td><td>F、Z</td><td>0.24</td><td rowspan="5">0.35</td><td rowspan="5">1.50</td><td>0.045</td><td>0.050</td></tr>
<tr><td rowspan="2">U12755</td><td rowspan="2">B</td><td>≤40</td><td rowspan="2">Z</td><td>0.21</td><td rowspan="2">0.045</td><td rowspan="2">0.045</td></tr>
<tr><td>>40</td><td>0.22</td></tr>
<tr><td>U12758</td><td>C</td><td rowspan="2">—</td><td>Z</td><td rowspan="2">0.20</td><td>0.040</td><td>0.040</td></tr>
<tr><td>U12759</td><td>D</td><td>TZ</td><td>0.035</td><td>0.035</td></tr>
</table>

注:1. 表中为镇静钢、特殊镇静钢牌号的统一数字代号,沸腾钢牌号的统一数字代号如下:Q195F—U11950;Q215AF—U12150,Q215BF—U12153;Q235AF—U12350,Q235BF—U12353;Q275AF—U12750。

2. 经需方同意,Q235B 的碳含量可不大于 0.22%。

表 3-2　碳素结构钢的力学性能(GB/T 700—2006)

牌号	等级	屈服强度 R_{eH}(N/mm^2),≥						抗拉强度 R_m (N/mm^2)	断后伸长率 A(%),≥					冲击试验(V 形缺口)	
		厚度(或直径)(mm)							厚度(或直径)(mm)					温度(℃)	冲击吸收功(纵向)(J),≥
		≤16	>16~40	>40~60	>60~100	>100~150	>150~200		≤40	>40~60	>60~100	>100~150	>150~200		
Q195	—	195	185	—	—	—	—	315~430	33	—	—	—	—	—	—
Q215	A	215	205	195	185	175	165	335~450	31	30	29	27	26	—	—
	B													+20	27
Q235	A	235	225	215	215	195	185	370~500	26	25	24	22	21	—	—
	B													+20	27
	C													0	
	D													-20	
Q275	A	275	265	255	245	225	215	410~540	22	21	20	18	17	—	—
	B													+20	27
	C													0	
	D													-20	

注:1. Q195 的屈服强度值仅供参考,不作交货条件。

2. 厚度大于 100 mm 的钢材,抗拉强度下限允许降低 20 MPa。宽带钢(包括剪切钢板)抗拉强度上限不作交货条件。

3. 厚度小于 25 mm 的 Q235B 级钢材,如供方能保证冲击吸收功合格,经需方同意,可不作检验。

表 3-3　碳素结构钢的冷弯性能(GB/T 700—2006)

牌号	试样方向	冷弯试验 180°,$B=2a$	
		钢材厚度或直径(mm)	
		≤60	>60~100
		弯心直径 d	
Q195	纵	0	—
	横	0.5a	
Q215	纵	0.5a	1.5a
	横	a	2a
Q235	纵	a	2a
	横	1.5a	2.5a
Q275	纵	1.5a	2.5a
	横	2a	3a

注:B 为试样宽度,a 为试样厚度(或直径)。

由表 3-1 ~ 表 3-3 可知,碳素结构钢随着牌号的增大,其含碳量增加,强度提高,塑性和韧性降低,冷弯性能逐渐变差。

3.3.1.3　碳素结构钢的特性与选用

工程中应用最广泛的碳素结构钢牌号为Q235,其含碳量为0.14%～0.22%,属低碳钢,由于该牌号钢既具有较高的强度,又具有较好的塑性和韧性,可焊性也好,故能较好地满足一般钢结构和钢筋混凝土结构的用钢要求。

Q195、Q215号钢强度低,塑性和韧性较好,易于冷加工,常用作钢钉、铆钉、螺栓及铁丝等。Q215号钢经冷加工后可代替Q235号钢使用。

Q275号钢强度较高,但塑性、韧性和可焊性较差,不易焊接和冷加工,可用于轧制钢筋、制作螺栓配件等。

3.3.2　优质碳素结构钢

优质碳素结构钢分为优质钢、高级优质钢(钢号后加A)和特级优质钢(钢号后加E)。根据国家标准《钢铁产品牌号表示方法》(GB/T 221—2008)规定,优质碳素结构钢的牌号采用阿拉伯数字或阿拉伯数字和规定的符号表示,以两位阿拉伯数字表示平均含碳量(以万分数计),例如:平均含碳量为0.08%的沸腾钢,其牌号表示为"08F";较高含锰量的优质碳素结构钢,在表示平均含碳量的阿拉伯数字后加锰元素符号,如平均含碳量为0.50%,含锰量为0.70%～1.0%的钢,其牌号表示为"50Mn"。目前,我国生产的优质碳素结构钢有28个牌号(详见《优质碳素结构钢》(GB/T 699—2015)),优质碳素结构钢中的硫、磷等有害杂质含量更低,且脱氧充分,质量稳定,在建筑工程中常用作重要结构的钢铸件、高强螺栓及预应力锚具。

3.3.3　低合金高强度结构钢

为了改善碳素结构钢的力学性能和工艺性能,或为了得到某种特殊的理化性能,在炼钢时有意识地加入一定量的一种或几种合金元素,所得的钢称为合金钢。低合金高强度结构钢是在碳素结构钢的基础上,添加总量小于5%的一种或几种合金元素的一种结构钢,所加元素主要有锰、硅、钒、钛、铌、铬、镍及稀土元素,其目的是提高钢的屈服强度、抗拉强度、耐磨性、耐蚀性及耐低温性能等。因此,它是综合性能较为理想的钢材。另外,与使用碳素钢相比,可节约钢材20%～30%,而成本并不很高。

3.3.3.1　低合金高强度结构钢的牌号表示法

根据国家标准《低合金高强度结构钢》(GB/T 1591—2008)及《钢铁产品牌号表示方法》(GB/T 221—2008)的规定,低合金高强度结构钢分8个牌号。其牌号的表示方法由屈服点字母"Q"、屈服点数值(单位为MPa)、质量等级(A、B、C、D、E五级)三部分组成。例如:Q345C,Q345D。

低合金高强度结构钢的牌号也可以采用两位阿拉伯数字(表示平均含碳量,以万分数计)和规定的元素符号,按顺序表示。

3.3.3.2　低合金高强度结构钢的技术要求

低合金高强度结构钢的拉伸、冷弯和冲击试验指标,按钢材厚度或直径不同,其拉伸性能见表3-4。

表 3-4 低合金高强度结构钢的拉伸性能（GB/T 1591—2008）

牌号	质量等级	拉伸试验[1,2,3] 以下公称厚度（直径，边长）（mm）下屈服强度 R_{eL}（MPa）									以下公称厚度（直径，边长）（mm）抗拉强度 R_m（MPa）							以下公称厚度（直径，边长）（mm）断后伸长率 A（%）					
		≤16	>16～40	>40～63	>63～80	>80～100	>100～150	>150～200	>200～250	>250～400	≤40	>40～63	>63～80	>80～100	>100～150	>150～250	>250～400	≤40	>40～63	>63～100	>100～150	>150～250	>250～400
Q345	A, B	≥345	≥335	≥325	≥315	≥305	≥285	≥275	≥265	—	470～630	470～630	470～630	470～630	450～600	450～600	—	≥20	≥19	≥19	≥18	≥17	—
Q345	C	≥345	≥335	≥325	≥315	≥305	≥285	≥275	≥265	—	470～630	470～630	470～630	470～630	450～600	450～600	—	≥21	≥20	≥20	≥19	≥18	—
Q345	D, E	≥345	≥335	≥325	≥315	≥305	≥285	≥275	≥265	≥265	470～630	470～630	470～630	470～630	450～600	450～600	450～600	≥21	≥20	≥20	≥19	≥18	≥17
Q390	A B C D E	≥390	≥370	≥350	≥330	≥330	≥310	—	—	—	490～650	490～650	490～650	490～650	470～620	—	—	≥20	≥19	≥19	≥18	—	—
Q420	A B C D E	≥420	≥400	≥380	≥360	≥360	≥340	—	—	—	520～680	520～680	520～680	520～680	500～650	—	—	≥19	≥18	≥18	≥18	—	—
Q460	C D E	≥460	≥440	≥420	≥400	≥400	≥380	—	—	—	550～720	550～720	550～720	550～720	530～700	—	—	≥17	≥16	≥16	≥16	—	—
Q500	C D E	≥500	≥480	≥470	≥450	≥440	—	—	—	—	610～770	600～760	590～750	540～730	—	—	—	≥17	≥17	≥17	—	—	—
Q550	C D E	≥550	≥530	≥520	≥500	≥490	—	—	—	—	670～830	620～810	600～790	590～780	—	—	—	≥16	≥16	≥16	—	—	—
Q620	C D E	≥620	≥600	≥590	≥570	—	—	—	—	—	710～880	690～880	670～860	—	—	—	—	≥15	≥15	≥15	—	—	—
Q690	C D E	≥690	≥670	≥660	≥640	—	—	—	—	—	770～940	750～920	730～900	—	—	—	—	≥14	≥14	≥14	—	—	—

注：1. 当屈服不明显时，可测量 $R_{p0.2}$ 代替下屈服强度。

2. 宽度不小于 60 mm 的扁平材，拉伸试验取横向试样；宽度小于 600 mm 的扁平材、型材及棒材取纵向试样，断后伸长率最小值相应提高 1%（绝对值）。

3. 厚度 >250～400 mm 的数值适用于扁平材。

3.3.3.3 低合金高强度结构钢的特点与应用

由于低合金高强度结构钢中的合金元素的结晶强化和固熔强化等作用,该钢材不但具有较高的强度,而且也具有较好的塑性、韧性和可焊性。因此,在钢结构和钢筋混凝土结构中常采用低合金高强度结构钢轧制型钢(角钢、槽钢、工字钢)、钢板、钢管及钢筋,来建筑桥梁、高层及大跨度建筑,尤其在承受动荷载和冲击荷载的结构中更为适用。另外,与使用碳素结构钢相比,可节约钢材20% ~30%,而成本并不很高。目前,我国生产的低合金高强度结构钢有17种,分别是:09MnV、09MnNb、$09Mn_2$、12Mn、18Nb、12MnV、09MnCuPTi、10MnSiCu、14MnNb、16Mn、16MnRE、10MnPNbRE、15MnV、15MnTi、16MnNb、14MnVTiRE、15MnVN。钢号中前面两个数字代表钢的平均含碳量的万分数,合金元素后无数字者,表示该元素的平均含量少于1.5%,标有“2”“3”则指其含量为“1.5% ~2.49%”及“2.5% ~3.49%”,其余类推。例如:$09Mn_2$,表示该低合金高强度结构钢的含碳量为万分之九,合金元素为锰,其含量为1.5% ~2.49%。

3.4 常用建筑钢材

3.4.1 热轧钢筋

用加热钢坯轧成的条形成品钢筋,称为热轧钢筋。它是建筑工程中用量最大的钢材品种之一,主要用于钢筋混凝土的配筋。热轧钢筋按表面形状分为热轧光圆钢筋和热轧带肋钢筋。

3.4.1.1 热轧光圆钢筋

经热轧成型,横截面通常为圆形,表面光滑的成品钢筋,称为热轧光圆钢筋(HPB)。

热轧光圆钢筋牌号由HPB和屈服强度特征值构成,有HPB300一个牌号。

热轧光圆钢筋的公称直径范围为6 ~22 mm,《钢筋混凝土用钢　第1部分:热轧光圆钢筋》(GB 1499.1—2008/XG1—2012)推荐的钢筋公称直径为6 mm、8 mm、10 mm、12 mm、16 mm和20 mm。可按直条或盘卷交货,按定尺长度交货的直条钢筋,其长度允许偏差范围为0 ~ +50 mm;按盘卷交货的钢筋,每根盘条质量应不小于1 000 kg 。

热轧光圆钢筋的屈服强度、抗拉强度、断后伸长率、最大拉力总伸长率等力学性能特征值应符合表3-5的规定。表中各力学性能特征值,可作为交货检验的最小保证值。按规定的弯心直径弯曲180°后,钢筋受弯部位表面不得产生裂纹。

表3-5 热轧光圆钢筋的力学性能和工艺性能(GB 1499.1—2008/XG1—2012)

牌号	屈服强度(MPa)	抗拉强度(MPa)	断后伸长率(%)	最大拉力总伸长率(%)	冷弯试验180° d为弯心直径; a为钢筋公称直径
	不小于				
HPB300	300	420	25.0	10.0	$d=a$

3.4.1.2 热轧带肋钢筋

经热轧成型并自然冷却的横截面为圆形,且表面通常带有两条纵肋和沿长度方向均匀分布的横肋的钢筋,称为热轧带肋钢筋。其包括普通热轧钢筋和细晶粒热轧钢筋两种。

热轧带肋钢筋按屈服强度特征值分为 400、500、600 级。普通热轧钢筋的牌号有由 HRB 和屈服强度特征值构成以及由 HRB 和屈服强度特征值加 E 构成两类,共分为 HRB400、HRB500、HRB600、HRB400E、HRB500E 五个牌号;细晶粒热轧钢筋的牌号有由 HRBF 和屈服强度特征值构成以及由 HRBF 和屈服强度特征值加 E 构成两类,共分为 HRBF400、HRBF500、HRBF400E、HRBF500E 四个牌号。

热轧带肋钢筋的公称直径范围为 6 ~ 50 mm。

热轧带肋钢筋按定尺长度交货时的长度允许偏差为 $^{+50}_{0}$ mm,也可以盘卷交货,每盘应是一条钢筋,允许每批有 5% 的盘数由两条钢筋组成。

热轧带肋钢筋的力学性能和工艺性能应符合表 3-6 的规定。表中所列各力学性能特征值,除 R°_{eL}/R_{eL} 可作为交货检验的最大保证值外,其他力学特征值可作为交货检验的最小保证值;按规定的弯曲压头直径弯曲 180°后,钢筋受弯曲部位表面不得产生裂纹。反向弯曲试验是先正向弯曲 90°,把经正向弯曲后的试样在 100 ℃ ±10 ℃温度下保温不少于 30 min,经自然冷却后再反向弯曲 20°,两个弯曲角度均应在保持荷载时测量。对牌号带 E 的钢筋应进行反向弯曲试验。经反向弯曲试验后,钢筋受弯曲部位表面不得产生裂纹。

表 3-6 热轧带肋钢筋的力学性能和工艺性能(GB/T 1499.2—2018)

牌号	下屈服强度 R_{eL} (MPa)	抗拉强度 R_m (MPa)	断后伸长率 A(%)	最大力总伸长率 A_{gt}(%)	$R^{\circ}_{m}/R^{\circ}_{eL}$	R°_{eL}/R_{eL}	公称直径 d (mm)	弯曲压头直径 (mm)	
	不小于					不大于		弯曲试验	反向弯曲
HRB400 HRBF400	400	540	16	7.5	—	—	6 ~ 25 28 ~ 40 >40 ~ 50	4 d 5 d 6 d	6 d 7 d 8 d
HRB400E HRBF400E			—	9.0	1.25	1.30			
HRB500 HRBF500	500	630	15	7.5	—	—	6 ~ 25 28 ~ 40 >40 ~ 50	6 d 7 d 8 d	7 d 8 d 9 d
HRB500E HRBF500E			—	9.0	1.25	1.30			
HRB600	600	730	14	7.5	—	—	6 ~ 25 28 ~ 40 >40 ~ 50	6 d 7 d 8 d	7 d 8 d 9 d

热轧钢筋中热轧光圆钢筋的强度较低,但塑性及焊接性能很好,便于各种冷加工,因而广泛用作普通钢筋混凝土构件的受力筋及各种钢筋混凝土结构的构造筋;热轧带肋钢筋强度较高,塑性和焊接性能也较好,故广泛用作大、中型钢筋混凝土结构的受力钢筋。

3.4.2 冷轧带肋钢筋

热轧圆盘条经冷轧后,在其表面带有沿长度方向均匀分布的横肋的钢筋,称为冷轧带肋钢筋。

冷轧带肋钢筋的牌号由 CRB 和钢筋的抗拉强度最小值构成。冷轧带肋钢筋分为 CRB550、CRB650、CRB800、CRB600H、CRB680H、CRB800H 六个牌号。CRB550、CRB600H、CRB680H 为普通钢筋混凝土用钢筋,CRB650、CRB800、CRB680H、CRB800H 为预应力混凝土用钢筋。

冷轧带肋钢筋的肋高、肋宽和肋距是其外形尺寸的主要控制参数。冷轧带肋钢筋按冷加工状态交货,允许冷轧后进行低温回火处理。

CRB550、CRB600H、CRB680H 钢筋的公称直径范围为 4 ~ 12 mm。CRB650、CRB800、CRB800H 钢筋的公称直径(相当于横截面面积相等的光圆钢筋的公称直径)为 4 mm、5 mm、6 mm。

二面肋和三面肋钢筋表面的横肋呈月牙形,四面肋横肋的纵截面应为月牙状且不应与横肋相交。横肋沿钢筋横截面周圈上均匀分布,其中二面肋钢筋一面肋的倾角必须与另一面反向,三面肋钢筋有一面肋的倾角必须与另两面反向。四面肋钢筋两相邻面横肋的倾角应与另两面横肋方向相反。

冷轧带肋钢筋通常按盘卷交货,经协商也可按定尺长度交货,按定尺长度交货时,其长度及允许偏差按供需双方协商确定。盘卷钢筋每盘的质量不小于 100 kg,且每盘应由一根钢筋组成,CRB650 及以上牌号作为预应力混凝土用钢筋不得有焊接接头。冷轧带肋钢筋的表面不得有裂纹、折叠、结疤、油污及其他影响使用的缺陷。冷轧带肋钢筋的表面可有浮锈,但不得有锈皮及目视可见的麻坑等腐蚀现象。

冷轧带肋钢筋的力学性能和工艺性能应符合表 3-7 的规定。钢筋的强屈比 $R_m/R_{p0.2}$ 应不小于 1.05。当进行弯曲试验时,受弯部位不得产生裂纹。公称直径为 4 mm、5 mm、6 mm 的冷轧带肋钢筋,反复弯曲试验的弯曲半径分别为 10 mm、15 mm、15 mm 。有关技术要求细则,参见《冷轧带肋钢筋》(GB/T 13788—2017)。

表 3-7 冷轧带肋钢筋的力学性能和工艺性能(GB/T 13788—2017)

分类	牌号	$R_{p0.2}$ (MPa) ≥	R_m (MPa) ≥	断后伸长率(%) ≥		最大力总延伸率(%)≥	冷弯试验 180°	反复弯曲次数	应力松弛 初始应力相当于公称抗拉强度的70% 1 000 h 松弛率(%),≤
				A	$A_{100\ mm}$	A_{gt}			
普通钢筋混凝土用	CRB550	500	550	11.0	—	2.5	$D=3d$	—	—
	CRB600H	540	600	14.0	—	5.0	$D=3d$	—	—
	CRB680H	600	680	14.0	—	5.0	$D=3d$	4	5
预应力混凝土用	CRB650	585	650	—	4.0	2.5	—	3	8
	CRB800	720	800	—	4.0	2.5	—	3	8
	CRB800H	720	800	—	7.0	4.0	—	4	5

注:表中 D 为弯芯直径,d 为钢筋公称直径。CRB680H 钢筋作为普通钢筋混凝土用钢筋使用时,对反复弯曲和应力松弛不做要求;当作为预应力混凝土用钢筋使用时应进行反复弯曲试验代替 180°冷弯试验,并检测松弛率。

冷轧带肋钢筋具有以下优点:

(1)强度高、塑性好,综合力学性能优良。CRB550、CRB650 的抗拉强度由冷轧前的不足 500 MPa 分别提高到 550 MPa、650 MPa;冷拔低碳钢丝的伸长率仅 2% 左右,而冷轧带肋钢筋的伸长率大于4%。

(2)握裹力强。混凝土对冷轧带肋钢筋的握裹力为同直径冷拔钢丝的3~6倍。又由于塑性较好,大幅度提高了构件的整体强度和抗震能力。

(3)节约钢材,降低成本。以冷轧带肋钢筋代替Ⅰ级钢筋用于普通钢筋混凝土构件,可节约钢材30%以上。如代替冷拔低碳钢丝用于预应力混凝土多孔板中,可节约钢材5%~10%,且每立方米混凝土可节省水泥约40 kg。

(4)提高构件整体质量,改善构件的延性,避免"抽丝"现象。用冷轧带肋钢筋制作的预应力空心楼板,其强度、抗裂度均明显优于冷拔低碳钢丝制作的构件。

冷轧带肋钢筋适用于中、小型预应力混凝土构件和普通混凝土构件,也可焊接网片。

3.4.3 预应力混凝土用钢棒

预应力混凝土用钢棒是用低合金钢热轧圆盘条经冷加工后(或不经冷加工)淬火和回火所得。其外形分为光圆钢棒、螺旋槽钢棒、螺旋肋钢棒、带肋钢棒四种。根据《预应力混凝土用钢棒》(GB/T 5223.3—2017)的规定,钢棒应进行拉伸试验和弯曲试验(螺旋槽钢棒除外),其抗拉强度、延伸强度、弯曲性能应符合表3-8的规定,伸长特性要求(包括延性级别和相应伸长率)应符合表3-8的规定;钢棒应进行初始应力为70%公称抗拉强度时1 000 h的松弛试验,若需方有要求,也应测定初始应力为60%和80%公称抗拉强度时1 000 h的松弛值,其松弛值应符合表3-8的规定。

预应力混凝土用钢棒的优点是:强度高,可代替高强钢丝使用;节约钢材;锚固性好,不易打滑,预应力值稳定;施工简便,开盘后钢棒自然伸直,不需调直及焊接。主要用于预应力钢筋混凝土枕轨,也用于预应力梁、板结构及吊车梁等。

3.4.4 预应力混凝土用钢丝和钢绞线

预应力混凝土用钢丝或钢绞线常作为大型预应力混凝土构件的主要受力钢筋。

3.4.4.1 预应力混凝土用钢丝

预应力高强度钢丝是用优质碳素结构钢盘条,经酸洗、冷拉或再经回火处理等工艺制成的,专用于预应力混凝土。

根据《预应力混凝土用钢丝》(GB/T 5223—2014)的规定,预应力钢丝按加工状态分为冷拉钢丝和消除应力钢丝两类。消除应力钢丝按松弛性能又分为低松弛级钢丝和普通松弛级钢丝。预应力钢丝按外形分为光圆、螺旋肋和刻痕三种。

冷拉钢丝(用盘条通过拔丝模或轧辊经冷加工而成)代号"WCD",低松弛钢丝(钢丝在塑性变形下进行短时热处理而成)代号"WLR",光圆钢丝代号"P",螺旋肋钢丝(钢丝表面沿长度方向上具有规则间隔的肋条)代号"H",刻痕钢丝(钢丝表面沿长度方向上具有规则间隔的压痕)代号"I"。

预应力混凝土用钢丝每盘由一根钢丝组成,其盘重不小于1 000 kg,不小于10盘时允许有10%的盘数不足,但不小于300 kg。钢丝表面不得有裂纹和油污,也不允许有影响使用的拉痕、机械损伤等。

压力管道用无涂(镀)层冷拉钢丝的力学性能应符合表3-9的规定。0.2%屈服力$F_{p0.2}$应不小于最大力的特征值F_m的75%。消除应力光圆及螺旋肋钢丝的力学性能应符合表3-10的规定。0.2%屈服力$F_{p0.2}$应不小于最大力的特征值F_m的88%。消除应力的

表3-8　预应力混凝土用钢棒的性能(GB/T 5223.3—2017)

表面形状类型	公称直径(mm)	抗拉强度 R_m(MPa),≥	规定塑性延伸强度 $R_{p0.2}$(MPa),≥	弯曲性能		伸长特性			应力松弛性能	
				性能要求	弯曲半径(mm)	韧性级别	最大力总伸长率 A_{gt}(%),≥	断后伸长率 A(%)($L_0=8d_0$),≥	初始应力为公称抗拉强度的百分数(%)	1 000 h后应力松弛率 r(%),≤
光圆	6 7 8 9 10	1 080 1 230 1 420 1 570	930 1 080 1 280 1 420	反复弯曲不小于4次/180°	15 20 20 25 25	35 25	3.5 2.5	7.0 5.0	60 70 80	1.0 2.0 4.5
	11 12 13 14 15 16			弯曲160°~180°后弯曲处无裂纹	弯心直径为公称直径的10倍					
螺旋槽	7.1 9.0 10.7 12.6 14.0	1 080 1 230 1 420 1 570	930 1 080 1 280 1 420	—						
螺旋肋	6 7 8 9 10	1 080 1 230 1 420 1 570	930 1 080 1 280 1 420	反复弯曲不小于4次/180°	15 20 20 25 25					
	11 12 13 14			弯曲160°~180°后弯曲处无裂纹	弯心直径为公称直径的10倍					
	16 18 20 22	1 080 1 270	930 1 140							
带肋	6 8 10 12 14 16	1 080 1 230 1 420 1 570	930 1 080 1 280 1 420	—						

刻痕钢丝的力学性能,除弯曲次数外其他应符合表3-10的规定,对所有规格消除应力的刻痕钢丝,其弯曲次数均不小于3次。

表 3-9　压力管道用冷拉钢丝的力学性能(GB/T 5223—2014)

公称直径 d_0 (mm)	公称抗拉强度 R_m (MPa)	最大力的特征值 F_m (kN)	最大力的最大值 $F_{m,max}$ (kN)	0.2%屈服力 $F_{p0.2}$ (kN), ≥	每 210 mm 扭矩的扭转次数 N, ≥	断面收缩率 Z(%), ≥	氢脆敏感性能负载为70%最大力时，断裂时间 t(h), ≥	初始力为最大力的70%时 1 000 h 应力松弛率 r(%), ≤
4.00		18.48	20.99	13.86	10	35		
5.00		28.86	32.79	21.65	10	35		
6.00	1 470	41.56	47.21	31.17	8	30		
7.00		56.57	64.27	42.42	8	30		
8.00		73.88	83.93	55.41	7	30		
4.00		19.73	22.24	14.80	10	35		
5.00		30.82	34.75	23.11	10	35		
6.00	1 570	44.38	50.03	33.29	8	30		
7.00		60.41	68.11	45.31	8	30		
8.00		78.91	88.96	59.18	7	30	75	7.5
4.00		20.99	23.50	15.74	10	35		
5.00		32.78	36.71	24.59	10	35		
6.00	1 670	47.21	52.86	35.41	8	30		
7.00		64.26	71.96	48.20	8	30		
8.00		83.93	93.99	62.95	6	30		
4.00		22.25	24.76	16.69	10	35		
5.00		34.75	38.68	26.06	10	35		
6.00	1 770	50.04	55.69	37.53	8	30		
7.00		68.11	75.81	51.08	6	30		

表 3-10　消除应力光圆及螺旋肋钢丝的力学性能(GB/T 5223—2014)

公称直径 d_0 (mm)	公称抗拉强度 R_m (MPa)	最大力的特征值 F_m (kN)	最大力的最大值 $F_{m,max}$ (kN)	0.2%屈服力 $F_{p0.2}$ (kN),≥	最大力下的总伸长率 (L_0 = 200mm) A_{gt}(%),≥	反复弯曲性能		应力松弛性能	
						弯曲次数(次/180°),≥	弯曲半径 R (mm)	初始应力相当于实际最大力的百分数(%)	1 000 h 后应力松弛率 r (%),≤
4.00	1 470	18.48	20.99	16.22	3.5	3	10	70 80	2.5 4.5
4.80		26.61	30.23	23.35		4	15		
5.00		28.86	32.78	25.32		4	15		
6.00		41.56	47.21	36.47		4	15		
6.25		45.10	51.24	39.58		4	20		
7.00		56.57	64.26	49.64		4	20		
7.50		64.94	73.78	56.99		4	20		
8.00		73.88	83.93	64.84		4	20		
9.00		93.52	106.25	82.07		4	25		
9.50		104.19	118.37	91.44		4	25		
10.00		115.45	131.16	101.32		4	25		
11.00		139.69	158.70	122.59		—	—		
12.00		166.26	188.88	145.90		—	—		
4.00	1 570	19.73	22.24	17.37		3	10		
4.80		28.41	32.03	25.00		4	15		
5.00		30.82	34.75	27.12		4	15		
6.00		44.38	50.03	39.06		4	15		
6.25		48.17	54.31	42.39		4	20		
7.00		60.41	68.11	53.16		4	20		
7.50		69.36	78.20	61.04		4	20		
8.00		78.91	88.96	69.44		4	20		
9.00		99.88	112.60	87.89		4	25		
9.50		111.28	125.46	97.93		4	25		
10.00		123.31	139.02	108.51		4	25		
11.00		149.20	168.21	131.30		—	—		
12.00		177.57	200.19	156.26		—	—		
4.00	1 670	20.99	23.50	18.47		3	10		
5.00		32.78	36.71	28.85		4	15		
6.00		47.21	52.86	41.54		4	15		
6.25		51.24	57.38	45.09		4	20		
7.00		64.26	71.96	56.55		4	20		
7.50		73.78	82.62	64.93		4	20		
8.00		83.93	93.98	73.86		4	20		
9.00		106.25	118.97	93.50		4	25		
4.00	1 770	22.25	24.76	19.58		3	10		
5.00		34.75	38.68	30.58		4	15		
6.00		50.04	55.69	44.03		4	15		
7.00		68.11	75.81	59.94		4	20		
7.50		78.20	87.04	68.81		4	20		
4.00	1 860	23.38	25.89	20.57		3	10		
5.00		36.51	40.44	32.13		4	15		
6.00		52.58	58.23	46.27		4	15		
7.00		71.57	79.27	62.98		4	20		

预应力混凝土用钢丝具有强度高、柔性好、无接头等优点,施工方便,不需冷拉、焊接接头等加工,而且质量稳定、安全可靠。其主要应用于大跨度屋架及薄腹梁、大跨度吊车梁、桥梁、电杆、枕轨或曲线配筋的预应力混凝土构件。刻痕钢丝由于屈服强度高且与混凝土的握裹力大,主要用于预应力钢筋混凝土结构,以减少混凝土裂缝。

3.4.4.2　预应力混凝土用钢绞线

预应力钢绞线是用两(或三或七或十九)根钢丝在绞线机上捻制后,再经低温回火和消除应力等工序制成的。按捻制结构可分为8类,其代号为:(1×2)—用2根钢丝捻制的钢绞线,(1×3)—用3根钢丝捻制的钢绞线,(1×3 Ⅰ)—用3根刻痕钢丝捻制的钢绞线,(1×7)—用7根钢丝捻制的标准型钢绞线,(1×7 Ⅰ)—用6根刻痕钢丝和1根光圆中心钢丝捻制的钢绞线,(1×7)C—用7根钢丝捻制又经模拔的钢绞线,(1×19 S)—用19根钢丝捻制的1+9+9西鲁式钢绞线,(1×19 W)—用19根钢丝捻制的1+6+6/6瓦林吞式钢绞线 。

按《预应力混凝土用钢绞线》(GB/T 5224—2014),交货的产品标记应包含“预应力钢绞线,结构代号,公称直径,抗拉强度,标准号”等内容,如公称直径为15.20 mm,抗拉强度为1 860 MPa的7根钢丝捻制的标准型钢绞线的标记为:预应力钢绞线1×7-15.20-1860-GB/T 5224—2014。

预应力钢绞线交货时,每盘卷钢绞线质量不小于1 000 kg,不小于10盘时允许有10%的盘卷质量小于1 000 kg,但不能小于300 kg。

钢绞线的捻向一般为左(S)捻,右(Z)捻应在合同中注明。

除非用户有特殊要求,钢绞线表面不得有油、润滑脂等降低钢绞线与混凝土黏结力的物质。钢绞线表面不得有影响使用性能的有害缺陷。钢绞线允许有轻微的浮锈,但不得有目视可见的锈蚀麻坑。钢绞线表面允许存在回火颜色。

钢绞线的尺寸、外形、质量及允许偏差、力学性能、试验方法、检验规则等均应满足《预应力混凝土用钢绞线》(GB/T 5224—2014)的规定。

钢绞线具有强度高、与混凝土黏结性能好、断面面积大、使用根数少、柔性好、易于在混凝土结构中排列布置、易于锚固等优点,主要用于大跨度、重荷载、曲线配筋的后张法预应力钢筋混凝土结构中。

3.4.5　型钢

型钢是长度和截面周长之比相当大的直条钢材的统称。型钢按截面形状分为简单截面和复杂截面(异型)两大类。

简单截面的热轧型钢有5种:扁钢、圆钢、方钢、六角钢和八角钢,规格尺寸见表3-11。复杂截面的热轧型钢包括角钢、工字钢、槽钢和其他异型截面钢,其规格尺寸见表3-12。

3.4.6　钢板

钢板是宽厚比很大的矩形板。按轧制工艺不同分热轧和冷轧两大类。按其公称厚度,钢板分为薄板(厚度0.1~4 mm)、中板(厚度4~20 mm)、厚板(厚度20~60 mm)、特厚板(厚度超过60 mm)。

表 3-11　简单截面热轧型钢的规格尺寸

型钢名称	表示规格的主要尺寸	尺寸范围(mm)	标准代号
扁钢	宽度	10 ~ 200	GB/T 702—2008
	厚度	3 ~ 60	
圆钢	直径	5.5 ~ 310	
方钢	边长	5.5 ~ 200	
六角钢	对边距离	8 ~ 70	
八角钢	对边距离	16 ~ 40	
热轧工具钢扁钢	宽度	10 ~ 310	
	厚度	4 ~ 100	

表 3-12　角钢、工字钢和槽钢的规格尺寸

型钢名称	表示规格的主要尺寸	尺寸范围(mm)	标准代号
等边角钢	按边宽度的厘米数划分型号 (或以边宽度 × 边宽度 × 边厚度标记)	边宽度:20 ~ 250 边厚度:3 ~ 35	GB/T 706—2008
不等边角钢	按长边宽度(短边宽度)厘米数划分型号 (或以长边宽度 × 短边宽度 × 边厚度标记)	长边宽度:25 ~ 200 短边宽度:16 ~ 125 边厚度:3 ~ 18	
工字钢	按高度的厘米数划分型号 (或以高度 × 腿宽度 × 腰厚度标记)	高度:100 ~ 630 腿宽度:68 ~ 180	
槽钢	按高度的厘米数划分型号 (或以高度 × 腿宽度 × 腰厚度标记)	高度:50 ~ 400 腿宽度:37 ~ 104	
L 型钢	以长边宽度 × 短边宽度 × 长 边厚度 × 短边厚度标记	长边宽度:250 ~ 500 短边宽度:90 ~ 120 长边厚度:9 ~ 13.5 短边厚度:13 ~ 35	

注:工字钢、槽钢的高度相同,但腿宽度、腰宽度不同时,在型号后注 a、b、c,以示区别,例如 30a、30b、30c 分别代表高度为 300 mm,腿宽度为 126 mm、128 mm、130 mm,腰厚度为 9 mm、11 mm、13 mm 的三种规格的工字钢。

3.4.6.1　热轧钢板

热轧钢板按边缘状态分切边和不切边两类,按精度分普通精度和较高精度,按所用钢种分为碳素结构钢、低合金结构钢和优质碳素结构钢三类。

3.4.6.2　热轧花纹钢板

热轧花纹钢板是由普通碳素结构钢,经热轧、矫直和切边而成的凸纹钢板。花纹钢板不包括纹高的厚度有 2.5 mm、3.0 mm、3.5 mm、4.0 mm、4.5 mm、5.0 mm、5.5 mm、6.0 mm、7.0 mm 和 8.0 mm 几种。随厚度增加,规定纹高加大有 1.0 mm、1.5 mm 和 2.0 mm 三种,也有纹高均为 2.5 mm 的品种。

3.4.6.3　冷轧钢板

冷轧钢板是以热轧钢和钢带为原料,在常温下经冷轧机轧制而成的。其边缘状态有切边和不切边两种,按轧制精度分普通精度和较高精度,按钢种分碳素结构钢、低合金结构钢、硅钢、不锈钢等。

3.4.6.4 钢带

钢带是厚度较薄、宽度较窄、以卷材供应的钢板。按轧制工艺分为热轧和冷轧，按边缘状态分为切边和不切边两种，按精度分为普通精度和较高精度，按厚度分为薄钢带(0.1～4.0 mm、0.02～0.1 mm)、超薄钢带(0.02 mm 以下)，按宽度分为窄钢带(宽度≤600 mm)、宽钢带(宽度>600 mm)。

钢带主要用作弯曲型钢、焊接钢管、制作五金件的原料，直接用于各种结构及容器等。

除以上介绍的钢板外，还有镀层薄钢板，如镀锡钢板(旧称马口铁)、镀锌薄板(俗称白铁皮)、镀铝钢板、镀铅锡合金钢板等。

3.4.7 钢管

3.4.7.1 无缝钢管

无缝钢管是经热轧、挤压、热扩或冷拔、冷轧而制成的周边无缝的管材，分为一般用途和专门用途两类。一般结构用的无缝钢管，以外径×壁厚表示规格，详见《无缝钢管尺寸、外形、重量及允许偏差》(GB/T 17395—2008)规定。

专用无缝钢管一般用于锅炉和耐热工程中。

3.4.7.2 焊接钢管

在工程中用量最大的是焊接钢管。供低压流体输送用的直缝钢管分焊接钢管和镀锌焊接钢管两大类，按壁厚分为普通焊管和加厚焊管，按管端形式分为螺纹钢管和无螺纹钢管。低压流体输送用焊接钢管的规格以公称口径表示，各公称尺寸及允许偏差等如表 3-13 所示。

表 3-13 低压流体输送用焊接钢管的规格及允许偏差(GB/T 3091—2015)

公称口径(mm)	通用系列外径(D)		普通钢管			加厚钢管		
	公称尺寸(mm)	容许偏差(mm)	壁厚(t)		理论质量(kg/m)	壁厚(t)		理论质量(kg/m)
			公称尺寸(mm)	容许偏差		公称尺寸(mm)	容许偏差	
6	10.2	±0.50	2.0	±10%t	0.40	2.5	±10%t	0.47
8	13.5		2.5		0.68	2.8		0.74
10	17.2		2.5		0.91	2.8		0.99
15	21.3		2.8		1.28	3.5		1.54
20	26.9		2.8		1.66	3.5		2.02
25	33.7		3.2		2.41	4.0		2.93
32	42.4		3.5		3.36	4.0		3.79
40	48.3		3.5		3.87	4.5		4.86
50	60.3	±1%D	3.8		5.29	4.5		6.19
65	76.1		4.0		7.11	4.5		7.95
80	88.9		4.0		8.38	5.0		10.35
100	114.3		4.0		10.88	5.0		13.48
125	139.7		4.0		13.39	5.5		18.20
150	165.1		4.5		17.82	6.0		23.54
200	219.1		6.0		31.53	7.0		36.61

3.5 取样方法

3.5.1 钢筋组批原则及取样规定

钢筋组批原则及取样规定见表3-14。

表3-14 钢筋组批原则及取样规定

材料名称	组批原则及取样规定
(1)碳素结构钢	由同一牌号、同一炉号、同一质量等级、同一品种、同一尺寸、同一交货状态的钢材组成。每批质量应不大于60 t
(2)钢筋混凝土用热轧带肋钢筋 (3)钢筋混凝土用热轧光圆钢筋 (4)钢筋混凝土用余热处理钢筋 (5)钢筋混凝土用低碳钢热轧圆盘条 (6)钢筋混凝土用冷轧带肋钢筋 (7)钢筋混凝土用冷轧扭钢筋	(1)同一厂别、同一炉罐号、同一规格、同一交货状态每60 t为一验收批,不足60 t也按一批计。超过60 t的部分,每增加40 t(或不足40 t的余数),增加一个拉伸试验试样和一个弯曲试验试样 (2)每一验收批取两个试件的(低碳钢热轧圆盘条冷弯试件除外)均应从任意两根(两盘)中分别切取,每根钢筋上切取一个拉伸试件、一个冷弯试件 (3)钢筋试件数量: 热轧光圆钢筋拉伸试验2根、弯曲试验2根; 热轧带肋钢筋拉伸试验2根、弯曲试验2根; 低碳钢热轧圆盘条拉伸试验1根、弯曲试验2根; 余热处理钢筋拉伸试验2根、弯曲试验2根; 冷轧带肋钢筋拉伸试验逐盘1个、弯曲试验每批2个; 冷轧扭钢筋拉伸试验3个、弯曲试验3个
(8)低碳钢热轧圆盘条	(1)同一厂别、同一炉罐号、同一规格、同一交货状态每60 t为一验收批,不足60 t也按一批计; (2)每一验收批取一组试件(拉伸1个、弯曲2个)(取自不同盘)
(9)冷轧带肋钢筋	(1)同一牌号、同一外形、同一生产工艺、同一交货状态每60 t为一验收批,不足60 t也按一批计; (2)每一验收批取拉伸试件1个(逐盘),弯曲试件2个(每批),松弛试件1件(定期); (3)在每批的任意一盘中任意一端截取500 mm后切取
(10)预应力混凝土用钢丝	(1)由同一牌号、同一规格、同一生产工艺制造的钢丝组成,每批质量不大于60 t; (2)钢丝的检查应按《钢丝验收、包装、标志及质量证明书的一般规定》(GB/T 2103—2008)的要求执行,在每盘钢丝的两端进行抗拉强度、弯曲和伸长率的试验。每次至少3根
(11)预应力混凝土用钢绞丝	(1)预应力用钢绞丝应成批验收,每批由同一牌号、同一规格、同一生产工艺的钢绞丝组成,每批质量不大于60 t; (2)从每批钢绞丝中任取3盘,从每盘所选的钢绞丝端部正常部位截取一根进行表面质量、直径偏差、捻距和力学性能试验。如每批少于3盘,则应逐盘进行上述检查。屈服试验和松弛试验每季度抽检一次,每次不少于1根

3.5.2 试件的长度

拉伸检验:$5d_0$(d_0 为钢筋直径)+200 mm(可根据试验机上下夹头间最小距离和夹头长度确定);

冷弯检验:$5d_0$ +150 mm,拉伸、冷弯试件不允许进行车削加工。

3.6 钢筋检测方法和检测报告

3.6.1 钢筋检测方法

3.6.1.1 检测依据

(1)《钢及钢产品 力学性能试验取样位置和试样制备》(GB/T 2975—1998)。

(2)《金属材料 拉伸试验 第1部分:室温试验方法》(GB/T 228.1—2010)。

(3)《金属材料 弯曲试验方法》(GB/T 232—2010)。

3.6.1.2 检测环境

检测一般在10~35 ℃的室温范围内进行。对温度要求严格的试验,试验温度应为(23±5)℃。

3.6.1.3 拉伸检测

1.检测目的

测定钢材的力学性能,评定钢材质量。

2.主要仪器设备

(1)试验机:应按照GB/T 16825.1—2008进行检测,并应为Ⅰ级或优于Ⅰ级准确度。

(2)引伸计:其准确度应符合GB/T 12160—2002的要求。

(3)试样尺寸的量具:按截面尺寸不同,选用不同精度的量具。

3.检测条件

(1)检测速率。除非产品标准另有规定,试验速率取决于材料特性并应符合GB/T 228.1—2010的规定。

(2)夹持方法。应使用楔形夹头、螺纹夹头、套环夹头等合适的夹具夹持试样。应尽最大努力确保夹持的试样受轴向拉力的作用。

4.试样

可采用机械加工试样或不经机械加工的试样进行试验,钢筋试验一般采用不经机械加工的试样。试样的总长度取决于夹持方法,原则上$L_t>12d$。试样原始标距与原始横截面面积有$L_0=k\sqrt{S_0}$关系者称为比例试样。国际上使用的比例系数k的值为5.65($L_0=5.65\sqrt{S_0}=5\sqrt{\frac{4S_0}{\pi}}=5d$)。原始标距应不小于15 mm。当试样横截面面积太小,以致采用比例系数k为5.65的值不能符合这一最小标距要求时,可以采用较高的值(优先采用11.3的值)或采用非比例试样。非比例试样的原始标距L_0与原始横截面面积S_0无关。

5. 检测步骤

1) 试样原始横截面面积 S_0 的测定

测量时建议按照表3-15选用量具和测量装置。应根据测量的试样原始尺寸计算原始横截面面积,并至少保留4位有效数字。

表3-15 量具或测量装置的分辨力 (单位:mm)

试样横截面尺寸(厚度或直径)	分辨力不大于	试样横截面尺寸(厚度或直径)	分辨力不大于
0.1~0.5	0.001	>2.0~10.0	0.01
>0.5~2.0	0.005	>10.0	0.05

(1)对于圆形横截面试样,应在标距的两端及中间三处两个相互垂直的方向测量直径,取其算术平均值,取用三处测得的最小横截面面积,按式(3-2)计算:

$$S_0 = \frac{1}{4}\pi d^2 \tag{3-2}$$

式中 S_0——试样的横截面面积,mm^2;

d——试样的横截面直径,mm。

(2)对于恒定横截面试样,可以根据测量的试样长度、试样质量和材料密度确定其原始横截面面积。试样长度的测量应精确到±0.5%,试样质量的测定应精确到±0.5%,密度应至少取3位有效数字。原始横截面面积按公式(3-3)计算:

$$S_0 = \frac{m}{\rho L_t} \times 1\,000 \tag{3-3}$$

式中 S_0——试样的横截面面积,mm^2;

m——试样的质量,g;

ρ——试样的密度,g/cm^3;

L_t——试样的总长度,mm。

2) 试样原始标距 L_0 的标记

对于 $d \geqslant 3$ mm 的钢筋,属于比例试样,其标距 $L_0 = 5d$ 。对于比例试样,应将原始标距的计算值修约至最接近5 mm的倍数,中间数值向较大一方修约。原始标距的标记应精确到±1%。

试样原始标距应用小标记、细划线或细墨线标记,但不得用引起过早断裂的缺口作标记;也可以标记一系列套叠的原始标距;还可以在试样表面画一条平行于试样纵轴的线,并在此线上标记原始标距。

3) 上屈服强度 R_{eH} 和下屈服强度 R_{eL} 的测定

(1)图解方法。试验时记录力—延伸曲线或力—位移曲线。从曲线图读取力首次下降前的最大力和不记初始瞬时效应时屈服阶段中的最小力或屈服平台的恒定力。将其分别除以试样原始横截面面积 S_0 得到上屈服强度和下屈服强度。仲裁试验采用图解方法。

(2)指针方法。试验时,读取测力度盘指针首次回转前指示的最大力和不记初始效应时屈服阶段中指示的最小力或首次停止转动指示的恒定力,将其分别除以试样原始横截面面积 S_0 得到上屈服强度和下屈服强度。

(3)可以使用自动装置(例如微处理机等)或自动测试系统测定上屈服强度和下屈服强度,可以不绘制拉伸曲线图。

4)断后伸长率 A 和断裂总伸长率 A_t 的测定

(1)为了测定断后伸长率,应将试样断裂的部分仔细地配接在一起使其轴线处于同一直线上,并采取特别措施确保试样断裂部分适当接触后测量试样断后标距。这对于小横截面试样和低伸长率试样尤为重要。应使用分辨力优于0.1 mm的量具或测量装置测定断后标距 L_u,精确到 ± 0.25 mm。

原则上,只有断裂处与最接近的标距标记的距离不小于原始标距的1/3情况方为有效。但断后伸长率大于或等于规定值,不管断裂位置处于何处,测量均为有效。

断后伸长率按公式(3-4)计算:

$$A = \frac{L_u - L_0}{L_0} \times 100\% \tag{3-4}$$

(2)移位法测定断后伸长率。当试样断裂处与最接近的标距标记的距离小于原始标距的1/3时,可以使用如下方法:

试验前,原始标距 L_0 细分为 N 等份。试验后,以符号 X 表示断裂后试样短段的标距标记,以符号 Y 表示断裂试样长段的等分标记,此标记与断裂处的距离最接近于断裂处至标记 X 的距离。

如 X 与 Y 之间的分格数为 n,按下述方法测定断后伸长率。

①如 $N-n$ 为偶数,如图3-4(a)所示,测量 X 与 Y 之间的距离和测量从 Y 至距离为 $\frac{1}{2}(N-n)$ 个分格的 Z 标记之间的距离。按照公式(3-5)计算断后伸长率:

$$A = \frac{XY + 2YZ - L_0}{L_0} \times 100\% \tag{3-5}$$

②如 $N-n$ 为奇数,如图3-4(b)所示,测量 X 与 Y 之间的距离,再测量从 Y 至距离分别为 $\frac{1}{2}(N-n-1)$ 和 $\frac{1}{2}(N-n+1)$ 个分格的 Z' 和 Z'' 标记之间的距离。按照公式(3-6)计算断后伸长率:

$$A = \frac{XY + YZ' + YZ'' - L_0}{L_0} \times 100\% \tag{3-6}$$

(3)能用引伸计测定断裂延伸的试验机,引伸计标距 L_e 应等于试样原始标距 L_0,无需标出试样原始标距的标记。以断裂时的总延伸作为伸长测量时,为了得到断后伸长率,应从总延伸中扣除弹性延伸部分。

原则上,断裂发生在引伸计标距以内方为有效,但当断后伸长率等于或大于规定值时,不管断裂位置位于何处,测量均为有效。

(4)按照(3)测定的断裂总延伸除以试样原始标距得到断裂总伸长率。

5)抗拉强度 R_m 的检测

对于呈现明显屈服(不连续屈服)现象的金属材料,从记录的力—延伸曲线或力—位移曲线图,或从测力度盘,读取过了屈服阶段之后的最大力;对于呈现无明显屈服(连续屈服)现象的金属材料,从记录的力—延伸曲线或力—位移曲线图,或从测力度盘,读取

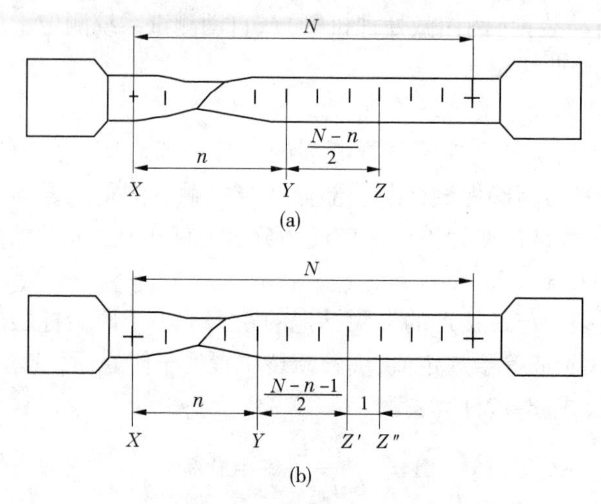

图 3-4 移位方法的图示说明

试验过程中的最大力 F_m。最大力 F_m 除以试样原始横截面面积 S_0 得到抗拉强度,见公式(3-7):

$$R_m = \frac{F_m}{S_0} \tag{3-7}$$

6. 检测结果评定

(1)屈服点、抗拉强度、伸长率均应符合相应标准中规定的指标。

(2)做拉力检测的两根试件中,如有一根试件的屈服点、抗拉强度、伸长率三个指标中有一个指标不符合标准,即为拉力试验不合格,应取双倍试件重新测定;在第二次拉力试验中,如仍有一个指标不符合规定,不论这个指标在第一次试验中是否合格,拉力试验项目均定为不合格,表示该批钢筋为不合格品。

(3)检测出现下列情况之一时其试验结果无效,应重做同样数量试样的试验。

①试样断裂在标距外或断在机械刻划的标距标记上,而且断后伸长率小于规定最小值;

②试验期间设备发生故障,影响了试验结果;

③操作不当,影响试验结果。

(4)试验后试样出现两个或两个以上的颈缩及显示出肉眼可见的冶金缺陷(例如分层、气泡、夹渣、缩孔等),应在试验记录和报告中注明。

3.6.1.4 弯曲检测

1. 检测目的

测定钢材的工艺性能,评定钢材质量。

2. 检测设备

应在配备下列弯曲装置之一的试验机或压力机上完成检测。

(1)支辊式弯曲装置(见图 3-5)。支辊长度应大于试样宽度或直径。支辊半径应为 1 ~ 10 倍试样厚度。支辊应具有足够的硬度。除非另有规定,支辊间距离应按公式(3-8)确定:

$$l = d + 3a \pm 0.5a \tag{3-8}$$

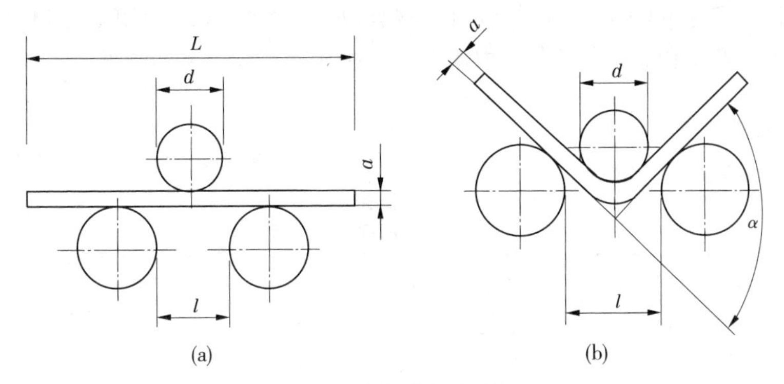

图 3-5　支辊式弯曲装置

此距离在检验期间应保持不变。弯曲压头直径应在相关产品标准中规定。弯曲压头宽度应大于试样宽度或直径。弯曲压头应具有足够的硬度。

(2)V 形模具式弯曲装置。

(3)虎钳式弯曲装置。

(4)翻板式弯曲装置。

3. 试样

钢筋试样应按照 GB/T 2975—1998 的要求取样。试样表面不得有划痕和损伤。试样长度应根据试样厚度和所使用的试验设备确定。采用支辊式弯曲装置和翻板式弯曲装置时,试样长度可以按照公式(3-9)确定:

$$L = 0.5\pi(d + a) + 140 \tag{3-9}$$

式中　π——圆周率,其值取 3.1。

4. 检测方法

由相关产品标准规定,采用下列方法之一完成试验:

(1)试样在上述装置所给定的条件和在力作用下弯曲至规定的弯曲角度。

(2)试样在力作用下弯曲至两臂相距规定距离且相互平行。

(3)试样在力作用下弯曲至两臂直接接触。

试样弯曲至规定弯曲角度的试验,应将试样放于两支辊或 V 形模具或两水平翻板上,试样轴线应与弯曲压头轴线垂直,弯曲压头在两支座之间的中点处对试样连续施加力使其弯曲,直至达到规定的弯曲角度。

试样弯曲至 180°角两臂相距规定距离且相互平行的试验,采用支辊式弯曲装置的试验方法时,首先对试样进行初步弯曲(弯曲角度尽可能大),然后将试样置于两平行压板之间连续施加压力,使其两端进一步弯曲,直至两臂平行。采用翻板式弯曲装置的方法时,在力作用下不改变力的方向,弯曲直至 180°角。

弯曲试验时,应缓慢施加弯曲力。

5. 试验结果评定

(1)应按照相关产品标准的要求评定弯曲试验结果。若未规定具体要求,弯曲试验后试样弯曲外表面无肉眼可见裂纹应评定为合格。

(2)相关产品标准规定的弯曲角度作为最小值,规定的弯曲半径作为最大值。

(3)做冷弯试验的两根试件中,若有一根试件不合格,可取双倍数量试件重新做冷弯试验;第二次冷弯试验中,若仍有一根不合格,即判该批钢筋为不合格品。

3.6.2　检测报告

检测报告见表3-16。

表3-16　钢筋原材料检测报告

<table>
<tr><td>委托单位</td><td></td><td>产地牌号</td><td></td><td colspan="3">报告编号</td><td colspan="3"></td></tr>
<tr><td>工程名称</td><td></td><td>表面形式</td><td></td><td colspan="3">委托编号</td><td colspan="3"></td></tr>
<tr><td>使用部位</td><td></td><td>钢筋级别</td><td></td><td colspan="3">检验编号</td><td colspan="3"></td></tr>
<tr><td>强度等级</td><td></td><td>代表质量</td><td></td><td colspan="3">报告日期</td><td colspan="3"></td></tr>
<tr><td colspan="3" rowspan="2">项目</td><td rowspan="2">标准规定值</td><td colspan="6">试件编号</td></tr>
<tr><td></td><td></td><td></td><td></td><td></td><td></td></tr>
<tr><td rowspan="6">拉伸检验</td><td colspan="2">公称直径 d_0(mm)</td><td></td><td></td><td></td><td></td><td></td><td></td><td></td></tr>
<tr><td colspan="2">公称面积 S(mm^2)</td><td></td><td></td><td></td><td></td><td></td><td></td><td></td></tr>
<tr><td colspan="2">标距 L_0(mm)</td><td></td><td></td><td></td><td></td><td></td><td></td><td></td></tr>
<tr><td colspan="2">屈服点 σ_s(MPa)</td><td></td><td></td><td></td><td></td><td></td><td></td><td></td></tr>
<tr><td colspan="2">抗拉强度 R_m(MPa)</td><td></td><td></td><td></td><td></td><td></td><td></td><td></td></tr>
<tr><td colspan="2">伸长率 A(%)</td><td></td><td></td><td></td><td></td><td></td><td></td><td></td></tr>
<tr><td rowspan="3">弯曲检验</td><td colspan="2">弯心直径 d(mm)</td><td></td><td></td><td></td><td></td><td></td><td></td><td></td></tr>
<tr><td colspan="2">弯曲角度 α(°)</td><td></td><td></td><td></td><td></td><td></td><td></td><td></td></tr>
<tr><td colspan="2">弯曲结果</td><td></td><td></td><td></td><td></td><td></td><td></td><td></td></tr>
<tr><td colspan="5">检验评定依据:</td><td colspan="5">检验意见:</td></tr>
</table>

检验:　　　　复核:　　　　技术负责人:　　　　单位(章):

4　细骨料

4.1　细骨料主要技术性能和质量标准

粒径在0.15～4.75 mm之间的骨料称为细骨料(砂)。砂按产源分为天然砂和机制砂。天然砂是自然形成的,经人工开采和筛分,粒径小于4.75 mm的岩石颗粒,包括河砂、湖砂、山砂及淡化海砂,但不包括软质、风化的岩石颗粒。机制砂是经除土处理,由机械破碎、筛分制成的,粒径小于4.75 mm的岩石、矿山或工业废渣颗粒,但不包括软质、风化的颗粒,俗称人工砂。工程中常选用河砂配制混凝土。

根据国家标准《建设用砂》(GB/T 14684—2011)的规定,建筑用砂按技术要求分为Ⅰ类、Ⅱ类、Ⅲ类。

4.1.1　含泥量、石粉含量和泥块含量

天然砂含泥量、机制砂石粉含量均是指砂中粒径小于75 μm颗粒的含量;泥块含量是指砂中粒径大于1.18 mm,经水洗手捏后变成粒径小于600 μm颗粒的含量。

砂中含泥量影响混凝土的强度。泥块对混凝土的抗压、抗渗、抗冻等均有不同程度的影响,尤其是包裹型的泥更为严重。泥遇水成浆,胶结在砂石表面,不易分离,影响水泥与砂石的黏结力。天然砂中含泥量、泥块含量应符合表4-1的规定。

表4-1　砂的含泥量和泥块含量(GB/T 14684—2011)

项目	指标		
	Ⅰ类	Ⅱ类	Ⅲ类
含泥量(按质量计)(%)	≤1.0	≤3.0	≤5.0
泥块含量(按质量计)(%)	0	≤1.0	≤2.0

4.1.2　有害物质

砂中不应混有草根、树叶、树枝、塑料、煤块、煤渣等杂物。砂中如含有云母、轻物质、有机物、硫化物及硫酸盐、氯化物、贝壳等,其含量不应超过表4-2的规定。

砂中云母为表面光滑的小薄片,与水泥浆黏结差,会影响混凝土的强度及耐久性。有机物、硫化物及硫酸盐对水泥有侵蚀作用,而氯盐对混凝土中的钢筋有侵蚀作用。

4.1.3　坚固性

砂的坚固性是指砂在气候、环境变化或其他物理因素作用下抵抗破裂的能力。天然

表4-2　砂中有害物质含量(GB/T 14684—2011)

项目	指标		
	Ⅰ类	Ⅱ类	Ⅲ类
云母(按质量计)(%),≤	1.0	2.0	2.0
轻物质(按质量计)(%),≤	1.0	1.0	1.0
有机物	合格	合格	合格
硫化物及硫酸盐(按 SO_3 质量计)(%),≤	0.5	0.5	0.5
氯化物(以氯离子质量计)(%),≤	0.01	0.02	0.06
贝壳(按质量计)(%)* ≤	3.0	5.0	8.0

注:* 该指标仅适用于海砂,其他砂种不作要求。

砂采用硫酸钠溶液法进行检验,砂试样在饱和硫酸钠溶液中经5次循环浸渍后,其质量损失应符合表4-3的规定。机制砂除采用硫酸钠溶液法进行检验,砂试样的质量损失应符合表4-3的规定外,还应采用压碎指标法进行试验,在规定的压力下,压碎指标值应符合表4-3的规定。

表4-3　砂的坚固性指标(GB/T 14684—2011)

项目	指标		
	Ⅰ类	Ⅱ类	Ⅲ类
质量损失(天然砂,机制砂)(%),≤	8	8	10
单级最大压碎指标(机制砂)(%),≤	20	25	30

4.1.4　颗粒级配与粗细程度

砂的颗粒级配是表示砂大小颗粒的搭配情况。在混凝土中砂粒之间的空隙是由水泥浆所填充的,空隙率越小,混凝土骨架越密实,所需水泥浆越少且越有助于混凝土强度和耐久性的提高。从图4-1可以看出:多粒级搭配的砂,空隙率较小。

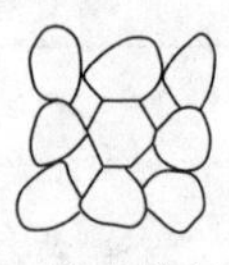

(a)第一粒径

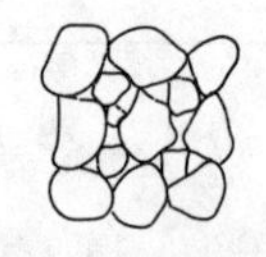

(b)配有部分次大粒径

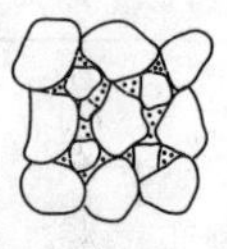

(c)在图(b)的剩余空隙中再填入小颗粒

图4-1　细骨料颗粒级配

砂的粗细程度是指不同粒径的砂粒,混合在一起后的总体粗细程度。在相同质量条件下,细砂的总表面积较大,而粗砂的总表面积较小。在混凝土中,砂子的表面需要由水泥浆包裹,砂子的总表面积愈大,则需要包裹砂粒表面的水泥浆就愈多。因此,一般来说用粗砂拌制混凝土比用细砂所需的水泥浆少。

在拌制混凝土时,应同时考虑砂的颗粒级配和粗细程度。应选择颗粒级配好、粗细程度均匀的砂,即砂中含有较多的粗颗粒,并以适当的中颗粒及少量细颗粒填充其空隙,达到空隙率及总表面积均较小。这样的砂,不仅水泥浆用量较少,而且可提高混凝土的密实性与强度。可见,控制砂的颗粒级配和粗细程度有很大的技术经济意义,因而它是评定砂质量的重要指标。

砂的颗粒级配和粗细程度用筛分析法进行测定。用级配区表示砂的颗粒级配,用细度模数 M_x 表示砂的粗细程度。筛分析法是用一套孔径(净尺寸)为 4.75 mm、2.36 mm、1.18 mm、0.60 mm、0.30 mm 及 0.15 mm 的标准筛,将 500 g 质量的干砂试样由粗到细依次过筛,然后称量余留在各个筛上的砂的质量,并计算出各个筛上的分计筛余率 a_1、a_2、a_3、a_4、a_5、a_6(各个筛上的筛余量占砂样总量的百分率)及累计筛余率 A_1、A_2、A_3、A_4、A_5 和 A_6(各个筛和比该筛粗的所有分计筛余百分率的和)。累计筛余率与分计筛余率的关系见表 4-4。

表 4-4　累计筛余率与分计筛余率的关系

筛孔尺寸(mm)	分计筛余率(%)	累计筛余率(%)
4.75	a_1	$A_1 = a_1$
2.36	a_2	$A_2 = A_1 + a_2$
1.18	a_3	$A_3 = A_2 + a_3$
0.60	a_4	$A_4 = A_3 + a_4$
0.30	a_5	$A_5 = A_4 + a_5$
0.15	a_6	$A_6 = A_5 + a_6$

根据公式(4-1)计算砂的细度模数 M_x:

$$M_x = \frac{(A_2 + A_3 + A_4 + A_5 + A_6) - 5A_1}{100 - A_1} \tag{4-1}$$

细度模数 M_x 愈大,表示砂愈粗,建筑用砂的规格按细度模数划分,$M_x = 3.7 \sim 3.1$ 为粗砂,$M_x = 3.0 \sim 2.3$ 为中砂,$M_x = 2.2 \sim 1.6$ 为细砂。在水工混凝土中除粗砂、中砂和细砂外,还用到特细砂,其细度模数为 1.5 ~ 0.7 。混凝土用砂以中砂为好。

根据 0.60 mm 筛孔的累计筛余量,分成三个级配区(见表 4-5),混凝土用砂的颗粒级配,应处于表 4-5 中的任何一个级配区以内。但砂的实际筛余率,除 4.75 mm 和 0.60 mm 筛号外,允许稍有超出,但各级累计筛余超出值总和应不大于 5% 。

砂的颗粒级配和级配类别应符合表 4-5 的要求。对于砂浆用砂,4.75 mm 筛孔的累计筛余量应为 0。砂的实际颗粒级配除 4.75 mm 和 600 μm 筛档外,可以略有超出,但各级累计筛余超出值总和应不大于 5% 。

配制混凝土时,应优先选用 2 区砂;采用 1 区砂时,在混凝土配合比设计中应提高砂率并保持足够的水泥用量,以满足和易性;采用 3 区砂时,应适当降低砂率,以保证混凝土强度。

表 4-5　砂的颗粒级配(GB/T 14684—2011)

砂的分类	天然砂			机制砂		
级配区	1 区	2 区	3 区	1 区	2 区	3 区
方筛孔	累计筛余(%)					
4.75 mm	10 ~ 0	10 ~ 0	10 ~ 0	10 ~ 0	10 ~ 0	10 ~ 0
2.36 mm	35 ~ 5	25 ~ 0	15 ~ 0	35 ~ 5	25 ~ 0	15 ~ 0
1.18 mm	65 ~ 35	50 ~ 10	25 ~ 0	65 ~ 35	50 ~ 10	25 ~ 0
600 μm	85 ~ 71	70 ~ 41	40 ~ 16	85 ~ 71	70 ~ 41	40 ~ 16
300 μm	95 ~ 80	92 ~ 70	85 ~ 55	95 ~ 80	92 ~ 70	85 ~ 55
150 μm	100 ~ 90	100 ~ 90	100 ~ 90	97 ~ 85	94 ~ 80	94 ~ 75

【工程实例 4-1】

某种砂样,烘干后,按照《建设用砂》(GB/T 14684—2011)进行筛分试验,所得结果见表 4-6,计算该砂的细度模数。

表 4-6

筛孔尺寸(mm)	第一次(g)	第二次(g)
4.75	39.6	41.3
2.36	129.6	126.2
1.18	102.9	104.0
0.60	88.6	87.4
0.30	91.8	92.6
0.15	32.4	33.5
<0.15	15.2	14.8

解:(1)计算平均筛余量、分计筛余率以及累计筛余率,结果见表 4-7。

表 4-7

筛孔尺寸(mm)	平均筛余量(g)	分计筛余率(%)	累计筛余率(%)
4.75	40.5	8.1	$A_1 = 8.1$
2.36	127.9	25.6	$A_2 = 33.7$
1.18	103.5	20.7	$A_3 = 54.4$
0.60	88.0	17.6	$A_4 = 72.0$
0.30	92.2	18.4	$A_5 = 90.4$
0.15	33.0	6.6	$A_6 = 97.0$
<0.15	15.0	3.0	100.0

(2)计算细度模数：

$$M_x = \frac{(A_2 + A_3 + A_4 + A_5 + A_6) - 5A_1}{100 - A_1}$$

$$= \frac{(33.7 + 54.4 + 72.0 + 90.4 + 97.0) - 5 \times 8.1}{100 - 8.1}$$

$$= 3.34$$

4.1.5 砂的物理性质

4.1.5.1 表观密度、堆积密度和空隙率

建筑用砂应满足表观密度不小于 2 500 kg/m^3，松散堆积密度不小于 1 400 kg/m^3，空隙率不大于 44%。

4.1.5.2 砂的含水状态

砂的含水状态分干燥、气干、饱和面干及湿润状态。水工混凝土多按饱和面干状态砂作为基准状态设计配合比。工业与民用建筑中则习惯用干燥状态的砂(含水率小于0.5%)及石子(含水率小于0.2%)来设计配合比。

4.2 细骨料取样

4.2.1 砂检验批的规定

使用单位应按砂同分类、规格、适用等级及日产量每 600 t 为一批，不足 600 t 亦为一批；日产量超过 2 000 t，按 1 000 t 为一批，不足 1 000 t 亦为一批。

4.2.2 砂的取样

4.2.2.1 取样方法

(1)在料堆上取样时，取样部位应均匀分布。先将取样部位表层铲除，再从不同部位抽取大致等量的砂样 8 份，组成一组样品。

(2)从皮带运输机上取样时，应用接料器在皮带运输机机尾的出料处定时抽取大致等量的砂样 4 份，组成一组样品。

(3)从火车、汽车、货船上取样时，应从不同部位和深度抽取大致等量的砂样 8 份，组成一组样品。

4.2.2.2 取样数量

每组样品的取样数量，对单项检测，应不小于表 4-8 规定的最少数量。须做几项检测时，若确能保证样品经一项检测后不致影响另一项检测结果，也可以用同一组样品进行几项不同的检测。

4.2.2.3 砂样的缩分

(1)人工四分法。将所取砂样置于平板上。在潮湿状态下拌和均匀，堆成厚约 2 cm 的“圆饼”，然后沿互相垂直的两条直径把圆饼分成大致相等的 4 份，取其对角两份重新

拌匀,再堆成“圆饼”。重复以上过程,直至缩分后质量略多于试验所必需质量。

表 4-8 单项检测所需砂的最少数量(GB/T 14684—2011) (单位:kg)

序号	检测项目	最少取样数量	序号	检测项目		最少取样数量
1	颗粒级配	4.4	10	硫化物及硫酸盐含量		0.6
2	含泥量	4.4	11	氯化物含量		4.4
3	石粉含量	6.0	12	坚固性	天然砂	8.0
4	泥块含量	20.0			机制砂	20.0
5	云母含量	0.6	13	表观密度		2.6
6	轻物质含量	3.2	14	松散堆积密度与空隙率		5.0
7	有机质含量	2.0	15	碱—骨料反应		20.0
8	贝壳含量	9.6	16	饱和面干吸水率		4.4
9	放射性	6.0				

(2)分料器法。将样品在潮湿状态下拌合均匀,然后通过分料器,取接料斗中的其中一份再次通过分料器。重复上述过程,直至把样品缩分到试验所需量为止。

(3)堆积密度、人工砂坚固性检验所用试样可不经缩分,在拌匀后直接进行试验。

4.3 细骨料检测方法和检测报告

4.3.1 砂颗粒级配检测

4.3.1.1 检测目的

测定砂的颗粒级配,计算细度模数,评定砂料品质和进行施工质量控制。掌握《建设用砂》(GB/T 14684—2011)的测试方法,正确使用所用仪器与设备,并熟悉其性能。

4.3.1.2 主要仪器设备

(1)方孔筛:孔径为 0.15 mm、0.30 mm、0.60 mm、1.18 mm、2.36 mm、4.75 mm 及 9.50 mm的筛各一只,并附有筛底和筛盖。

(2)台秤:称量 1 000 g,感量 1 g。

(3)烘箱:能使温度控制在(105 ±5)℃。

(4)摇筛机。

(5)搪瓷盘、毛刷等。

4.3.1.3 检测方法

1. 试样制备

按规定取样,筛除粒径大于 9.5 mm 的颗粒(算出筛余百分率),并将试样缩分至约 1 100 g,放在烘箱中在(105 ±5)℃下烘干至恒量(指试样在烘干 3 h 以上的情况下,其前后质量之差不大于该项试验所要求的称量精度)，待冷却至室温后，分成大致相等的试样两份备用。

2. 筛分

称烘干试样 500 g(精确至 1 g)，倒入按孔径大小从上到下组合的套筛(附筛底)上，置套筛于摇筛机上筛 10 min，取下后逐个用手筛，筛至每分钟通过量小于试样总量的 0.1% 为止。通过的颗粒并入下一号筛中，顺序过筛，直至各号筛全部筛完。

称取各号筛的筛余量(精确至 1 g)，各号筛上的筛余量若有超过按式(4-2)计算值，须将该粒级试样分成少于按式(4-2)计算的量，分别筛，筛余量之和即为该筛的筛余量。

$$G = \frac{Ad^{0.5}}{200} \tag{4-2}$$

式中 G——在一个筛上的筛余量，g；

A——筛面面积，mm^2；

d——筛孔尺寸，mm。

注：筛分后，各号筛的筛余量与筛底的量之和同原试样质量之差超过 1% 时，须重新试验。

4.3.1.4 结果计算与评定

(1)计算各筛的分计筛余百分率：各号筛的筛余量与试样总质量之比，精确至 0.1%。

(2)计算各筛的累计筛余百分率：该号筛的分计筛余百分率加上该号筛以上各分计筛余百分率之和，精确至 0.1%。

(3)计算砂的细度模数：按式(4-1)计算(精确至 0.01)。

(4)累计筛余百分率取两次试验结果的算术平均值，精确至 1%。细度模数取两次试验结果的算术平均值，精确至 0.1；当两次的细度模数之差超过 0.2 时，须重新试验。

(5)根据各号筛的累计筛余百分率，评定该试样的颗粒级配。

4.3.2 砂的表观密度检测

4.3.2.1 检测目的

通过检验测定砂的表观密度，为评定砂的质量和混凝土配合比设计提供依据。依据《建设用砂》(GB/T 14684—2011)，正确使用所用仪器与设备，并熟悉其性能。

4.3.2.2 主要仪器设备

(1)鼓风烘箱：温度能控制在(105 ± 5)℃。

(2)天平：称量 1 000 g，感量 0.1 g。

(3)容量瓶：500 mL。

(4)其他：干燥器、搪瓷盘、滴管、毛刷、温度计、毛巾等。

4.3.2.3 检测方法

(1)按规定取样，并将试样缩分至约 660 g，放入烘箱中于(105 ± 5)℃下烘干至恒量，冷却至室温后，分为大致相等的两份备用。

(2)称取烘干砂 300 g(精确至 0.1 g)，装入容量瓶中，注入冷开水至接近 500 mL 的刻度处，旋转摇动容量瓶，使砂样充分摇动，排除气泡，塞紧瓶盖，静置 24 h。然后用滴管小心加水至容量瓶500 mL刻度处,塞紧瓶塞,擦干瓶外水分,称出其质量(精确至1 g)。

(3)倒出瓶内水和砂,洗净容量瓶,再向瓶内注水(应与前一步骤水温相差不超过2 ℃,并在15 ~25 ℃范围内)至500 mL处,塞紧瓶塞,擦干瓶外水分,称其质量(精确至1 g)。

注:在砂的表观密度试验过程中应测量并控制水的温度,试验的各项称量可在15 ~25 ℃的温度范围内进行。从试样加水静置的最后2 h起,直至试验结束,其温度相差不应超过2 ℃。

4.3.2.4 结果计算与评定

(1)表观密度按公式(4-3)计算,精确至10 kg/m³:

$$\rho_0 = \left(\frac{G_0}{G_0 + G_2 - G_1} - \alpha_t\right) \times \rho_H \tag{4-3}$$

式中 ρ_0、ρ_H——砂的表观密度和水的密度,kg/m³;

G_0、G_1、G_2——烘干试样质量,试样、水及容量瓶的总质量,水及容量瓶的总质量,g;

α_t——水温对砂的表观密度影响的修正系数(见表4-9)。

(2)表观密度取两次检测结果的算术平均值(精确至10 kg/m³),若两次之差大于20 kg/m³,须重新试验。

(3)采用修约值比较法进行评定。

表4-9 不同水温对砂的表观密度影响的修正系数(GB/T 14684—2011)

水温(℃)	15	16	17	18	19	20	21	22	23	24	25
α_t	0.002	0.003	0.003	0.004	0.004	0.005	0.005	0.006	0.006	0.007	0.008

4.3.3 砂的堆积密度与空隙率检验

4.3.3.1 检测目的

测定砂的堆积密度,计算砂的空隙率,供混凝土配合比计算和评定砂的质量。依据《建设用砂》(GB/T 14684—2011),正确使用所用仪器与设备,并熟悉其性能。

4.3.3.2 主要仪器设备

(1)天平:称量10 kg,感量1 g。

(2)鼓风烘箱:能使温度控制在(105 ±5)℃。

(3)容量筒:圆柱形金属筒,内径108 mm,净高109 mm,容积1 L。

(4)方孔筛:孔径为4.75 mm的筛一只。

(5)其他:直径10 mm的垫棒,长500 mm的圆钢,直尺、小铲、浅盘、料勺、毛刷等。

4.3.3.3 检测方法

1. 试样制备

按规定取样,用浅盘装试样约3 L,在温度为(105 ±5)℃的烘箱中烘干至恒量,冷却至室温,筛除粒径大于4.75 mm的颗粒,分成大致相等的两份备用。

2. 松散堆积密度检测

将一份试样通过漏斗或用料勺,从容积筒口中心上方50 mm处徐徐装入,让试样以自由落体落下，当容量筒上部试样呈锥体，且容量筒四周溢满时，即停止加料。用直尺沿筒口中心线向两个相反方向刮平(勿触动容量筒)，称出试样和容量筒总质量，精确至1 g。

3. 紧密堆积密度

取试样一份分两次装满容量筒。每次装完后在筒底垫放一根直径为 10 mm 的圆钢(第二次垫放钢筋与第一次方向垂直)，将筒按住，左右交替击地面 25 次。再加试样直至超过筒口，用直尺沿筒口中心线向两边刮平，称出试样和容量筒总质量，精确至 1 g。

4.3.3.4 结果计算与评定

(1)松散或紧密堆积密度按式(4-4)计算，精确至 10 kg/m³：

$$\rho_1 = \frac{G_1 - G_2}{V} \tag{4-4}$$

式中 ρ_1——松散或紧密堆积密度，kg/m³；

G_1——筒和试样总质量，g；

G_2——筒本身质量，g；

V——筒本身容积，L。

(2)空隙率按式(4-5)计算，精确至 1%：

$$V_0 = \left(1 - \frac{\rho_1}{\rho_0}\right) \times 100\% \tag{4-5}$$

式中 V_0——空隙率(%)；

ρ_1、ρ_0——砂的堆积密度及表观密度，kg/m³。

(3)取两次试验的算术平均值作为结果，精确至 1%。

【工程实例 4-2】

某砂样烘干后按《建设用砂》(GB/T 14684—2011)进行表观密度、堆积密度试验。取 300.0 g 干砂进行表观密度试验，测得瓶与水的质量为 686.1 g，两次平行试验测得瓶与水及砂的质量分别为：870.1 g 和 869.9 g，试验前后水温保持在 18 ℃；随后进行松散堆积密度试验，两次测得砂加筒的质量分别为 2.357 kg 和 2.353 kg，筒的容积为 1.0 L，筒质量为 0.944 kg。试求该砂的干表观密度、松散堆积密度和空隙率。

解：1. 表观密度

根据《建设用砂》(GB/T 14684—2011)可知 18 ℃修正系数 $\alpha_t = 0.004$，则

$$\rho_{0,1} = \left(\frac{300.0}{300.0 + 686.1 - 870.1} - 0.004\right) \times 1\,000 = 2\,582(\text{kg/m}^3)$$

$$\rho_{0,2} = \left(\frac{300.0}{300.0 + 686.1 - 869.9} - 0.004\right) \times 1\,000 = 2\,578(\text{kg/m}^3)$$

两次试验之差小于 20 kg/m³，试验有效，取平均值并保留到 10 kg/m³，最后得到干表观密度 $\rho_0 = 2\,580$ kg/m³。

2. 堆积密度

$$\rho_{1,1} = \frac{2.357 - 0.944}{0.001} = 1\,413(\text{kg/m}^3)$$

$$\rho_{1,2} = \frac{2.353 - 0.944}{0.001} = 1\,409(\text{kg/m}^3)$$

取两次平均值,并保留到10 kg/m³,得堆积密度 ρ_1 =1 410 kg/ m³。

3. 空隙率

$$V_0 = (1 - \frac{\rho_1}{\rho_0}) \times 100\% = (1 - \frac{1\,410}{2\,580}) \times 100\% = 45\%$$

4.3.4 砂的含泥量检测

4.3.4.1 检测目的

检测砂的含泥量,评定砂的质量。

4.3.4.2 主要仪器设备

(1)鼓风烘箱:能使温度控制在(105±5)℃。

(2)天平:称量1 000 g,感量0.1 g。

(3)方孔筛:孔径为75 μm和1.18 mm筛各一个。

(4)容器:在淘洗试样时,保持试样不溅出(深度大于250 mm)。

(5)搪瓷盘、毛刷等。

4.3.4.3 检测方法

(1)按规定取样,并将试样缩分至1 100 g,在(105±5)℃烘箱中烘干至恒量,冷却至室温,分出大致相等的试样两份备用。

(2)称取试样500 g,精确至0.1 g。将试样置于容器中,注入清水,水面约高出砂面150 mm,充分拌匀后,浸泡2 h,然后用手在水中淘洗试样,使尘屑、淤泥、黏土与砂粒分离。润湿筛子,将浑浊液缓缓倒入套筛中(1.18 mm筛套在75 μm筛之上),滤去粒径小于75 μm的颗粒。在试验中,严防砂粒丢失。

(3)再向容器中注入清水,重复上一步操作,直至容器内的水目测清澈。

(4)用水淋洗留在筛上的细粒,并将75 μm筛放入水中来回摇动,充分洗掉粒径小于75 μm的颗粒,然后将两只筛上的筛余颗粒和容器中已经洗净的试样一并倒入搪瓷盘,置于(105±5)℃的烘箱内,烘干称量,精确至0.1 g。

4.3.4.4 结果计算与评定

(1)含泥量按公式(4-6)计算,精确至0.1%:

$$Q_a = \frac{G_0 - G_1}{G_0} \times 100\% \tag{4-6}$$

式中 Q_a——含泥量(%);

G_0——检测前烘干试样的质量,g;

G_1——检测后烘干试样的质量,g。

(2)含泥量取两个试样试验结果的算术平均值作为测定值,精确至0.1%。

【工程实例4-3】

对一砂样按照《建设用砂》(GB/T 14684—2011)进行含泥量检测,烘干后分成两份,每一份均为500.0 g,充分筛洗,滤去粒径小于75 μm的颗粒以后,将筛子上筛余的颗粒和容器中已经洗净的颗粒放一起烘干后称得的质量分别为484.3 g和484.0 g,试计算该砂样的含泥量。

解:检测前两份烘干砂样质量 G_0 均为500.0 g,检测后两份烘干砂样质量 G_1 分别为484.3 g和484.0 g,则

$$Q_a = \frac{G_0 - G_1}{G_0} \times 100\%$$

$$Q_{a1} = \frac{G_0 - G_1}{G_0} \times 100\% = \frac{500 - 484.3}{500} \times 100\% = 3.14\%$$

$$Q_{a2} = \frac{G_0 - G_1}{G_0} \times 100\% = \frac{500 - 484.0}{500} \times 100\% = 3.20\%$$

两次测试取平均值得到 $Q_a = 3.2\%$(精确到0.1%)。

4.3.5　砂泥块含量检测

4.3.5.1　检测目的

测定砂的泥块含量,评定砂的质量。

4.3.5.2　仪器设备

(1)鼓风烘箱:能使温度控制在(105±5)℃。

(2)天平:称量10 kg,感量0.1 g。

(3)方孔筛:孔径为600 μm和1.18 mm筛各一个。

(4)容器:要求淘洗试样时,保持试样不溅出(深度大于250 mm)。

(5)搪瓷盘、毛刷等。

4.3.5.3　检测步骤

(1)按规定取样,并将试样缩分至约5 000 g,在(105±5)℃烘箱中烘干至恒量,冷却至室温,筛除粒径小于1.18 mm的颗粒,分出大致相等的两份备用。

(2)称取试样200 g,精确至0.1 g。将试样置于容器中,并注入清水,使水面高出砂面约150 mm。充分拌混均匀后,浸泡24 h。然后用手在水中捻碎泥块,再把试样放在600 μm筛上,用水淘洗,直至水清澈。

(3)将筛中保留的试样小心取出,装入浅盘,在(105±5)℃烘箱中烘干至恒量,冷却后称其质量,精确至0.1 g。

4.3.5.4　结果计算与评定

(1)泥块含量按公式(4-7)计算,精确至0.1%:

$$Q_b = \frac{G_1 - G_2}{G_1} \times 100\% \tag{4-7}$$

式中　Q_b——泥块含量(%);

G_1——1.18 mm筛筛余试样的质量,g;

G_2——试验后烘干试样的质量,g。

(2)取两次试验结果的算术平均值作为测定值,精确至0.1%。

【工程实例4-4】

有一份砂样仅有200.0 g,对其进行泥块含量检测,过1.18 mm的筛子后筛余质量为195.3 g,随后将试样置于容器中,注入较多清水,充分搅拌均匀后浸泡24 h,将泥块捻碎后再将砂样放在600 μm的筛上淘洗,最后将600 μm筛上筛余的砂样烘干称量,其质量为191.6 g,试分析该砂的泥块含量。

解:泥块含量

$$Q_b = \frac{G_1 - G_2}{G_1} \times 100\%$$

其中 $G_1 = 195.3$ g,$G_2 = 191.6$ g。则

$$Q_b = \frac{G_1 - G_2}{G_1} \times 100\% = \frac{195.3 - 191.6}{195.3} \times 100\% = 1.9\%$$(精确至0.1%)

4.3.6　砂中有机物含量检测

4.3.6.1　检测目的

测定砂的有机物含量,评定砂的质量。

4.3.6.2　主要仪器设备

(1)天平:称量1 000 g、感量0.1 g和称量100 g、感量0.01 g天平各1台。

(2)量筒:1 000 mL、250 mL、100 mL和10 mL。

(3)方孔筛:孔径为4.75 mm筛一个。

(4)烧杯、玻璃棒、移液管。

(5)氢氧化钠、鞣酸、乙醇、蒸馏水等。

(6)标准溶液:称2 g鞣酸粉,溶解于98 mL浓度为10%乙醇溶液中,取该液25 mL,注入975 mL浓度为3%的氢氧化纳溶液中,加塞后剧烈摇动,静置24 h,即得标准液。

4.3.6.3　检测方法

(1)按规定取样,筛去试样中粒径4.75 mm以上的颗粒,用四分法缩分至约500 g,风干备用。

(2)向250 mL量筒中装入风干试样至130 mL刻度处,再注入浓度为3%的氢氧化纳溶液至200 mL刻度处。加塞后剧烈摇动,静置24 h。

4.3.6.4　结果评定

比较试样上部溶液与新配标准溶液的颜色,若上部溶液浅于标准色,则试样的有机物含量合格。若颜色接近,应将试样连同上部溶液倒入烧杯,在60 ~70 ℃的水浴中加热2 ~3 h,再行比较。若浅于标准色,则试样的有机物含量合格;若深于标准色,应按下述方法进一步试验。

取原试样一份,用3%的氢氧化纳溶液洗除有机质,再用清水淘洗干净,与另一份原试样分别按相同的配合比制成水泥砂浆,测定其28 d的抗压强度。若原试样配制的砂浆强度不低于洗除有机物后试样制成的砂浆强度的95%,则认为该砂有机物含量合格。

4.3.7　检测报告

砂检测报告是对用于工程中的砂的筛分、含泥量、泥块含量等指标进行复试后由试验

单位出具的质量证明文件，见表4-10。

检测后，各项性能指标都符合GB/T 14684—2011的相应类别规定时，可判为该产品合格。若有一项性能指标不符合标准要求，则应从同一批产品中加倍取样，对不符合标准要求的项目进行复检。复检后，该项指标符合标准要求时，可判定该类产品合格，仍然不符合标准要求时，则判定该批产品不合格。

表4-10　砂检测报告

报告日期：＿＿＿＿＿＿　　　　NO：＿＿＿＿＿＿

委托单位			样品编号				
工程名称			代表数量				
样品产地、名称			收样日期			年　月　日	
检验条件			检验依据				
检验项目	检测结果	附记	检验项目			检测结果	附记
表观密度（kg/m^3）			有机物含量（%）				
堆积密度（kg/m^3）			坚固性质量损失率（%）				
紧密密度（kg/m^3）			压碎指标（%）				
吸水率（%）			SO_3 含量（%）				
含水率（%）			碱活性				
含泥量（%）			泥块含量（%）				
颗粒级配							
筛孔尺寸（mm）	9.50	4.75	2.36	1.18	0. 60	0.30	0.15
标准颗粒级配范围累积筛余率（%）							
实际累积筛余率（%）							
检验结果	细度模数：		颗粒级配：				
结论			备注				

技术负责人：　　　校核：　　　检验：　　　检验单位：（盖章）

5　粗骨料

5.1　粗骨料主要技术性能和质量标准

混凝土中的粗骨料是指粒径大于4.75 mm的岩石颗粒,常用的有碎石和卵石。碎石由天然岩石、卵石或矿山废石经机械破碎、筛分而成,表面粗糙,富有棱角,较洁净,与水泥浆黏结比较牢固。卵石又称砾石,它是由天然岩石经自然风化、水流搬运和分选、堆积形成的。按其产源可分为河卵石、海卵石及山卵石等几种,其中以河卵石应用较多。卵石中有机杂质含量较多,但与碎石比较,卵石表面光滑、少棱角,空隙率和表面积均较小,拌制混凝土时所需的水泥浆量较少,混凝土拌合物和易性较好,但与水泥石胶结力差。在水泥用量和水用量相同的情况下,卵石混凝土的强度较碎石混凝土低,但卵石成本较低。在实际工程中,应依据工程技术要求和经济的原则来选用。

根据国家标准《建设用卵石、碎石》(GB/T 14685—2011)的规定,按卵石、碎石技术要求,石子分为Ⅰ、Ⅱ、Ⅲ三类。

5.1.1　最大粒径及颗粒级配

5.1.1.1　最大粒径(D_M)

粗骨料中公称粒级的上限称为该粒级的最大粒径。粗骨料的粗细程度用最大粒径表示。当粗骨料最大粒径增大时,在质量相同的条件下,总表面积随之减小。因此,保证一定厚度润滑层所需的水泥浆或砂浆的数量也相应减少,从而节约水泥,所以粗骨料的最大粒径应在条件许可下,尽量选用较大的。试验研究证明,最佳的最大粒径取决于混凝土的水泥用量。当骨料最大粒径小于80 mm时,水泥用量随最大粒径的增大而急剧减少;但当最大粒径大于150 mm时,对节约水泥并不明显。因此,在大体积混凝土中,条件许可时,应尽量采用较大粒径。在水利、港口等大型工程中最大粒径常采用120 mm或150 mm;在房屋建筑工程中,由于构件尺寸小,一般最大粒径只用到40 mm或60 mm。骨料最大粒径还受结构形式和配筋疏密限制,石子粒径过大,对搅拌和运输都不方便,因此要综合考虑骨料最大粒径。根据《混凝土结构工程施工质量验收规范》(GB 50204—2015)的规定,混凝土粗骨料的最大粒径不得超过结构截面最小尺寸的1/4,且不得大于钢筋间最小净距的3/4。对于混凝土实心板,骨料的最大粒径不宜超过板厚的1/3,且不得超过40 mm。

5.1.1.2　颗粒级配

石子级配好坏对节约水泥和保证混凝土拌合物具有良好的和易性有很大关系,特别是在拌制高强度混凝土时,石子级配尤为重要。

粗骨料级配按供应情况可分为连续粒级和单粒粒级两种。连续粒级是石子颗粒由小到大连续分级,每级石子占一定比例。连续粒级骨料与天然骨料情况比较接近,是最常用的骨料。用连续粒级配制的混凝土一般工作性良好,不易发生离析现象,易于保证混凝土的质量,便于大型混凝土搅拌站使用,适合泵送混凝土,但连续级配骨料不一定是级配最好的骨料。单粒粒级骨料配制混凝土会加大水泥用量,对混凝土的收缩等性能造成不利影响,但它可以通过各粒级的不同组合,配制成各种不同要求的级配骨料,以保证混凝土的质量和施工要求,也可与连续粒级混合使用,以改善其级配或配成较大粒度的连续粒级。

水工混凝土所用粗骨料粒径大、用量多,为获得级配良好的粗骨料,同时为避免堆放、运输石子时产生分离,常常将石子先筛分为若干单粒粒级分别堆放。单粒粒级常分为4级,即5~20 mm(小石)、20~40 mm(中石)、40~80 mm(大石)、80~120(或150) mm(特大石),然后根据建筑物结构情况及施工条件,确定最大粒径后,在混凝土拌合时再选择采用一级、二级、三级或四级的石子配合使用。例如:若石子最大粒径为20 mm,采用一级配,即只用小石一级;最大粒径为40 mm,采用二级配,即用小石与中石两粒级组合;最大粒径为80 mm,采用三级配,即用小石、中石、大石三粒级组合;最大粒径为120(或150) mm,采用四级配,即用小石、中石、大石、特大石四粒级组合。各级石子的配合比例需通过试验来确定,其原理为空隙率达到最小或堆积密度最大且满足混凝土拌合物和易性要求。表5-1中配合比例可供参考使用。

表5-1 粗骨料级配选择参考值(GB/T 14685—2011)

最大粒径(mm)	粒级(mm)					总计(%)
	5~20	20~40	40~60	40~80	80~120(或150)	
	石子比例(%)					
40	45~60	40~55				100
60	35~50		50~65			100
80	25~35	25~35		35~50		100
120(或150)	15~25	15~25		25~35	30~45	100

另外还有一种间断级配,是人为地剔除某些中间粒级颗粒,大骨料空隙由小许多的小粒径颗粒填充,故能降低骨料的空隙率,增加密实度,节约水泥。按理论上计算,当分级增大时骨料空隙率的降低速率较连续级配大,可较好地发挥骨料的骨架作用而减少水泥用量,适用于低流动性或干硬性混凝土。但间断级配骨料配制的混凝土拌合物往往易于离析、和易性较差、施工困难,工程中较少采用。

在实际工程中,必须将试验选定的最优级配与料场中天然级配结合起来考虑,要进行调整与平衡计算,以减少骨料生产中的弃料。

施工现场的分级石子中往往存在超(逊)径现象。超(逊)径是指在某一级石子中混有大于(小于)这一级粒径的石子。规范规定,以原孔筛检验,超径率应小于5%,逊径率应小于10%;以超逊径筛检验,超径率为零,逊径率小于2%。若不符合要求,要进行二次筛分或调整骨料级配。

粗骨料的级配是通过筛分析方法确定的。其标准筛的孔径依次为 2.36 mm、4.75 mm、9.50 mm、16.0 mm、19.0 mm、26.5 mm、31.5 mm、37.5 mm、53.0 mm、63.0 mm、75.0 mm 及 90.0 mm 等 12 个等级。分计筛余与累计筛余的试验方法及计算方法同细骨料。国家标准《建设用卵石、碎石》(GB/T 14685—2011)规定,粗骨料级配应符合表 5-2 的要求。

表 5-2　碎石或卵石的颗粒级配范围(GB/T 14685—2011)

级配情况	公称粒级(mm)	累计筛余(按质量计,%)											
		筛孔尺寸(方孔筛,mm)											
		2.36	4.75	9.50	16.0	19.0	26.5	31.5	37.5	53.0	63.0	75.0	90.0
连续粒级	5~16	95~100	85~100	30~60	0~10	0							
	5~20	95~100	90~100	40~80	—	0~10	0						
	5~25	95~100	90~100	—	30~70	—	0~5	0					
	5~31.5	95~100	90~100	70~90	—	15~45	—	0~5	0				
	5~40	—	95~100	70~90	—	30~65	—	—	0~5	0			
单粒粒级	5~10	95~100	80~100	0~15	0								
	10~16		95~100	80~100	0~15								
	10~20		95~100	95~100	0~15	0							
	10~25			95~100	55~70	25~40	0~10						
	16~31.5		95~100		85~100			0~10	0				
	20~40			95~100		80~100			0~10	0			
	40~80					95~100			70~100		30~60	0~10	0

注:公称粒级的上限为该粒级的最大粒径。

5.1.2　含泥量和泥块含量

含泥量是指石子中粒径小于 75 μm 的颗粒含量;泥块含量是指石子中原粒径大于 4.75 mm,经水浸洗、手捏后变成粒径小于 2.36 mm 的颗粒含量。

建设用卵石、碎石的含泥量和泥块含量应符合表 5-3 的规定。

表 5-3　建设用卵石、碎石的含泥量和泥块含量(GB/T 14685—2011)

项目	指标		
	Ⅰ类	Ⅱ类	Ⅲ类
含泥量(按质量计)(%)	≤0.5	≤1.0	≤1.5
泥块含量(按质量计)(%)	0	≤0.2	≤0.5

5.1.3　针片状颗粒含量

凡石子长度大于该颗粒所属粒级平均粒径 2.4 倍的为针状颗粒,厚度小于平均粒径

40%的为片状颗粒。平均粒径指该粒级上、下限粒径尺寸的平均值。针片状颗粒不仅本身易折断,影响混凝土的强度,而且会增加石子的空隙率,并影响混凝土拌合物的和易性,降低混凝土的质量,因此应控制其含量。限制指标见表5-4。

表5-4 碎石或卵石的针片状颗粒含量(GB/T 14685—2011)

项目	指标		
	Ⅰ类	Ⅱ类	Ⅲ类
针片状颗粒(按质量计,%),≤	5	10	15

5.1.4 有害物质含量

为保证混凝土的强度及耐久性,石子中不应混有草根、树叶、树枝、塑料、煤块和炉渣等杂物,其有害物质含量不得大于表5-5的规定。

表5-5 碎石或卵石的有害物质含量(GB/T 14685—2011)

项目	指标		
	Ⅰ类	Ⅱ类	Ⅲ类
有机物	合格	合格	合格
硫化物及硫酸盐含量(以 SO_3 质量计,%),≤	0.5	1.0	1.0

5.1.5 坚固性

粗骨料的坚固性是反映碎石或卵石在自然风化和其他外界物理化学因素作用下抵抗碎裂的能力。在冻融循环及自然风化作用下,仍能保证混凝土免受严重破坏。坚固性试验用硫酸钠溶液法检验。按GB/T 14685—2011的技术要求,石子样品在硫酸钠饱和溶液中经5次循环浸渍后,其质量损失应符合表5-6的规定。

表5-6 碎石或卵石的坚固性指标(GB/T 14685—2011)

项目	指标		
	Ⅰ类	Ⅱ类	Ⅲ类
质量损失(%),≤	5	8	12

5.1.6 强度

粗骨料在混凝土中主要起骨架作用,为保证混凝土的强度要求,粗骨料必须质地致密、具有足够的强度。碎石或卵石的强度,用岩石立方体强度和压碎指标两种方法表示。当混凝土强度等级为C60及其以上时,应进行岩石抗压强度检验。在选择采石场或对粗骨料强度有严格要求或对质量有争议时,也宜用岩石立方体强度做检验。对经常性的生产质量控制则用压碎指标值检验较为简便。通常卵石的强度用压碎指标表示,碎石的强度既可用压碎指标表示,又可用抗压强度表示。

岩石立方体强度是将岩石制成50 mm×50 mm×50 mm的立方体(或直径与高均为50 mm的圆柱体)试件,浸没于水中48 h后,从水中取出,擦干表面,放在压力机上进行抗压强度(MPa)试验。火成岩试件的强度应不小于80 MPa,变质岩应不小于60 MPa,水成岩应不小于30 MPa。

压碎指标是将一定质量气干状态下9.5~19.0 mm的石子去除针片状颗粒后,装入一定规格的圆筒内,在压力机上按1 kN/s速度均匀加荷到200 kN并稳定5 s,卸荷后称取试样质量m_0,再用孔径为2.36 mm的筛筛除被压碎的细粒,称取试样的筛余量m_1。压碎指标按公式(5-1)计算,精确至0.1%。

$$\delta_e = \frac{m_0 - m_1}{m_0} \times 100\% \tag{5-1}$$

式中 δ_e——压碎指标(%);

m_0——试样的质量,g;

m_1——压碎试验后筛余的试样质量,g。

压碎指标表示石子抵抗压碎的能力,混凝土用碎石或卵石的压碎指标值愈小,表示石子抵抗破碎的能力愈强,可间接推测其相应强度。对不同强度等级的混凝土,压碎指标应符合表5-7的规定。

表5-7 碎石、卵石压碎指标值(GB/T 14685—2011)

项目	Ⅰ类	Ⅱ类	Ⅲ类
碎石压碎指标(%),≤	10	20	30
卵石压碎指标(%),≤	12	14	16

5.1.7 表观密度、连续级配松散堆积空隙率

表观密度、连续级配松散堆积空隙率应符合以下规定:表观密度不小于2 600 kg/m^3;连续级配松散堆积空隙率要求Ⅰ类不大于43%、Ⅱ类不大于45%、Ⅲ类不大于47%。

5.1.8 碱—骨料反应

碱—骨料反应指水泥、外加剂等混凝土构成物及环境中的碱与骨料中碱活性矿物在潮湿环境下缓慢发生碱—骨料反应,生成凝胶,吸水产生膨胀,并导致混凝土开裂破坏的膨胀反应。混凝土的碱—骨料反应潜伏期长,破坏性大,涉及整个混凝土构件,所以混凝土界把碱—骨料反应称为混凝土的“顽症”。重要工程的混凝土所使用的碎石或卵石应进行碱活性检验。

经检验判定骨料有潜在活性时,应遵循以下规定使用:①使用含碱量小于0.6%的水

泥或采用能抑制碱—骨料反应的掺合料;②当使用含钾、钠离子的混凝土外加剂时,必须进行专门试验。最常用的检验方法是砂浆长度法:这种方法是用含活性氧化硅的骨料与高碱水泥制成1:2.25的胶砂试块,在恒温、恒湿中养护,定期测定试块的膨胀值,直到龄期12个月。如果在6个月中,试块的膨胀率超过0.05%或1年中超过0.1%,则认为这种骨料是具有活性的。若骨料中含有活性碳酸盐,应用岩石柱法进行检验,经检验判定骨料有潜在危害时,不宜用作混凝土骨料。若由石子制备的试件无裂缝、酥裂、胶体外溢等现象,且在规定的试验龄期膨胀率小于0.10%,则碱—骨料反应合格。

5.2　粗骨料取样

5.2.1　石子检验批的规定

使用单位应按石子的同一产地、统一规格、同一进场时间分批验收。采用大型工具(如火车、货船或汽车)运输的,应以400 m^3 或600 t为一验收批;采用小型工具(如拖拉机等)运输的,应以200 m^3 或300 t为一验收批。不足上述量者,应按一验收批进行验收。日产量超过2 000 t,以1 000 t为一批,不足1 000 t亦为一批。日产量超过5 000 t,按2 000 t为一批,不足2 000 t亦为一批。

石子在运输、装卸和堆放过程中,应防止颗粒离析、混入杂质,并应按产地、种类和规格分别堆放。碎石或卵石堆放高度不宜超过5 m,对单粒级或最大粒径不超过20 mm的连续粒级,堆料高度可增加到10 m。

5.2.2　石子的取样

5.2.2.1　取样方法

(1)在料堆上取样时,取样部位应均匀分布。取样前,应先将取样部位表层铲除,再从不同部位抽取大致等量的石子15份(在料堆顶部、中部和底部均匀分布的15个不同部位取得)组成一组样品。

(2)从皮带运输机上取样时,应用接料器在皮带运输机机尾的出料处定时抽取大致等量的石子8份,组成一组样品。

(3)从火车、汽车、货船上取样时,应从不同部位和深度抽取大致等量的石子16份,组成一组样品。

5.2.2.2　取样数量

石子单项检测的最小取样数量应符合表5-8的规定。当需要做多项检测时,可在确保样品经一项试验后不致影响其他检测结果的前提下,用同组样品进行多项不同的检测。

5.2.2.3　石子试样的缩分

(1)人工四分法。将所取样品置于平板上,在自然状态下拌合均匀,并堆成锥体,然后沿相互垂直的两条直径把锥体分成大致相等的四份,取其对角的两份重新拌匀,再堆成堆体。重复上述过程,直至把样品缩分到检测所需数量为止。

(2)堆积密度检测所用试样可不经缩分,在拌匀后直接进行试验。

表5-8　单项检测所需碎石或卵石取样数量(GB/T 14685—2011)　(单位:kg)

序号	试验项目	不同最大粒径(mm)下的最少取样量							
		9.5	16.0	19.0	26.5	31.5	37.5	63.0	75.0
1	颗粒级配	9.5	16.0	19.0	25.0	31.5	37.5	63.0	80.0
2	含泥量	8.0	8.0	24.0	24.0	40.0	40.0	80.0	80.0
3	泥块含量	8.0	8.0	24.0	24.0	40.0	40.0	80.0	80.0
4	针片状颗粒含量	1.2	4.0	8.0	12.0	20.0	40.0	40.0	40.0
5	有机质含量	按试验要求的粒级和数量取样							
6	硫化物及硫酸盐含量								
7	坚固性								
8	岩石抗压强度	随机选取完整石块锯切或钻取成试验用样品							
9	压碎指标值、含水率	按试验要求的粒级和数量取样							
10	表观密度	8.0	8.0	8.0	8.0	12.0	16.0	24.0	24.0
11	堆积密度与空隙率	40.0	40.0	40.0	40.0	80.0	80.0	120.0	120.0
12	碱—骨料反应	20.0	20.0	20.0	20.0	20.0	20.0	20.0	20.0
13	吸水率	2.0	4.0	8.0	12.0	20.0	40.0	40.0	40.0
14	放射性	6.0							

5.3　粗骨料检测方法和检测报告

5.3.1　石子颗粒级配试验

5.3.1.1　试验目的

通过筛分试验测定碎石或卵石的颗粒级配,以便于选择优质粗骨料,达到节约水泥和改善混凝土性能的目的,并作为混凝土配合比设计和一般使用的依据。掌握《建设用卵石、碎石》(GB/T 14685—2011)的测试方法,正确使用所用仪器与设备,并熟悉其性能。

5.3.1.2　主要仪器设备

(1)试验筛:孔径为2.36 mm、4.75 mm、9.50 mm、16.0 mm、19.0 mm、26.5 mm、31.5 mm、37.5 mm、53.0 mm、63.0 mm、75.0 mm、90.0 mm的筛各一只,并附有筛底和筛盖(筛框内径300 mm)。

(2)台秤:称量10 kg,感量1 g。

(3)烘箱:能使温度控制在(105 ±5)℃。

(4)摇筛机。

(5)搪瓷盘、毛刷等。

5.3.1.3　试验方法

(1)按规定取样,将试样缩分到略大于表5-9规定的质量,烘干或风干后备用。

表5-9　颗粒级配所需试样质量

最大粒径(mm)	9.5	16.0	19.0	26.5	31.5	37.5	63.0	75.0
最少试样质量(kg)	1.9	3.2	3.8	5.0	6.3	7.5	12.6	16.0

(2)按表5-9规定数量称取试样一份,精确至1 g。将试样倒入按筛孔大小从上到下组合的套筛(附筛底)上。

(3)将套筛在摇筛机上筛10 min,取下套筛,按筛孔大小顺序再逐个用手筛,筛至每分钟通过量小于试样总量的0.1%为止。通过的颗粒并入下一号筛中,并和下一号筛中的试样一起过筛,直至各号筛全部筛完。对粒径大于19.0 mm的颗粒,筛分时允许用手拨动。

(4)称出各筛的筛余量,精确至1 g。

筛分后,若各筛的筛余量与筛底试样之和超过原试样质量的1%,须重新试验。

5.3.1.4　结果计算与评定

(1)计算各筛的分计筛余百分率(各号筛的筛余量与试样总质量之比),精确至0.1%。

(2)计算各筛的累计筛余百分率(该号筛的分计筛余百分率加上该号筛以上各分计筛余百分率之和),精确至1%。

(3)根据各号筛的累计筛余百分率,评定该试样的颗粒级配。

5.3.2　石子的表观密度试验

5.3.2.1　试验目的

通过试验测定石子的表观密度,为评定石子质量和混凝土配合比设计提供依据;石子的表观密度可以反映骨料的坚实、耐久程度,因此是一项重要的技术指标。应掌握《建设用卵石、碎石》(GB/T 14685—2011)的测试方法,正确使用所用仪器与设备,并熟悉其性能。

5.3.2.2　主要仪器设备

1.液体比重天平法

(1)鼓风烘箱:温度能控制在(105 ±5)℃。

(2)液体天平:称量5 kg,感量5 g,见图5-1。

(3)吊篮:直径和高度均为150 mm,由孔径为1 ~2 mm的筛网或钻有2 ~3 mm孔洞的耐蚀金属板制成。

(4)方孔筛:孔径为4.75 mm的筛一只。

(5)盛水容器:有溢水孔。

(6)其他:温度计、搪瓷盘、毛巾等。

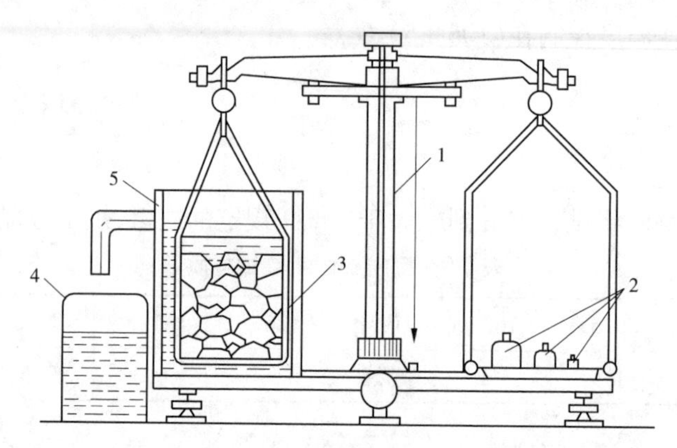

1—5 kg 天平;2—砝码;3—吊篮;4—容器;5—带有溢流孔的金属容器

图 5-1　液体天平

2. 广口瓶法

(1)天平:称量 2 kg,感量 1 g。

(2)广口瓶:容积 1 000 mL,磨口,带玻璃片。

(3)其他:鼓风烘箱、方孔筛 、温度计、搪瓷盘、毛巾等。

5.3.2.3　试验方法

1. 液体比重天平法

(1)按规定取样,用四分法缩分至不少于表 5-10 规定的数量,风干后筛去 4.75 mm 以下的颗粒,洗刷干净后,分为大致相等的两份备用。

表 5-10　表观密度试验所需试样数量

最大粒径(mm)	<26.5	31.5	37.5	63.0	75.0
最少试样数量(kg)	2.0	3.0	4.0	6.0	6.0

(2)将一份试样装入吊篮,并浸入盛水的容器内,液面至少高出试样表面 50 mm。浸水 24 h 后,移放到称量用的盛水容器中,上下升降吊篮,排除气泡(试样不得露出水面)。吊篮每升降一次约 1 s,升降高度为 30 ~ 50 mm。

(3)测量水温后(吊篮应在水中),称出吊篮及试样在水中的质量,精确至 5 g,称量时盛水容器中水面的高度由容器的溢水孔控制。

(4)提起吊篮,将试样倒入浅盘,在烘箱中烘干至恒量,冷却至室温,称出其质量,精确至 5 g。

(5)称出吊篮在同样温度水中的质量,精确至 5 g。称量时盛水容器中水面的高度由容器的溢水孔控制。

试验时各项称量可在 15 ~ 25 ℃范围内进行,但从试样加水静止的 2 h 起至试验结束,温度变化不应超过 2 ℃。

2. 广口瓶法

广口瓶法为简易法,不宜用于石子的最大粒径超过 37.5 mm 的试样。

(1)按规定取样,用四分法缩分至不少于表 5-10 规定的数量,风干后筛去粒径 4.75

mm 以下的颗粒,洗刷干净后,分为大致相等的两份备用。

(2)将试样浸水 24 h,然后装入广口瓶(倾斜放置)中,注入清水,上下左右摇晃广口瓶排除气泡。

(3)向瓶内加水至凸出瓶口边缘,然后用玻璃片沿瓶口迅速滑行(使其紧贴瓶口水面)。擦干瓶外水分,称取试样、水、广口瓶及玻璃片总质量,精确至 1 g。

(4)将瓶中试样倒入浅盘,然后放在(105 ±5)℃的烘箱中烘干至恒量,冷却至室温后称其质量,精确至 1 g。

(5)将瓶洗净,重新注入饮用水,并用玻璃片紧贴瓶口水面,擦干瓶外水分后称出水、瓶、玻璃片的总质量,精确至 1 g。

5.3.2.4　结果计算与评定

(1)表观密度按公式(5-2)计算,精确至 10 kg/m³:

$$\rho_0 = \left(\frac{G_0}{G_0 + G_2 - G_1} - \alpha_t\right) \times \rho_H \tag{5-2}$$

式中　ρ_0——表观密度,kg/m³;

G_0——烘干后试样的质量,g;

G_1——吊篮及试样在水中的质量(液体比重天平法)或试样、水、瓶、玻璃片的总质量(广口瓶法),g;

G_2——吊篮在水中的质量(液体比重天平法)或水、瓶、玻璃片的总质量(广口瓶法),g;

ρ_H——水的密度,1 000 kg/m³;

α_t——水温对表观密度影响的修正系数(见表 5-11)。

表 5-11　不同水温对碎石和卵石的表观密度影响的修正系数(GB/T 14685—2011)

水温(℃)	15	16	17	18	19	20	21	22	23	24	25
α_t	0.002	0.003	0.003	0.004	0.004	0.005	0.005	0.006	0.006	0.007	0.008

(2)表观密度取两次试验结果的算术平均值,若两次结果之差大于 20 kg/m³,须重新试验。对材质不均匀的试样,若两次结果之差大于 20 kg/m³,可取四次试验结果的算术平均值。

(3)计算结果采用修约值比较法进行评定。

5.3.3　石子的堆积密度与空隙率试验

5.3.3.1　试验目的

石子表观密度的大小是粗骨料级配优劣和空隙多少的重要标志,且是进行混凝土配合比设计的必要资料,或用以估计运输工具的数量及存放堆场面积等。通过试验应掌握《建设用卵石、碎石》(GB/T 14685—2011)的测试方法,正确使用所用仪器与设备,并熟悉其性能。

5.3.3.2　主要仪器设备

(1)台秤:称量 10 kg,感量 10 g。

(2)磅秤:称量 50 kg,感量 50 g。

(3)容量筒:按石子最大粒径不同依表 5-12 选用。

(4)其他:直径 16 mm 的垫棒,长 600 mm 的圆钢,直尺、小铲等。

表 5-12　容量筒的选用规定

最大粒径(mm)	容量筒容积(L)	容量筒规格		
		内径(mm)	净高(mm)	壁厚(mm)
9.5、16.0、19.0、26.5	10	208	294	2
31.5、37.5	20	294	294	3
53.0、63.0、75.0	30	360	294	4

5.3.3.3　试验方法

(1)按规定取样,烘干或风干,拌匀后分成大致相等的两份备用。

(2)松散堆积密度。将一份试样用小铲从容量筒口中心上方 50 mm 处徐徐倒入,让试样以自由落体落下,当容量筒上部试样呈锥体,并向四周溢满时,停止加料。除去凸出容量口表面的颗粒,并以合适的颗粒填入凹陷处,使凹凸部分体积大致相等(试验过程应防止触动容量筒)。称出试样与筒的总质量。

(3)紧密堆积密度。将一份试样分三次装入容量筒,每装一层,均在筒底垫放一根直径为 16 mm 的圆钢,将筒按住,左右交替颠击地面 25 次(筒底垫放的钢筋方向与上一次垂直)。试样装填完毕,再加试样直至超过筒口,用钢尺沿筒口边缘刮去高出的试样,并以合适的颗粒填入凹陷处,使凹凸部分体积大致相等。称出试样与筒的总质量,精确至 10 g。

5.3.3.4　结果计算与评定

(1)松散或紧密堆积密度按公式(5-3)计算,精确至 10 kg/m^3:

$$\rho_1 = \frac{G_1 - G_2}{V} \tag{5-3}$$

式中　ρ_1——松散或紧密堆积密度,kg/m^3;

G_1——筒和试样总质量,g;

G_2——筒本身质量,g;

V——筒本身容积,L。

(2)空隙率按公式(5-4)计算,精确至 1%:

$$V_0 = \left(1 - \frac{\rho_1}{\rho_0}\right) \times 100\% \tag{5-4}$$

式中　V_0——空隙率(%);

ρ_1、ρ_0——石子的堆积密度及表观密度,kg/m^3。

(3)取两次试验的算术平均值作为结果,堆积密度精确至 10 kg/m^3,空隙率精确至 1%。

【工程实例 5-1】

某碎石样品最大粒径不超过 20 mm,烘干后按《建设用卵石、碎石》(GB/T 14685—

2011)进行表观密度、堆积密度试验。取 2 kg 烘干试样采用广口瓶法进行表观密度试验,测得玻璃瓶装满水连同玻璃片的质量为 5.439 kg,两次平行试验测得瓶、水、玻璃片与碎石的质量分别为 6.681 kg 和 6.685 kg,试验前后水温保持在 20 ℃;随后进行松散堆积密度试验,两次测得碎石与筒的质量分别为 19.23 kg 和 19.25 kg,筒的容积为 10.0 L,筒质量为 4.85 kg。试求该碎石的干表观密度、松散堆积密度和空隙率。

解:1. 干表观密度

根据《建设用卵石、碎石》(GB/T 14685—2011)可知 20 ℃修正系数 $\alpha_1 = 0.005$,则

$$\rho_{0,1} = \left(\frac{2\,000}{2\,000 + 5\,439 - 6\,681} - 0.005\right) \times 1\,000 = 2\,634(\text{kg/m}^3)$$

$$\rho_{0,2} = \left(\frac{2\,000}{2\,000 + 5\,439 - 6\,685} - 0.005\right) \times 1\,000 = 2\,648(\text{kg/m}^3)$$

两次试验之差小于 20 kg/m³,试验有效,取平均值并保留到 10 kg/m³,最后得到干表观密度 $\rho_0 = 2\,640$ kg/m³

2. 堆积密度

$$\rho_{1,1} = \frac{19.23 - 4.85}{0.010} = 1\,438(\text{kg/m}^3)$$

$$\rho_{1,2} = \frac{19.25 - 4.85}{0.010} = 1\,440(\text{kg/m}^3)$$

取两次平均值,并保留到 10 kg/m³,得堆积密度 $\rho_1 = 1\,440$ kg/m³。

3. 空隙率

$$V_0 = \left(1 - \frac{\rho_1}{\rho_0}\right) \times 100\% = \left(1 - \frac{1\,440}{2\,640}\right) \times 100\% = 45\%$$

5.3.4　石子泥块含量测定

5.3.4.1　试验目的

测定石子的泥块含量,评定石子的品质。

5.3.4.2　仪器设备

(1)鼓风烘箱:能使温度控制在(105 ±5)℃。

(2)天平:称量 10 kg,感量 1 g。

(3)方孔筛:孔径为 2.36 mm 及 4.75 mm 筛各一只。

(4)容器:要求淘洗试样时,保持试样不溅出。

(5)搪瓷盘、毛刷等。

5.3.4.3　试验步骤

(1)按表 5-8 的规定取样,并将试样缩分至略大于表 5-13 规定的 2 倍数量,放在烘箱中于(105 ±5)℃下烘干至恒量,待冷却至室温后,筛除粒径小于 4.75 mm 的颗粒,分为大致相等的两份备用。

(2)称取规定数量的试样一份,精确至 1 g。将试样倒入淘洗容器中,注入清水,使水面高于试样上表面。充分搅拌均匀后,浸泡 24 h。然后用手在水中碾碎泥块,再把试样放在 2.36 mm 筛上,用水淘洗,直至容器内的水目测清澈。

(3)保留下来的试样小心地从筛中取出,装入搪瓷盘后,放在烘箱中于(105±5)℃下烘干至恒量,待冷却至室温后,称出其质量,精确至1 g。

5.3.4.4　**结果计算与评定**

(1)泥块含量按公式(5-5)计算,精确至0.1%:

$$Q_b = \frac{G_1 - G_2}{G_1} \times 100\% \tag{5-5}$$

式中　Q_b——泥块含量(%);

G_1——4.75 mm筛筛余试样的质量,g;

G_2——试验后烘干试样的质量,g。

(2)泥块含量取两次试验结果的算术平均值,精确至0.1%。

5.3.5　石子含泥量测定

5.3.5.1　**试验目的**

测定石子的含泥量,评定石子的品质。

5.3.5.2　**主要仪器设备**

(1)鼓风烘箱:能使温度控制在(105±5)℃。

(2)天平:称量10 kg,感量1 g。

(3)方孔筛:孔径为75 μm及1.18 mm的筛各一只。

(4)容器:要求淘洗试样时,保持试样不溅出。

(5)搪瓷盘、毛刷等。

5.3.5.3　**试验方法**

(1)按规定取样,并将试样缩分至略大于表5-13规定的2倍数量,放在烘箱中于(105±5)℃下烘干至恒量,待冷却至室温后,分为大致相等的两份备用。

表5-13　含泥量试验所需试样数量

最大粒径(mm)	9.5	16.0	19.0	26.5	31.5	37.5	63.0	75.0
最少试样数量(kg)	2.0	2.0	6.0	6.0	10.0	10.0	20.0	20.0

(2)称取按表5-13规定数量的试样一份,精确至1 g。将试样放入淘洗容器中,注入清水,使水面高于试样上表面150 mm,充分搅拌均匀后,浸泡2 h,然后用手在水中淘洗试样,使尘屑、淤泥和黏土与石子颗粒分离,把浑水缓缓倒入1.18 mm及75 μm的套筛上(1.18 mm筛放在75 μm筛上面),滤去粒径小于75 μm的颗粒。试验前筛子的两面应先用水润湿。在整个试验过程中应小心防止粒径大于75 μm的颗粒流失。

(3)向容器中注入清水,重复上述操作,直至容器内的水目测清澈。

(4)用水淋洗剩余在筛上的细粒,并将75 μm筛放在水中(使水面略高出筛中石子颗粒的上表面)来回摇动,以充分洗掉粒径小于75 μm的颗粒,然后将两只筛上筛余的颗粒和清洗容器中已经洗净的试样一并倒入搪瓷盘中,置于烘箱中于(105±5)℃下烘干至恒量,待冷却至室温后,称出其质量,精确至1 g。

5.3.5.4　**结果计算与评定**

(1)含泥量按公式(5-6)计算,精确至0.1%:

$$Q_a = \frac{G_1 - G_2}{G_1} \times 100\% \tag{5-6}$$

式中　Q_a——含泥量(%);

G_1—— 试验前烘干试样的质量,g;

G_2——试验后烘干试样的质量,g。

(2)含泥量取两次试验结果的算术平均值,精确至0.1%。

5.3.6　针、片状颗粒含量测定

5.3.6.1　试验目的

测定石子的针、片状颗粒含量,评定石子的品质。

5.3.6.2　主要仪器设备

(1)针状规准仪、片状规准仪:见图5-2和图5-3。

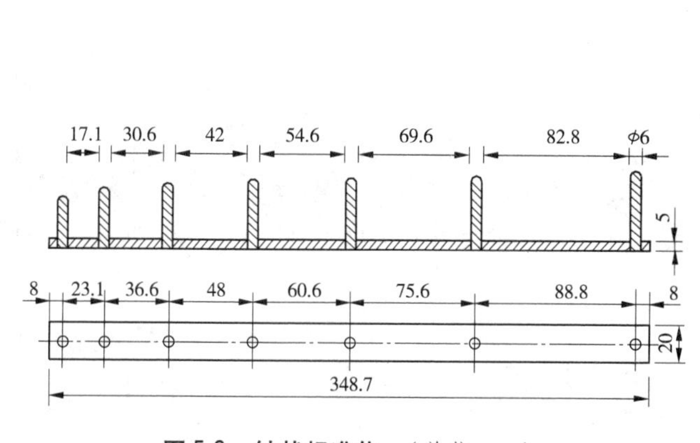

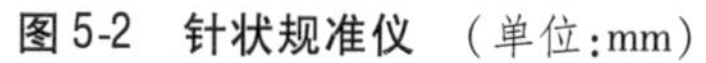
图5-2　针状规准仪　(单位:mm)

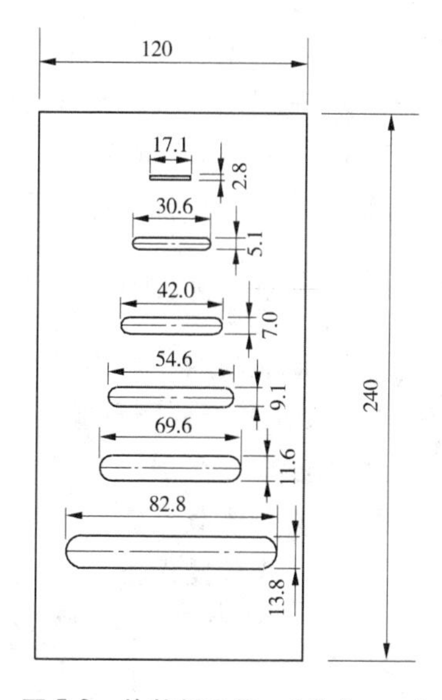

图5-3　片状规准仪　(单位:mm)

(2)方孔筛:孔径为4.75 mm、9.5 mm、16.0 mm、19.0 mm、26.5 mm、31.5 mm及37.5 mm的筛各一只。

(3)台秤:称量10 kg,感量1 g。

5.3.6.3　试验方法

(1)按规定取样,将试样缩分至略大于表5-14规定的数量,烘干或风干后备用。

(2)按表5-14的规定称取试样一份(精确至1 g),然后按表5-15所规定的粒级对石子进行筛分。

表5-14　针、片状颗粒含量试验所需试样数量

最大粒径(mm)	9.5	16.0	19.0	26.5	31.5	37.5	63.0	75.0
最少试样数量(kg)	0.3	1.0	2.0	3.0	5.0	10.0	10.0	10.0

表 5-15　粒级划分及其相应的规准仪孔宽或间距　（单位:mm）

粒级	4.75 ~ 9.50	9.50 ~ 16.0	16.0 ~ 19.0	19.0 ~ 26.5	26.5 ~ 31.5	31.5 ~ 37.5
片状规准仪相应孔宽	2.8	5.1	7.0	9.1	11.6	13.8
针状规准仪相应间距	17.1	30.6	42.0	54.6	69.6	82.8

(3)按表 5-15 规定的粒级分别用规准仪逐粒检验,凡长度大于针状规准仪上相应间距者,为针状颗粒;厚度小于片状规准仪上相应孔宽者,为片状颗粒。称量由各粒级挑出的针、片状颗粒的总量,精确至 1 g。

5.3.6.4　结果计算

针、片状颗粒含量按公式(5-7)计算,精确至 1%:

$$Q_c = \frac{G_2}{G_1} \times 100\% \tag{5-7}$$

式中　Q_c——针、片状颗粒含量(%);

G_1——试样总质量,g;

G_2——针、片状颗粒总质量,g。

5.3.7　压碎指标测定

5.3.7.1　试验目的

通过测定碎石或卵石抵抗压碎的能力,间接地推测其相应的强度,评定石子的质量。通过试验应掌握《建设用卵石、碎石》(GB/T 14685—2011)的测试方法,正确使用所用仪器与设备,并熟悉其性能。

5.3.7.2　主要仪器设备

(1)压力试验机:量程 300 kN,示值相对误差 2%。

(2)压碎指标测定仪(圆模):见图 5-4。

(3)天平:称量 10 kg,感量 1 g。

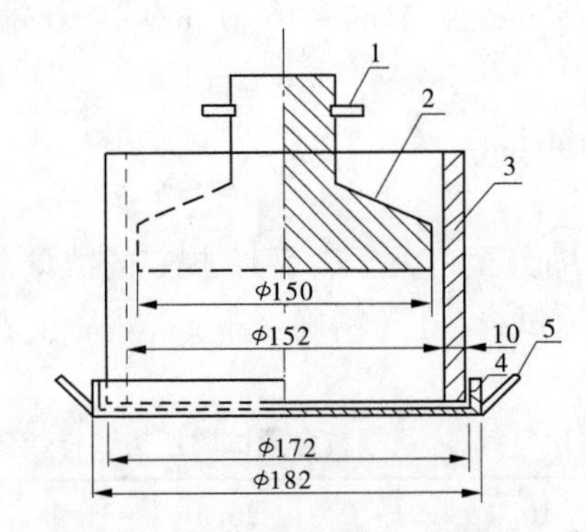

1—把手;2—加压头;3—圆模;4—底盘;5—手把

图 5-4　压碎指标测定仪　(单位:mm)

（4）方孔筛：孔径分别为2.36 mm、9.50 mm及19.0 mm的筛各一只。

（5）其他：直径10 mm垫棒，长500 mm圆钢。

5.3.7.3　**试验方法**

（1）按规定取样，风干后筛除粒径大于19.0 mm及粒径小于9.50 mm的颗粒，并除去针片状颗粒，拌匀后分成大致相等的三份备用。

（2）称取试样3 000 g，精确至1 g。将试样分两次装入圆模，每次装完后，在底盘下垫放一根圆钢，左右交替颠击地面25次，平整模内试样表面，压上盖头。当圆模装不下3 000 g试样时，以装至距圆模上口10 mm为准。

（3）将圆模放在压力试验机上，盖上加压头，开动试验机，按1 kN/s的速度均匀加荷至200 kN并稳荷5 s，然后卸荷。

（4）取下加压头，倒出试样，用孔径2.36 mm的筛筛除被压碎的颗粒，并称取筛余量，精确至1 g。

5.3.7.4　**结果计算与评定**

（1）压碎指标值按公式（5-1）计算，精确至0.1%。

（2）取三次测定的算术平均值作为试验结果，精确至1%。

【工程实例5-2】

对一碎石样品按《建设用卵石、碎石》（GB/T 14685—2011）进行压碎指标试验，风干筛除粒径大于19.0 mm和9.50 mm的颗粒并去除针片状颗粒后，取等质量样品3份，每份均为3 000 g，随后放入圆模按规范进行试验，试验后，用孔径2.36 mm的筛子筛去压碎颗粒后得到筛余质量分别为2 657 g、2 612 g、2 641 g，试分析该碎石类别。

解：压碎值

$$\delta_e = \frac{m_0 - m_1}{m_0} \times 100\%$$

$$\delta_{e1} = \frac{m_0 - m_{11}}{m_0} \times 100\% = \frac{3\,000 - 2\,657}{3\,000} \times 100\% = 11.43\%$$

$$\delta_{e2} = \frac{m_0 - m_{12}}{m_0} \times 100\% = \frac{3\,000 - 2\,612}{3\,000} \times 100\% = 12.93\%$$

$$\delta_{e3} = \frac{m_0 - m_{13}}{m_0} \times 100\% = \frac{3\,000 - 2\,641}{3\,000} \times 100\% = 11.97\%$$

取平均$\delta_e = 12.1\%$（精确至0.1%），属于Ⅱ类碎石。

5.3.8　石子的坚固性检测

5.3.8.1　**检测目的**

检测石料对硫酸钠饱和溶液结晶膨胀破坏作用的抵抗能力，间接评定石料的坚固性。

5.3.8.2　**试剂和材料**

（1）10%氯化钡溶液。

(2)硫酸钠溶液:在1 L水中(水温30 ℃左右)加入无水硫酸钠(Na_2SO_4)350 g或结晶硫酸钠($Na_2SO_4 \cdot H_2O$)750 g,边加边用玻璃棒搅拌,使其溶解并饱和。然后冷却至20~25 ℃,在此温度下静置48 h,即为试验溶液,其密度应为1.151~1.174 g/cm³。

5.3.8.3 检测仪器设备

(1)鼓风烘箱:能使温度控制在(105±5)℃。

(2)天平:称量10 kg,感量1 g。

(3)三脚网篮:用金属丝制成,网篮外径100 mm、高150 mm,网的孔径为2~3 mm。

(4)标准方孔筛:孔径为2.36 mm、4.75 mm、9.50 mm、16.0 mm、19.0 mm、26.5 mm、31.5 mm、37.5 mm、53.0 mm、63.0 mm、75.0 mm、90.0 mm的筛各一只。

(5)其他:容器(瓷缸,容积不小于50 L)、密度计、玻璃棒、搪瓷盘、毛刷等。

5.3.8.4 检测步骤

(1)将用于坚固性试验的石子试样缩分至表5-16规定的数量。用水淋洗干净后放在温度为(105±5)℃的烘箱中烘干至恒量,待冷却至室温后,筛除粒径小于4.75 mm的颗粒,再按石子的筛分试验进行筛分后备用。

表5-16　石子坚固性试验所需试样的质量

石子粒级(mm)	4.75~9.50	9.50~19.0	19.0~37.5	37.5~63.0	63.0~75.0
试样质量(g)	500	1 000	1 500	3 000	3 000

(2)称取表5-16规定的试样质量,精确至1 g。将不同粒级的试样分别装入网篮,并浸入盛有硫酸钠溶液的容器中,溶液的体积应不小于试样总体积的5倍。网篮浸入溶液时,应上下升降25次,以排除试样的气泡,然后静置于该容器中,网篮底面应距容器底面约30 mm,网篮之间的距离应不小于30 mm,液面至少高于试样表面30 mm,溶液温度应保持在20~25 ℃。

(3)浸泡20 h后,把装试样的网篮从溶液中取出,放在温度为(105±5)℃的烘箱中烘4 h,此时,完成了第一次试验循环。待试样冷却至20~25 ℃后,再按上述方法进行第二次循环,从第二次开始浸泡与烘干时间均为4 h,共做5次试验循环。

(4)最后一次循环后,用清洁的温水淋洗试样,直至淋洗试样后的水加入少量氯化钡溶液不出现白色浑浊。将洗过的试样放在温度为(105±5)℃的烘箱中烘干至恒量,待冷却至室温后,用孔径为试样下限的筛过筛,称出各粒级试样试验后的筛余量,精确至0.1 g。

5.3.8.5 检测结果

(1)按公式(5-8)计算各粒级试样质量损失百分率,精确至0.1%:

$$P_i = \frac{G_1 - G_2}{G_1} \times 100\% \tag{5-8}$$

式中　P_i——各粒级试样质量损失百分率(%);

G_1——各粒级试样试验前的质量,g;

G_2——各粒级试样试验后的筛余量,g。

(2)按公式(5-9)计算石子试样的总质量损失百分率,精确至1%:

$$P = \frac{a_1P_1 + a_2P_2 + a_3P_3 + a_4P_4 + a_5P_5}{a_1 + a_2 + a_3 + a_4 + a_5} \tag{5-9}$$

式中 P——试样总质量损失百分率(%);

P_1、P_2、P_3、P_4、P_5——各粒级试样质量损失百分率(%);

a_1、a_2、a_3、a_4、a_5——各粒级试样的质量占试样(原试样中筛除了粒径小于4.75 mm的颗粒)总质量的百分率(%)。

【工程实例5-3】

有一碎石样品,按《建设用卵石、碎石》(GB/T 14685—2011)进行坚固性试验,试验所得数据见表5-17,计算该碎石的坚固性。

表5-17

筛孔尺寸(mm)	该级试样占总质量百分率(%)	试验前质量(g)	试验后质量(g)
4.75~9.50	21.3	500.0	478.3
9.50~19.0	48.3	1 000.0	960.2
19.0~37.5	30.4	1 500.0	1 453.6

解:(1)计算各级质量损失百分率(保留到0.1%):

$$P_1 = \frac{500.0 - 478.3}{500.0} \times 100\% = 4.3\%$$

$$P_2 = \frac{1\,000.0 - 960.2}{1\,000.0} \times 100\% = 4.0\%$$

$$P_3 = \frac{1\,500.0 - 1\,453.6}{1\,500.0} \times 100\% = 3.1\%$$

(2)计算总损失百分率(保留到1%):

$$P = \frac{21.3 \times 4.3\% + 48.3 \times 4.0\% + 30.4 \times 3.1\%}{21.3 + 48.3 + 30.4} = 3.8\%$$

5.3.9 岩石抗压强度试验

5.3.9.1 试验目的

测定用以生产骨料的岩石在水饱和状态下的抗压强度。

5.3.9.2 仪器设备

(1)压力试验机:量程1 000 kN,示值相对误差2%。

(2)钻石机或锯石机。

(3)岩石磨光机。

(4)游标卡尺和角尺。

5.3.9.3 **试件**

(1)立方体试件尺寸:50 mm×50 mm×50 mm。

(2)圆柱体试件尺寸:ϕ50 mm×50 mm。

(3)试件与压力机压头接触的两个面要磨光并保持平行,6个试件为一组。对有明显层理的岩石,应制作两组,一组保持层理与受力方向平行,另一组保持层理与受力方向垂直,分别测试。

5.3.9.4 **试验步骤**

(1)用游标卡尺测定试件尺寸,精确至0.1 mm,对于立方体试件,取顶面和底面上相互平行两个边的平均长度作为长和宽。对于圆柱体试件,取顶面和底面上相互垂直的两个直径平均值分别作为顶面、底面直径。取顶面面积和底面面积的平均值作为计算用的截面面积。将试件浸没于水中浸泡48 h,水面应高出试件顶面20 mm。

(2)从水中取出试件,擦干表面,立即放在压力机上进行强度试验,加荷速度为0.5～1 MPa/s。

5.3.9.5 **结果计算与评定**

试件抗压强度按公式(5-10)计算,精确至0.1 MPa:

$$f = \frac{P}{A} \tag{5-10}$$

式中 f——抗压强度,MPa;

P——破坏荷载,N;

A——试件的截面面积,mm^2。

岩石抗压强度取6个试件试验结果的算术平均值,并给出最小值,精确至1 MPa。

对存在明显层理的岩石,应分别给出受力方向平行于层理的岩石抗压强度与受力方向垂直于层理的岩石抗压强度。

5.3.10 检测报告

石子检测报告是对用于工程中的石子筛分、含泥量、泥块含量和针片状含量、碎石压碎等指标进行复试后由检验单位出具的质量证明文件,见表5-18。

检验后,各项性能指标都符合《建设用卵石、碎石》(GB/T 14685—2011)的相应类别规定时,可判为该产品合格。当有一项性能指标不符合标准要求时,则应从同一批产品中加倍取样,对不符合标准要求的项目进行复检。复检后,该项指标符合标准要求时,可判定该批产品合格,仍然不符合标准要求时,则判定该批产品不合格。

表 5-18 碎石或卵石检测报告

报告日期:__________ NO:__________

委托单位			样品编号		
工程名称			代表数量		
样品产地、名称			收样日期	年 月 日	
检验条件			检验依据		
检验项目	检测结果	附记	检验项目	检测结果	附记
表观密度(kg/m^3)			有机物含量(%)		
堆积密度(kg/m^3)			坚固性质量损失率(%)		
紧密密度(kg/m^3)			岩石强度(MPa)		
吸水率(%)			压碎值指标(%)		
含水率(%)			SO_3 含量(%)		
含泥量(%)			碱活性		
泥块含量(%)					
针状和片状颗粒总含量(%)					

颗粒级配

筛孔尺寸(mm)	75.0	63.0	53.0	37.5	31.5	26.5	19.0	16.0	9.50	4.75	2.36
标准颗粒级配范围累积筛余率(%)											
实际累积筛余率(%)											
检验结果											

结论		说明		

技术负责人: 校核: 检验: 检验单位:(盖章)

6　水　泥

6.1　概　述

水硬性胶凝材料是指不仅能在空气中硬化,而且能更好地在水中硬化,并保持和发展其强度的胶凝材料。水泥是工程中广泛使用的水硬性胶凝材料,是水利水电工程混凝土结构的主要建筑材料,常用于拌制水泥砂浆、水泥混凝土,也常用作灌浆材料加固地基。

水泥的种类繁多,按所含水硬性物质的不同,可分为硅酸盐系水泥、铝酸盐系水泥及硫铝酸盐系水泥等,其中以硅酸盐系水泥应用最广;按水泥的用途及性能,可分为通用水泥、专用水泥与特性水泥三类,见表 6-1。

表 6-1　水泥分类

分类	主要品种
通用水泥	硅酸盐水泥、普通硅酸盐水泥、矿渣硅酸盐水泥、火山灰质硅酸盐水泥、粉煤灰硅酸盐水泥、复合硅酸盐水泥等
专用水泥	油井水泥、砌筑水泥、耐酸水泥、耐碱水泥、道路水泥等
特性水泥	白色硅酸盐水泥、快硬硅酸盐水泥、高铝水泥、硫铝酸盐水泥、抗硫酸盐水泥、膨胀水泥、自应力水泥等

在水泥的商品名称中,应注明所含的水硬性物质、混合材料种类、用途和主要特性。

6.1.1　硅酸盐水泥

6.1.1.1　硅酸盐水泥概述

国家标准《通用硅酸盐水泥》(GB 175—2007)规定:通用硅酸盐水泥是以硅酸盐水泥熟料、适量石膏和规定的混合材料制成的水硬性胶凝材料。其包括硅酸盐水泥、普通硅酸盐水泥、矿渣硅酸盐水泥、火山灰质硅酸盐水泥、粉煤灰硅酸盐水泥和复合硅酸盐水泥。

1. 硅酸盐水泥分类

硅酸盐水泥分两种类型,不掺加混合材料的称为Ⅰ型硅酸盐水泥,代号 P · Ⅰ。在硅酸盐水泥熟料粉磨时掺加不超过水泥质量 5% 的粒化高炉矿渣混合材料的称为Ⅱ型硅酸盐水泥,代号 P · Ⅱ。

2. 硅酸盐水泥熟料

硅酸盐水泥熟料是由主要含 CaO、SiO_2、Al_2O_3、Fe_2O_3 的原料,按适当比例磨成细粉烧至部分熔融所得以硅酸钙为主要矿物成分的水硬性胶凝物质。其中硅酸钙矿物含量(质量分数)不小于 66%,氧化钙和氧化硅的质量比不小于 2.0。

6.1.1.2 硅酸盐水泥的原料和生产工艺

1. 硅酸盐水泥的原料

硅酸盐水泥的原料主要是石灰质原料（石灰石、白垩等）和黏土质原料（黏土、页岩等）。原料配比的确定，应满足原料中氧化钙含量占75% ~78%，氧化硅、氧化铝及氧化铁含量占22% ~25%的要求。为满足上述各矿物含量要求，原料中常加入富含某种矿物成分的辅助原料，如铁矿石、砂岩等。

2. 硅酸盐水泥的生产工艺

硅酸盐水泥的生产可概括为“两磨一烧”，即生料的配制与磨细、生料煅烧至部分熔融（1 450 ℃）形成熟料，熟料与适量石膏（2% ~5%）等混合磨细。生产过程中的关键环节是生料配制与煅烧，其目的是使水泥熟料中的矿物成分及含量符合要求。

硅酸盐水泥的生产过程如图6-1所示。

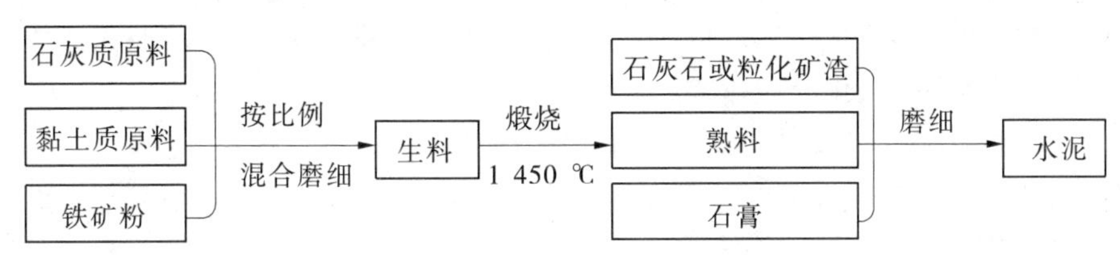

图6-1 硅酸盐水泥的生产过程

6.1.1.3 硅酸盐水泥熟料的矿物组成

硅酸盐水泥熟料的主要矿物成分有四种，其名称及含量范围见表6-2。

表6-2 硅酸盐水泥熟料的主要矿物成分

矿物名称	分子式	缩写形式	含量(%)	
硅酸三钙	$3CaO \cdot SiO_2$	C_3S	37 ~ 60	75 ~ 82
硅酸二钙	$2CaO \cdot SiO_2$	C_2S	15 ~ 37	
铝酸三钙	$3CaO \cdot Al_2O_3$	C_3A	7 ~ 15	18 ~ 25
铁铝酸四钙	$4CaO \cdot Al_2O_3 \cdot Fe_2O_3$	C_4AF	10 ~ 18	

除四种主要矿物成分外，硅酸盐水泥熟料中还含有少量游离氧化钙、游离氧化镁及碱类物质（K_2O及Na_2O），其总量不超过水泥熟料的10%。

6.1.1.4 硅酸盐水泥的凝结硬化

硅酸盐水泥的凝结硬化是一个复杂的物理、化学变化过程。

1. 硅酸盐水泥的水化特性

水泥与水发生的化学反应，简称为水泥的水化反应。硅酸盐水泥熟料的水化产物分别是水化硅酸钙（凝胶体）、氢氧化钙（晶体）、水化铝酸钙（晶体）和水化铁酸钙（凝胶体）。在完全水化的水泥石中，水化硅酸钙约占50%，氢氧化钙约占25%。通常认为，水化硅酸钙凝胶体对水泥石的强度和其他性质起着决定性的作用。

四种熟料矿物水化反应时所表现出的水化特性见表6-3。

表 6-3　四种熟料矿物的水化特性

名称	硅酸三钙	硅酸二钙	铝酸三钙	铁铝酸四钙
水化速度	快	慢	最快	快
放热量	大	小	最大	中
强度	高	早低晚高	低	低

硅酸盐水泥是几种矿物熟料的混合物,熟料的比例不同,硅酸盐水泥的水化特性也会发生改变。掌握水泥熟料矿物的水化特性,对分析判断水泥的工程性质,合理选用水泥及改良水泥品质,研发水泥新品种,具有重要意义。

由于铝酸三钙的水化反应极快,使水泥产生瞬时凝结,为了方便施工,在生产硅酸盐水泥时需掺加适量的石膏,起缓凝作用。石膏和铝酸三钙的水化产物水化铝酸钙发生反应,生成水化硫铝酸钙针状晶体(钙矾石),水化硫铝酸钙难溶于水,生成时附着在水泥颗粒表面,能减缓水泥的水化反应速度。

2. 水泥的凝结硬化过程及水泥石结构

硅酸盐水泥的凝结硬化过程主要是随着水化反应的进行,水化产物不断增多,水泥浆体结构逐渐致密,大致可分为三个阶段。

(1)溶解期。水泥加水拌和后,水化反应首先从水泥颗粒表面开始,水化生成物迅速溶解于周围水体。新的水泥颗粒表面与水接触,继续进行水化反应,水化产物继续生成并不断溶解,如此继续,水泥颗粒周围的水体很快达到饱和状态,形成溶胶结构。

(2)凝结期。溶液饱和后,继续水化的产物逐渐增多并发展成为网状凝胶体(水化硅酸钙、水化铁酸钙胶体中分布大量的氢氧化钙、水化铝酸钙及水化硫铝酸钙晶体)。随着凝胶体逐渐增多,水泥浆体产生絮凝并开始失去塑性。

(3)硬化期。凝胶体的形成与发展,使水泥的水化反应越来越困难。随着水化反应继续缓慢地进行,水化产物不断生成并填充在浆体的毛细孔中,随着毛细孔的减少,浆体逐渐硬化。

硬化后的水泥石结构由凝胶体、未完全水化的水泥颗粒和毛细孔组成。

6.1.1.5　影响水泥凝结硬化的主要因素

影响水泥凝结硬化的因素,除水泥熟料矿物成分及含量外,还与下列因素有关。

1. 细度

细度指水泥颗粒的粗细程度。细度越大,水泥颗粒越细,比表面积越大,水化反应越容易进行,水泥的凝结硬化越快。

2. 用水量

水泥水化反应理论用水量占水泥重量的 23%。加水太少,水化反应不能充分进行;加水太多,难以形成网状构造的凝胶体,延缓甚至不能使水泥浆硬化。

3. 温度和湿度

水泥的水化反应速度随温度升高而加快。负温条件下,水化反应停止,水泥石结构甚至有冻坏的可能。水泥水化反应必须在潮湿的环境中才能进行,潮湿的环境能保证水泥浆体中的水分不蒸发,水化反应得以维持。

4. 养护时间(龄期)

保持合适的环境温度和湿度,使水泥水化反应不断进行的措施,称为养护。水泥凝结硬化的过程实质是水泥水化反应不断进行的过程。水化反应时间越长,水泥石的强度越高。水泥石强度增长在早期较快,后期逐渐减缓,28 d以后显著变慢。试验资料显示,水泥的水化反应在适当的温度与湿度的环境中可延续数年。

6.1.2 掺混合材料的通用硅酸盐水泥

6.1.2.1 混合材料

为了改善硅酸盐水泥的某些性能或调节水泥强度等级,生产水泥时,在水泥熟料中掺入人工或天然矿物材料,这种矿物材料称为混合材料。混合材料分活性混合材料和非活性混合材料两种。

1. 活性混合材料

活性混合材料本身不具备水硬性,但在激发剂的作用下,能生成水硬性物质的矿物。混合材料的这种性质,称为火山灰性。常用的激发剂有碱性激发剂(石灰)与硫酸盐激发剂(石膏)两类。

活性混合材料常经过骤冷处理,结构呈非晶体(玻璃体)状态,内部贮存有大量的化学潜能。活性混合材料的化学成分以活性氧化硅及活性氧化铝为主,在氢氧化钙饱和溶液中,发生化学反应,生成具有水硬性的水化硅酸钙及水化铝酸钙。水化铝酸钙在石膏的作用下,生成水化硫铝酸钙。水化硅酸钙、水化铝酸钙及水化硫铝酸钙均为水泥的水化产物。

工程上常用的活性混合材料有以下三类:

(1)粒化高炉矿渣(或粒化高炉矿渣粉)。粒化高炉矿渣(或粒化高炉矿渣粉)是冶炼生铁时高炉中的熔融矿渣经骤冷处理而成的粒状矿物。粒化高炉矿渣质地疏松、呈玻璃体结构,主要化学成分为二氧化硅及三氧化二铝。

(2)火山灰质混合材料。凡具有火山灰性的天然或人工的矿物质材料,统称为火山灰质混合材料。火山灰质混合材料中含有较多的活性氧化硅及活性氧化铝,能与石灰在常温下反应,生成水化硅酸钙及水化铝酸钙。火山灰质混合材料品种较多,天然的主要有火山灰、凝灰岩、浮石、沸石岩、硅藻土等,人工的主要有煤矸石、烧页岩、烧黏土、硅质渣、硅粉等。

(3)粉煤灰。粉煤灰是火山灰质混合材料的一种。粉煤灰是从火力发电厂的煤粉炉烟道气体中收集的粉末,主要化学成分为氧化硅及氧化铝,含少量氧化钙,具有火山灰性质。

活性混合材料以含二氧化硅及三氧化二铝多且颗粒细者质量较好。掺加到水泥中的活性混合材料,其质量应符合国家标准《用于水泥中的粒化高炉矿渣》(GB/T 203—2008)(或《用于水泥和混凝土中的粒化高炉矿渣粉》(GB/T 18046—2008))、《用于水泥中的火山灰质混合材料》(GB/T 2847—2005)及《用于水泥和混凝土中的粉煤灰》(GB/T 1596—2017)的规定。

2. 非活性混合材料

凡不具有活性或活性甚低的人工或天然矿物质材料,统称为非活性混合材料。非活性混合材料经磨细后,掺加到水泥中,可以调节水泥强度等级,节约水泥熟料,还可以降低水泥的水化热。

常用的非活性混合材料,主要有磨细的石灰岩、砂岩及活性指标低于国家标准规定的活性混合材料。非活性混合材料应具有足够的细度,不含或较少含有对水泥有害的杂质。

6.1.2.2 掺混合材料的通用硅酸盐水泥的组成

通用硅酸盐水泥的组分应符合表6-4的规定。

表6-4 通用硅酸盐水泥的组分(GB 175—2007)

名称	代号	组成(%)				
		熟料①	粒化高炉矿渣	火山灰质混合材料	粉煤灰	石灰石
硅酸盐水泥	P·Ⅰ	100	—	—	—	—
	P·Ⅱ	≥95,<100	≤5	—	—	—
			—	—	—	≤5
普通硅酸盐水泥	P·O	≥80,<95	>5,≤20②			
矿渣硅酸盐水泥	P·S	≥30,<80	>20,≤70③	—	—	—
火山灰质硅酸盐水泥	P·P	≥60,<80	—	>20,≤40④	—	—
粉煤灰硅酸盐水泥	P·F	≥60,<80	—	—	>20,≤40⑤	—
复合硅酸盐水泥	P·C	≥50,<80	>20,≤50⑥			

注:①该组分为硅酸盐水泥熟料和石膏的总和。

②该组分材料为符合标准的活性混合材料,其中允许用不超过水泥质量5%的窑灰或不超过水泥质量8%的非活性混合材料来代替。

③本组分材料为符合GB/T 203—2008或GB/T 18046—2008的活性混合材料,其中允许用不超过水泥质量8%的活性混合材料或非活性混合材料或窑灰中的任一种材料代替。

④本组分材料为符合GB/T 2847—2005的活性混合材料。

⑤本组分材料为符合GB/T 1596—2017的活性混合材料。

⑥本组分材料由两种或两种活性混合材料或非活性混合材料组成,其中允许用不超过水泥质量8%的窑灰来代替。掺矿渣时混合材料掺量不得与矿渣硅酸盐水泥重复。

6.1.3 通用硅酸盐水泥的特性及应用

6.1.3.1 硅酸盐水泥的特性及应用

硅酸盐水泥是最早生产的水泥品种,主要特点是:凝结硬化较快,早期强度较高;水化热高,放热集中;抗冻性较好;抗碳化性能好;干缩小,不易产生干缩裂纹;耐磨性好;抗腐蚀性能差;耐热性差等。

硅酸盐水泥主要用于配制高强混凝土、生产预制构件,以及道路、低温下施工的工程。其不适用于大体积混凝土、地下工程,以及受化学侵蚀的工程。

6.1.3.2 普通硅酸盐水泥特性及应用

普通硅酸盐水泥的组成与硅酸盐水泥非常相似，因此其性能也与硅酸盐水泥相近。但由于掺入的混合材料量相对较多，与硅酸盐水泥相比，其早期硬化速度稍慢，3 d 的抗压强度稍低，抗冻性与耐磨性能也稍差。在应用范围方面，与硅酸盐水泥也相同，广泛用于各种混凝土或钢筋混凝土工程，是我国主要水泥品种之一。

6.1.3.3 矿渣硅酸盐水泥、火山灰质硅酸盐水泥、粉煤灰硅酸盐水泥特性及应用

由于矿渣硅酸盐水泥、火山灰质硅酸盐水泥及粉煤灰硅酸盐水泥在生产时掺加了较多的混合材料，三种水泥中水泥熟料大为减少，又由于活性混合材料能与水泥中的水化产物发生二次反应，故三种水泥与硅酸盐水泥、普通硅酸盐水泥相比较，表现出不同的特性。三种水泥的共同特性为：

(1)凝结硬化速度较慢，早期强度较低，后期强度增长较快。由于水泥熟料的减少，三种水泥中硅酸三钙及铝酸三钙的含量相应减少，因此三种水泥凝结硬化较慢，早期强度较低。随着熟料矿物的水化反应的进行，水化生成的氢氧化钙与活性混合材料中的活性氧化硅、活性氧化铝发生二次反应，生成水化硅酸钙和水化铝酸钙等水硬性物质，故后期强度增长较快。

(2)水化热低。由于熟料矿物的减少，发热量大的硅酸三钙、铝酸三钙含量相对减少，三种水泥水化放热速度减缓，水化热低，故三种水泥适合于大体积混凝土工程。

(3)抗侵蚀能力强。由于熟料水化产物氢氧化钙与活性混合材料发生二次反应，易受侵蚀的氢氧化钙含量大为减少，故三种水泥具有较强的抗溶出性侵蚀能力及抗硫酸盐侵蚀能力。

(4)抗冻、耐磨性较差。由于水泥熟料矿物的减少，硅酸三钙、铝酸三钙这些决定水泥早强及水化热高的矿物相应减少，三种水泥早期强度较低，故抗冻及耐磨性能较差。

(5)抗碳化能力差。熟料中的水化产物氢氧化钙参与二次反应后，水泥石中石灰浓度(碱度)降低，水泥石表层的碳化发展速度加快，碳化深度加大，容易造成钢筋混凝土中的钢筋锈蚀。

由于三种水泥中所掺混合材料的数量及品种有所不同，矿渣硅酸盐水泥、火山灰质硅酸盐水泥及粉煤灰硅酸盐水泥又具有各自的特性。

矿渣难以磨细，且矿渣玻璃体亲水性差，故矿渣硅酸盐水泥的泌水性较大，干缩性较大；由于矿渣的耐火性强，矿渣硅酸盐水泥具有较高的耐热性(温度不大于 200 ℃)。

火山灰质硅酸盐水泥颗粒较细，泌水性较小，在潮湿环境下养护时，水泥石结构致密，抗渗性强；但在干燥环境下，硬化时会产生较大的干缩。

粉煤灰颗粒细且呈球形(玻璃微珠)，吸水性较小，故粉煤灰硅酸盐水泥的干缩性较小，抗裂能力强。

6.1.3.4 复合硅酸盐水泥特性及应用

复合硅酸盐水泥的特性取决于所掺混合材料的种类、掺量及相对比例，与矿渣硅酸盐水泥、火山灰质硅酸盐水泥、粉煤灰硅酸盐水泥有不同程度的相似。由于复合硅酸盐水泥中掺入了两种或两种以上的混合材料，其水化热较低，而早期强度高，使用效果更好，适用

于一般混凝土工程。

通用硅酸盐水泥的性能与应用见表 6-5。

表 6-5 通用硅酸盐水泥的性能与应用(GB 175—2007)

<table>
<tr><th rowspan="2">水泥品种</th><th rowspan="2">硅酸盐水泥</th><th colspan="5">掺混合材料的硅酸盐水泥</th></tr>
<tr><th>普通水泥</th><th>矿渣水泥</th><th>火山灰质水泥</th><th>粉煤灰水泥</th><th>复合水泥</th></tr>
<tr><td>凝结硬化速度</td><td>快</td><td>较快</td><td>慢</td><td rowspan="8">抗渗性好,干缩性大,耐热性不及矿渣水泥,其他性质与矿渣水泥相同</td><td rowspan="8">干缩性较小,抗裂性较好,其他性质与矿渣水泥相同</td><td rowspan="8">早期强度较高,其他性质与矿渣水泥相同</td></tr>
<tr><td>强度</td><td>强度高,早期强度高</td><td>强度较高,早期强度较高</td><td>早期强度低,后期强度增长快</td></tr>
<tr><td>水化热</td><td>高</td><td>较高</td><td>低</td></tr>
<tr><td>耐腐蚀性</td><td>差</td><td>较差</td><td>好</td></tr>
<tr><td>抗冻性</td><td>好</td><td>较好</td><td>差</td></tr>
<tr><td>耐热性</td><td>差</td><td>较差</td><td>好</td></tr>
<tr><td>耐磨性</td><td>好</td><td>较好</td><td>差</td></tr>
<tr><td>抗渗性</td><td>好</td><td>较好</td><td>差</td></tr>
<tr><td>适用于</td><td>高强度混凝土,有早强要求的混凝土,预应力混凝土,抗冻混凝土,道路、低温条件下施工的混凝土工程</td><td>适应性强,无特殊要求的混凝土工程都可以使用</td><td>水中、地下的混凝土工程,大体积混凝土工程,采用蒸汽养护的预制构件,有耐热要求的混凝土工程</td><td>水中、地下的混凝土工程,大体积混凝土工程,采用蒸汽养护的预制构件,有抗渗要求的混凝土工程</td><td>水中、地下的混凝土工程,大体积混凝土工程,采用蒸汽养护的预制构件,干燥环境的混凝土工程</td><td>水中、地下的混凝土工程,大体积混凝土工程,采用蒸汽养护的预制构件,早期强度较高的混凝土工程</td></tr>
<tr><td>不适宜</td><td>大体积混凝土,受腐蚀的环境,耐热混凝土,蒸汽养护的混凝土</td><td></td><td>早强要求高的混凝土,严寒地区处于水位升降范围内的混凝土,抗渗要求高的混凝土</td><td>干燥环境及处于水位升降范围内的混凝土,有耐磨要求的混凝土,其他与矿渣水泥相同</td><td>抗碳化要求的混凝土,有抗渗要求的混凝土,其他与火山灰质水泥相同</td><td>受到冻融循环和干湿交替的混凝土,其他与矿渣水泥类似</td></tr>
</table>

6.2 水泥的验收与贮存

6.2.1 水泥的验收

水泥在基本建设中占有突出的重要地位,是基本建设中必不可少的主要原材料之一。水泥品质的好坏对建设工程的质量有巨大的影响。水泥是一种有效期短、质量极容易变化的材料,因此对进入施工现场的水泥必须进行验收,以检测水泥是否合格,确定水泥是否能够用于工程中。水泥的验收包括包装标志验收、数量验收、质量验收等几个方面。

6.2.1.1 包装标志验收

水泥的包装方法有袋装和散装两种。散装水泥一般采用散装输送车运输至施工现场,采用气动输送至散装水泥贮仓中贮存。散装水泥与袋装水泥相比,免去了包装,可减少纸或塑料的使用,符合绿色环保要求,且能节约包装费用,降低成本。

散装水泥直接由水泥厂供货,质量容易保证。

袋装水泥采用多层纸袋或多层塑料编织袋进行包装。水泥包装袋上应清楚标明执行标准、生产者名称、生产许可证标志及编号、水泥品种、代号、强度等级、出厂编号、包装日期、净含量。包装袋两侧应印有水泥名称和强度等级,其中硅酸盐水泥和普通硅酸盐水泥的两侧印刷采用红色,矿渣硅酸盐水泥的两侧印刷采用绿色,火山灰质硅酸盐水泥、粉煤灰硅酸盐水泥和复合硅酸盐水泥的两侧印刷采用黑色或蓝色。

散装水泥在供应时必须提交与袋装水泥标志相同内容的卡片。

水泥包装标志中水泥品种、强度等级、生产者名称和出厂编号不全时,判为包装不合格。

6.2.1.2 数量验收

袋装水泥每袋净含量为50 kg,且应不少于标志质量的99%;随机抽取20袋总质量(含包装袋)应不少于1 000 kg。其他包装形式由供需双方协商确定,但有关袋装质量要求,必须符合上述原则规定。水泥包装袋应符合《水泥包装袋》(GB 9774—2010)的规定。

6.2.1.3 质量验收

1.检查出厂合格证和出厂检验报告

每批水泥出厂时应附有水泥生产厂家的出厂合格证(或质量保证书),内容包括厂别、品种、出厂日期、出厂编号和检验报告。检验报告内容应包括相应水泥标准规定的各项技术要求和细度的检测结果、混合材料的名称和掺加量,属旋窑或立窑生产及合同约定的其他技术要求。当用户需要时,水泥厂应在水泥发出之日起7 d内寄发除28 d强度外的各项试验结果。28 d强度数值,应在水泥发出日起32 d内补齐。

水泥交货时的质量验收可抽取实物试样以其检验结果为依据,也可以水泥厂同编号水泥的试验报告为依据。采用何种方法验收由买卖双方商定,并在合同或协议中注明。卖方有告知买方验收方法的责任。当无书面合同或协议,或未在合同、协议中注明验收方法的,卖方应在发货票上注明“以本厂同编号水泥的检验报告为验收依据”字样。

以水泥厂同编号水泥的试验报告为验收依据时,在发货前或交货时,买方在同编号水泥中抽取试样,双方共同签封后保存 3 个月;或委托卖方在同编号水泥中抽取试样,签封后保存 3 个月。在 3 个月内,买方对质量有疑问时,则买卖双方应将这一试样送省级或省级以上国家认可的水泥质量监督检验机构进行仲裁检验。

以抽取实物试样的检验结果为验收依据时,买卖双方应在发货前或交货地共同取样和签封。取样方法按《水泥取样方法》(GB 12573—2008)进行,取样数量为 20 kg,缩分为二等份。一份由卖方保存 40 d,另一份由买方按相应标准规定的项目和方法进行检验。在 40 d 以内,买方检验认为产品质量不符合相应标准要求,而卖方又有异议时,则双方应将卖方保存的另一份试样送省级或省级以上国家认可的水泥质量监督检验机构进行仲裁检验。水泥安定性仲裁检验时,应在取样之日起 10 d 以内完成。

2. 复验

按照《混凝土结构工程施工质量验收规范》(GB 50204—2015)及工程质量管理的有关规定,用于承重结构的水泥,用于使用部位有强度等级要求的混凝土用水泥,或水泥出厂超过 3 个月(快硬硅酸盐水泥为超过 1 个月)和进口水泥,在使用前必须进行复验,并提供试验报告。水泥抽样复验应符合见证取样送检的有关规定。

水泥复验的项目,在水泥标准中作了规定,包括不溶物、氧化镁、三氧化硫、烧失量、细度、凝结时间、安定性、强度和碱含量等九个项目。水泥生产厂家在水泥出厂时已经提供了标准规定的有关技术要求的试验结果,通常复验项目只检测水泥的安定性、凝结时间和胶砂强度三个项目。

3. 仲裁检验

水泥出厂后 3 个月内,当购货单位对水泥质量提出疑问或施工过程中出现与水泥质量有关问题需要仲裁检验时,用水泥厂同一编号水泥的封存样进行。

若用户对体积安定性、初凝时间有疑问要求现场取样仲裁,生产厂应在接到用户要求后,7 d 内会同用户共同取样,送水泥质量监督检验机构检验。生产厂在规定时间内不去现场,用户可单独取样送检,结果同等有效。仲裁由国家指定的省级以上水泥质量监督机构进行。

6.2.2 水泥贮存

水泥进入施工现场后,必须妥善保管,一方面不使水泥变质,使用后能够确保工程质量;另一方面可以减少水泥的浪费,降低工程造价。保管时需注意以下几个方面:

(1)不同品种和不同强度等级的水泥要分别存放,并应用标牌加以明确标示。由于水泥品种不同,其性能差异较大,如果混合存放,容易导致混合使用,水泥性能可能会大幅度降低。

(2)防水防潮,做到“上盖下垫”。水泥临时库房应设置在通风、干燥、屋面不渗漏、地面排水通畅的地方。袋装水泥平放时,离地、离墙 200 mm 以上堆放。

(3)袋装水泥一般采用水平叠放,堆垛不宜过高,一般不超过 10 袋,场地狭窄时最多不超过 15 袋。

若袋装水泥堆垛过高,则上部水泥重力全部作用在下面的水泥上,容易使包装袋破裂而造成水泥浪费。

(4)贮存期不能过长。通用水泥贮存期不超过 3 个月,贮存期若超过 3 个月,水泥会受潮结块,强度大幅度降低,从而会影响水泥的使用。过期水泥应按规定进行取样复验,并按复验结果使用,但不允许用于重要工程和工程的重要部位。

6.3 水泥的取样规定

水泥使用单位现场取样按下述方法进行。

(1)散装水泥。按同一生产厂家、同一等级、同一品种、同一批号且连续进场的水泥为一批,总质量不超过 500 t。随机从不少于 3 个罐车中抽取等量水泥,经混拌均匀后称取不少于 12 kg。取样工具为散装水泥取样管,如图 6-2 所示。

(2)袋装水泥。按同一生产厂家、同一等级、同一品种、同一批号且连续进场的水泥为一批,总质量不超过 200 t。取样应有代表性,可以从 20 个以上不同部位的袋中取等量水泥,经混拌均匀后称取不少于 12 kg。取样工具为袋装水泥取样管,如图 6-3 所示。

(3)按照上述方法取得的水泥试样,按标准进行检验前,将其分成两等份。一份用于检验,另一份密封保管 3 个月,以备有疑问时复验。

(4)当在使用中对水泥质量有怀疑或水泥出厂超过 3 个月时,应进行复验,并按复验结果使用。

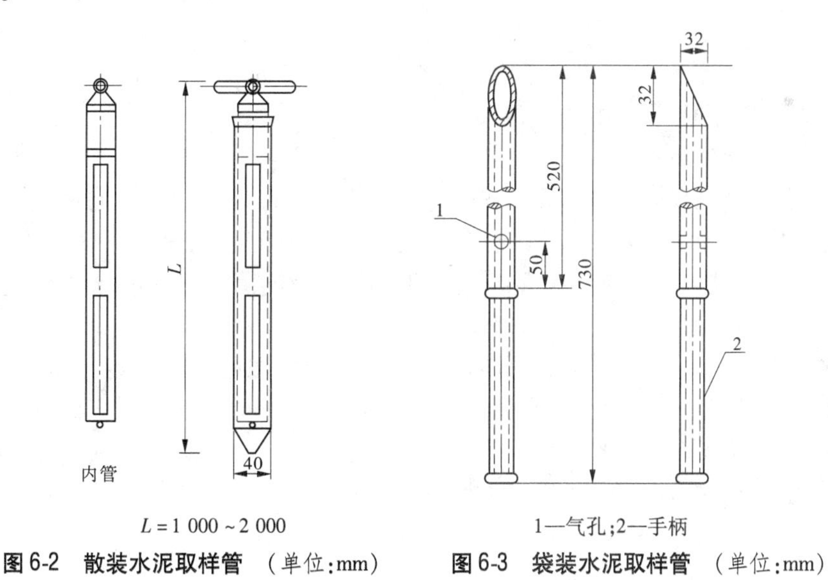

$L = 1\ 000 \sim 2\ 000$

图 6-2 散装水泥取样管 (单位:mm)

1—气孔;2—手柄

图 6-3 袋装水泥取样管 (单位:mm)

6.4 水泥主要技术性质的检测方法与检测报告

6.4.1 水泥的技术性质

水泥的技术性质与水泥的选择使用密切相关,掌握水泥的主要技术性质对于合理地选择使用水泥是至关重要的。水泥的技术性质主要有以下几项。

6.4.1.1 不溶物

不溶物是指水泥经过酸(盐酸)和碱(氢氧化钠溶液)处理后,不能被溶解的残余物。Ⅰ型、Ⅱ型硅酸盐水泥不溶物分别不得超过0.75%和1.50%,具体见本书6.5节通用硅酸盐水泥的质量标准。

6.4.1.2 烧失量

烧失量是指水泥经过高温灼烧以后的质量损失率,主要由水泥中未煅烧的组分产生。Ⅰ型、Ⅱ型硅酸盐水泥烧矢量分别不得超过3.0%和3.5%,普通硅酸盐水泥中烧矢量不得大于5.0%,具体见本书6.5节通用硅酸盐水泥的质量标准。

6.4.1.3 细度

水泥的细度是指水泥颗粒的粗细程度。

水泥的细度对水泥的性质影响很大。通常水泥颗粒越细,凝结硬化越快,早期强度增长越快,收缩也增大。若颗粒过细,易吸收空气中的水分而受潮,反而会使水泥活性降低,强度受到影响。同时,细度提高还会使水泥粉磨时的能耗增加,成本上升。

水泥细度通常用筛析法或比表面积法(勃式法)测定。筛析法是以80 μm或45 μm方孔筛的筛余百分数表示其细度;比表面积是以1 kg水泥所具有的总表面积来表示,单位是m^2/kg。通常用透气法比表面积仪测定水泥的比表面积。

矿渣硅酸盐水泥、火山灰质硅酸盐水泥、粉煤灰硅酸盐水泥和复合硅酸盐水泥的细度要求为80 μm方孔筛筛余不得超过10%或45 μm方孔筛筛余不得超过30%。硅酸盐水泥和普通硅酸盐水泥的细度要求是比表面积应大于300 m^2/kg。具体见本书6.5节通用硅酸盐水泥的质量标准。

6.4.1.4 标准稠度用水量

水泥浆的稠度对其凝结时间、体积变化会产生较大的影响。因此,在测定水泥的凝结时间和体积安定性时,需要在一个统一的稠度条件下进行测定,这个稠度就是标准稠度。水泥净浆达到标准稠度时的用水量,即为水泥的标准稠度用水量,用水泥净浆达到标准稠度时的用水量与水泥用量的比值来表示。

标准稠度用水量采用维卡仪测定。一般硅酸盐水泥的标准稠度用水量为24%~32%。标准稠度用水量的大小与水泥熟料矿物组成、水泥的细度及混合材料的种类和掺入量有关。一般地,C_3A和C_3S含量较多,则需水量较大;水泥颗粒越细,则需水量越大;多孔性的混合材料掺入量越大,则需水量越大。

6.4.1.5 凝结时间

水泥的凝结时间可分为初凝时间和终凝时间。

水泥从加水拌和至水泥净浆开始失去塑性所经过的时间为初凝时间;从加水拌合开始至水泥净浆完全失去塑性所经过的时间为终凝时间。凝结时间采用标准稠度的水泥净浆用维卡仪测定。

水泥的初凝时间主要影响施工操作,应有足够的时间完成搅拌、运输、浇筑和振捣;终凝时间主要影响施工进度,应使混凝土尽早凝结硬化,尽快拆模,提高模板周转率。

一般地,水泥的初凝时间为1~3 h,终凝时间为4~6 h。硅酸盐水泥初凝不得早于45 min,终凝不得迟于6.5 h。其他通用硅酸盐水泥的初凝不得早于45 min,终凝不得迟于 10 h。具体见本书 6.5 节通用硅酸盐水泥的质量标准。

6.4.1.6 体积安定性

水泥的体积安定性是指水泥在凝结硬化过程中体积变化是否均匀的性质。若水泥在凝结硬化过程中体积变化均匀,则体积安定性合格;反之,则为体积安定性不良。

造成水泥体积安定性不良的主要原因是:水泥中含有过多的游离氧化钙和游离氧化镁,掺入的石膏过量。

游离氧化钙和游离氧化镁都属于过火石灰,水化反应速度极慢。它们会在水泥石凝结硬化以后才与外部渗入的水分发生反应,产生体积的剧烈膨胀,导致混凝土膨胀开裂,甚至崩溃;过多的石膏会与后期形成的水化铝酸钙反应形成高硫型的水化硫铝酸钙,体积剧烈膨胀。

硅酸盐水泥或普通硅酸盐水泥用沸煮法检验,必须合格。其他通用硅酸盐水泥安定性要求见本书 6.5 节通用硅酸盐水泥的质量标准。

6.4.1.7 强度

水泥强度是指水泥胶砂试件单位面积上所能承受的破坏荷载。水泥的强度是评定水泥质量的重要指标。《水泥胶砂强度检验方法(ISO)》(GB/T 17671—1999)规定:水泥胶砂按标准配合比水泥: 标准砂: 水 =1∶3.0∶0.5,用标准方法制成 40 mm×40 mm×160 mm 的标准试件,在标准养护条件下(温度为(20±1)℃,相对湿度 90% 以上的空气中带模养护;1 d 后拆模,放入(20±1)℃的水中)养护,测定其达到规定龄期(3 d、28 d)的抗折强度和抗压强度,即为水泥的胶砂强度。然后用规定龄期的抗压强度和抗折强度值来划分水泥的强度等级。为提高水泥早期强度,我国现行标准将水泥分为普通型和早强型(R型)。早强型水泥 3 d 抗压强度可达 28 d 抗压强度的 50%。在供应条件允许时,应尽量优先选用早强型水泥,以缩短混凝土养护时间。

硅酸盐水泥分为 42.5、42.5R、52.5、52.5R、62.5、62.5R 共 6 个强度等级,普通硅酸盐水泥的强度等级分为 42.5、42.5R、52.5、52.5R 共 4 个强度等级,其他通用硅酸盐水泥除复合硅酸盐水泥外分为 32.5、32.5R、42.5、42.5R、52.5、52.5R 共 6 个强度等级,复合硅酸盐水泥分为 32.5R、42.5、42.5R、52.5、52.5R 共 5 个强度等级。各种水泥相应强度等级的各龄期强度要求具体见本书 6.5 节通用硅酸盐水泥的质量标准。

6.4.1.8 碱含量

碱含量是指水泥中碱性氧化物的含量,用 $Na_2O + 0.658K_2O$ 的量占水泥质量的百分数表示。具体要求见本书 6.5 节通用硅酸盐水泥的质量标准。

6.4.1.9 水化热

水泥在水化过程中放出的热称为水化热。水化放热量和放热速度不仅取决于水泥的矿物组成,而且与水泥细度、水泥中掺混材料及外加剂的品种、数量等有关。水化热大部分在 7 d 之内放出,以后逐渐减少。

大型基础、水坝、桥墩等大体积混凝土构筑物,由于水化热聚集在内部不易散热,内部温度常上升到 50~60 ℃以上,内外温度差引起的应力,可使混凝土产生裂缝,因此水化热对大体积混凝土是有害因素。对于非大体积混凝土的冬季施工,水化热有利于混凝土的凝结硬化。

6.4.2　检测前的准备及注意事项

(1)水泥试样应存放在密封干燥的容器内(一般使用铁桶或塑料桶),并在容器上注明水泥生产厂名称、品种、强度等级、出厂日期、送样日期等。

(2)检测前,一切检测用材料,如水泥试样、拌合水、标准砂及检验仪器和用具等的温度应与实验室一致((20 ± 2)℃),实验室空气温度和相对湿度工作期间每天至少记录一次。

(3)仲裁试验或其他重要试验用蒸馏水,其他试验可用饮用水。

(4)检测时不得使用铝制或锌制模具、钵器和匙具等(因铝、锌的器皿易与水泥发生化学作用并易磨损变形,以使用铜、铁器具较好)。

(5)水泥试样应充分拌匀,通过0.9 mm方孔筛,并记录筛余百分率及筛余物情况。

(6)养护箱温度为(20 ± 1)℃,相对湿度应大于90%;养护池水温为(20 ± 1)℃。

6.4.3　细度检测

水泥细度的表示方法和检测方法有两种:用80 μm或45 μm方孔筛筛余表示细度的水泥,采用80 μm或45 μm筛筛析法;用比表面积表示细度的水泥,采用比表面积测定方法(勃式法)。本书主要介绍80 μm筛筛析法。

6.4.3.1　采用标准

采用标准为《水泥细度检验方法　筛析法》(GB/T 1345—2005)。80 μm筛筛析法又分为负压筛法、水筛法和手工干筛法三种,当对三种方法检测的结果有争议时,以负压筛法为准。

6.4.3.2　检测仪器设备

(1)检验筛:由圆形筛框和筛网组成,分负压筛、水筛和手工筛三种,负压筛和水筛的结构尺寸见图6-4和图6-5,手工筛的结构参见《试验筛　技术要求和检验　第1部分:金属丝编织网试验筛》(GB/T 6003.1—2012),其中筛框高度为50 mm、直径为150 mm。筛网应紧绷在筛框上,筛网和筛框接触处应用防水胶密封,防止水泥颗粒嵌入。

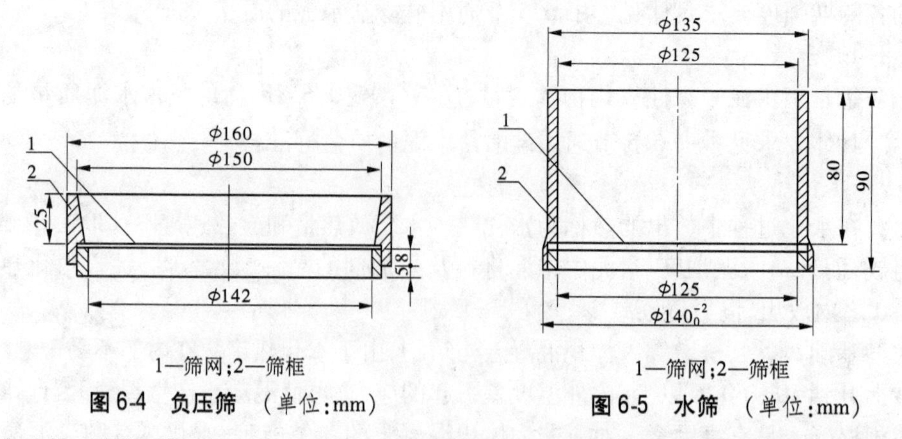

图6-4　负压筛　(单位:mm)　　图6-5　水筛　(单位:mm)

检验筛必须保持洁净,筛孔通畅,当筛孔被水泥堵塞影响筛析时,应用专门清洗剂清洗(不可用弱酸浸泡);用毛刷轻轻地刷洗,再用淡水冲净,晾干。

(2)负压筛析仪:由筛座、负压筛、负压源及吸尘器组成,其中筛座由转速为(30±2)r/min 的喷气嘴、负压表、控制板、微电机及壳体等构成,如图 6-6 所示。筛析仪负压可调范围为 4 000~6 000 Pa。喷气嘴上口平面与筛网之间距离为 2~8 mm。负压源和吸尘器由功率≥600 W 的工业吸尘器和小型收尘筒组成。

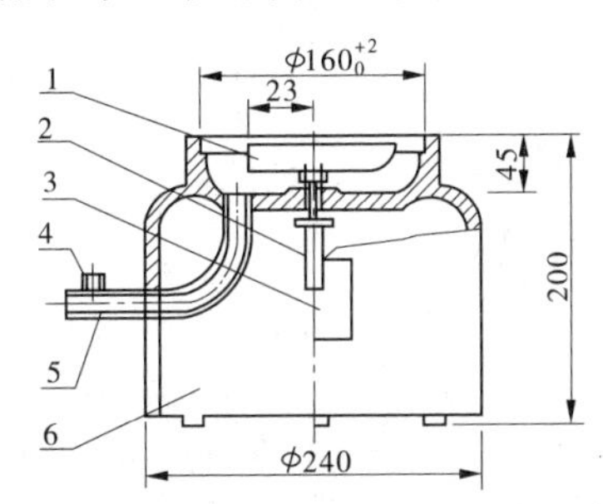

1—喷气嘴;2—微电机;3—控制板开口;4—负压表接口;
5—负压源及吸尘器接口;6—壳体

图 6-6 负压筛析仪筛座示意 (单位:mm)

(3)水筛架和喷头:水筛架上筛座内径为 140 mm。

(4)天平:最大称量为 100 g,最小分度值不大于 0.01 g。

6.4.3.3 检测步骤

1. 检测准备

检测前所用检验筛应保持清洁,负压筛和手工筛应保持干燥。试验时,称取试样 25 g。

2. 负压筛法

(1)筛析检测前,应把负压筛放在筛座上,盖上筛盖,接通电源,检查控制系统,调节负压至 4 000~6 000 Pa。

(2)称取水泥试样 25 g,置于洁净的负压筛中,盖上筛盖,放在筛座上,开动筛析仪连续筛析 2 min,在此期间,应轻轻敲击筛盖,使附在筛盖上的试样落下。筛毕,用天平称量全部筛余物的质量。

(3)当工作负压小于 4 000 Pa 时,应清理吸尘器内水泥,使负压恢复正常。

3. 水筛法

(1)筛析检测前,应检查水中无泥、砂,调整好水压及水筛架的位置,使其能正常运转。喷头底面和筛网之间的距离为 35~75 mm。

(2)称取规定数量的试样,置于洁净的水筛中,立即用淡水冲洗至大部分细粉通过,然后将筛子放在水筛架上,用水压为(0.05±0.02)MPa 的喷头连续冲洗 3 min。

(3)筛毕,用少量水把筛余物冲至蒸发皿中,等水泥颗粒全部沉淀后,小心倒出清水,烘干并用天平称量全部筛余物的质量。

4. 手工筛析法

(1)称取规定数量的试样,倒入手工筛中。

(2)用一只手持筛往复摇动,另一只手轻轻拍打,往复摇动和轻轻拍打过程中应保持近于水平。拍打速度120次/min,每40次向同一方向转动60°,使试样均匀分布在筛网上,直至每分钟通过的试样量不超过0.03 g。

(3)用天平称量全部筛余物的质量。

6.4.3.4　检验结果

按式(6-1)计算水泥试样筛余百分率,计算结果精确至0.1%:

$$F = \frac{R_s}{W} \times 100\% \tag{6-1}$$

式中　F——水泥试样筛余百分率(%);

R_s——水泥筛余物的质量,g;

W——水泥试样的质量,g。

合格评定时,每个样品应取2个试样分别筛析,取筛余平均值为筛析结果。若两次筛余结果绝对误差大于0.5%(筛余值大于5.0%时可放宽至1.0%),应再做一次试验,取两次相近结果的算术平均值作为最终结果。

6.4.4　标准稠度用水量测定

6.4.4.1　采用标准

采用标准为《水泥标准稠度用水量、凝结时间、安定性检验方法》(GB/T 1346—2011)。

6.4.4.2　标准法

1. 检验仪器设备

(1)水泥净浆搅拌机:主要由主机、搅拌叶和搅拌锅组成,应符合《水泥净浆搅拌机》(JC/T 729—2005)的要求。

(2)标准法维卡仪:如图6-7所示。测定标准稠度用水量用试杆(见图6-8(a))有效长度为(50±1)mm,由直径为(10±0.05)mm的圆柱形耐腐蚀金属制成。

测定凝结时间时取下试杆,用试针(见图6-8(b)、(c))代替试杆。试针由钢制成,其有效长度初凝针为(50±1)mm,终凝针为(30±1)mm,直径为(1.13±0.05)mm。滑动部分的总质量为(300±1)g。与试杆、试针联结的滑动杆表面应光滑,能靠重力自由下落。

(3)试模:由耐腐蚀的、有足够硬度的金属制成,用于盛装水泥净浆。试模为深(40±0.2)mm、顶内径(65±0.5)mm、底内径(75±0.5)mm的截顶圆锥体。每只试模应配备一个边长或直径约为100 mm,厚度4~5 mm的平板玻璃底板或金属板。

(4)其他:量水器(最小刻度0.1 mL)、天平、小刀等。

2. 检测步骤

(1)调整维卡仪并检查水泥净浆搅拌机,使得维卡仪上的金属棒能自由滑动,并调整至试杆接触玻璃板时的指针对准零点。搅拌机运行正常,并用湿布将搅拌锅和搅拌叶片擦湿。

(2)称取水泥试样500 g,拌合水量按经验确定并用量筒量好。

(3)将拌合水倒入搅拌锅内,然后在5~10 s内将水泥试样加入水中。将搅拌锅放在锅座上,升至搅拌位,启动搅拌机,先低速搅拌120 s,停15 s,再快速搅拌120 s,然后停机。

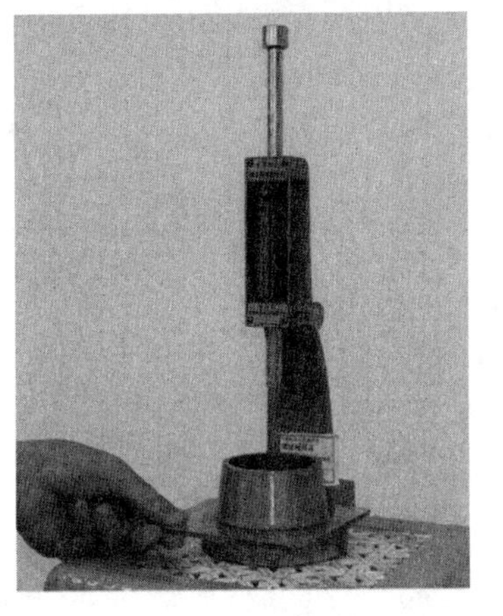

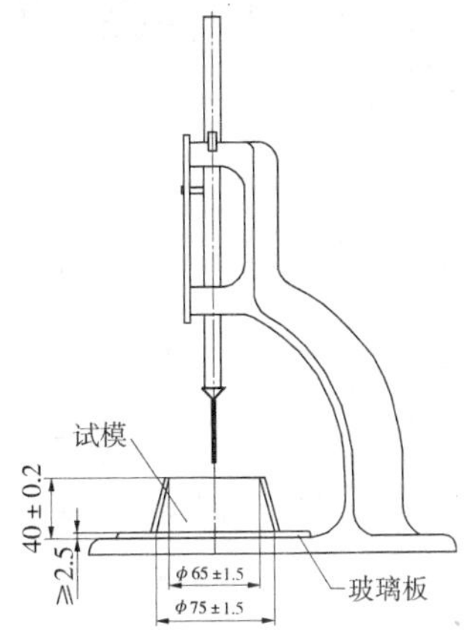

图6-7 测定水泥标准稠度和凝结时间用的维卡仪 （单位:mm）

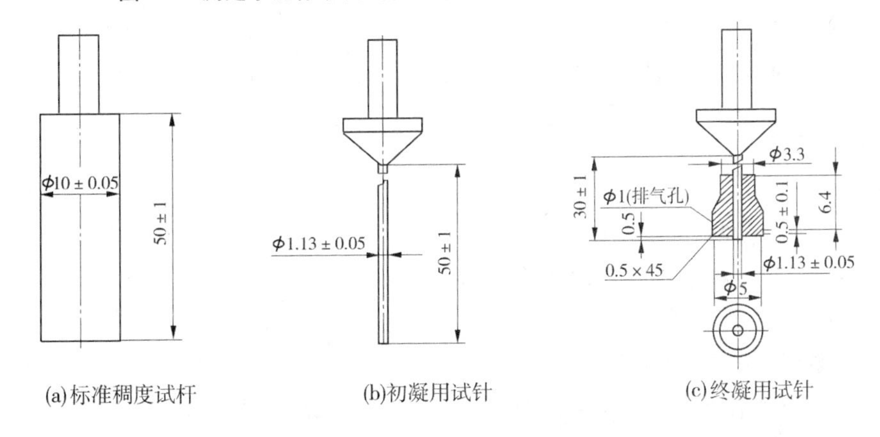

图6-8 测定水泥标准稠度和凝结时间用的试杆和试针 （单位:mm）

(4)拌合结束后,立即将适量水泥净浆一次性装入已置于玻璃底板上的试模中,浆体超过试模上端,用宽约25 mm的直边刀轻轻拍打超出试模部分的浆体5次,以排除浆体中的孔隙,然后在试模上表面约1/3处,略倾斜于试模分别向外轻轻锯掉多余净浆,再从试模边沿轻抹顶部一次,使净浆表面光滑,整个过程中,注意不要压实净浆;抹平后迅速将试模和底板移到维卡仪上,调整试杆至与水泥净浆表面中心接触,拧紧螺丝,然后突然放松,试杆垂直自由地沉入水泥净浆中。

(5)在试杆停止沉入或释放试杆30 s时记录试杆距底板之间的距离。整个操作应在搅拌后1.5 min内完成。

3. 检测结果

以试杆沉入净浆并距底板(6±1)mm的水泥净浆为标准稠度水泥净浆。标准稠度用水量P以拌合标准稠度水泥净浆的水量除以水泥试样总质量的百分数为结果。

6.4.4.3 代用法

1. 方法

可用调整水量和不变水量两种方法的任一种测定,但当其发生冲突时以调整水量法为准。

采用调整水量法时拌合水量按经验确定，采用不变水量法时拌合水量用 142.5 mL。

2. 检测仪器设备

代用法维卡仪，符合《水泥净浆标准稠度与凝结时间测定仪》(JC/T 727—2005)的要求，如图 6-9 所示。

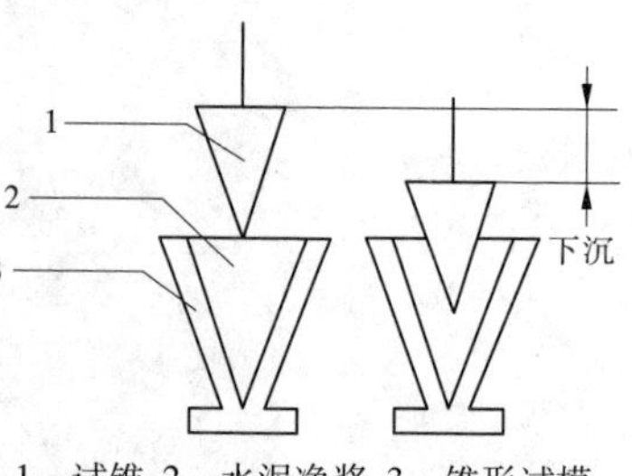

1—试锥;2—水泥净浆;3—锥形试模

图 6-9　代用法维卡仪示意图

3. 检测步骤

称量 500 g 水泥和适量的水，采用与标准稠度用水量相同的方法搅拌水泥净浆；拌合结束后，立即将拌制好的水泥净浆装入锥模中，用宽约 25 mm 的直边刀在浆体表面轻轻插捣 5 次，再轻振 5 次，刮去多余的净浆；抹平后迅速放到试锥下面固定的位置上，将试锥降至净浆表面，拧紧螺丝 1 ~ 2 s 后，突然放松，让试锥垂直自由地沉入水泥净浆中。到试锥停止下沉或释放试锥 30 s 时记录试锥下沉深度。整个操作应在搅拌后 1.5 min 内完成。

4. 检验结果

(1)采用调整水量方法测定时，以试锥下沉深度(30 ± 1)mm 时的净浆为标准稠度净浆。其拌合水量为该水泥的标准稠度用水量，计算公式如下：

$$P = \frac{m_w}{m_c} \times 100\% \tag{6-2}$$

式中　P——水泥的标准稠度用水量(%)；

m_w——拌合标准稠度水泥净浆所用水量，g；

m_c——拌合标准稠度水泥净浆水泥用量，g。

若下沉深度超出范围需另称试样，调整水量，重新试验，直至达到(28 ± 2)mm。

(2)采用不变水量法测定时，根据测得的试锥下沉深度 S(mm)按公式(6-3)计算得到标准稠度用水量 P(%)：

$$P = 33.4 - 0.185S \tag{6-3}$$

当试锥下沉深度 <13 mm 时，应改用调整水量法。

6.4.5　凝结时间测定

6.4.5.1　采用标准

采用标准为《水泥标准稠度用水量、凝结时间、安定性检验方法》(GB/T 1346—2011)。

6.4.5.2　检测仪器设备

(1)标准法维卡仪：将试杆更换为试针，仪器主要由试针和试模两部分组成，如图 6-7 所示。

(2)其他仪器设备同标准稠度用水量测定。

(3)湿气养护箱等。

6.4.5.3　检测步骤

(1)称取水泥试样 500 g，按标准稠度用水量制备标准稠度水泥净浆，并一次装满试模，振动数次刮平，立即放入湿气养护箱中。记录水泥全部加入水中的时间，作为凝结的起始时间。

(2)测定初凝时间。

①调整凝结时间测定仪,使其试针接触玻璃板时的指针为零。

②试件在湿气养护箱中养护至加水后 30 min 时进行第一次测定:将试模放在试针下,调整试针与水泥净浆表面接触,拧紧螺丝 1 ~2 s 后突然放松,试针垂直自由地沉入水泥净浆。

③观察试针停止下沉或释放指针 30 s 时指针的读数。

④临近初凝时,每隔 5 min 测定一次,当试针沉至距底板(4 ±1)mm 时为水泥达到初凝状态。

(3)测定终凝时间。

①在终凝针上安装一个环形附件(见图 6-8(c))。

②在完成水泥初凝时间测定后,立即将试模连同浆体以平移的方式从玻璃板取下,翻转 180°,直径大端向上、小端向下放在玻璃板上,再放入湿气养护箱中继续养护。

③临近终凝时间时每隔 15 min 测定一次。

④当试针沉入水泥净浆只有 0.5 mm 时,即环形附件开始不能在水泥浆上留下痕迹时,为水泥达到终凝状态。

(4)达到初凝时应立即重复测一次,当两次结论相同时才能确定达到初凝状态;达到终凝时,需要在试体另外两个不同点测试,确认结论相同才能确定达到终凝状态。每次测定不能让试针落入原针孔,每次测定后,须将试模放回湿气养护箱内,并将试针擦净,而且要防止试模受振。

6.4.5.4 检测结果

(1)水泥全部加入水中至初凝状态的时间为水泥的初凝时间,用“min”表示。

(2)水泥全部加入水中至终凝状态的时间为水泥的终凝时间,用“min”表示。

6.4.6 安定性测定

水泥体积安定性的检验采用沸煮法,沸煮法又分雷氏法和试饼法两种。当对两种方法检测的结果有争议时,以雷氏法为准。

6.4.6.1 采用标准

采用标准为《水泥标准稠度用水量、凝结时间、安定性检验方法》(GB/T 1346—2011)。

6.4.6.2 检测仪器设备

(1)雷氏夹膨胀测定仪:其标尺最小刻度为 0.5 mm,如图 6-10 所示。

(2)雷氏夹:由铜质材料制成,其结构如图 6-11 所示。当用 300 g 砝码校正时,两根指针的针尖距离增加应在(17.5 ±2.5)mm 范围内,如图 6-12 所示。

(3)沸煮箱:有效容积约为 410 mm ×240 mm ×310 mm,箅板的结构应不影响试验结果,箅板与加热器之间的距离大于 50 mm。箱的内层由不易锈蚀的金属材料制成,能在(30 ±5)min 内将箱内的试验用水由室温升至沸腾状态并保持 3 h 以上,整个试验过程中不需补充水量。

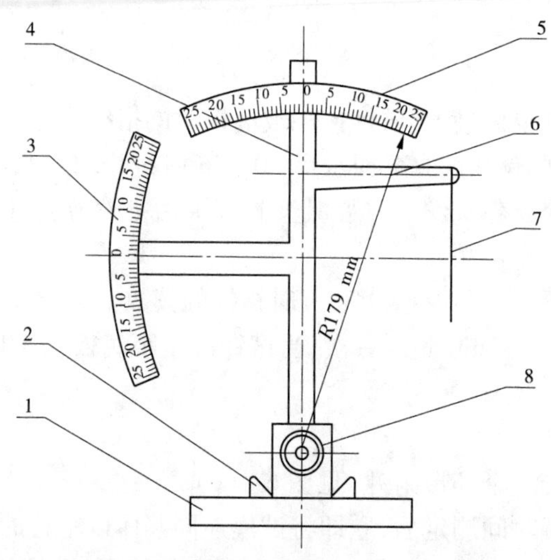

1—底座;2—模子座;3—测弹性标尺;4—立柱;
5—测膨胀值标尺;6—悬臂;7—悬丝;8—弹簧顶钮

图 6-10　雷氏夹膨胀测定仪示意图

(4)其他仪器设备同标准稠度用水量测定。

(5)湿气养护箱等。

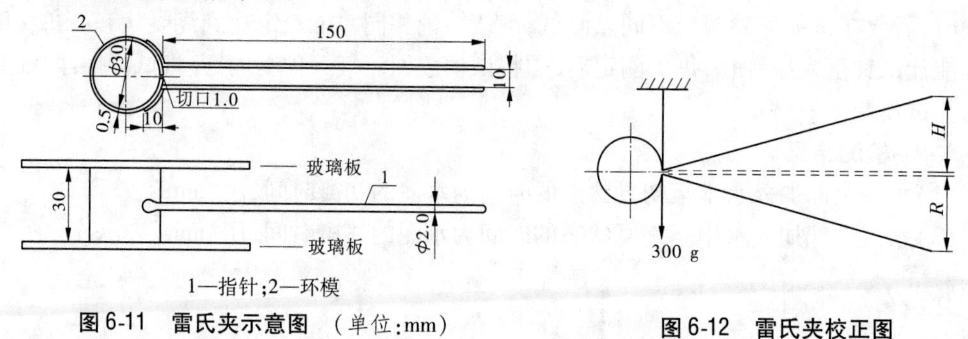

图 6-11　雷氏夹示意图　(单位:mm)　　**图 6-12　雷氏夹校正图**

6.4.6.3　**检测步骤**

(1)准备工作:每个试样需成型两个试件,每个雷氏夹需配备两块边长或直径约 80 mm,厚度 4 ~ 5 mm 的玻璃板,一垫一盖,并先在与水泥净浆接触的玻璃板和雷氏夹内表面涂一层机油。

(2)将制备好的标准稠度水泥净浆立即一次装满雷氏夹,用小刀插捣数次,抹平,并盖上涂油的玻璃板,然后将试件移至湿气养护箱内养护(24 ± 2)h。

(3)脱去玻璃板,取下试件,先测量雷氏夹指针尖的距离 A,精确至 0.5 mm。然后将试件放入沸煮箱水中的试件架上,指针朝上,调好水位与水温,接通电源,在(30 ± 5)min 之内加热至沸腾,并保持 3 h ± 5 min。

(4)取出沸煮后冷却至室温的试件,用雷氏夹膨胀测定仪测量试件雷氏夹两指针尖的距离 C,精确至 0.5 mm。

6.4.6.4　检验结果

当两个试件的膨胀值（试件沸煮后增加的距离 $C-A$）的平均值不大于 5.0 mm 时，即认为水泥安定性合格。当两个试件（$C-A$）的平均值大于 5.0 mm 时，应用同一样品立即重做一次试验，以复检结果为准。

【工程实例 6-1】

对一水泥样品按照《水泥标准稠度用水量、凝结时间、安定性检验方法》（GB/T 1346—2011）进行安定性检测，煮沸前雷氏夹两指针间距 A 分别为 6.0 mm 和 8.0 mm，煮沸后雷氏夹两指针间距 C 分别为 7.0 mm 和 9.0 mm，试判定该样品安定性是否合格。

解：两试件的膨胀值（$C-A$）均为 1.0 mm，两个数据相差不超过 4.0 mm，且两数据平均值为 1.0 mm，小于 5.0 mm，因此可以判定该水泥样品安定性合格。

6.4.7　胶砂强度检验

6.4.7.1　采用标准

采用标准为《水泥胶砂强度检验方法（ISO 法）》（GB/T 17671—1999）。

6.4.7.2　检验仪器设备

（1）水泥胶砂搅拌机：水泥胶砂搅拌机属行星式搅拌机，主要由电机、胶砂搅拌锅和搅拌叶片组成，如图 6-13 所示，应符合《行星式水泥胶砂搅拌机》（JC/T 681—2005）的要求。

（2）胶砂振实台：胶砂振实台由可以跳动的台盘和使其跳动的凸轮等组成。台盘上有固定试模用的卡具，并连有 2 根起稳定作用的臂。凸轮由电机带动，通过控制器按一定的要求转动并保证使台盘平稳上升至一定高度后自由下落，其中心恰好与止动器撞击，整机应符合《水泥胶砂试体成型振实台》（JC/T 682—2005）的要求。

（3）试模：试模由 3 个水平的模槽组成，可同时成型三条截面为 40 mm × 40 mm、长为 160 mm 的棱形试件，其材质和制造尺寸应符合《水泥胶砂试模》（JC/T 726—2005）的要求。

（a）水泥胶砂搅拌机实物照片

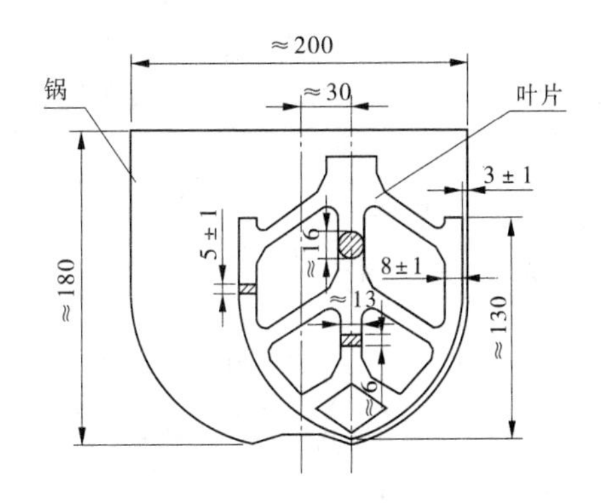

（b）搅拌锅和搅拌叶片示意图　（单位：mm）

图 6-13　水泥胶砂搅拌机

(4)抗折试验机:符合《水泥胶砂电动抗折试验机》(JC/T 724—2005)的要求。抗折夹具的加荷与支撑圆柱必须用硬质钢材制造,其直径均为(10 ±0.2)mm,2个支撑圆柱中心距为(100 ±0.2)mm。

(5)抗压试验机:抗压试验机在较大的4/5量程范围内使用时记录的荷载应有±1%精度,并具有按(2 400 ±200)N/s速率的加荷能力,应有一个能指示试件破坏时荷载并把它保持到试验机卸荷以后的指示器,可以用表盘里的峰值指针或显示器来达到。人工操作的试验机应配有一个速度动态装置,以便于控制荷载增加。抗压夹具放在压力机的上下压板之间,并与压力机处于同一轴线,以便将压力机的荷载传递至胶砂试件表面。夹具受压面积为40 mm×40 mm,其表面清洁,球座能转动,以使其上压板从一开始就适应试件的形状并在试验中保持不变。

6.4.7.3　水泥胶砂组成材料

(1)中国ISO标准砂:标准砂颗粒分布应满足表6-6的规定;其含水量是在105～110 ℃下用代表性砂样烘2 h的质量损失来测定的,应小于0.2%。

表6-6　标准砂颗粒分布

方孔边长(mm)	2.0	1.6	1.0	0.5	0.16	0.08
累计筛余率(%)	0	7 ±5	33 ±5	67 ±5	87 ±5	99 ±1

(2)水泥:当试验水泥从取样至试验要保持24 h以上时,应把它贮存在基本装满和气密的容器里,且容器不与水泥发生化学反应。

(3)水:仲裁试验或其他重要试验用蒸馏水,其他试验可用饮用水。

6.4.7.4　检验步骤

1. 制作水泥胶砂试件

(1)成型前将试模擦净,四周的模板与底板接触面上应涂黄油,紧密装配,防止漏浆,内壁均匀刷一薄层机油。

(2)胶砂的质量配合比为:水泥∶砂∶水 =1∶3∶0.5。每锅(成型三条试件)材料需要量见表6-7。称量用天平精度应为±1 g。当用自动滴管加225 mL水时,滴管精度应达到±1 mL。

表6-7　每锅胶砂的材料数量　(单位:g)

水泥	标准砂	水
450 ±2	1 350 ±5	225 ±1

注:水泥品种为硅酸盐水泥、普通硅酸盐水泥、矿渣硅酸盐水泥、粉煤灰硅酸盐水泥、火山灰质硅酸盐水泥、复合硅酸盐水泥。

(3)胶砂搅拌时先把水加入锅里,再加入水泥,把锅放在固定架上,上升至固定位置,立即开动机器,低速搅拌30 s后,在第二个30 s开始的同时均匀地将砂子加入。当各级砂是分装时,从最粗粒级开始依次将所需的每级砂量加完。把机器转至高速再拌30 s,停拌90 s,在第一个15 s用一胶皮刮具将叶片和锅壁上的胶砂刮入锅中间,在高速下继续搅拌60 s,各个搅拌阶段的时间误差应在±1 s以内。

(4)胶砂搅拌后立即进行成型。将空试模和模套固定在振实台上,用一个适当的勺子直接从搅拌锅里将胶砂分二层装入试模，装第一层时，每个槽里约放 300 g 胶砂，用大播料器垂直架在模套顶部沿每一个模槽来回一次将料层刮平，接着振实 60 次。再装第二层胶砂，用小播料器刮平，再振实 60 次。移走模套，从振实台上取下试模，用一金属直尺以近似 90°的角度架在试模模顶的一端，然后沿试模长度以横向锯割动作慢慢向另一端移动，一次将超过试模部分的胶砂刮去，并用同一直尺以近乎水平的情况下将试件表面抹平。

2. 试件养护

(1)将成型好的试件连同试模一起放入标准养护箱内，在温度(20 ±1)℃、相对湿度不低于90%的条件下养护，养护 20 ~24 h 脱模。对于 24 h 龄期的，应在试验前 20 min 内脱模；对于 24 h 以上龄期的，应在 20 ~24 h 脱模，脱模前用防水墨汁或颜料对试件进行编号和做其他标记。两个龄期以上的试件，在编号时应将每只试模内的试件编在两个以上龄期内。

(2)将做好标记的试件水平或垂直放在(20 ±1)℃水中养护，水平放置时刮平面应朝上，养护期间试件之间的间隔或试件上表面的水深不得小于 5 mm。

3. 强度检测

(1)各龄期的试件必须在表 6-8 规定的时间内进行强度试验。试件从水中取出后，在强度试验前应用湿布覆盖。

表 6-8 各龄期强度试验时间规定

龄期	1 d	2 d	3 d	7 d	28 d
试验时间	24 h ±15 min	48 h ±30 min	72 h ±45 min	7 d ±2 h	28 d ±8 h

(2)抗折强度试验：将试件安放在抗折夹具内，试件的侧面与试验机的支撑圆柱接触，试件长轴垂直于支撑圆柱，如图 6-14 所示。启动试验机，以(50 ±10)N/s 的速率均匀地加荷直至试件断裂，记录最大抗折破坏荷载(N)。

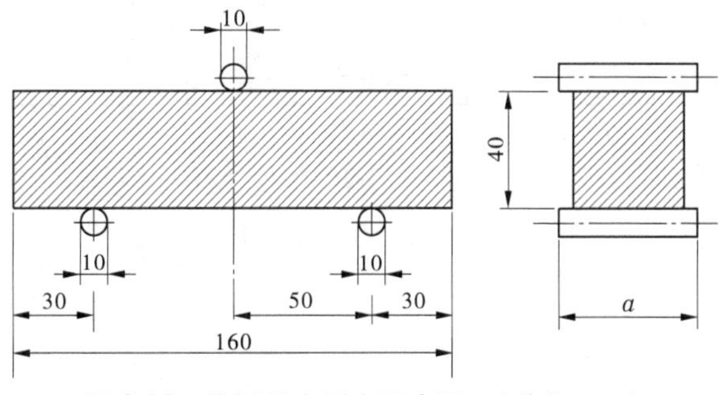

图 6-14 抗折强度测定示意图 （单位：mm）

(3)抗压强度试验：抗折强度试验后的六个断块试件保持潮湿状态，并立即进行抗压试验。将断块试件放入抗压夹具内，并以试件的侧面作为受压面，如图 6-15 所示。启动试验机，以(2.4 ±0.2)kN/s 的速度进行加荷，直至试件破坏，记录最大抗压破坏荷载(N)。

6.4.7.5 试验结果

(1)按公式(6-4)计算每个试件的抗折强度 $f_{ce,m}$(MPa)，精确至 0.1 MPa：

$$f_{ce,m} = \frac{3FL}{2b^3} \tag{6-4}$$

式中 $f_{ce,m}$——水泥胶砂试件的抗折强度,MPa;

F——折断时施加于棱柱体中部的荷载,N;

L——支撑圆柱之间的距离,mm,$L = 100$ mm;

b——棱柱体正方形截面的边长,mm,$b = 40$ mm。

以一组三个试件抗折强度计算结果的平均值作为试验结果。当三个强度值中有超出平均值 ±10% 时,应剔除后再取平均值作为抗折强度试验结果。试验结果精确至0.1 MPa。

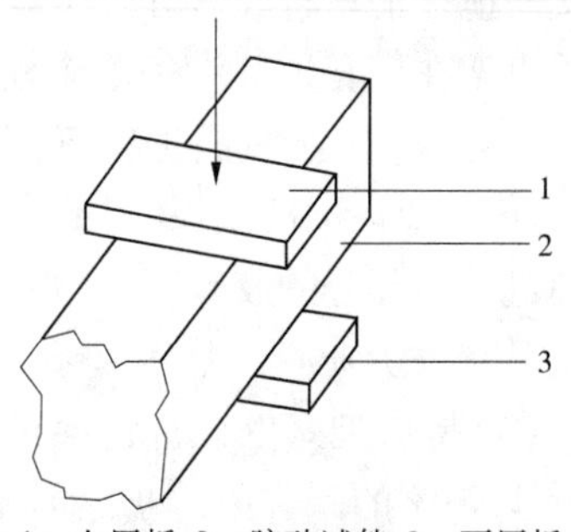

1—上压板;2—胶砂试件;3—下压板

图6-15 抗压强度测定示意图

(2)按公式(6-5)计算每个试件的抗压强度$f_{ce,c}$(MPa),精确至0.1 MPa:

$$f_{ce,c} = \frac{F}{A} \tag{6-5}$$

式中 $f_{ce,c}$——水泥胶砂试件的抗压强度,MPa;

F——试件破坏时的最大抗压荷载,N;

A——受压部分面积,mm^2,$A = 40\ mm \times 40\ mm = 1\ 600\ mm^2$。

以一组三个棱柱体上得到的六个抗压强度测定值的算术平均值作为试验结果。若六个测定值中有一个超出平均值的 ±10%,就应剔除这个结果,而以剩下五个的平均值作为结果。如果五个测定值中再有超过它们平均值 ±10% 的,则此组结果作废。试验结果精确至0.1 MPa。

【工程实例6-2】

有一P·O 42.5的水泥样品,现按照《水泥胶砂强度检验方法(ISO法)》(GB/T 17671—1999)检测其胶砂强度,3 d和28 d实测数据值如表6-9所示,判定该水泥样品是否合格。

表6-9

龄期(d)	抗折荷载(N)	抗压荷载(kN)
3	2 515	40.8
		41.2
	2 372	41.0
		40.2
	2 527	40.4
		39.2
28	3 102	85.9
		84.7
	3 694	82.1
		83.8
	3 626	68.9
		71.7

解:(1)抗折强度$f_{ce,m}=\frac{3FL}{2b^3}$,其中$b=40$ mm,$L=100$ mm。

3 d 抗折强度分别为:

$$f_{3d,1}=\frac{3FL}{2b^3}=\frac{3\times 2\,515\times 100}{2\times 40\times 40\times 40}=5.89(\text{MPa})$$

$$f_{3d,2}=\frac{3FL}{2b^3}=\frac{3\times 2\,372\times 100}{2\times 40\times 40\times 40}=5.56(\text{MPa})$$

$$f_{3d,3}=\frac{3FL}{2b^3}=\frac{3\times 2\,527\times 100}{2\times 40\times 40\times 40}=5.92(\text{MPa})$$

取上所得3个数值的平均值为3 d抗折强度,且3个数值均在平均值10%范围内,所以3 d抗折强度$f_{ce,m}=5.8$ MPa (精确到0.1)。

28 d 抗折强度:

$$f_{28d,1}=\frac{3FL}{2b^3}=\frac{3\times 3\,102\times 100}{2\times 40\times 40\times 40}=7.27(\text{MPa})$$

$$f_{28d,2}=\frac{3FL}{2b^3}=\frac{3\times 3\,694\times 100}{2\times 40\times 40\times 40}=8.66(\text{MPa})$$

$$f_{28d,3}=\frac{3FL}{2b^3}=\frac{3\times 3\,626\times 100}{2\times 40\times 40\times 40}=8.50(\text{MPa})$$

取上所得3个数值的平均值$f=8.1$ MPa,其中$f_{28\,d,1}=7.27$ MPa不在平均值的10%范围内,因此这个数据舍去,取余下2个数据的平均值为28 d抗折强度,所以28 d抗折强度$f_{ce,m}=8.6$ MPa(精确到0.1)。

(2)抗压强度$f_{ce,c}=\frac{F}{A}$,其中$A=1\,600$ mm^2。

3 d 抗压强度:

$$f_{3d,1}=\frac{40.8\times 10^3}{1\,600}=25.50(\text{MPa}),f_{3d,2}=\frac{41.2\times 10^3}{1\,600}=25.75(\text{MPa})$$

$$f_{3d,3}=\frac{41.0\times 10^3}{1\,600}=25.63(\text{MPa}),f_{3d,4}=\frac{40.2\times 10^3}{1\,600}=25.13(\text{MPa})$$

$$f_{3d,5}=\frac{40.4\times 10^3}{1\,600}=25.25(\text{MPa}),f_{3d,6}=\frac{39.2\times 10^3}{1\,600}=24.50(\text{MPa})$$

取上述6个值的平均值,为25.3 MPa,且6个数值均在平均值的10%范围内,因此3 d抗压强度$f_{ce,c}=25.3$ MPa。

28 d 抗压强度:

$$f_{28d,1}=\frac{85.9\times 10^3}{1\,600}=53.69(\text{MPa}),f_{28d,2}=\frac{84.7\times 10^3}{1\,600}=52.94(\text{MPa})$$

$$f_{28d,3}=\frac{82.1\times 10^3}{1\,600}=51.31(\text{MPa}),f_{28d,4}=\frac{83.8\times 10^3}{1\,600}=52.38(\text{MPa})$$

$$f_{28d,5}=\frac{68.9\times 10^3}{1\,600}=43.06(\text{MPa}),f_{28d,6}=\frac{71.7\times 10^3}{1\,600}=44.81(\text{MPa})$$

取6个值的平均$f=49.70$ MPa,其中43.06 MPa不在平均值的10%范围内,因此将其舍去,剩下5组再取平均$f'=51.03$ MPa,其中44.81 MPa不在平均值f'的10%范围内,因此整组数据作废。

综上所述,该组水泥无法判定是否合格,需重新进行检验。

6.4.8　水泥检测报告

水泥检测报告见表6-10。

表6-10　水泥检测报告

委托单编号＿＿＿＿＿＿　记录编号＿＿＿＿＿＿　报告编号＿＿＿＿＿＿
委托日期＿＿年＿＿月＿＿日　试验日期＿＿年＿＿月＿＿日　报告日期＿＿年＿＿月＿＿日
委托单位＿＿＿＿＿＿　工程名称＿＿＿＿＿＿　单位工程名称＿＿＿＿＿＿

厂名、牌号		出厂日期	年　月　日
品种		进场日期	年　月　日
强度等级、代号		进场数量	t
出厂编号		取样日期	年　月　日
质保书编号		取样地点	

<table>
<tr><td colspan="2">检验项目</td><td colspan="6">标准值</td><td colspan="6">测试值</td></tr>
<tr><td colspan="2">细度</td><td colspan="6">不得超过10%(80 μm筛筛析法)</td><td colspan="6">法　　%</td></tr>
<tr><td colspan="2">标准稠度用水量</td><td colspan="6"></td><td colspan="6">用水量　　%</td></tr>
<tr><td rowspan="2">凝结时间</td><td>初凝</td><td colspan="6">不得早于　　min</td><td colspan="6">h　　min</td></tr>
<tr><td>终凝</td><td colspan="6">不得迟于　h　　min</td><td colspan="6">h　　min</td></tr>
<tr><td colspan="2">安定性</td><td colspan="6">必须合格</td><td colspan="6">法</td></tr>
<tr><td rowspan="2">强度(MPa)</td><td>抗压强度</td><td rowspan="2">3 d</td><td></td><td rowspan="2">7 d</td><td></td><td rowspan="2">28 d</td><td></td><td rowspan="2">3 d</td><td></td><td rowspan="2">7 d</td><td></td><td rowspan="2">28 d</td><td></td></tr>
<tr><td>抗折强度</td><td></td><td></td><td></td><td></td><td></td><td></td></tr>
<tr><td colspan="2">密度</td><td colspan="6"></td><td colspan="6"></td></tr>
<tr><td colspan="2">执行标准</td><td colspan="12"></td></tr>
<tr><td colspan="2">结论</td><td colspan="12"></td></tr>
<tr><td colspan="2">说明</td><td colspan="12"></td></tr>
</table>

检验单位:　　　　批准:　　　　审核:　　　　检验:

6.5 通用硅酸盐水泥的质量标准

通用硅酸盐水泥的质量标准采用国家标准《通用硅酸盐水泥》(GB 175—2007)。

6.5.1 硅酸盐水泥的质量标准

国家标准中对硅酸盐水泥的技术要求为:

(1)不溶物。Ⅰ型硅酸盐水泥不溶物不得超过0.75%,Ⅱ型硅酸盐水泥不溶物不得超过1.50%。

(2)烧失量。Ⅰ型硅酸盐水泥烧失量不得超过3.0%,Ⅱ型硅酸盐水泥烧失量不得超过3.5%。

(3)细度。硅酸盐水泥比表面积应大于300 m^2/kg。

(4)凝结时间。硅酸盐水泥初凝不得早于45 min,终凝不得迟于6.5 h。

(5)安定性。用沸煮法检验,必须合格。

(6)氧化镁。不得超过5.0%,若经压蒸安定性试验合格,可放宽至6.0%。

(7)三氧化硫。不大于3.5%。

(8)强度。硅酸盐水泥分为42.5、42.5R、52.5、52.5R、62.5、62.5R共6个强度等级。各强度等级水泥的各龄期强度不得低于表6-11规定的数值。

表6-11 硅酸盐水泥各强度等级、各龄期的强度值(GB 175—2007)

强度等级	抗压强度(MPa)		抗折强度(MPa)	
	3 d	28 d	3 d	28 d
42.5	17.0	42.5	3.5	6.5
42.5R	22.0	42.5	4.0	6.5
52.5	23.0	52.5	4.0	7.0
52.5R	27.0	52.5	5.0	7.0
62.5	28.0	62.5	5.0	8.0
62.5R	32.0	62.5	5.5	8.0

(9)碱含量。硅酸盐水泥中碱含量按 $Na_2O + 0.658K_2O$ 计算值来表示,当使用活性骨料需要限制碱含量时,碱含量不得大于0.60%或由供需双方商定。

(10)氯离子含量。硅酸盐水泥中氯离子含量不大于0.06%。

6.5.2 普通硅酸盐水泥的质量标准

国家标准中对普通硅酸盐水泥的技术要求为:

(1)细度。比表面积应大于300 m^2/kg。

(2)凝结时间。初凝不得早于45 min,终凝不得迟于10 h。

(3)强度。普通硅酸盐水泥的强度等级分为42.5、42.5R、52.5、52.5R共4个强度等级。各强度等级水泥的各龄期强度不得低于表 6-12 规定的数值。

表 6-12　普通硅酸盐水泥各强度等级、各龄期强度值(GB 175—2007)

强度等级	抗压强度(MPa)		抗折强度(MPa)	
	3 d	28 d	3 d	28 d
42. 5	16. 0	42. 5	3. 5	6. 5
42. 5R	21. 0	42. 5	4. 0	6. 5
52. 5	22. 0	52. 5	4. 0	7. 0
52. 5R	26. 0	52. 5	5. 0	7. 0

(4)烧失量。普通硅酸盐水泥中烧失量不得大于 5. 0% 。

普通硅酸盐水泥的体积安定性及氧化镁、三氧化硫、碱含量、氯离子含量等技术要求与硅酸盐水泥相同。

6. 5. 3　矿渣硅酸盐水泥、火山灰质硅酸盐水泥、粉煤灰硅酸盐水泥和复合硅酸盐水泥的质量标准

国家标准中对矿渣硅酸盐水泥、火山灰质硅酸盐水泥、粉煤灰硅酸盐水泥和复合硅酸盐水泥的技术要求为:

(1)细度、凝结时间及体积安定性。这三项指标要求与普通硅酸盐水泥相同。

(2)氧化镁。水泥中氧化镁的含量不宜超过 5. 0% ,如果水泥经压蒸安定性试验合格,则水泥中氧化镁的含量允许放宽至 6. 0% 。

注:水泥中氧化镁的含量为 5. 0% ~6. 0% 时,如矿渣硅酸盐水泥中混合材料总掺量大于 40% 或火山灰质硅酸盐水泥和粉煤灰硅酸盐水泥中混合材料掺加量大于 30% ,制成的水泥可不做压蒸试验。

(3)三氧化硫。矿渣硅酸盐水泥中三氧化硫不得超过 4. 0% ,火山灰硅酸盐水泥、粉煤灰硅酸盐水泥和复合硅酸盐水泥中三氧化硫含量不得超过 3. 5% 。

(4)强度。矿渣硅酸盐水泥、火山灰质硅酸盐水泥、粉煤灰硅酸盐水泥按 3 d、28 d 龄期抗压及抗折强度分为 32. 5、32. 5R、42. 5、42. 5R、52. 5、52. 5R 共 6 个强度等级,复合硅酸盐水泥按 3 d、28 d 龄期抗压及抗折强度分为 32. 5R、42. 5、42. 5R、52. 5、52. 5R 共 5 个强度等级。各强度等级水泥的各龄期强度值不得低于表 6-13 规定的数值。

表 6-13　矿渣硅酸盐水泥、火山灰质硅酸盐水泥、粉煤灰硅酸盐水泥、复合硅酸盐水泥各强度等级及各龄期强度值(GB 175—2007)

强度等级	抗压强度(MPa)		抗折强度(MPa)	
	3 d	28 d	3 d	28 d
32. 5	10. 0	32. 5	2. 5	5. 5
32. 5R	15. 0	32. 5	3. 5	5. 5
42. 5	15. 0	42. 5	3. 5	6. 5
42. 5R	19. 0	42. 5	4. 0	6. 5
52. 5	21. 0	52. 5	4. 0	7. 0
52. 5R	23. 0	52. 5	4. 5	7. 0

(5)碱含量。水泥中的碱含量按 $Na_2O + 0.658K_2O$ 计算值来表示,若使用活性骨料需要限制碱含量,碱含量不得大于0.60%或由供需双方商定。

6.5.4 通用硅酸盐水泥合格标准

所有技术性能指标均符合国家质量标准的水泥为合格品水泥,这类水泥可以按照设计的要求正常使用。

当不溶物、烧失量、三氧化硫含量、氧化镁含量、氯离子含量、凝结时间、安定性、强度中的任一项不符合标准规定时,则判为不合格品。

6.6 其他品种水泥

6.6.1 白色硅酸盐水泥

以适当成分的生料,烧至部分熔融,所得以硅酸钙为主要成分、氧化铁含量少的白色硅酸盐水泥熟料,加入适量石膏,磨细制成的水硬性胶凝材料,称为白色硅酸盐水泥(简称白水泥)。

白色硅酸盐水泥的技术性质与普通硅酸盐水泥基本相同,按照国家标准《白色硅酸盐水泥》(GB/T 2015—2017)的规定,白色硅酸盐水泥按照强度分为32.5、42.5、52.5共3个等级;按照白度分为1级和2级,代号分别为P·W-1和P·W-2,1级白度不小于89,2级白度不小于87。白水泥主要用于配制白色或彩色砂浆、混凝土和涂料。

6.6.2 抗硫酸盐硅酸盐水泥

抗硫酸盐硅酸盐水泥(简称抗硫酸盐水泥)的生产方法基本上同硅酸盐水泥,主要是控制水泥熟料中的矿物成分含量,使其各项技术指标达到国家标准的要求。按其抗硫酸盐性能分为中抗硫酸盐水泥、高抗硫酸盐水泥。《抗硫酸盐硅酸盐水泥》(GB 748—2005)规定,中抗硫酸盐水泥中铝酸三钙的含量不得大于5%,硅酸三钙的含量不得大于55%;高抗硫酸盐水泥中铝酸三钙的含量不得大于3%,硅酸三钙的含量不得大于50%。抗硫酸盐水泥具有抗硫酸盐侵蚀能力强及水化热低的特点,适用于受硫酸盐侵蚀、受冻融和干湿作用的海港工程及水利工程。抗硫酸盐水泥分32.5、42.5共2个强度等级,各龄期强度不得低于表6-14的数值。

表6-14 抗硫酸盐水泥各龄期强度值

强度等级	抗压强度(MPa)		抗折强度(MPa)	
	3 d	28 d	3 d	28 d
32.5	10.0	32.5	2.5	6.0
42.5	15.0	42.5	3.0	6.5

6.6.3 中热硅酸盐水泥、低热硅酸盐水泥、低热矿渣硅酸盐水泥

6.6.3.1 定义

国家标准《中热硅酸盐水泥　低热硅酸盐水泥　低热矿渣硅酸盐水泥》(GB 200—2003)规定:以适当成分的硅酸盐水泥熟料,加入适量石膏磨细制成的具有中等水化热的水硬性胶凝材料,称为中热硅酸盐水泥(简称中热水泥)。

以适当成分的硅酸盐水泥熟料,加入适量石膏磨细制成的具有低水化热的水硬性胶凝材料,称为低热硅酸盐水泥(简称低热水泥)。

以适当成分的硅酸盐水泥熟料,加入粒化高炉矿渣、适量石膏磨细制成的具有低水化热的水硬性胶凝材料,称为低热矿渣硅酸盐水泥(简称低热矿渣水泥)。低热矿渣水泥中粒化高炉矿渣掺加量按质量百分比计为20%~60%。允许用不超过混合材料总量50%的粒化电炉磷渣或粉煤灰代替部分粒化高炉矿渣。

中热水泥、低热水泥及低热矿渣水泥是专门为要求水化热低的大坝和大体积混凝土工程研制的,在生产过程中,控制水泥熟料中发热量大的矿物成分。

6.6.3.2 质量标准

(1)矿物成分。中热水泥熟料中的铝酸三钙含量不得超过6%,硅酸三钙含量不得超过55%;低热水泥熟料中硅酸二钙的含量应不小于40%,铝酸三钙的含量应不超过6%;低热矿渣水泥中的铝酸三钙含量不得超过8%。

(2)细度。三种水泥比表面积应不低于250 m^2/kg。

(3)凝结时间。初凝时间不得早于60 min,终凝时间不得迟于12 h。

(4)安定性。沸煮法检验必须合格。

(5)强度。中热水泥按3 d、7 d、28 d强度划分为42.5一个强度等级,低热水泥按7 d、28 d强度划分为42.5一个强度等级,低热矿渣水泥按7 d、28 d强度划分为32.5一个强度等级,各强度等级及各龄期强度不得小于表6-15中数值。

(6)水化热。各龄期水化热不得大于表6-16中数值。

表6-15　中热水泥及低热矿渣水泥各龄期强度指标

水泥品种	强度等级	抗压强度(MPa)			抗折强度(MPa)		
		3 d	7 d	28 d	3 d	7 d	28 d
中热水泥	42.5	12.0	22.0	42.5	3.0	4.5	6.5
低热水泥	42.5	—	13.0	42.5	—	3.5	6.5
低热矿渣水泥	32.5	—	12.0	32.5	—	3.0	5.5

表 6-16 水泥各龄期水化热上限值

品种	强度等级	水化热(kJ/kg)	
		3 d	7 d
中热水泥	42.5	251	293
低热水泥	42.5	230	260
低热矿渣水泥	32.5	197	230

6.6.3.3 应用

中热水泥主要用于大坝溢流面和水位变动区等部位,要求低水化热和较高耐磨性及抗冻性的工程;低热水泥、低热矿渣水泥主要用于大坝或大体积混凝土建筑物内部及水下等要求低水化热的工程。

6.6.4 铝酸盐水泥

6.6.4.1 铝酸盐水泥的定义及分类

按照国家标准《铝酸盐水泥》(GB/T 201—2015)规定:凡以铝酸钙为主的铝酸盐水泥熟料磨细制成的水硬性胶凝材料,称为铝酸盐水泥(旧称高铝水泥),代号 CA。根据需要也可在磨制 Al_2O_3 含量大于 68% 的水泥时掺加适量的 $\alpha-Al_2O_3$ 粉。

铝酸盐水泥按 Al_2O_3 含量分成 4 个品种 :

CA50:50% ≤ Al_2O_3 含量 < 60%,该品种根据强度分为 CA50-Ⅰ、CA50-Ⅱ、CA50-Ⅲ、CA50-Ⅳ;

CA60:60% ≤ Al_2O_3 含量 < 68%,该品种根据主要矿物组成分为 CA60-Ⅰ(以铝酸一钙为主)、CA60-Ⅱ(以铝酸二钙为主);

CA70:68% ≤ Al_2O_3 含量 < 77%;

CA80:Al_2O_3 含量 ≥ 77%。

6.6.4.2 铝酸盐水泥的水化

铝酸盐水泥的主要矿物成分是铝酸一钙($CaO \cdot AlO_3$)。铝酸一钙与水作用,具有极强的水硬性及温度敏感性,在不同环境温度下,其水化反应为:

当 $T<20$ ℃时

$$CaO \cdot Al_2O_3 + 10H_2O = CaO \cdot Al_2O_3 \cdot 10H_2O$$

当 20 ℃ $\leq T \leq$ 30 ℃时

$$2(CaO \cdot Al_2O_3) + 11H_2O = 2CaO \cdot Al_2O_3 \cdot 8H_2O + Al_2O_3 \cdot 3H_2O$$

当 $T>30$ ℃时

$$3(CaO \cdot Al_2O_3) + 12H_2O = 3CaO \cdot Al_2O_3 \cdot 6H_2O + 2(Al_2O_3 \cdot 3H_2O)$$

水化铝酸一钙和水化铝酸二钙为强度较高的片状或针状晶体,在凝结硬化过程中能互相形成坚固的结晶连生体。氢氧化铝难溶于水,填充于连生体的空隙之间,形成致密的结构。在 30 ℃以上的水化环境中或随着时间的延长,水化铝酸一钙和水化铝酸二钙会逐渐转化为强度较低的水化铝酸三钙。

6.6.4.3　铝酸盐水泥的质量标准

按照国家标准《铝酸盐水泥》(GB 201—2015)规定,铝酸盐水泥的主要技术要求为:

(1)化学成分。铝酸盐水泥的化学成分按水泥质量百分比计应符合表 6-17 的要求。

表 6-17　铝酸盐水泥的化学成分　(%)

类型	Al_2O_3	SiO_2	Fe_2O_3	碱 ($Na_2O+0.658K_2O$)	S(全硫)	Cl^-
CA50	≥50,<60	≤9.0	≤3.0	≤0.5	≤0.2	≤0.06
CA60	≥60,<68	≤5.0	≤2.0	≤0.4	≤0.1	
CA70	≥68,<77	≤1.0	≤0.7	≤0.4	≤0.1	
CA80	≥77	≤0.5	≤0.5	≤0.4	≤0.1	

注:当用户需要时,生产厂家应提供 S、Cl^- 的测定结果和测定方法。

(2)细度。比表面积不小于 300 m^2/kg 或 0.045 mm 筛余不大于 20% 时,由供需双方商定;在无约定的情况下发生争议时,以比表面积为准。

(3)凝结时间(胶砂)。CA50、CA70、CA80 初凝时间不得早于 30 min,终凝时间不得迟于 6 h;CA60 初凝时间不得早于 60 min,终凝时间不得迟于 18 h。

(4)强度。各类水泥各龄期强度不得低于表 6-18 中数值。

表 6-18　铝酸盐水泥各龄期强度指标

类型		抗压强度(MPa)				抗折强度(MPa)			
		6 h	1 d	3 d	28 d	6 h	1 d	3 d	28 d
CA50	CA50 - Ⅰ	≥20*	≥40	≥50	—	≥3.0*	≥5.5	≥6.5	—
	CA50 - Ⅱ		≥50	≥60	—		≥6.5	≥7.5	—
	CA50 - Ⅲ		≥60	≥70	—		≥7.5	≥8.5	—
	CA50 - Ⅳ		≥70	≥80	—		≥8.5	≥9.5	—
CA60	CA60 - Ⅰ	—	≥65	≥85	—	—	≥7.0	≥10.0	—
	CA60 - Ⅱ	—	≥20	≥45	≥85	—	≥2.5	≥5.0	≥10.0
CA70		—	≥30	≥40	—	—	≥5.0	≥6.0	—
CA80		—	≥25	≥30	—	—	≥4.0	≥5.0	—

注:* 为当用户要求时,生产厂家应提供试验结果。

检验结果符合化学成分和物理性能技术要求的规定为合格品,若检验结果不符合化学成分和物理性能技术要求中的任一项技术要求,为不合格品。

6.6.4.4　铝酸盐水泥的主要用途及注意事项

1. 主要用途

铝酸盐水泥凝结硬化快,早期强度高,水化放热量大,适用于抢建抢修和冬季施工等特殊需要工程,但不能用于大体积混凝土工程。由于铝酸盐水泥水化产物不含氢氧化钙,而且硬化后结构致密,因此它具有较强的抗硫酸盐侵蚀能力,适用于受硫酸盐侵蚀及海水侵蚀的工程。铝酸盐水泥具有较高的耐热性,可用来配制耐火混凝土等。铝酸盐水泥还是配制不定形耐久材料,配制膨胀水泥、自应力水泥、化学建材的添加料。

2. 铝酸盐水泥用于土建工程时的注意事项

在施工过程中,为防止凝结时间失控(速凝),铝酸盐水泥一般不得与硅酸盐水泥、石灰等能析出氢氧化钙的胶凝材料混合,使用前拌合设备等必须冲洗干净。铝酸盐水泥对碱液侵蚀无抵抗能力,故不得用于接触碱性溶液的工程。铝酸盐水泥混凝土后期强度下降较大,应按最低稳定强度设计。CA50 铝酸盐水泥混凝土最低稳定强度值以试件脱模后放入(50 ±2)℃水中养护,取龄期为 7 d 和 14 d 强度值的低者来确定。当用蒸汽养护加速混凝土硬化时,养护温度不得高于 50 ℃。用于钢筋混凝土时,钢筋保护层的厚度不得小于 60 mm。未经试验不得加入其他物质。

6.6.5 膨胀水泥

一般的水泥品种,在凝结硬化后体积都有一定的收缩,而这种收缩很容易导致水泥石产生收缩裂缝。膨胀水泥正好相反,在凝结硬化后,其体积不但不收缩,反而会产生一定的膨胀。这种特性可以减少和防止水泥石的收缩裂缝,提高其密实度。膨胀水泥根据所产生的膨胀量和用途可分为两类:收缩补偿型膨胀水泥(简称膨胀水泥)和自应力型膨胀水泥(简称自应力水泥)。一般膨胀水泥的膨胀量较小,其自应力值小于 2.0 MPa,而自应力水泥的膨胀量较大,其自应力值不小于 2.0 MPa。

膨胀水泥的品种较多,根据其基本组成又有硅酸盐膨胀水泥、明矾石膨胀水泥、铝酸盐膨胀水泥、膨胀铁铝酸盐水泥和硫铝酸盐膨胀水泥等。

本书主要介绍低热微膨胀水泥。

6.6.5.1 低热微膨胀水泥的定义

以粒化高炉矿渣为主要成分,加入适量硅酸盐水泥熟料和石膏,磨细制成的具有低水化热和微膨胀性能的水硬性胶凝材料,称为低热微膨胀水泥。

6.6.5.2 低热微膨胀水泥的质量标准

(1)三氧化硫含量、细度(比表面积)、凝结时间、安定性、水化热、氯离子含量、碱含量应符合表 6-19 的规定。

表 6-19 低热微膨胀水泥的技术要求(GB 2938—2008)

项目		技术指标
三氧化硫(%),≤		4.0 ~ 7.0
比表面积(m^2/kg),≥		300
凝结时间(min)	初凝 不早于	45
	终凝 不迟于	720(也可由供需双方商定)
安定性		沸煮法检验应合格
水化热(kJ/kg)		3 d 应不大于 185;7 d 应不大于 220
氯离子含量(%)		≤0.06
碱含量		由供需双方商定

(2)强度及强度等级。低热微膨胀水泥按7 d、28 d的抗折、抗压强度划分为32.5一个强度等级。其各龄期强度不得低于表6-20规定的数值。

表6-20 水泥的等级与各龄期强度值

强度等级	抗折强度(MPa)		抗压强度(MPa)	
	7 d	28 d	7 d	28 d
32.5	5.0	7.0	18.0	32.5

(3)线膨胀率。1 d线膨胀率不得小于0.05%,7 d线膨胀率不得小于0.10%,28 d线膨胀率不得大于0.60%。

6.6.6 快凝快硬硫铝酸盐水泥

6.6.6.1 快凝快硬硫铝酸盐水泥的定义

凡以适当成分的生料,经煅烧所得以无水硫铝酸钙和硅酸二钙为主要矿物成分的硫铝酸盐水泥熟料,掺加适量的石灰石、石膏磨细制成,具有凝结快、早期强度发展快的特点,简称双快水泥。

6.6.6.2 快凝快硬硫铝酸盐水泥的质量标准

(1)细度。比表面积不小于400 m^2/kg。

(2)凝结时间。初凝不得早于3 min,终凝不得迟于12 min。

(3)自由膨胀率。1 d自由膨胀率不小于0.01%,3 d自由膨胀率不小于0.04%,28 d自由膨胀率在0.06%~0.20%。

(4)氯离子含量。不大于0.06%。

(5)强度及强度等级。快凝快硬硫铝酸盐水泥按4 h、1 d、28 d抗折、抗压强度分为32.5、42.5、52.5三个强度等级。各龄期强度不得低于表6-21的规定数值。

表6-21 快凝快硬硫铝酸盐水泥强度指标(JC/T 2282—2014)

强度等级	抗压强度(MPa)			抗折强度(MPa)		
	4 h	1 d	28 d	4 h	1 d	28 d
32.5	≥10	≥20	≥32.5	≥3.0	≥5.0	≥6.0
42.5	≥15	≥30	≥42.5	≥3.5	≥5.5	≥6.5
52.5	≥20	≥40	≥52.5	≥4.0	≥6.0	≥7.0

6.6.7 道路硅酸盐水泥

6.6.7.1 道路硅酸盐水泥的定义

由道路硅酸盐水泥熟料、0~10%活性混合材料、适量石膏磨细制成的水硬性胶凝材料,称为道路硅酸盐水泥(简称道路水泥)。道路硅酸盐水泥熟料是以适当成分的生料烧至部分熔融,所得以硅酸钙为主要成分和较多铁铝酸钙含量的熟料。

6.6.7.2 道路硅酸盐水泥的质量标准

(1)氧化镁。道路水泥中的氧化镁含量不得超过5.0%。如果水泥压蒸试验合格,则氧化镁的含量允许放宽至6.0%。

(2)三氧化硫。道路水泥中的三氧化硫含量不得超过3.5%。

(3)烧失量。道路水泥的烧失量不得大于3.0%。

(4)氯离子。氯离子的含量不大于0.06%。

(5)碱含量。当用户提出要求时,由供需双方商定。

(6)铝酸三钙。道路水泥熟料中的铝酸三钙含量不得大于5.0%。

(7)铁铝酸四钙。道路水泥熟料中的铁铝酸四钙含量不得小于15.0%。

(8)游离氧化钙。游离氧化钙的含量不应大于1.0%。

(9)细度。比表面积为300~450 m^2/kg。

(10)凝结时间。初凝不得早于1.5 h,终凝不得迟于12 h。

(11)安定性。用沸煮法(雷氏夹)检验合格。

(12)干缩率。28 d干缩率不得大于0.10%。

(13)耐磨性。28 d磨耗量不得大于3.00 kg/m^2。

(14)强度及强度等级。道路水泥分7.5、8.5共2个强度等级。各强度等级的各龄期强度不得低于表6-22中的数值。

表6-22 各强度等级水泥的各龄期强度值(GB/T 13693—2017)

强度等级	抗压强度(MPa),≥		抗折强度(MPa),≥	
	3 d	28 d	3 d	28 d
7.5	21.0	42.5	4.0	7.5
8.5	26.0	52.5	5.0	8.5

6.7 水泥石的腐蚀及其防止措施

6.7.1 水泥石的结构

水泥石是指水泥净浆凝结硬化后形成的石状体。其主要由水泥水化产生的凝胶体、晶体、孔隙、空气、水及未完全水化的水泥颗粒等组成。因此,水泥石是一种多孔多相的体系。在水泥石中,水泥水化产物的数量及种类对水泥石的性能有极大的影响。凝胶体越多,则其强度和耐久性越好;孔隙越多,则其强度和耐久性一般越差。

6.7.2 水泥石的腐蚀

水泥石在一般情况下具有较高的强度和较好的耐久性,但在侵蚀性介质的长期作用下,水泥石的强度会逐渐降低,结构受到破坏甚至完全崩溃,这种现象称为水泥石的腐蚀。

水、酸、碱和盐类都会对水泥石产生腐蚀。

6.7.2.1 淡水腐蚀

水泥石长时间与淡水接触时,水泥石中的氢氧化钙 $Ca(OH)_2$ 可微溶于水。当外界水量较少时,形成的 $Ca(OH)_2$ 溶液迅速达到饱和,溶解作用会停止;相反,如果水泥石接触到大量水或者是流动的水,则溶出的 $Ca(OH)_2$ 会向外部不断扩散,溶液浓度降低,使 $Ca(OH)_2$ 继续溶解。$Ca(OH)_2$ 的溶解在水泥石中形成孔隙,造成水泥石的强度和耐久性降低。

同时,随着 $Ca(OH)_2$ 的溶解,水泥石中 $Ca(OH)_2$ 浓度降低,还会使水化硅酸钙、水化铝酸钙等水化产物分解,加剧水泥石的破坏。

6.7.2.2 酸类腐蚀

1. 碳酸腐蚀

溶有 CO_2 的水与水泥石接触时,会与水泥石中的 $Ca(OH)_2$ 反应:

$$CO_2 + H_2O + Ca(OH)_2 \rightarrow CaCO_3 + 2H_2O$$

当水中 CO_2 浓度较低时,由于 $CaCO_3$ 沉淀在水泥石的表面从而阻止反应的继续进行;而当水中 CO_2 浓度较高时,反应会继续进行:

$$CaCO_3 + CO_2 + H_2O \rightarrow Ca(HCO_3)_2$$

$Ca(HCO_3)_2$ 易溶于水,会加快 $Ca(OH)_2$ 的溶解速度,造成水泥石的腐蚀。

2. 一般酸腐蚀

在某些工业废水、地下水或沼泽水中含有各种不同的有机酸、无机酸类物质,当与水泥石接触时,就会发生酸碱中和反应:

$$H^+ + OH^- = H_2O$$

该反应使得 $Ca(OH)_2$ 溶解,从而造成水泥石的腐蚀破坏。

6.7.2.3 盐类腐蚀

在水中常常含有各种不同的盐类物质,尤其是海水和某些工业废水。各种盐类在不同程度上都会对水泥石产生一定的腐蚀,其中硫酸盐和镁盐对水泥石的腐蚀作用最强,氯盐则主要对钢筋混凝土中的钢筋产生较强的腐蚀:

$$Na_2SO_4 + Ca(OH)_2 + 2H_2O = CaSO_4 \cdot 2H_2O + 2NaOH$$

$$MgSO_4 + Ca(OH)_2 + 2H_2O = CaSO_4 \cdot 2H_2O + Mg(OH)_2$$

生成物可直接造成水泥石的破坏;同时,还会与水泥石中的水化铝酸钙进一步反应,形成体积更大的水化硫铝酸钙而产生更大的破坏。$MgSO_4$ 除 $CaSO_4 \cdot 2H_2O$ 的作用外,生成的 $Mg(OH)_2$ 溶解度比 $Ca(OH)_2$ 小,容易从溶液中析出,并且 $Mg(OH)_2$ 极易吸水膨胀,造成水泥石结构的破坏。所以,$MgSO_4$ 产生的是硫酸盐和镁盐的双重腐蚀,对水泥石的破坏作用极大。

6.7.2.4 强碱腐蚀

水泥石本身是碱性的,一般碱不会对水泥石产生腐蚀破坏。但是当介质中含有较多的强碱性物质,并且水泥石中水化铝酸钙含量也较高时,就会发生以下反应:

$$3CaO \cdot Al_2O_3 \cdot 6H_2O + 2NaOH = Na_2O \cdot Al_2O_3 + 3Ca(OH)_2 + 4H_2O$$

因为生成的 $Na_2O \cdot Al_2O_3$ 易溶于水,故易造成水泥石的密实度降低,强度和耐久性降低。另外,处于水泥石内部的 NaOH 还会与进入水泥石的 CO_2 作用生成 Na_2CO_3,当 Na_2CO_3 在毛细孔内析出晶体时,因其体积剧烈膨胀而造成水泥石的破坏。

6.7.3 防止水泥石腐蚀的措施

从水泥石腐蚀的几种类型看,氢氧化钙和水化铝酸钙的存在是水泥石被腐蚀的根本原因。一般作用于氢氧化钙产生溶出型腐蚀,而作用于水化铝酸钙则产生膨胀型腐蚀。水泥石本身不密实,存在或多或少的孔隙,是腐蚀性介质进入水泥石内部的通道。为了减少水泥石的腐蚀,可根据具体情况,采取以下几种措施:

(1)根据侵蚀环境的特点,合理选择水泥品种。硅酸二钙和铁铝酸四钙含量较高的水泥抵抗侵蚀的能力较强;相反,含硅酸三钙和铁铝酸四钙较多的水泥抵抗侵蚀的能力较弱。如选用水化物中氢氧化钙含量少的水泥,可以提高对软水管侵蚀作用的抵抗能力;为了抵抗硫酸盐腐蚀,可以使用铝酸三钙含量低于5%的抗硫酸盐水泥。

(2)提高水泥石的密实度。孔隙(尤其是开口孔和毛细孔)数量多,使侵蚀性介质容易进入水泥石内部,溶解的物质也容易析出,从而加速水泥石的腐蚀破坏。

(3)在水泥石表面加做保护层。采用抗侵蚀性较强的材料(如陶瓷、沥青、塑料及其他涂料等)覆盖水泥石的表面,可以把水泥石与侵蚀性介质隔离,对水泥石起到保护作用。

7　水泥混凝土及砂浆

7.1　概　述

7.1.1　混凝土的定义及分类

混凝土是一种重要的建筑材料,广泛地应用于工业与民用建筑、水利、交通、港口等各类工程中。

混凝土是以胶凝材料、水和骨料按适当比例配合拌制成拌合物,经硬化后得到的人工石材。以水泥为胶凝材料、砂石为骨料的混凝土称为水泥混凝土,在建筑工程中最为常用。

根据不同的分类标准,混凝土可分为以下种类。

7.1.1.1　按胶凝材料分类

(1)无机胶凝材料混凝土,如水泥混凝土、石膏混凝土、水玻璃混凝土等。

(2)有机胶凝材料混凝土,如沥青混凝土、聚合物混凝土等。

7.1.1.2　按体积密度分类

(1)重混凝土。干表观密度大于2 800 kg/m^3,采用特别密实和特别重的骨料(如重晶石、铁矿石、钢屑等)配制而成。常用于防辐射工程或耐磨结构,也可用于工程配重。

(2)普通混凝土。干表观密度为2 000 ~ 2 800 kg/m^3,是以天然的砂、石作骨料配制而成,在建筑工程中最常用。常用于房屋及桥梁的承重结构、道路路面、水工建筑物的堤坝等。

(3)轻混凝土。干表观密度小于2 000 kg/m^3,是用较轻和多孔的骨料(如浮石、煤渣等)制成。常用作绝热、隔声或承重材料。

7.1.1.3　按使用功能分类

按使用功能可分为防水混凝土、耐热混凝土、耐酸混凝土、耐碱混凝土、水工混凝土、港工混凝土等。

7.1.1.4　按强度特征分类

按强度特征可分为早强混凝土、超早强混凝土、高强混凝土、超高强混凝土、高性能(HPC)混凝土等。

7.1.1.5　按坍落度大小分类

按坍落度大小可分为低塑性混凝土、塑性混凝土、流动性混凝土、大流动性混凝土、流态混凝土等。

7.1.1.6　按维勃稠度值分类

按维勃稠度值可分为超干硬性混凝土、特干硬性混凝土、干硬性混凝土、半干硬性混凝土等。

7.1.1.7 按施工工艺分类

按施工工艺可分为普通浇筑混凝土、离心成型混凝土、喷射混凝土、泵送混凝土等。

7.1.1.8 按配筋情况分类

按配筋情况可分为素混凝土、钢筋混凝土、纤维混凝土等。

7.1.2 混凝土特性

(1)混凝土拌合物具有可塑性,可以按工程结构要求浇筑成不同形状和尺寸的整体结构与预制构件。

(2)与钢筋等有牢固的黏结力,能在混凝土中配筋或埋设钢件制作钢筋混凝土构件或整体结构。钢筋混凝土强度高,耐久性好。

(3)其组成材料中砂、石等当地材料占80%以上,来源广、造价低。

(4)改变各材料品种和用量,可以得到不同物理力学性能的混凝土,以满足不同工程要求,应用范围广泛。

(5)混凝土抗拉强度很低,受拉时抵抗变形能力小,容易开裂。

(6)自重大,比强度小。

(7)生产工艺复杂,质量难以控制,管理困难。

7.1.3 混凝土的组成材料及各组成材料的作用

水泥混凝土主要是由水泥、砂、石、水等四种基本材料组成的,有时为改善其性能,常加入适量的外加剂和掺合料。在混凝土中,水泥、活性矿物掺合料与水形成胶凝浆体,胶凝浆体包裹在骨料表面并填充其空隙。在硬化前,胶凝浆体与外加剂起润滑作用,赋予拌合物一定的和易性,便于施工。胶凝浆体硬化后,则将骨料胶结成一个坚实的整体。砂、石称为骨料,起骨架作用,砂子填充石子的空隙,砂、石构成的坚硬骨架可抑制由于胶凝浆体硬化和水泥石干燥而产生的收缩。

7.1.4 工程中对混凝土的基本要求

混凝土应满足以下基本要求:

(1)混凝土拌合物应具有一定的和易性,便于施工浇筑、振捣密实,保证混凝土的均匀性、整体性。

(2)混凝土经养护至规定龄期,应达到设计所要求的强度。

(3)硬化后的混凝土应具有相应于所处环境的耐久性。

(4)在保证混凝土质量的前提下,各项材料的组成应经济合理,尽量节约水泥,降低造价。

7.2 混凝土拌合物的和易性

混凝土在未凝结硬化以前,称为混凝土拌合物。它必须具有良好的和易性,便于施工,以保证能获得良好的浇筑质量;混凝土拌合物凝结硬化以后,应具有足够的强度,以保证建筑物能安全地承受设计荷载,并应具有与所处环境相适应的耐久性。

7.2.1　和易性的概念

和易性是指混凝土拌合物易于各工序施工操作(搅拌、运输、浇筑、捣实)并能获得质量均匀、成型密实的混凝土的性能。和易性是一项综合的技术指标,包括流动性、黏聚性和保水性等三方面的性能。

7.2.1.1　流动性

流动性是指混凝土拌合物在本身自重或施工机械振捣的作用下,能产生流动,并均匀密实地填满模板的性能。其大小直接影响施工时振捣的难易和成型的质量。

7.2.1.2　黏聚性

黏聚性是指混凝土拌合物在施工过程中其组成材料之间有一定的黏聚力,不致产生分层和离析的现象。它反映了混凝土拌合物保持整体均匀性的能力。

7.2.1.3　保水性

保水性是指混凝土拌合物在施工过程中,保持水分不易析出、不致产生严重泌水现象的能力。有泌水现象的混凝土拌合物,分泌出来的水分易形成透水的开口连通孔隙,影响混凝土的密实性而降低混凝土的质量。

混凝土拌合物的流动性、黏聚性和保水性之间是互相联系又互相矛盾的。如黏聚性好,则保水性往往也好,但流动性可能较差;当增大流动性时,黏聚性和保水性往往较差。因此,所谓拌合物的和易性良好,就是要使这三方面的性能在某种具体条件下得到统一,达到均为良好的状况。

7.2.2　和易性的测定及指标选择

7.2.2.1　和易性测定

目前,尚没有能够全面反映混凝土拌合物和易性的测定方法。在工地和实验室,通常是测定拌合物的流动性,同时辅以直观经验评定黏聚性和保水性。对塑性和流动性混凝土拌合物,用坍落度法测定坍落度值。坍落度大于220 mm时,用坍落扩展度法测定坍落扩展度值;对干硬性混凝土拌合物,用维勃稠度法测定维勃稠度值。

1. 坍落度

在测定坍落度的同时,通过目测可检查拌合物的黏聚性和保水性,评定其可塑性与稳定性,以便较全面地评定塑性混凝土拌合物的和易性。

坍落度测定方法是将被测的混凝土拌合物按规定方法装入高为300 mm的标准截圆锥筒(称坍落度筒)内,分层插实,装满刮平,垂直向上提起坍落度筒,拌合物因自重而下落,其下落的距离以mm计(精确至1 mm,修约至5 mm),即为该拌合物的坍落度,以 T 表示。

黏聚性的检查方法是用捣棒在已坍落的混凝土锥体侧面轻轻敲打。如果锥体逐渐下沉,则表示黏聚性良好;如果锥体倒塌、部分崩裂或出现离析现象,则表示黏聚性不好。

保水性以混凝土拌合物中稀浆析出的程度来评定,坍落度筒提起后若有较多的稀浆从底部析出,锥体部分的混凝土也因失浆而骨料外露,则表明此混凝土拌合物的保水性不好。若坍落度筒提起后无稀浆或仅有少量稀浆自底部析出,则表示此混凝土拌合物保水性良好。

坍落度愈大,混凝土拌合物流动性愈大。根据《混凝土质量控制标准》(GB 50164—2011),按混凝土拌合物坍落度的大小,可将混凝土拌合物的坍落度划分为:S1(10～40 mm)、S2(50～90 mm)、S3(100～150 mm)、S4(160～210 mm)、S5(≥220 mm)共五个等级;按混凝土拌合物坍落扩展度大小,可将混凝土拌合物的扩展度划分为:F1(≤340 mm)、F2(350～410 mm)、F3(420～480 mm)、F4(490～550 mm)、F5(560～620 mm)、F6(≥630 mm)共六个等级。

2. 维勃稠度

对于干硬或较干稠的混凝土拌合物(坍落度小于 10 mm),坍落度试验测不出拌合物稠度变化情况,宜用维勃稠度测定其流动性,以维勃稠度值(以 s 为单位)作为拌合物的稠度值。维勃稠度值越大,混凝土拌合物越干稠。

维勃稠度测定仪(简称维勃计)是瑞士维·勃纳提出的测定混凝土混合料的一种方法,国际标准化协会予以推荐,我国定为测定混凝土拌合物干硬性的试验方法。这种测定方法适用于骨料不大于 40 mm、维勃稠度为 5～30 s 的拌合物稠度的测定。

混凝土按维勃稠度值大小可分为五个等级:V0(≥31s)、V1(30～21s)、V2(20～11s)、V3(10～6s)、V4(5～3s)。

7.2.2.2 混凝土坍落度的选择

正确选择混凝土拌合物的坍落度,对于保证混凝土质量及节约水泥有着重要意义。坍落度的选择要根据结构类型、构件截面大小、钢筋疏密、输送方式和施工捣实方法等因素来确定。当构件截面尺寸较小,或钢筋较密,或采用人工插捣时,坍落度可选择大些;反之,坍落度可选择小些。

《水工混凝土施工规范》(SL 677—2014)规定,坍落度的选择如表 7-1 所示,可供参考。

表 7-1 水工混凝土在浇筑时的坍落度(SL 677—2014)

混凝土类别	坍落度(mm)
素混凝土	10～40
配筋率不超过 1% 的钢筋混凝土	30～60
配筋率超过 1% 的钢筋混凝土	50～90
泵送混凝土	140～220

注:在有温度控制要求或高、低温季节浇筑混凝土时,其坍落度可根据实际情况酌量增减。

7.2.3 影响和易性的主要因素

7.2.3.1 胶凝浆体的数量

混凝土拌合物中胶凝浆体的多少直接影响混凝土拌合物流动性的大小。在水胶比不变的条件下,单位体积拌合物中,胶凝浆体愈多,拌合物的流动性愈大。但若胶凝浆体过多,将会出现流浆现象,使拌合物的黏聚性变差,对混凝土的强度与耐久性会产生一定影响,且胶凝材料用量也大,不经济;胶凝浆体过少,则不能填满骨料空隙或不能很好包裹骨料表面,不易成型。因此,混凝土拌合物中胶凝浆体的含量应以满足流动性要求为准。

7.2.3.2　水胶比

在胶凝材料用量不变的情况下,水胶比愈小,则胶凝浆体愈稠,混凝土拌合物的流动性愈小。当水胶比过小时,会使施工困难,不能保证混凝土的密实性。增加水胶比会使流动性加大,但水胶比过大,又会造成混凝土拌合物的黏聚性和保水性不良,产生泌水、离析现象,并严重影响混凝土的强度及耐久性。所以,水胶比不能过大或过小。水胶比应根据混凝土强度和耐久性要求,通过混凝土配合比设计确定。

无论是胶凝浆体的多少,还是胶凝浆体的稀稠,对混凝土拌合物流动性起决定作用的是用水量的大小。

7.2.3.3　砂率

砂率是指混凝土拌合物内砂的质量占砂、石总质量的百分数。单位体积混凝土中,在胶凝浆体用量一定的条件下,砂率过小,则砂浆数量不足以填满石子的空隙体积,而且不能形成足够的砂浆层以包裹石子表面,这样,不仅拌合物的流动性小,而且黏聚性及保水性均较差,产生离析、流浆现象。若砂率过大,骨料的总表面积及空隙率增大,包裹砂子表面的胶凝浆体层相对减薄,甚至胶凝浆体不足以包裹所有砂粒,使砂浆干涩,拌合物的流动性随之减小。砂率对坍落度的影响如图7-1所示。因此,砂率不能过小,也不能过大,应选取最优砂率,即在胶凝材料用量和水胶比不变的条件下,拌合物的黏聚性、保水性符合要求,同时流动性最大的砂率。同理,在水胶比和坍落度不变的条件下,胶凝材料用量最小的砂率也是最优砂率。为了节约胶凝材料,在工程中常采用合理砂率。

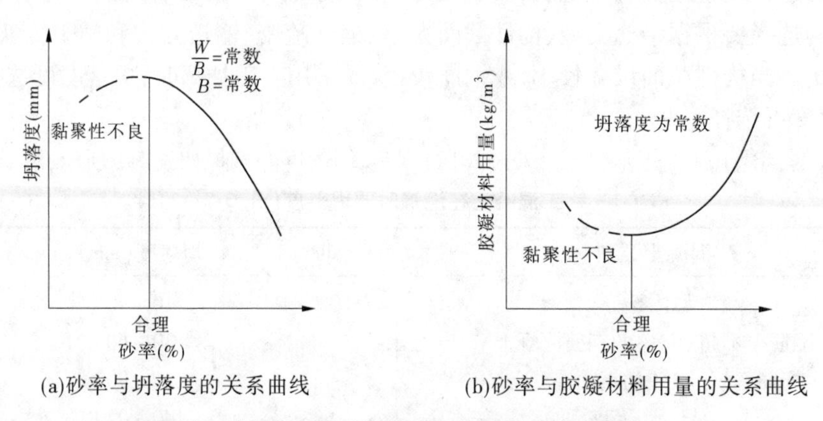

(a)砂率与坍落度的关系曲线　(b)砂率与胶凝材料用量的关系曲线

图7-1　砂率与坍落度及胶凝材料用量的关系曲线

7.2.3.4　原材料品种及性质

水泥的品种、细度,骨料的颗粒形状、表面特征、级配,外加剂等对混凝土拌合物和易性都有影响。采用矿渣水泥拌制的混凝土流动性比普通水泥拌制的混凝土流动性小,且保水性差;水泥颗粒越细,混凝土流动性越小,但黏聚性及保水性较好。卵石拌制的混凝土拌合物比碎石拌制的流动性好;河砂拌制的混凝土流动性好;级配好的骨料,混凝土拌合物的流动性也好。加入减水剂和引气剂可明显提高拌合物的流动性;引气剂还能有效地改善拌合物的保水性和黏聚性。

7.2.3.5 施工方面

混凝土拌制后,随时间的延长和水分的减少而逐渐变得干稠,流动性减小。施工中环境的温度、湿度变化,搅拌时间及运输距离的长短,称料设备、搅拌设备及振捣设备的性能等,都会对混凝土和易性产生影响。因此,施工中为保证一定的和易性,必须注意环境温度的变化,采取相应的措施。

在实际施工中,可采用如下措施调整混凝土拌合物的和易性:

(1)通过试验,采用合理砂率,并尽可能采用较低的砂率。

(2)改善砂、石(特别是石子)骨料的级配。

(3)在可能条件下,尽量采用较粗的砂、石骨料。

(4)当混凝土拌合物坍落度太小时,保持水胶比不变,增加适量的胶凝浆体;当坍落度太大时,保持砂率不变,增加适量的砂石骨料。

(5)有条件时尽量掺用外加剂(减水剂、引气剂等)。

【工程实例 7-1】

如果商品混凝土和易性不好,请分析原因,并提出防范措施。

解:1. 原因分析

水泥用量选用不当,出现混凝土拌合物松散及成团现象;砂率选择不当,表现为黏聚性不够或不易捣密实;水灰比选择不当,出现分层离析;水泥品种选择不当,较易造成泌水、离析;混凝土配合比不准,计量不精确,搅拌时间不足,管理不严格都会对混合料的均匀性、和易性产生直接的影响。

2. 防范措施

(1)正确进行商品混凝土的配合比设计与试验。商品混凝土的水灰比及坍落度应根据工程的性质、使用要求及施工条件来合理选用。

(2)合理选用砂率,当砂粗时,宜选用较大砂率,砂细时,可选用较小砂率。

(3)为改善商品混凝土和易性必要时可掺减水剂,为延长作业时间可掺缓凝剂,但是掺前必须经过试验,符合要求后方可使用。

(4)严格计量装置的标定与使用,加强原材料和混凝土拌合物的质量检测与控制,保证混凝土配比准,和易性良好。

7.3 硬化混凝土的强度

强度是混凝土最重要的力学性质,包括抗压强度、抗拉强度、抗弯强度和抗剪强度等,其中抗压强度最大,故混凝土主要用来承受压力。

7.3.1 混凝土的抗压强度

7.3.1.1 混凝土的立方体抗压强度与强度等级

按照国家标准《普通混凝土力学性能试验方法标准》(GB/T 50081—2002),制作边长为 150 mm 的立方体试件,在标准养护(温度(20 ± 2)℃、相对湿度 95% 以上)条件下,养护至 28 d 龄期,用标准试验方法测得的极限抗压强度,称为混凝土立方体抗压强度,以 f_{cu}

表示。

按照国家标准《混凝土结构设计规范》(GB 50010—2010)的规定,在立方体极限抗压强度总体分布中,具有95%强度保证率的立方体试件抗压强度,称为混凝土立方体抗压强度标准值(以 MPa,即 N/mm^{2}计),以$f_{cu,k}$表示。立方体抗压强度标准值是按数据统计处理方法达到规定保证率的某一数值,它不同于混凝土立方体抗压强度。

混凝土强度等级是按混凝土立方体抗压强度标准值来划分的,采用符号 C 和立方体抗压强度标准值表示,可分为 C15、C20、C25、C30、C35、C40、C45、C50、C55、C60、C65、C70、C75 及 C80 共14个强度等级。例如,强度等级为 C25 的混凝土,是指25 MPa$\leqslant f_{cu,k}<$30 MPa 的混凝土。钢筋混凝土、预应力混凝土结构的混凝土强度等级分别不低于 C15 和 C30。

7.3.1.2　混凝土棱柱体抗压强度

按棱柱体抗压强度的标准试验方法,制成边长为150 mm×150 mm×300 mm 的棱柱体作为标准试件,在标准条件下养护28 d,测其抗压强度,即为棱柱体抗压强度f_{ck}。

通过试验分析,$f_{ck}\approx 0.67f_{cu,k}$。

7.3.2　混凝土的抗拉强度

混凝土在直接受拉时,很小的变形就会开裂,它在断裂前没有残余变形,是一种脆性破坏。混凝土的抗拉强度一般为抗压强度的1/20～1/10。我国采用立方体(国际上多用圆柱体)的劈裂抗拉试验来测定混凝土的抗拉强度,称为劈裂抗拉强度$f_{st}^{劈}$,劈裂抗拉强度$f_{st}^{劈}$与抗压强度之间的关系可近似地表示为$f_{st}^{劈}=0.23f_{cu,k}^{2/3}$。

抗拉强度对于开裂现象有重要意义,在结构设计中抗拉强度是确定混凝土抗裂度的重要指标。对于某些工程(如混凝土路面、水槽、拱坝),在对混凝土提出抗压强度要求的同时,还应提出抗拉强度要求。

7.3.3　影响混凝土强度的因素

影响混凝土强度的因素很多,包括原材料的质量(主要是水泥强度等级和骨料品种)、材料之间的比例关系(水胶比、单位用水量、砂率、骨料级配)、施工方法(拌合、运输、浇筑、养护),以及试验条件(龄期、试件形状与尺寸、试验方法、温度及湿度)等。

7.3.3.1　水泥强度等级和水胶比

水泥是混凝土中的活性组分,其强度的大小直接影响着混凝土强度的高低。在配合比相同的条件下,所用的水泥强度等级越高,配制的混凝土强度也越高。当用同一种水泥(品种及强度等级相同)时,混凝土的强度主要取决于水胶比。水胶比愈大,混凝土强度愈低,这是因为水泥水化时所需的化学结合水,一般只占水泥质量的23%左右,但在实际拌制混凝土时,为了获得必要的流动性,常需要加入较多的水(占水泥质量的40%～70%)。多余的水分残留在混凝土中形成水泡或蒸发后形成气孔,使混凝土密实度降低,强度下降。水胶比大,则胶凝浆体稀,硬化后的水泥石与骨料黏结力差,混凝土的强度也低。但是,如果水胶比过小,拌合物过于干硬,在一定的捣实成型条件下,无法保证浇筑质量,混凝土中将出现较多的蜂窝、孔洞,强度也将下降。试验证明,混凝土强度随水胶比的增大而降低,呈曲线关系,而混凝土强度和胶水比的关系,则呈直线关系(见图7-2)。

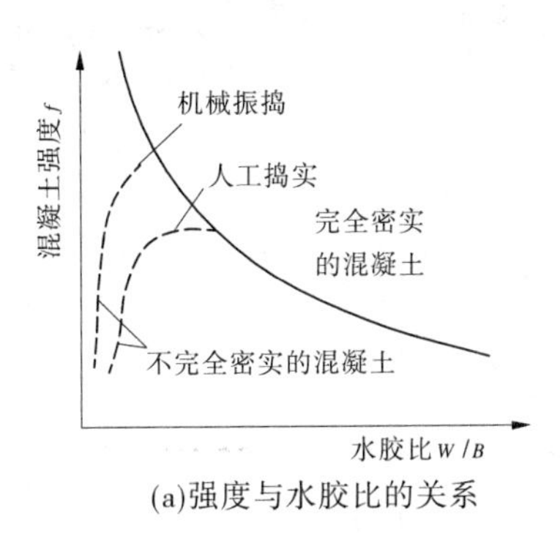

(a)强度与水胶比的关系

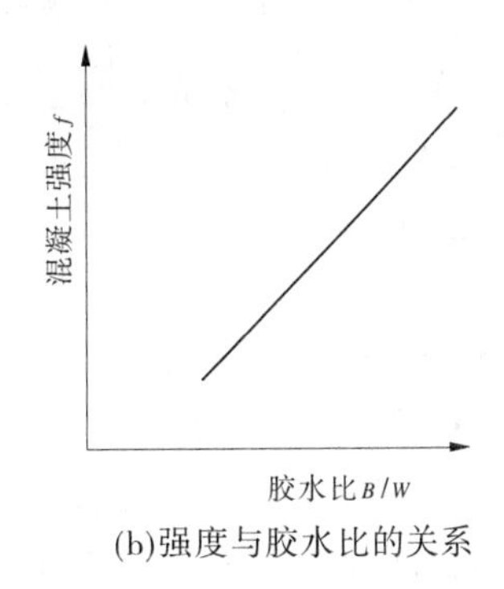

(b)强度与胶水比的关系

图7-2　混凝土强度与水胶比及胶水比的关系

应用数理统计方法，当混凝土强度等级<C60时，胶凝材料的强度、胶水比、混凝土强度之间的线性关系可用公式(7-1)即强度公式表示：

$$f_{cu} = \alpha_a f_b (B/W - \alpha_b) \tag{7-1}$$

式中　f_{cu}——28 d混凝土立方体抗压强度，MPa；

f_b——胶凝材料28 d胶砂抗压强度实测值，MPa；

α_a、α_b——回归系数，与骨料品种、水泥品种等因素有关；

B/W——胶水比。

当胶凝材料28 d胶砂抗压强度无实测值时，可用公式(7-2)估算：

$$f_b = \gamma_f \gamma_s f_{ce} \tag{7-2}$$

式中　γ_f、γ_s——粉煤灰影响系数和粒化高炉矿渣粉影响系数，可按表7-2选用；

f_{ce}——水泥28 d胶砂抗压强度，可实测，也可用公式(7-3)计算，MPa。

$$f_{ce} = \gamma_c f_{ce,g} \tag{7-3}$$

其中　γ_c——水泥强度等级值的富余系数，可按实际统计资料确定，当缺乏实际统计资料时，依据不同的水泥强度等级值32.5、42.5、52.5，其富余系数分别为1.12、1.16、1.10；

$f_{ce,g}$——水泥强度等级值，MPa。

表7-2　粉煤灰影响系数(γ_f)和粒化高炉矿渣粉影响系数(γ_s)

掺量(%)	粉煤灰影响系数γ_f	粒化高炉矿渣粉影响系数γ_s
0	1.00	1.00
10	0.85～0.95	1.00
20	0.75～0.85	0.95～1.00
30	0.65～0.75	0.90～1.00
40	0.55～0.75	0.80～0.90
50	—	0.70～0.85

注：1. 采用Ⅰ级、Ⅱ级粉煤灰宜取上限值；

2. 采用S75级粒化高炉矿渣粉宜取下限值，采用S95级粒化高炉矿渣粉宜取上限值，采用S105级粒化高炉矿渣粉宜取上限值+0.05；

3. 当超出表中的掺量时，粉煤灰影响系数和粒化高炉矿渣粉影响系数应经试验确定。

必须结合工地的具体条件,如施工方法及材料的质量等,进行不同水胶比的混凝土强度试验,求出符合当地实际情况的 α_a、α_b 系数来,这样既能保证混凝土的质量,又能取得较高的经济效果。若无试验条件,可按《普通混凝土配合比设计规程》(JGJ 55—2011)提供的经验数值:采用碎石时,$\alpha_a=0.53$,$\alpha_b=0.20$;采用卵石时,$\alpha_a=0.49$,$\alpha_b=0.13$。

强度公式可解决两个问题:一是混凝土配合比设计时,估算应采用的 W/B 值;二是混凝土质量控制过程中,估算混凝土 28 d 可以达到的抗压强度。

7.3.3.2　骨料的种类与级配

骨料中有害杂质过多且品质低劣时,将降低混凝土的强度。骨料表面粗糙,则与水泥石黏结力较大,混凝土强度高。骨料级配良好、砂率适当,能组成密实的骨架,混凝土强度也较高。

7.3.3.3　混凝土外加剂与掺合料

在混凝土中掺入早强剂可提高混凝土早期强度,掺入减水剂可提高混凝土强度,掺入一些掺合料可配制高强度混凝土。详细内容见混凝土外加剂及掺合料部分。

7.3.3.4　养护温度和湿度

混凝土浇筑成型后,所处的环境温度和湿度对混凝土的强度影响很大。混凝土的硬化在于水泥的水化作用,周围温度升高,水泥水化速度加快,混凝土强度发展也就加快;反之,温度降低时,水泥水化速度降低,混凝土强度发展将相应迟缓。当温度降至冰点以下时,混凝土的强度停止发展,并且由于孔隙内水分结冰而引起膨胀,使混凝土的内部结构遭受破坏。混凝土早期强度低,更容易冻坏。湿度适当时,水泥水化能顺利进行,混凝土强度得到充分发展。如果湿度不够,会影响水泥水化作用的正常进行,甚至停止水化。这不仅严重降低混凝土的强度,而且水化作用未能完成,使混凝土结构疏松,渗水性增大,或形成干缩裂缝,从而影响其耐久性。

因此,混凝土成型后一定时间内必须保持周围环境有一定的温度和湿度,使水泥充分水化,以保证获得较好质量的混凝土。

7.3.3.5　硬化龄期

混凝土在正常养护条件下,其强度将随着龄期的增长而增长。最初 7 ~ 14 d 内,强度增长较快,28 d 达到设计强度。以后增长缓慢,但若保持足够的温度和湿度,强度的增长将延续几十年。普通水泥制成的混凝土,在标准条件下,混凝土强度的发展大致与其龄期的对数成正比关系(龄期不小于 3 d),如公式(7-4)所示:

$$f_n = f_{28}\frac{\lg n}{\lg 28} \tag{7-4}$$

式中　f_n——$n(n\geqslant 3)$ 天龄期混凝土的抗压强度,MPa;

f_{28}——28 d 龄期混凝土的抗压强度,MPa;

$\lg n$、$\lg 28$——n 和 28 的常用对数。

根据上述经验公式可由已知龄期的混凝土强度,估算其他龄期的强度。

7.3.3.6　施工工艺

混凝土的施工工艺包括配料、拌合、运输、浇筑、养护等工序,每一道工序对其质量都有影响。若配料不准确,误差过大;搅拌不均匀;拌合物运输过程中产生离析;振捣不密实;养护不充分等,均会降低混凝土强度。因此,在施工过程中,一定要严格遵守施工规范,确保混凝土的强度。

7.3.3.7　试验条件对混凝土强度的影响

1. 试件尺寸

相同的混凝土,试件尺寸越小测得的强度越高。当混凝土强度等级 < C60 时,选用边长为 100 mm 的非标准立方体试件,换算系数为 0.95;边长为 150 mm 的立方体试件,换算系数为 1.00;边长为 200 mm 的非标准立方体试件,换算系数为 1.05。当混凝土强度等级≥C60,使用非标准试件时,尺寸换算系数应由试验确定。

2. 试件的形状

当试件受压面积 $a \times a$ 相同,高度 h 不同时,高宽比 h/a 越大,抗压强度越小。

3. 表面状态

试件表面有、无润滑剂,其对应的破坏形式不一,所测强度值大小不同。当试件受压面上有油脂类润滑剂时,试件受压时的环箍效应大大减小,试件将出现直裂破坏,测出的强度值也较低。

4. 加荷速度

加荷速度越快,材料变形的增长落后于荷载的增加,测得的强度值越大。国际标准规定,混凝土抗压强度的加荷速度为 0.3 ~0.5 MPa/s,且应连续均匀地进行加荷。

7.4　混凝土的耐久性

硬化后的混凝土除具有设计要求的强度外,还应具有与所处环境相适应的耐久性,如抗渗性、抗冻性、抗磨性、抗侵蚀性等。

7.4.1　混凝土的抗渗性

抗渗性是指混凝土抵抗压力水、油等液体渗透的性能。混凝土的抗渗性主要与其密实度及内部孔隙的大小和构造有关。

混凝土的抗渗性用抗渗等级(W)表示,即以 28 d 龄期的标准试件,按标准试验方法进行试验时所能承受的最大水压力(MPa)来确定。混凝土的抗渗等级可划分为 W2、W4、W6、W8、W10、W12 等六个等级,相应表示混凝土抗渗试验时一组六个试件中两个试件出现渗水时的最大水压力分别为 0.2 MPa、0.4 MPa、0.6 MPa、0.8 MPa、1.0 MPa、1.2 MPa。

提高混凝土抗渗性能的措施有:提高混凝土的密实度,改善孔隙构造,减少渗水通道;减小水胶比;掺加引气剂;选用适当品种的水泥;注意振捣密实、养护充分等。

水工混凝土的抗渗等级,应根据结构所承受的水压力大小和结构类型及运用条件来选用,见表 7-3。

表7-3　混凝土抗渗等级最小允许值(SL 191—2008)

结构类型及运用条件		抗渗等级
大体积混凝土结构的下游面外部或建筑物内部		W2
大体积混凝土结构的挡水面外部	$H<30$ m	W4
	$30\leqslant H<70$ m	W6
	$70\leqslant H<150$ m	W8
	$H\geqslant150$ m	W10
素混凝土及钢筋混凝土结构构件（其背水面能自由渗水者）	$i<10$	W4
	$10\leqslant i<30$	W6
	$30\leqslant i<50$	W8
	$i\geqslant50$	W10

注:1. 表中 H 为水头,i 为最大水力梯度。水力梯度是指水头与该处结构厚度的比值。
2. 当建筑物的表层设有专门可靠的防水层时,表中规定的抗渗等级可适当降低。
3. 承受侵蚀作用的建筑物,其抗渗等级不得低于 W4。
4. 埋置在地基中的混凝土及钢筋混凝土结构构件(如基础防渗墙等),可根据防渗要求参照表中第三项的规定选择其抗渗等级。
5. 对背水面能自由渗水的混凝土及钢筋混凝土结构构件,当水头小于10 m时,抗渗等级可根据表中第三项降低一级。
6. 对严寒、寒冷地区且水力梯度较大的结构,其抗渗等级应按表中的规定提高一个等级。

7.4.2　混凝土的抗冻性

混凝土的抗冻性是指混凝土在饱水状态下能经受多次冻融循环而不破坏,同时强度也不严重降低的性能。混凝土受冻后,混凝土中水分受冻结冰,体积膨胀,当膨胀应力超过其抗拉强度时,混凝土将产生微细裂缝,反复冻融使裂缝不断扩展,混凝土强度降低甚至破坏,影响建筑物的安全。

混凝土的抗冻性以抗冻等级(F)表示。抗冻等级按28 d龄期的试件用快冻试验方法测定,分为 F50、F100、F150、F200、F250、F300、F400 等七个等级,相应表示混凝土抗冻性试验能经受50、100、150、200、250、300、400 次的冻融循环。

影响混凝土抗冻性能的因素主要有水泥品种、强度等级、水胶比、骨料的品质等。提高混凝土抗冻性的最主要的措施是:提高混凝土密实度;减小水胶比;掺加外加剂;严格控制施工质量,注意捣实,加强养护等。

混凝土抗冻等级应根据工程所处环境及工作条件,按有关规范来选择,见表7-4。

7.4.3　混凝土的抗侵蚀性

混凝土在外界侵蚀性介质(软水,含酸、盐水等)作用下,结构受到破坏、强度降低的现象称为混凝土的侵蚀。混凝土侵蚀主要是外界侵蚀性介质对水泥石中的某些成分(氢氧化钙、水化铝酸钙等)产生破坏作用所致。详见水泥一章中有关内容。

表7-4 混凝土抗冻等级的最小允许值(SL 191—2008)

气候分区	严寒		寒冷		温和
年冻融循环次数(次)	≥100	<100	≥100	<100	—
结构重要,受冻后果严重且难以检修的部位: (1)水电站尾水部位、蓄能电站进出口的冬季水位变化区,闸门槽二期混凝土,轨道基础; (2)冬季通航或受电站尾水位影响的不通航船闸的水位变化区的构件,闸门槽二期混凝土; (3)流速大于25 m/s、过冰、多沙或多推移质的溢洪道、深孔,或其他输水部位的过水面及二期混凝土; (4)冬季有水的露天钢筋混凝土压力水管、渡槽、薄壁充水闸门井	F400	F300	F300	F200	F100
受冻后果严重但有检修条件的部位: (1)大体积混凝土结构上游面冬季水位变化区; (2)水电站或船闸的尾水渠及引航道的挡墙、护坡; (3)流速小于25 m/s的溢洪道、输水洞、引水系统的过水面; (4)易积雪、结霜或饱和的路面、平台栏杆、挑檐、墙、板、梁、柱、墩廊道或竖井的单薄墙壁	F300	F250	F200	F150	F50
受冻较重部位: (1)大体积混凝土结构外露的阴面部位; (2)冬季有水或易长期积雪结冰的渠系建筑物	F250	F200	F150	F150	F50
受冻较轻部位: (1)大体积混凝土结构外露的阳面部位; (2)冬季无水干燥的渠系建筑物; (3)水下薄壁构件; (4)流速大于25 m/s的水下过水面	F200	F150	F100	F100	F50
水下、土中及大体积内部的混凝土	F50	F50	—	—	—

注:1. 气候分区划分标准为:严寒:最冷月平均气温低于或等于 -10 ℃;寒冷:最冷月平均气温高于 -10 ℃,但低于或等于 -3 ℃;温和:最冷月平均气温高于 -3 ℃。

2. 冬季水位变化区是指运行期可能遇到的冬季最低水位以下0.5~1 m至冬季最高水位以上1 m(阳面)、2 m(阴面)、4 m(水电站尾水区)的区域。

3. 阳面指冬季大多为晴天,平均每天有4 h阳光照射,不受山体或建筑物遮挡的表面,否则均按阴面考虑。

4. 最冷月平均气温低于 -25 ℃地区的混凝土抗冻等级应根据具体情况研究确定。

7.4.4 混凝土的抗磨性及抗气蚀性

磨损冲击与气蚀破坏是水工建筑物常见的病害之一。当高速水流中挟带砂、石等磨损介质时,这种现象更为严重。因此,水利工程要有较高的抗磨性及抗气蚀性。

提高混凝土抗侵蚀性的主要途径是:选用坚硬耐磨的骨料,选 C_3S 含量较多的高强度硅酸盐水泥,掺入适量的硅粉和高效减水剂及适量的钢纤维;采用C50以上的混凝土;骨料最大粒径不大于20 mm;改善建筑物的体型;控制和处理建筑物表面的不平整度等。

7.4.5 混凝土的碳化

混凝土的碳化作用是空气中二氧化碳与水泥石中的氢氧化钙作用,生成碳酸钙和水。碳化过程是二氧化碳由表及里向混凝土内部逐渐扩散的过程。在硬化混凝土的孔隙中,充满了饱和氢氧化钙溶液,使钢筋表面产生一层难溶的三氧化二铁和四氧化三铁薄膜,它能防止钢筋锈蚀。碳化引起水泥石化学组成发生变化,使混凝土碱度降低,减弱了对钢筋的保护作用,导致钢筋锈蚀;碳化还将显著增加混凝土的收缩,降低混凝土抗拉、抗弯强度。但碳化可使混凝土的抗压强度增大。其原因是碳化放出的水分有助于水泥的水化作用,而且碳酸钙减少了水泥石内部的孔隙。

提高混凝土抗碳化能力的措施有:减小水胶比,掺入减水剂或引气剂,保证混凝土保护层的厚度及质量,充分湿养护等。

7.4.6 混凝土的碱—骨料反应

混凝土的碱—骨料反应,是指水泥中的碱(Na_2O 和 K_2O)与骨料中的活性 SiO_2 发生反应,使混凝土发生不均匀膨胀,造成裂缝、强度下降等不良现象,从而威胁建筑物安全。常见的有碱—氧化硅反应、碱—硅酸盐反应、碱—碳酸盐反应三种类型。

防止碱—骨料反应的措施有:采用低碱水泥(Na_2O 小于0.6%)并限制混凝土总碱量不超过3.0 kg/m^3;掺入活性混合料;掺用引气剂和不用含活性 SiO_2 的骨料;保证混凝土密实性和重视建筑物排水,避免混凝土表面积水和接缝存水。

7.4.7 提高混凝土耐久性的措施

(1)合理选择水泥品种。

(2)混凝土的最大水胶比和最小胶凝材料用量应符合现行国家和行业标准的规定,见表7-5~表7-8。

(3)严格控制原材料的质量,使之符合规范要求。配合比设计所采用的细骨料含水率应小于0.5%,粗骨料含水率应小于0.2%。

(4)掺用引气剂或减水剂。

(5)严格控制施工质量。在混凝土施工中,应搅拌均匀、振捣密实及加强养护。

表7-5 水工混凝土的水胶比最大允许值(SL 352—2006)

部位	严寒地区	寒冷地区	温和地区
上、下游水位以上(坝体外部)	0.50	0.55	0.60
上、下游水位变化区(坝体外部)	0.45	0.50	0.55
上、下游最低水位以下(坝体外部)	0.50	0.55	0.60
基础	0.50	0.55	0.60
内部	0.60	0.65	0.65
受水流冲刷部位	0.45	0.50	0.50

注:在有环境水侵蚀情况下,水位变化区外部及水下混凝土最大允许水胶比应减小0.05。

表 7-6　不同环境条件下混凝土的最大水胶比（GB 50010—2010）

环境类别		条件	最大水胶比
一		室内干燥环境，无侵蚀性静水浸没环境	0.60
二	a	①室内潮湿环境 ②非严寒和非寒冷地区的露天环境 ③非严寒和非寒冷地区与无侵蚀性的水或土直接接触的环境 ④严寒和寒冷地区的冰冻线以下与无侵蚀性的水或土壤直接接触的环境	0.55
二	b	①干湿交替环境 ②水位频繁变动环境 ③严寒和寒冷地区的露天环境 ④严寒和寒冷地区冰冻线以上与无侵蚀性的水或土直接接触的环境	0.50(0.55)
三	a	①严寒和寒冷地区冬季水位变动区环境 ②受除冰盐影响环境 ③海风环境	0.45(0.50)
三	b	①盐渍土环境 ②受除冰盐作用环境 ③海岸环境	0.40
四		海洋环境	—
五		受人为或自然的侵蚀性物质影响的环境	—

注：处于严寒和寒冷地区二 b、三 a 类环境中的混凝土应使用引气剂，并可采用括号中的有关参数。

表 7-7　混凝土的最小胶凝材料用量(JGJ 55—2011)　　　（单位：kg/m^3）

最大水胶比	最小胶凝材料用量		
	素混凝土	钢筋混凝土	预应力混凝土
0.60	250	280	300
0.55	280	300	300
0.50	320		
≤0.45	330		

注：配制 C15 及其以下等级的混凝土，可不受本表限制。

表7-8 不同环境条件下水工配筋混凝土耐久性基本要求(SL 191—2008)

环境类别	环境条件	最低强度等级	最小水泥用量(kg/m^3)	最大水灰比
一	室内正常环境	C20	220	0.60
二	室内潮湿环境,露天环境,长期处于水下或地下的环境	C25	250	0.55
三	淡水水位变化区,有轻度化学侵蚀性地下水的地下环境,海水水下区	C25	300	0.50
四	海上大气区,轻度盐雾作用区,海水水位变化区,中度化学侵蚀性环境	C30	340	0.45
五	使用除冰盐的环境,海水浪溅区,重度盐雾作用区,严重化学侵蚀性环境	C35	360	0.40

注:1. 本表适用于设计使用年限为50年的水工结构的配筋混凝土,素混凝土的耐久性基本要求可按本表适当降低;设计使用年限为100年的水工结构,混凝土耐久性基本要求除应满足本表的规定外,强度等级宜按本表的规定提高一级。

2. 海上大气区与浪溅区的分界线为设计最高水位加1.5 m,浪溅区与水位变化区的分界线为设计最高水位减1.0 m,水位变化区与水下区的分界线为设计最低水位减1.0 m,重度盐雾作用区为离涨潮岸线50 m内的陆上室外环境。

3. 冻融比较严重的二类、三类环境条件下的建筑物,可将其环境类别分别提高为三类、四类。

4. 配置钢丝、钢绞线的预应力混凝土构件的混凝土最低强度等级不宜小于C40,最小水泥用量不宜小于300 kg/m^3。

5. 当混凝土中加入优质活性掺合料或能提高耐久性的外加剂时,可适当减少最小水泥用量。

6. 桥梁上部结构及处于露天环境的梁、柱构件,混凝土强度等级不宜低于C25。

7. 炎热地区的海水水位变化区和浪溅区,混凝土的各项耐久性基本要求宜按表中的规定适当加严。

7.5 混凝土外加剂

在混凝土中掺适量外加剂可提高混凝土强度、改善混凝土性能,而且对减少用水量、节约水泥有着十分显著的效果。

混凝土外加剂是在拌制混凝土、水泥净浆过程中掺入,用以改善混凝土性能的化学物质。

根据国家标准《混凝土外加剂定义、分类、命名与术语》(GB/T 8075—2017),混凝土外加剂按其主要功能可分为四类:

(1)改善混凝土拌合物流变性能的外加剂,如各种减水剂和泵送剂等。

(2)调节混凝土凝结时间、硬化性能的外加剂,如缓凝剂、促凝剂和速凝剂。

(3)改善混凝土耐久性的外加剂,如引气剂、防水剂和阻锈剂等。

(4)改善混凝土其他性能的外加剂,如膨胀剂、防冻剂、着色剂等。

7.5.1 减水剂

在保持混凝土坍落度基本相同的条件下,能减少拌合用水量的外加剂,称为减水剂。

7.5.1.1 减水剂的种类

1. 按照不同减水效果分类

(1)普通减水剂。在保持混凝土稠度不变的条件下,具有一般减水增强作用的外加剂,减水率在8%以上。

(2)高效减水剂。在保持混凝土稠度不变的条件下,具有大幅度减水增强作用的外加剂,减水率在14%以上。

(3)早强型普通减水剂。具有早强功能的普通减水剂。

(4)缓凝型普通减水剂。具有缓凝功能的普通减水剂。

(5)引气型普通减水剂。具有引气功能的普通减水剂。

(6)其他减水剂。标准型普通减水剂、标准型高效减水剂、高性能减水剂、标准型高性能减水剂等。

2.按化学成分分类

1)木质素磺酸盐系(木质素系)减水剂

木质素系减水剂主要品种有木质素磺酸钙、木质素磺酸钠、木质素磺酸镁。

木质素磺酸钙又名M型减水剂,简称M剂。它是由提取酒精后的木浆废液,经蒸发、磺化浓缩、喷雾干燥所制得的一种棕黄色粉状物,主要成分为木质素磺酸钙,质量分数为60%以上,还原性物质质量分数低于12%,pH值为5~5.5。M剂为阴离子表面活性剂。

M剂适宜掺量为水泥质量的0.2%~0.3%,在保持配合比不变的条件下,掺用M剂后坍落度可提高10 cm左右;在保持混凝土强度和坍落度不变的条件下,可减水10%,节约水泥10%;在保持混凝土坍落度和水泥用量不变的条件下,可减水10%,提高强度10%~20%。M剂对混凝土有缓凝作用,一般缓凝1~3 h,低温下缓凝性更强,掺量过多,缓凝严重。

2)萘磺酸盐甲醛缩合物(萘系)减水剂

萘系减水剂是以煤焦油中分馏出的萘及萘的同系物为原料,大部分使用工业下脚料,提炼出具有多萘核结构β—萘磺酸甲醛高缩物钠盐。这类减水剂大多为非引气型,属于阴离子表面活性剂。常用的牌号有UNF、FDN、MF等。其特点是缩合度高,分子链长,对水泥扩散力强,起泡力低,减水率高,能有效改善混凝土的物理力学性能,特别对提高混凝土的强度及提高流动性等有显著效果。其减水率为15%~25%,早强效果好,28 d强度增长20%,可节约水泥10%~25%,最适宜掺量为0.2%~0.5%。其适合于配制C50~C100的高强或超高强混凝土、大流动性泵送混凝土及冬季施工的混凝土。

萘系减水剂一般在搅拌过程中先加水搅拌2~3 min,然后加入减水剂,大坍落度混凝土不宜用翻斗车长距离运输,宜采用后掺法。

3)水溶性树脂系(树脂系)减水剂

树脂系减水剂被誉为减水剂之王,我国产品有SM,其主要成分为磺化三聚氰胺甲醛缩合物,简称密胺树脂,属阴离子表面活性剂。

SM属早强、非引气型高效减水剂,减水率高达20%~27%,最高可达30%。各龄期强度均有显著提高,一天强度提高一倍以上,7 d即可达基准混凝土28 d的强度,28 d则增强30%~60%。若保持强度不变,可节约水泥25%左右。另外,混凝土的弹性模量、抗渗、抗冻等性能及与钢筋的黏结力等,也均有改善和提高。

SM可用于配制80~100 MPa高强混凝土,也可用于配制耐火、耐高温(1 000~1 200 ℃)的混凝土。目前,仅用于有特殊要求的混凝土工程。

4)复合减水剂

目前,国内外都普遍在研究使用复合外加剂,将某些品种的减水剂和其他外加剂复合使用,可取得满足不同施工要求及降低成本的效果。如以消泡剂 GXP - 103 和 MF 复合,可弥补单掺 MF 时因引气而导致混凝土后期强度降低的缺点;将三乙醇胺与 UNF - 2 复合可作为早强减水剂使用,可明显提高混凝土的早期强度;将硫酸钠与糖钙复合,可制成早强剂(NC),能在冬季负温下使用。

7.5.1.2 减水剂作用机制

减水剂是阴离子表面活性剂,本身不与水泥发生化学反应,而是通过表面活性剂的吸附—分散作用、润滑作用和润湿作用,改善新拌混凝土的和易性、水泥石的内部结构及混凝土的性能。

由于阴离子表面活性剂的作用,水泥颗粒更好地被水湿润,均匀分散,释放出被水泥颗粒包裹的游离水,在水泥颗粒周围形成一层溶剂化水膜及引入少量气泡等综合原因,故混凝土拌合物的流动性提高。

7.5.1.3 减水剂的技术经济效果

在不同的使用条件下,混凝土中加入减水剂后,可获得以下效果:

(1)在用水量不变时,可提高混凝土拌合物的流动性,坍落度可增大 10 ~ 20 cm。

(2)保持混凝土的和易性不变,水泥用量不变,可减水 10% ~ 15%,混凝土强度可提高 15% ~ 20%。

(3)保持混凝土强度不变时,可节约水泥用量 10% ~ 15%。

(4)水泥水化放热速度减慢,热峰出现推迟。

(5)混凝土泌水、离析现象得到很大改善;混凝土透水性可降低 40% ~ 80%,提高抗渗、抗冻、耐化学腐蚀等能力。

(6)可配制特种混凝土,比采用特种水泥更为经济、简便和灵活。

7.5.1.4 减水剂的掺加方法

减水剂掺入混凝土拌合物中的方法不同,其效果也不同。

(1)先掺法。即将粗细骨料、粉状减水剂与水泥混合,然后加水搅拌。其优点是使用方便,省去了减水剂溶解、储存、冬季施工的防冻等工序和设施。缺点是塑化效果较差,特别是粉状减水剂受潮易结块或者有较大颗粒不易分散拌匀,直接影响使用效果。

(2)同掺法。即将减水剂溶解成一定浓度的溶液,搅拌时同粗细骨料、水泥和水一起加入搅拌。其优点是:与先掺法相比,容易搅拌均匀;与滞水法相比,搅拌时间短,搅拌机生产效率高;另外,由于稀释为溶液,对计量和自动化控制比较方便。缺点是:增加了减水剂的溶解、储存、冬季防冻保温等措施;减水剂中不溶物或溶解度较小的物质易沉淀,造成溶液浓度的差异。因此,在使用中应注意充分溶解与搅拌,防止沉淀,随拌随用。

(3)滞水法。即在搅拌过程中减水剂滞后于加水 1 ~ 3 min(当以溶液加入时称为溶液滞水法,以干粉加入时称为干粉滞水法)。其优点是能提高高效减水剂在某些水泥中的使用效果,可提高流动性、减水率、强度和节约更多的水泥;减少减水剂的掺量,提高减水剂对水泥的适应性。缺点是搅拌时间延长、搅拌机生产效率降低。

(4)后掺法。即减水剂不在搅拌时加入,而是在运输途中或在施工现场分几次或一次加入,再经两次或多次搅拌,成为混凝土拌合物。其优点是可减少、抑制混凝土在长距离运输过程中的分层离析和坍落度损失;可提高混凝土拌合物的流动性、减水率、强度和降低减水剂掺量、节约水泥等,并可提高减水剂对水泥的适应性。缺点是需要设置运输车辆及增加搅拌次数,延续搅拌时间。

7.5.2　早强剂及早强型减水剂

早强剂是指能提高混凝土早期强度并对后期强度无显著影响的外加剂,与减水剂复合兼有减水作用的为早强型减水剂。

早强剂按其化学成分,可分为无机早强剂和有机早强剂两大类。无机早强剂又分为氯化物系和硫酸盐系。氯化物系中常用的有氯化钠、氯化钙等,硫酸盐系中常用的有硫酸钠、硫代硫酸钠等。有机早强剂常用的有三乙醇胺、三异丙醇胺、甲酸钙、乙酸钠等。除上述两类早强剂外,工程中常采用复合早强剂。早强型减水剂既具有促进水泥水化和早强作用,又有减水作用。在早强剂应用中应特别注意混凝土的耐久性。

早强剂及早强型减水剂可用于蒸养混凝土及常温、低温条件下有早强要求的混凝土,但强电解质早强剂(如氯盐、硫酸钠)在某些情况下不得使用。

常用早强剂的一般掺量:氯化钠为 1% ~2%,硫酸钠为 0.5% ~2%,三乙醇胺为 0.02% ~0.05%。

7.5.3　缓凝剂及缓凝型减水剂

能延缓混凝土凝结时间,并对混凝土后期强度发展无不利影响的外加剂,称为缓凝剂,兼有缓凝和减水作用的外加剂为缓凝型减水剂。

我国使用最多的缓凝剂是糖钙、木钙,它具有缓凝及减水作用。其次有羟基羟酸及其盐类,如柠檬酸、酒石酸钾钠等。无机盐类为锌盐、硼酸盐。此外,还有胺盐及其衍生物、纤维素醚等。

缓凝剂适用于要求延缓时间的施工中,如在气温高、运距长的情况下,可防止混凝土拌合物发生过早坍落度损失;又如分层浇筑的混凝土,为防止出现冷缝,也常加入缓凝剂。另外,在大体积混凝土中为了延长放热时间,也可掺入缓凝剂。

7.5.4　速凝剂

能使混凝土迅速凝结硬化的外加剂称为速凝剂。速凝剂的主要种类有无机盐类和有机物类。我国常用的速凝剂是无机盐类,产品型号有红星 1 型、711 型、782 型等。

速凝剂主要用于矿山井巷、铁路隧道、引水涵洞、地下工程,以及喷锚支护时的喷射混凝土或喷射砂浆工程中。在实际工程中,为了提高质量、节约材料、改善劳动条件,往往把速凝剂与减水剂复合使用。

7.5.5　引气剂

在搅拌混凝土过程中引入大量均匀分布、稳定而封闭的微小气泡的外加剂称为引气剂。

封闭气泡直径为50～250 μm(0.05～0.25 mm),微小独立气泡起着滚珠轴承作用,减少拌合物流动时的滑动阻力,增加新拌混凝土的流动性。引气剂增加混凝土拌合物的黏聚力,使混凝土泌水率显著减小。大量的微细气泡对混凝土的冻融破坏起缓冲作用,能显著提高硬化混凝土的抗冻性和抗渗性。但混凝土中含气量的增加会降低混凝土强度。

引气剂的掺量是根据混凝土含气量要求而定的,一般混凝土的含气量为3.5%～7%;有冻融要求的混凝土,其含气量为5%～7%。

引气剂适用于抗冻、防渗、抗硫酸盐、泌水严重的混凝土、贫混凝土、轻骨料混凝土及对饰面有要求的混凝土等。

7.5.6　防冻剂

防冻剂是能使混凝土在负温下硬化,并在规定时间内达到足够防冻强度的外加剂。我国常用的防冻剂由多组分复合而成,其主要组分有防冻组分、减水组分、早强组分等。

防冻组分是复合防冻剂中的重要组分,按其成分可分为三类:

(1)氯盐类。常用为氯化钙、氯化钠。由于氯化钙参与水泥的水化反应,不能有效地降低混凝土中液相的冰点,故常与氯化钠复合使用,通常采用配比为氯化钙:氯化钠=2:1。

(2)氯盐阻锈类。其由氯盐与阻锈剂复合而成。阻锈剂有亚硝酸钠、铬酸盐、磷酸盐、聚磷酸盐等,其中亚硝酸钠阻锈效果最好,故被广泛应用。

(3)无氯盐类。有硝酸盐、亚硝酸盐、碳酸盐、尿素、乙酸盐等。

上述各类防冻组分适用温度范围一般为:氯化钠单独使用时为-5 ℃,硝酸盐(硝酸钠、硝酸钙盐)、尿素型为-10 ℃,亚硝酸盐(亚硝酸钠盐)为-15 ℃,碳酸盐为-15～-25 ℃。

复合防冻剂中的减水组分、引气组分、早强组分则分别采用前面所述的各类减水剂、引气剂、早强剂。

7.5.7　膨胀剂

膨胀剂是能使混凝土产生一定体积膨胀的外加剂。掺入膨胀剂后对混凝土力学性质不会带来大的影响,可提高混凝土的抗渗性和抗裂性。膨胀剂的种类有:硫铝酸钙类、氧化钙类、氧化镁类、金属类等。

掺硫铝酸钙类膨胀剂的膨胀混凝土(砂浆),不得用于长期处于环境温度为80 ℃以上的工程中。掺硫铝酸钙类或氧化钙类膨胀剂的混凝土,不宜使用氯盐类外加剂。掺铁屑膨胀剂的填充用膨胀砂浆,不得用于杂散电流的工程和与铝镁材料接触的部位。

7.5.8　外加剂的质量检验

《混凝土外加剂》(GB 8076—2008)中,规定了普通减水剂等11种外加剂的技术要求、试验方法、检验规则等。按规定的取样及试验方法检验,应全部符合该标准要求。

外加剂产品均应由生产厂家随货提供以下技术文件或说明书:产品名称及型号,出厂日期,主要特性及成分,适用范围及适宜掺量,性能检测合格证,贮存条件及有效期,使用方法及注意事项。凡有下列情况之一者,应拒绝收货:无性能检验合格证,技术文件不全,重量不足,产品受潮变质,超过有效期等。

7.6 混凝土的掺合料

为了节约水泥,改善混凝土性能,在普通混凝土中可掺入一些矿物粉末,称为掺合料。常用的有粉煤灰、粒化高炉矿渣、硅粉及复合矿物掺合料等。下面重点介绍粉煤灰及硅粉在混凝土中的应用。

7.6.1 粉煤灰

粉煤灰的化学成分主要有 SiO_2、Al_2O_3、Fe_2O_3 等,其中 SiO_2 及 Al_2O_3 两者含量之和常在60%以上,是决定粉煤灰活性的主要成分。当粉煤灰掺入混凝土时,粉煤灰具有火山灰活性作用,它吸收氢氧化钙后生成水化硅酸钙凝胶,成为胶凝材料的一部分;微珠球状颗粒,具有增大混凝土拌合物流动性、减少泌水、改善混凝土和易性的作用。粉煤灰水化反应很慢,它在混凝土中长期以固体颗粒形态存在,具有填充骨料空隙的作用,可提高混凝土密实性。粉煤灰可代替部分水泥,成本低廉,可获得显著的经济效益。

非成品原状粉煤灰的品质指标如下:烧失量不得超过12%,干灰含水量不得超过1%,三氧化硫(水泥和粉煤灰总量中的)不得超过3.5%,0.08 mm 方孔筛筛余量不得超过12%。

混凝土中掺入粉煤灰的效果与粉煤灰的掺入方式有关。常用的方式有:等量取代水泥法、粉煤灰代砂、超量取代水泥法。

当混凝土中掺入粉煤灰等量取代水泥时,称为等量取代水泥法。由于粉煤灰活性较低,混凝土早期及28 d 龄期强度降低,但随着龄期的延长,掺粉煤灰的混凝土强度可逐步赶上不掺粉煤灰的混凝土。因混凝土内水泥用量减少,减少了混凝土发热量,还可以改善和易性,提高抗渗性,故此法常用于大体积混凝土。

当掺入粉煤灰时仍保持混凝土中水泥用量不变,则混凝土拌合物的黏聚性及保水性将显著优于不掺粉煤灰的混凝土,此时,可减少砂的用量,称为粉煤灰代砂。由于粉煤灰的火山灰活性,混凝土强度将提高,和易性及抗渗性将显著改善。

为了保持混凝土28 d 强度及和易性不变,常采用超量取代法,即粉煤灰的掺入量大于所取代的水泥量,多出的粉煤灰取代同体积砂。

混凝土中掺入粉煤灰时,常与减水剂、引气剂或阻锈剂同时掺用,称为双掺技术。减水剂可以克服某些粉煤灰增大混凝土需水量的缺点;引气剂可以解决粉煤灰混凝土抗冻性能较低的问题;阻锈剂可以改善粉煤灰混凝土抗碳化性能,防止钢筋锈蚀。

7.6.2 硅粉

硅粉亦称硅灰,是从冶炼硅铁和其他硅金属工厂的废烟气中回收的副产品。硅粉呈灰白色,颗粒极细,是水泥粒径的1/100~1/50,比表面积为20~25 m^2/g。其主要成分为SiO_2,活性很高,是一种新型改善混凝土性能的掺合料。

试验研究表明,硅粉掺入混凝土中,可获得如下效果:

(1)改善混凝土拌合物的和易性。由于硅粉颗粒极细、比表面积大、需水量为普通水泥的130%～150%,故混凝土流动性随硅粉掺量增加而减小。为了保持混凝土流动性,必须掺用高效减水剂。硅粉的掺入,显著地改善了混凝土黏聚性及保水性,提高了混凝土抗离析性和抗泌水性。因此,适宜配制高流态混凝土、泵送混凝土及水下灌注混凝土。

(2)配制高强混凝土。当硅粉与高效减水剂配合使用时,硅粉与$Ca(OH)_2$反应生成水化硅酸钙凝胶体,填充水泥颗粒间的空隙,改善界面结构及黏结力,可显著提高混凝土强度。掺入适量高效减水剂,可配制出28 d强度达100 MPa的超高强混凝土。

(3)改善混凝土的孔隙结构,提高耐久性。混凝土中掺入硅粉后,大孔隙减小,超微细孔隙增加,改善了水泥石的孔隙结构,使掺硅粉混凝土的耐久性显著提高。硅粉掺量为10%～20%时,抗渗性可提高100倍以上,抗冻性也明显提高。

(4)硅粉混凝土的抗冲磨性随硅粉掺量的增加而提高,它比其他抗冲磨材料具有价廉、施工方便等优点,适用于水工建筑物的抗冲刷部位及高速公路路面。

(5)硅粉混凝土抗侵蚀性较好,适用于要求抗溶出性侵蚀及抗硫酸盐侵蚀的工程。硅粉还具有抑制碱—骨料反应、防止钢筋锈蚀的作用。

硅粉掺入混凝土的方法,有内掺法(取代等质量水泥)、外掺法(水泥用量不变)及硅粉和粉煤灰共掺法等多种。无论采用哪种掺法,都必须同时掺入适量高效减水剂,以使硅粉在水泥浆体内充分地分散。

混凝土掺合料虽然具有改善混凝土的性能、节约水泥用量等特点,但其使用方法和掺量有严格的规定,若不按规定施工,后果是严重的。

7.7　普通混凝土配合比设计

混凝土配合比是指混凝土中各组成材料(水泥、掺合料、水、砂、石)用量之间的比例关系。常用的表示方法有两种:①以每立方米混凝土中各项材料的质量表示,如水泥(m_c)280 kg、粉煤灰(m_f)70 kg、水(m_w)180 kg、砂(m_s)720 kg、石子(m_g)1 200 kg;②以水泥质量为1的各项材料相互间的质量比来表示,将上例换算成质量比为:水泥:粉煤灰:砂:石:水=1:0.25:2.57:4.29:0.64。

7.7.1　混凝土配合比设计的基本要求

设计混凝土配合比的任务,就是要根据原材料的技术性能及施工条件,确定出能满足工程所要求的各项技术指标并符合经济原则的各项组成材料的用量。混凝土配合比设计的基本要求是:

(1)满足混凝土结构设计所要求的强度等级。

(2)满足施工所要求的混凝土拌合物的和易性。

(3)满足混凝土的耐久性(如抗冻等级、抗渗等级和抗侵蚀性等)。

(4)在满足各项技术性质的前提下,使各组成材料经济合理,尽量做到节约水泥和降低混凝土成本。

7.7.2 配合比设计的基本资料

(1)明确设计所要求的技术指标,如强度、和易性、耐久性等。

(2)合理选择原材料,并预先检验,明确所用原材料的品质及技术性能指标,如水泥品种及强度等级、密度等,砂的细度模数及级配,石子种类、最大粒径及级配,是否掺用外加剂及掺合料等。

7.7.3 混凝土配合比设计的三个参数

水胶比、砂率、单位用水量是混凝土配合比设计的三个重要参数。

(1)水胶比 W/B。水胶比是混凝土中水与胶凝材料质量的比值,是影响混凝土强度和耐久性的主要因素。其确定原则是在满足强度和耐久性的前提下,尽量选择较大值,以节约水泥。

(2)砂率 β_s。砂率是指砂子质量占砂石总质量的百分率。砂率是影响混凝土拌合物和易性的重要指标。砂率的确定原则是在保证混凝土拌合物黏聚性和保水性要求的前提下,尽量取小值。

(3)单位用水量。单位用水量是指 1 m^3 混凝土的用水量,反映混凝土中胶凝浆体与骨料之间的比例关系。在混凝土拌合物中,胶凝浆体的多少显著影响混凝土的和易性,同时也影响强度和耐久性。其确定原则是在达到流动性要求的前提下取较小值。

7.7.4 混凝土配合比设计的方法步骤

7.7.4.1 计算配合比的确定

1. 确定混凝土配制强度 $f_{cu,0}$

在正常施工条件下,由于人、材、机、工艺、环境等的影响,混凝土的质量总是会产生波动,经验证明,这种波动符合正态分布。为使混凝土的强度保证率能满足规定的要求,在设计混凝土配合比时,必须使混凝土的配制强度 $f_{cu,0}$ 高于设计强度等级 $f_{cu,k}$。

根据《普通混凝土配合比设计规程》(JGJ 55—2011)的规定,当混凝土的设计强度等级小于 C60 时,配制强度按公式(7-5) 确定:

$$f_{cu,0} \geqslant f_{cu,k} + 1.645\sigma \tag{7-5}$$

式中 $f_{cu,0}$——混凝土的配制强度,MPa;

$f_{cu,k}$——设计要求的混凝土强度等级,MPa;

σ——混凝土强度标准差,MPa。

当施工单位具有 1 ~ 3 个月的同一品种、同一强度等级混凝土的强度资料,且试件组数不小于 30 时,σ 可按公式(2-6)计算;对于强度等级不大于 C30 的混凝土,当 σ 计算值不小于 3.0 MPa 时,应按公式(2-6)计算结果取值;当 σ 计算值小于 3.0 MPa 时,应取 3.0 MPa。对于强度等级 C30 ~ C60 的混凝土,当 σ 计算值不小于 4.0 MPa 时,应按公式(2-6)计算结果取值;当 σ 计算值小于 4.0 MPa 时,应取 4.0 MPa。当没有近期的同一品种、同一强度等级混凝土资料时,σ 可参考表 7-9 取值。

当混凝土的设计强度等级不小于 C60 时,配制强度按公式(7-6)确定:

$$f_{cu,0} \geqslant 1.15 f_{cu,k} \tag{7-6}$$

表7-9　混凝土强度标准差 σ 值(JGJ 55—2011)　　(单位:MPa)

混凝土强度等级	≤C20	C25～C45	C50～C55
σ	4.0	5.0	6.0

2. 初步确定水胶比

1)满足强度要求的水胶比

根据已测定的胶凝材料实际强度 f_b、粗骨料种类及所要求的混凝土配制强度 $f_{cu,0}$(当混凝土强度等级小于C60时),按混凝土强度经验公式(7-1)计算水胶比,则有:

$$\frac{W}{B} = \frac{\alpha_a f_b}{f_{cu,0} + \alpha_a \alpha_b f_b} \tag{7-7}$$

2)满足耐久性要求的水胶比

根据公式(7-7)得出的水胶比值,与表7-6及表7-8(或表7-5)对照,取二者中的小值作为满足耐久性要求的水胶比。

3. 确定单位用水量 m_{w0}

1)干硬性和塑性混凝土用水量的确定

根据施工要求的坍落度值和已知的粗骨料种类及最大粒径,可由表7-10(或表7-11)中的规定值选取单位用水量。

表7-10　水工混凝土单位用水量参考值(SL 352—2006)　　(单位:kg/m^3)

骨料最大粒径(mm)		坍落度(mm)			
		10～30	30～50	50～70	70～90
卵石	20	160	165	170	175
	40	140	145	150	155
	80	120	125	130	135
	150	105	110	115	120
碎石	20	175	180	185	190
	40	155	160	165	170
	80	135	140	145	150
	150	120	125	130	135

注:1. 本表适用于水胶比为0.40～0.70的常态混凝土,对于水胶比小于0.40以及采用特殊成型工艺的混凝土用水量应通过试验确定。

2. 本表适用于细度模数为2.6～2.8的天然中砂。

3. 使用细砂或粗砂时,1 m^3 混凝土用水量酌加或减少3～5 kg。

4. 使用人工砂时,1 m^3 混凝土用水量酌加5～10 kg。

5. 使用火山灰质掺合料时,1 m^3 混凝土用水量酌加10～20 kg;使用Ⅰ级粉煤灰时,1 m^3 混凝土用水量可减少5～10 kg。

6. 使用外加剂时,用水量应根据外加剂的减水率作适当调整,外加剂的减水率应通过试验确定。

7. 本表适用于骨料含水状态为饱和面干。

表 7-11 混凝土单位用水量选用表(JGJ 55—2011) (单位:kg/m³)

项目	指标	卵石最大粒径				碎石最大粒径			
		10 mm	20 mm	31.5 mm	40 mm	16 mm	20 mm	31.5 mm	40 mm
坍落度(mm)	10~30	190	170	160	150	200	185	175	165
	35~50	200	180	170	160	210	195	185	175
	55~70	210	190	180	170	220	205	195	185
	75~90	215	195	185	175	230	215	205	195
维勃稠度(s)	16~20	175	160		145	180	170		155
	11~15	180	165		150	185	175		160
	5~10	185	170		155	190	180		165

注:1. 本表用水量是采用中砂时的取值,采用细砂时,1 m³ 混凝土用水量可增加 5~10 kg,采用粗砂则可减少 5~10 kg。

2. 掺用各种外加剂或掺合料时,用水量应相应调整。

3. 本表适用于水胶比为 0.4~0.8 的混凝土,对于水胶比小于 0.40 的混凝土,可通过试验确定。

2)掺外加剂时,混凝土用水量的确定

掺外加剂时,每立方米流动性、大流动性混凝土的用水量按下列步骤计算:

(1)以表 7-11 中坍落度 90 mm 的用水量为基础,按坍落度每增大 20 mm 用水量增加 5 kg/m³,计算出未掺外加剂的混凝土用水量。

(2)掺外加剂时混凝土用水量按公式(7-8)计算:

$$m_{w0} = m'_{0}(1-\beta) \tag{7-8}$$

式中 m_{w0}——掺外加剂混凝土的单位用水量,kg/m³;

m'_{w0}——未掺外加剂混凝土的单位用水量,kg/m³;

β——外加剂的减水率(%),应经混凝土试验确定。

(3)每立方米混凝土中外加剂用量(m_{a0})按公式(7-9)计算:

$$m_{a0} = m_{b0}\beta_a \tag{7-9}$$

式中 m_{a0}——计算配合比每立方米混凝土中外加剂用量,kg/m³;

m_{b0}——计算配合比每立方米混凝土中胶凝材料用量,kg/m³;

β_a——外加剂掺量(%),应经混凝土试验确定。

4. 计算混凝土的胶凝材料、矿物掺合料和水泥用量

(1)根据已选定的单位用水量(m_{w0})和已确定的水胶比(W/B)值,可由公式(7-10)求出胶凝材料用量:

$$m_{b0} = \frac{m_{w0}}{W/B} \tag{7-10}$$

(2)每立方米混凝土的矿物掺合料用量(m_{f0})应按公式(7-11)计算:

$$m_{f0} = m_{b0}\beta_f \tag{7-11}$$

式中 m_{f0}——计算配合比每立方米混凝土中矿物掺合料用量,kg/m³;

β_f——矿物掺合料在混凝土中的掺量(%)。

采用硅酸盐水泥或普通硅酸盐水泥时,钢筋混凝土中β_f应符合表7-12的规定,预应力混凝土中β_f应符合表7-13的规定。对大体积混凝土,粉煤灰、粒化高炉矿渣粉和复合掺合料的最大掺量可增加5%。采用掺量大于30%的C类粉煤灰的混凝土应以实际使用的水泥和粉煤灰掺量进行安定性检验。

表7-12　钢筋混凝土中矿物掺合料最大掺量　(%)

矿物掺合料种类	水胶比	最大掺量	
		采用硅酸盐水泥时	采用普通硅酸盐水泥时
粉煤灰	≤0.40	45	35
	>0.40	40	30
粒化高炉矿渣粉	≤0.40	65	55
	>0.40	55	45
钢渣粉	—	30	20
磷渣粉	—	30	20
硅灰	—	10	10
复合掺合料	≤0.40	65	55
	>0.40	55	45

注:1. 采用其他通用硅酸盐水泥时,宜将水泥混合材料掺量20%以上的混合材料量计入矿物掺合料;
2. 复合掺合料各组分的掺量不宜超过单掺时的最大掺量;
3. 在混合使用两种或两种以上矿物掺合料时,矿物掺合料总掺量应符合表中复合掺合料的规定。

表7-13　预应力混凝土中矿物掺合料最大掺量　(%)

矿物掺合料种类	水胶比	最大掺量	
		采用硅酸盐水泥时	采用普通硅酸盐水泥时
粉煤灰	≤0.40	35	30
	>0.40	25	20
粒化高炉矿渣粉	≤0.40	55	45
	>0.40	45	35
钢渣粉	—	20	10
磷渣粉	—	20	10
硅灰	—	10	10
复合掺合料	≤0.40	55	45
	>0.40	45	35

注:1. 采用其他通用硅酸盐水泥时,宜将水泥混合材料掺量20%以上的混合材料量计入矿物掺合料;
2. 复合掺合料各组分的掺量不宜超过单掺时的最大掺量;
3. 在混合使用两种或两种以上矿物掺合料时,矿物掺合料总掺量应符合表中复合掺合料的规定。

(3)每立方米混凝土的水泥用量(m_{c0})应按公式(7-12)计算:

$$m_{c0} = m_{b0} - m_{f0} \tag{7-12}$$

式中　m_{c0}——计算配合比每立方米混凝土中水泥用量,kg/m^3。

工业与民用建筑所采用的普通混凝土还要根据结构使用环境条件和耐久性要求,查表7-7中规定的1 m^{3}混凝土最小的胶凝材料用量,最后取两值中大者作为1 m^{3}混凝土的胶凝材料用量。水工建筑物所采用的水工混凝土需根据结构使用环境条件和耐久性基本要求,查表7-8中规定的最小水泥用量,最后取两值中大者作为1 m^3 混凝土的水泥用量。

5. 确定砂率(β_s)

砂率(β_s)应根据骨料的技术指标、混凝土拌合物性能和施工要求,参考既有历史资料确定。当缺乏砂率历史资料时,坍落度为10~60 mm的混凝土,砂率可根据粗骨料品种、最大公称粒径及水胶比,按表7-14或表7-15选取。

表7-14　水工常态混凝土砂率初选表(SL 352—2006)　(%)

粗骨料最大粒径(mm)	水胶比			
	0.40	0.50	0.60	0.70
20	36~38	38~40	40~42	42~44
40	30~32	32~34	34~36	36~38
80	24~26	26~28	28~30	30~32
150	20~22	22~24	24~26	26~28

注:1. 本表适用于卵石混凝土,砂的细度模数为2.6~2.8的天然中砂拌制的混凝土。
2. 砂的细度模数每增减0.1,砂率相应增减0.5%~1.0%。
3. 使用碎石时,砂率需增加3%~5%。
4. 使用人工砂时,砂率应增加2%~3%。
5. 掺用引气剂时,砂率可减少2%~3%;掺用粉煤灰时,砂率可减少1%~2%。

表7-15　混凝土砂率选用表(JGJ 55—2011)　(%)

水胶比(W/B)	卵石最大粒径(mm)			碎石最大粒径(mm)		
	10	20	40	16	20	40
0.40	26~32	25~31	24~30	30~35	29~34	27~32
0.50	30~35	29~34	28~33	33~38	32~37	30~35
0.60	33~38	32~37	31~36	36~41	35~40	33~38
0.70	36~41	35~40	34~39	39~44	38~43	36~41

注:1. 本表数值系中砂的选用砂率,对细砂或粗砂,可相应地减小或增大砂率。
2. 只用一个单粒级粗骨料配制混凝土时,砂率应适当增大。
3. 采用人工砂配置混凝土时,砂率可适当增大 。

对坍落度小于10 mm的混凝土,其砂率应经试验确定;对坍落度大于60 mm的混凝土,其砂率可经试验确定,也可在上表的基础上,按坍落度每增大20 mm,砂率增大1%的幅度予以调整。

6. 计算1 m^3 混凝土的砂、石用量 m_{s0}、m_{g0}

砂、石用量可用质量法或体积法求得。

1)质量法

根据经验,如果原材料情况比较稳定,所配制的混凝土拌合物的表观密度将接近一个固定值。可先假设(估计)每立方米混凝土拌合物的质量 m_{cp},可取 2 350 ~ 2 450 kg,代入公式(7-13)计算 m_{s0}、m_{g0}:

$$\left.\begin{aligned} m_{f0} + m_{c0} + m_{s0} + m_{g0} + m_{w0} &= m_{cp} \\ \frac{m_{s0}}{m_{s0} + m_{g0}} \times 100\% &= \beta_s \end{aligned}\right\} \tag{7-13}$$

式中　m_{f0}——每立方米混凝土的矿物掺合料质量,kg;

m_{c0}——每立方米混凝土的水泥质量,kg;

m_{s0}——每立方米混凝土的砂的质量,kg;

m_{g0}——每立方米混凝土的石子的质量,kg;

m_{w0}——每立方米混凝土的水的质量,kg;

β_s——砂率(%)。

2)体积法

假定混凝土拌合物的体积等于各组成材料绝对体积及拌合物中所含空气的体积之和,用公式(7-14)计算 1 m^3 混凝土拌合物的各材料用量:

$$\left.\begin{aligned} \frac{m_{c0}}{\rho_c} + \frac{m_{f0}}{\rho_f} + \frac{m_{s0}}{\rho_s} + \frac{m_{g0}}{\rho_g} + \frac{m_{w0}}{\rho_w} + 0.01\alpha &= 1 \\ \frac{m_{s0}}{m_{s0} + m_{g0}} \times 100\% &= \beta_s \end{aligned}\right\} \tag{7-14}$$

式中　ρ_c——水泥密度,kg/m^3,可取 2 900 ~ 3 100 kg/m^3;

ρ_f——矿物掺合料密度,kg/m^3;

ρ_s、ρ_g——砂、石的表观密度,kg/m^3;

ρ_w——水的密度,kg/m^3,可取 1 000 kg/m^3;

α——混凝土含气量百分数,在不使用引气剂或引气型外加剂时,可选取 $\alpha = 1$。

解以上联式,即可求出 m_{s0}、m_{g0}。

至此,可得到计算配合比,但以上各项计算多是利用经验公式或经验资料获得的,由此配成的混凝土有可能不符合实际要求,所以需对计算配合比进行试配、调整。

7.7.4.2　试配、调整,确定试拌配合比

混凝土试配应采用强制式搅拌机进行搅拌,搅拌方法宜与施工采用的方法相同。实验室成型条件应符合现行国家标准。当粗骨料最大公称粒径≤31.5 mm 时,每盘混凝土试配的最小搅拌量为 20 L;当粗骨料最大公称粒径为 40 mm 时,每盘混凝土试配的最小搅拌量为 25 L,并不应小于搅拌机公称容量的 1/4 且不应大于搅拌机公称容量。

首先通过试验测定坍落度,同时观察黏聚性和保水性。若不符合要求,应进行调整。调整的原则如下:若流动性太大,可在砂率不变的条件下,适当增加砂、石用量;若流动性太小,应在保持水胶比不变的条件下,增加适量的水和胶凝材料;黏聚性和保水性不良时,实质上是混凝土拌合物中砂浆不足或砂浆过多,可适当增大砂率或适当降低砂率,调整到和易性满足要求时为止。其调整量可参考表 7-16。当试拌调整工作完成后,重新计算出

每立方米混凝土的各项材料用量，即为供混凝土强度试验用的试拌配合比 。

表 7-16　条件变化时材料用量调整参考值

条件变化情况	大致调整值		条件变化情况	大致调整值	
	加水量	砂率		加水量	砂率
坍落度增减 10 mm	±2% ~ ±4%	—	砂率增减 1%	±2(kg/m³)	—
含气量增减 1%	∓3%	∓0.5%	砂细度模数增减 0.1	—	±0.5%

经过和易性调整试验得出的混凝土试拌配合比，满足了和易性的要求，其水胶比值不一定选用恰当，混凝土的强度不一定符合要求，应对混凝土强度进行复核。

7.7.4.3　强度复核，确定实验室配合比

采用三个不同水胶比的配合比，其中一个是试拌配合比，另两个配合比的水胶比则分别比试拌配合比增加及减少 0.05，其用水量与试拌配合比相同，砂率可分别增加或减少 1%。每种配合比制作一组(三块)试件，每一组拌合物的和易性应符合设计和施工要求，将试件标准养护至 28 d 时试压，得出相应的强度。

由试验所测得混凝土强度与相应的胶水比作图或计算，求出与混凝土配制强度($f_{cu,0}$)相对应的胶水比。最后按以下原则确定 1 m³混凝土拌合物的各材料用量，即为实验室配合比：

(1)用水量 m_w 和外加剂用量 m_a。在试拌配合比的基础上，根据确定的水胶比作调整。

(2)胶凝材料用量 m_b。以用水量乘以通过试验确定的与配制强度相对应的胶水比值。

(3)砂、石用量(m_s和 m_g)。取试拌配合比中的砂、石用量，并按定出的水胶比作适当调整。

(4)混凝土表观密度的校正。强度复核之后的配合比，还应根据实测的混凝土拌合物的表观密度($\rho_{c,t}$)作校正，以确定 1 m³混凝土的各材料用量。其步骤如下：

①计算出混凝土拌合物的计算表观密度 $\rho_{c,c}$：

$$\rho_{c,c} = m_c + m_w + m_s + m_g + m_f \tag{7-15}$$

②计算出校正系数 δ：

$$\delta = \frac{\rho_{c,t}}{\rho_{c,c}} \tag{7-16}$$

③当混凝土表观密度实测值与计算值之差的绝对值不超过计算值的 2% 时，上面确定出的配合比即为确定的设计配合比；当二者之差超过 2% 时，应按公式(7-17)计算出实验室配合比(每 1 m³ 混凝土各材料用量)：

$$\left.\begin{aligned} m_{c,sh} &= m_c\delta \\ m_{f,sh} &= m_f\delta \\ m_{w,sh} &= m_w\delta \\ m_{s,sh} &= m_s\delta \\ m_{g,sh} &= m_g\delta \end{aligned}\right\} \tag{7-17}$$

7.7.4.4 混凝土施工配合比的确定

混凝土的实验室配合比中砂、石是以饱和面干状态(工民建为干燥状态)为标准计量的,并不含有超、逊径。但施工时,实际工地上存放的砂、石都含有一定的水分,并常存在一定数量的超、逊径。所以,在施工现场,应根据骨料的实际情况进行调整,将实验室配合比换算为施工配合比。

1. 骨料含水率的调整

依据现场实测砂、石表面含水量(砂、石以饱和面干状态为基准)或含水量(砂、石以干燥状态为基准),在配料时,从加水量中扣除骨料表面含水量或含水量,并相应增加砂、石用量。假定工地测出砂的表面含水率为 $a\%$,石子的表面含水率为 $b\%$,设施工配合比 1 m^3 混凝土各材料用量为 m'_c、m'_f、m'_s、m'_g、m'_w(kg),则

$$\left.\begin{aligned} m'_c &= m_{c,sh} \\ m'_f &= m_{f,sh} \\ m'_s &= m_{s,sh}(1 + a\%) \\ m'_g &= m_{g,sh}(1 + b\%) \\ m'_w &= m_{w,sh} - m_{s,sh}a\% - m_{g,sh}b\% \end{aligned}\right\} \tag{7-18}$$

2. 骨料超、逊径调整

根据施工现场实测某级骨料超、逊径颗粒含量,将该级骨料中超径含量计入上一级骨料,逊径含量计入下一级骨料中,则该级骨料调整量为

调整量 =(该级超径量 + 逊径量) -(下级超径量 + 上级逊径量) (7-19)

7.7.5 混凝土配合比设计实例

【例7-1】 某混凝土坝,所在地区最冷月份月平均气温为 -7 ℃,河水无侵蚀性,该坝上游面水位涨落区的外部混凝土,一年内的总冻融次数为45次,最大作用水头50 m,设计要求混凝土强度等级为C25,坍落度为30~50 mm,混凝土采用机械振捣。原材料性能为:水泥采用强度等级为42.5的普通水泥,密度 $\rho_c = 3.1\ g/cm^3$;砂采用当地河砂,细度模数 $M_x = 2.8$,表观密度 $\rho'_s = 2\,610\ kg/m^3$,其他性能均符合水工混凝土的要求;石子采用当地的石灰岩石轧制的碎石,最大粒径为80 mm,其中,小石∶中石∶大石 = 30∶30∶40,级配后的碎石表观密度 $\rho'_g = 2\,670\ kg/m^3$。实测骨料超、逊径及表面含水率如表7-17所示。本工程的施工单位是大型国有企业,该企业混凝土强度标准差的历史统计资料为3.9 MPa,试进行实验室配合比及施工配合比设计。

解:(一)初步配合比设计

1. 确定配制强度 $f_{cu,0}$

由于混凝土施工的不均匀性及混凝土所处的工作条件等因素，确定强度保证率为95%。其配制强度按公式(7-5)计算。

表 7-17　骨料超、逊径及表面含水率

骨料种类	砂子	石子		
		小石	中石	大石
实测超径含量(%)	2.0	5	4	
实测逊径含量(%)		10	2	5
实测骨料表面含水率(%)	3.0	1.1	0.3	0.2

已知 $\sigma=3.9$ MPa，所以 $f_{cu,0}=25+1.645\times3.9=31.4$(MPa)。

2. 确定水胶比 W/B

(1)求满足强度要求的水胶比。

因为 $f_b=\gamma_f\gamma_s f_{ce}$，而该混凝土未掺加掺合料，所以 $f_b=f_{ce}$。水泥强度等级为 42.5，将 $f_{ce}=\gamma_c f_{ce,g}=1.16\times42.5=49.3$(MPa)，$\alpha_a=0.53$ 及 $\alpha_b=0.20$ 代入式(7-7)，则得：

$$\frac{W}{B}=\frac{\alpha_a f_b}{f_{cu,0}+\alpha_a\alpha_b f_b}=\frac{0.53\times49.3}{31.4+0.53\times0.20\times49.3}=0.71$$

(2)求满足耐久性要求的水胶比。由题意，查表 7-3 和表 7-4 得混凝土抗渗等级为 W6，抗冻等级为 F150。由 W6 得满足抗渗性要求的最大水胶比为 0.60；由表 7-5，在寒冷地区，上游水位变化区允许的最大水胶比为 0.50。所以，满足耐久性共同要求的水胶比为 0.50。

同时满足强度及耐久性要求的水胶比为 0.50。

3. 确定单位用水量 m_{w0}

查表 7-10，按坍落度 30～50 mm、碎石的最大粒径 80 mm，得单位用水量为 140 kg。

4. 计算胶凝材料用量 m_{b0}

$$m_{b0}=\frac{m_{w0}}{W/B}=\frac{140}{0.50}=280(\text{kg})$$

掺合料用量为 0，故 $m_{c0}=m_{b0}-m_{f0}=280$ kg。

参照表 7-8，水位变化区最小水泥用量为 300 kg/m^3，取 $m_{c0}=300$ kg，调整用水量为 $m_{w0}=150$ kg。

5. 选择砂率 β_s

根据粗骨料的最大粒径 80 mm 及水胶比 0.50，查表 7-14 得砂率为 26%～28%，取中间值 27%。但由于粗骨料是碎石，砂率需增加 3%～5%，取 4%，则最后初选的砂率为 27%+4%=31%。

6. 砂、石用量 m_{s0}、m_{g0}

(1)质量法：假定 1 m^3 混凝土拌合物质量 $m_{cp}=2\,420$ kg，则由式(7-13)

$$\left.\begin{aligned}&m_{f0}+m_{c0}+m_{s0}+m_{g0}+m_{w0}=m_{cp}\\&\frac{m_{s0}}{m_{s0}+m_{g0}}\times100\%=\beta_s\end{aligned}\right\}$$

得

$$m_{s0} + m_{g0} = m_{cp} - (m_{f0} + m_{c0} + m_{w0})$$
$$= 2\ 420 - 0 - 300 - 150$$
$$= 1\ 970(\mathrm{kg})$$
$$m_{s0} = (m_{s0} + m_{g0}) \times \beta_s$$
$$= 1\ 970 \times 31\%$$
$$= 611(\mathrm{kg})$$
$$m_{g0} = (m_{s0} + m_{g0}) - m_{s0} = 1\ 970 - 611 = 1\ 359(\mathrm{kg})$$

(2)体积法:由式(7-14)得

$$\left.\begin{aligned} &\frac{300}{3\ 100} + \frac{m_{s0}}{2\ 610} + \frac{m_{g0}}{2\ 670} + \frac{150}{1\ 000} + 0.01 \times 1 = 1 \\ &\frac{m_{s0}}{m_{s0} + m_{g0}} = 0.31 \end{aligned}\right\}$$

解得

$$m_{s0} = 610\ \mathrm{kg},\quad m_{g0} = 1\ 359\ \mathrm{kg}$$

混凝土的初步配合比为:水 150 kg,水泥 300 kg,砂 610 kg,石子 1 359 kg(其中,小石 408 kg,中石 408 kg,大石 543 kg)。

(二)试拌调整,确定试拌配合比

按计算出的初步配合比,称 40 L 混凝土所用材料进行混凝土试拌,其试拌用料量为:水 150×40/1 000 = 6.00(kg),水泥 12.00 kg,砂 24.40 kg,石子 54.36 kg(其中,小石 16.32 kg,中石 16.32 kg,大石 21.72 kg)。

假设通过第一次试拌测得混凝土拌合物的坍落度为 20 mm,黏聚性和保水性较好,则其坍落度较原要求的平均值小 20 mm,应在保持水胶比不变的条件下增加用水量。根据经验参考表 7-16,每增减 10 mm 坍落度时,加水量增减 2% ~4%,取平均值 3% 计算,故增加用水量 6.00×3% ×2 = 0.36(kg),水泥用量增加 0.720 kg。因此,第二次试拌的材料用量为:水 6.36 kg,水泥 12.72 kg,砂和石用量仍各为 24.40 kg 及 54.36 kg。经试拌后测得坍落度为 40 mm,满足要求,则得试拌配合比为

$$m_{cj} = \frac{12.72}{0.04} = 318(\mathrm{kg})$$

$$m_{wj} = \frac{6.36}{0.04} = 159(\mathrm{kg})$$

$$m_{sj} = 610(\mathrm{kg})$$
$$m_{gj} = 1\ 359(\mathrm{kg})$$

(三)检查强度及耐久性,确定实验室配合比

以基准水胶比 0.50,另取 0.45 和 0.55 共三个水胶比的配合比,分别制成混凝土试件,进行强度、抗渗性、抗冻性试验。假设三组试件的抗渗性及抗冻性均符合要求,测得各试件的 28 d 的强度如表 7-18 所示。

表 7-18　例 7-1 强度试验结果

试样	W/B	B/W	f_{cu}(MPa)
Ⅰ	0.45	2.22	38.4
Ⅱ	0.50	2.0	32.2
Ⅲ	0.55	1.82	27.2

根据表 7-18 数据，因强度与胶水比成线性关系（见图 7-2），通过计算可求出与配制强度 $f_{cu,0} \geqslant 31.4$ MPa 相对应的胶水比为 ≥1.97，则符合强度要求的水胶比为 ≤0.51，试拌配合比满足强度及耐久性要求。最后，实测混凝土拌合物表观密度 $\rho_{c,t} = 2\ 420$ kg/m^3，其计算表观密度 $\rho_{c,c} = m_w + m_c + m_s + m_g = 159 + 318 + 610 + 1\ 359 = 2\ 446$(kg/m^3)。

因此，配合比校正系数 $\delta = \dfrac{2\ 420}{2\ 446} = 0.99$，与实验室配合比相差不超过 2%，故可不再进行调整。1 m^3 混凝土各材料用量为：水泥 318 kg，水 159 kg，砂 610 kg，石子 1 359 kg（小石、中石、大石分别为 408 kg、408 kg、543 kg）。

（四）计算混凝土施工配合比

根据实验室配合比及式(7-18)、式(7-19)对施工现场骨料进行的施工配合比调整值如表 7-19 所示。

调整后的施工配合比为：水 134 kg，水泥 318 kg，砂 598 kg，小石 454 kg，中石 386 kg，大石 555 kg。

表 7-19　骨料超、逊径及表面含水量调整值

类别		砂	石子			水
			小石	中石	大石	
骨料超、逊径	实验室配合比(kg)	610	408	408	543	159
	超径量(kg)	12	20	16		
	逊径量(kg)		41	8	27	
	调整值(kg)	12 − 41 = −29	20 + 41 − 12 − 8 = 41	16 + 8 − 20 − 27 = −23	27 − 16 = 11	
	施工配合比(kg)	581	449	385	554	
骨料表面含水量	表面含水率(%)	3.0	1.1	0.3	0.2	
	调整值(kg)	17.4	4.9	1.2	1.1	−24.6
	施工配合比(kg)	598	454	386	555	134

【例 7-2】　某室内现浇钢筋混凝土梁，混凝土的设计强度等级为 C30，要求强度保证率为 95%，施工要求坍落度 180 mm，扩展度 >400 mm，用于非严寒地区，无侵蚀性水或土壤直接接触。该单位无历史统计资料，使用普通水泥，28 d 抗压强度为 49 MPa，掺 25% 的

粉煤灰,使用减水剂的减水率为20%,掺量2.0%,使用$D_{max}=25$ mm的碎石,使用中砂,进行计算配合比设计。

解:1. 确定配制强度($f_{cu,0}$)

$$f_{cu,0} \geq f_{cu,k} + 1.645\sigma$$

$$f_{cu,0} = 30 + 1.645 \times 5.0 = 38.2(\text{MPa})$$

2. 确定水胶比(W/B)。

按公式(7-7)代入有关参数,则

$$\frac{W}{B} = \frac{\alpha_a f_b}{f_{cu,0} + \alpha_a \alpha_b f_b} = \frac{0.53 \times 49 \times 0.75}{38.2 + 0.53 \times 0.2 \times 49 \times 0.75} = 0.46$$

查表7-6,该环境条件下最大水胶比为0.60,故取0.46。

3. 确定单位用水量(m_{w0})

查表7-11,坍落度为90 mm,$D_{max}=25$ mm的碎石,$m'_{w0}=210$ kg/m^3。配制坍落度为180 mm的泵送混凝土,坍落度增大了90 mm,用水量增加22.5 kg,即总用水量为232.5 kg。

掺加减水率为20%的减水剂后:

$$m_{w0} = m'_{w0}(1-\beta) = 232.5 \times (1-20\%) = 186(\text{kg/m}^3)$$

4. 计算胶凝材料用量(m_{b0})

$$m_{b0} = \frac{m_{w0}}{W/B} = \frac{186}{0.46} = 404(\text{kg/m}^3)$$

查表7-7,钢筋混凝土胶凝材料用量不宜小于280 kg/m^3,故此计算值可以采用。

确定水泥、矿物掺合料和外加剂用量:

减水剂:$m_{a0} = m_{b0}\beta_a = 404 \times 2\% = 8.08(\text{kg/m}^3)$

粉煤灰:$m_{f0} = m_{b0}\beta_f = 404 \times 25\% = 101(\text{kg/m}^3)$

水泥:$m_{c0} = m_{b0} - m_{f0} = 404 - 101 = 303(\text{kg/m}^3)$

5. 确定砂率(β_s)

查表7-15,水胶比0.46,$D_{max}=25$ mm的碎石,β_s在35%左右。考虑钢筋混凝土的性能要求,坍落度增大了120 mm,砂率增大6%,故β_s取44%。

6. 采用质量法计算砂石用量(m_{s0},m_{g0})及计算配合比(取$m_{cp}=2\,400$ kg)

由式(7-13)

$$\begin{cases} m_{f0} + m_{c0} + m_{s0} + m_{g0} + m_{w0} = m_{cp} \\ \dfrac{m_{s0}}{m_{s0} + m_{g0}} \times 100\% = \beta_s \end{cases}$$

得 $$m_{s0} = 796\ \text{kg/m}^3, m_{g0} = 1\,014\ \text{kg/m}^3$$

则混凝土计算配合比为:水泥(m_{c0})303 kg/m^3,粉煤灰(m_{f0})101 kg/m^3,砂(m_{s0})796 kg/m^3,石子(m_{g0})1 014 kg/m^3,水(m_{w0})186 kg/m^3。

7.8 特种混凝土

7.8.1 有特殊要求的混凝土

7.8.1.1 抗渗混凝土

抗渗等级≥P6 级的混凝土称为抗渗混凝土。

抗渗混凝土所用的原材料应满足下列要求：粗骨料宜采用连续级配，其最大粒径不宜大于 40 mm，含泥量不得大于 1.0%，泥块含量不得大于 0.5%；细骨料的含泥量不得大于 3.0%，泥块含量不得大于 1.0%；外加剂宜采用防水剂、膨胀剂、引气剂、减水剂或引气减水剂；宜掺用矿物掺合料。

抗渗混凝土配合比设计应符合以下规定：每立方米混凝土中胶凝材料用量不宜小于 320 kg，砂率宜为 35% ~45%，供试配用的最大水胶比应符合表 7-20 的规定。

表 7-20 抗渗混凝土最大水胶比

设计抗渗等级	最大水胶比	
	C20 ~ C30	C30 以上
P6	0.60	0.55
P8 ~ P12	0.55	0.50
>P12	0.50	0.45

掺用引气剂的抗渗混凝土，其含气量宜控制在 3% ~5%。

进行抗渗混凝土配合比设计时，应增加抗渗性能试验，试配要求的抗渗水压值应比设计值提高 0.2 MPa。试配时应采用水胶比最大的配合比做抗渗试验，其试验结果应符合公式(7-20)的要求：

$$P_t \geq \frac{P}{10} + 0.2 \tag{7-20}$$

式中 P_t——6 个试件中 4 个未出现渗水时的最大水压值，MPa；

P——设计要求的抗渗等级。

7.8.1.2 抗冻混凝土

抗冻等级≥F50 级的混凝土称为抗冻混凝土。

抗冻混凝土所用原材料应符合下列要求：水泥应优先选用强度等级不低于 42.5 级的硅酸盐水泥或普通硅酸盐水泥，不宜使用火山灰质硅酸盐水泥；宜选用连续级配的粗骨料，其含泥量不得大于 1.0%，泥块含量不得大于 0.5%；细骨料含泥量不得大于 3.0%，泥块含量不得大于 1.0%；抗冻等级 F100 及其以上的混凝土所用的粗、细骨料均应进行坚固性试验,试验结果应符合国家现行标准规定。抗冻混凝土宜采用减水剂,对抗冻等级F100 及其以上的混凝土应掺引气剂,掺用后混凝土的含气量应符合表 7-21 的规定。

表 7-21 混凝土最小含气量

粗骨料最大公称粒径(mm)	混凝土最小含气量(%)	
	潮湿或水位变动的寒冷和严寒环境	盐冻环境
40	4.5	5.0
25	5.0	5.5
20	5.5	6.0

抗冻混凝土试配用的最大水胶比及最小胶凝材料用量应符合表 7-22 的要求,进行抗冻混凝土配合比设计时,应增加抗冻性能试验。

表 7-22 抗冻混凝土的最大水胶比

抗冻等级	最大水胶比		最小胶凝材料用量(kg/m^3)
	无引气剂时	掺引气剂时	
F50	0.55	0.60	300
F100	0.50	0.55	320
≥F150	—	0.50	350

7.8.1.3 高强混凝土

C60 及其以上强度等级的混凝土称为高强混凝土。强度等级超过 C100 的混凝土称为超高强混凝土。

配制高强混凝土所用原材料应符合以下规定:应选用强度等级不低于 42.5 级且质量稳定的硅酸盐水泥或普通硅酸盐水泥;粗骨料宜采用连续级配,其最大粒径不应大于 25 mm,针片状颗粒含量不宜大于 5.0%,含泥量不应大于 0.5%,泥块含量不应大于 0.2%;细骨料宜采用中砂,细度模数宜大于 2.6,含泥量不应大于 2.0%,泥块含量不应大于 0.5%。掺用高效减水剂或缓凝型高效减水剂及优质的矿物掺合料,矿物掺合料,掺量宜为 25% ~40%,硅灰掺量不宜大于 10%。

高强混凝土配合比设计时,可根据现有试验资料选取试拌配合比中的水胶比;水泥用量不宜大于 500 kg/m^3,胶凝材料的总量不应大于 600 kg/m^3;砂率及采用的外加剂和掺合料的品种、掺量应通过试验确定;在试配与确定配合比时,其中一个为试拌配合比,另外两个配合比的水胶比宜较试拌配合比分别增加或减少 0.02。高强混凝土设计配合比确定后,应采用该配合比进行不少于 3 盘混凝土的重复试验验证。

高强混凝土的特点是抗压强度高、变形小;在相同的受力条件下能减小构件体积,降低钢筋用量;致密坚硬、耐久性能好;脆性比普通混凝土高;抗拉、抗剪强度随抗压强度的提高有所增长，但拉压比和剪压比都随之降低。其主要用于混凝土桩基、预应力轨枕、电杆、大跨度薄壳结构、桥梁、输水管等。

7.8.1.4 泵送混凝土

混凝土拌合物的坍落度不低于 100 mm 并在泵压作用下，经管道实现垂直及水平输送的混凝土。

泵送混凝土所采用的原材料应符合下列要求：可选用硅酸盐水泥、普通水泥、矿渣水泥、粉煤灰水泥，不宜采用火山灰质水泥。粗骨料的最大粒径与输送管径之比，当泵送高度在 50 m 以下时，对碎石不宜大于 1:3，对卵石不宜大于 1:2.5；泵送高度为 50 ~ 100 m 时，对碎石不宜大于 1:4，对卵石不宜大于 1:3；泵送高度 100 m 以上时，对碎石不宜大于 1:5，对卵石不宜大于 1:4；粗骨料应采用连续级配，且针片状颗粒含量不宜大于 10%。宜采用中砂，其通过 300 μm 筛孔的颗粒含量不应小于 15%。泵送混凝土应掺用泵送剂或减水剂，并宜掺用优质粉煤灰或其他活性矿物掺合料。

泵送混凝土的水胶比不宜大于 0.60，水泥和矿物掺合料的总量不宜小于 300 kg/m^3，砂率宜为 35% ~ 45%，掺用引气型外加剂时，其混凝土含气量不宜大于 4%。

泵送混凝土适用于需要采用泵送工艺混凝土的高层建筑，含防冻组分的泵送剂适用于冬季施工混凝土。

7.8.1.5 大体积混凝土

混凝土结构物实体最小尺寸大于或等于 1 m，或预计会因水泥水化热引起混凝土内外温差过大而导致裂缝的混凝土，称为大体积混凝土。

大体积混凝土所用原材料应符合下列要求：水泥应选用水化热低、凝结时间长的水泥，如低热矿渣水泥、中热水泥、矿渣水泥、火山灰水泥、粉煤灰水泥；当采用硅酸盐水泥或普通水泥时，应采取相应措施延缓水化热的释放；粗骨料宜采用连续级配，细骨料宜采用中砂；宜掺用缓凝剂、减水剂和减少水泥水化热的掺合料。

大体积混凝土在保证强度及和易性的前提下，应提高掺合料及骨料的含量，以降低每立方米混凝土的水泥用量，满足低热性要求。

7.8.2 其他混凝土

7.8.2.1 粉煤灰混凝土

粉煤灰混凝土是在水泥混凝土中掺入一定量粉煤灰，部分、等量或超量代替水泥所配制的混凝土。水泥混凝土掺入适量粉煤灰后，不但节约水泥，而且大大改善混凝土的抗化学侵蚀能力和降低水化热，提高混凝土密实度、抗渗性及强度。粉煤灰中的活性氧化硅和活性氧化铝与水泥水化所产生的氢氧化钙发生二次反应，消耗了一部分氢氧化钙，使混凝土的碱度降低，影响混凝土的抗碳化性能。因此，在配制粉煤灰混凝土时，规定了粉煤灰最大掺量，如表 7-23 所示。

粉煤灰混凝土的应用范围与结构设计时的力学指标取值，与普通混凝土相同。

粉煤灰混凝土不但在技术性能和经济方面有显著的效益，而且粉煤灰的大量利用还可解决工业废渣对环境的污染。因此，它是一种有发展前途的建筑材料。

表7-23　粉煤灰取代水泥的最大限量

混凝土种类	粉煤灰取代水泥的最大限量(%)			
	硅酸盐水泥	普通水泥	矿渣水泥	火山灰水泥
预应力钢筋混凝土	25	15	10	—
钢筋混凝土 高强混凝土 高抗冻性混凝土 蒸养混凝土	30	25	20	15
中、低强度少筋混凝土 泵送混凝土 大体积混凝土 水下混凝土 地下混凝土	50	40	30	20
碾压混凝土	65	55	45	35

7.8.2.2　轻混凝土

轻混凝土是指干表观密度小于2 000 kg/m^3的混凝土,有轻骨料混凝土、多孔混凝土和大孔混凝土。轻骨料混凝土采用浮石、陶粒、煤渣、膨胀珍珠岩等轻骨料制成。多孔混凝土是一种内部均匀分布细小气孔而无骨料的混凝土,是以水泥、混合材、水及适量的发泡剂(铝粉等)或泡沫剂为原料配制而成的。大孔混凝土是以粒径相近的粗骨料、水泥、水,有时加入外加剂配制而成的混凝土。

轻混凝土的特点是表观密度小、自重轻、强度较高,具有保温、耐火、抗震、耐化学侵蚀等多种性能。轻混凝土主要用于非承重的墙体、保温、隔声材料。轻骨料混凝土还可用于承重结构,以达到减轻自重的目的。

7.8.2.3　聚合物混凝土

凡在混凝土组成材料中掺入聚合物的混凝土,统称为聚合物混凝土。

聚合物混凝土一般可分为聚合物水泥混凝土、聚合物胶结混凝土、聚合物浸渍混凝土三种。聚合物水泥混凝土是以水溶性聚合物(如天然或合成橡胶乳液、热塑性树脂乳液等)和水泥共同为胶凝材料,并掺入砂或其他骨料而制成的。聚合物胶结混凝土又称树脂混凝土,是以合成树脂为胶结材料,以砂石为骨料的一种聚合物混凝土。聚合物浸渍混凝土是以混凝土为基材(被浸渍的材料),而将有机单体渗入混凝土中,然后用加热或放射线照射的方法使其聚合,使混凝土与聚合物形成一个整体。

聚合物混凝土强度高、抗渗、耐磨、耐侵蚀,多用于有这些特殊要求的混凝土工程。

7.8.2.4　纤维混凝土

纤维混凝土是以普通混凝土为基材,将短而细的分散性纤维,均匀地撒布在普通混凝土中制成的。掺入短纤维的目的是提高混凝土的抗拉及抗冲击性,降低混凝土的脆性。

常用的短纤维有两类:一类是高弹性模量纤维(如钢纤维、玻璃纤维、碳纤维),另一类是低弹性模量纤维(如尼龙纤维、聚乙烯纤维等)。低弹性模量纤维能提高冲击韧性,但对抗拉强度影响不大;高弹性模量纤维能显著提高抗拉强度。

目前,纤维混凝土已用于路面、桥面、飞机跑道、管道、屋面板、墙板等方面。

7.8.2.5 耐酸混凝土

耐酸混凝土是由水玻璃作胶凝材料,硅氟酸钠作促凝剂,耐酸粉料和耐酸骨料按一定比例配制而成的。它能抵抗各种酸和大部分腐蚀性气体的侵蚀。适用于输油管、储酸槽、酸洗槽、耐酸地坪及耐酸器材。

7.8.2.6 干硬性混凝土

干硬性混凝土在强有力振实的施工条件下制成,密实度大,硬化快,强度高,养护时间短,具有较高的抗渗性及抗冻性。但抗拉强度较低,极限拉伸值较小,脆性较大。适用于配制快硬、高强混凝土,混凝土浇筑后即可脱模,施工速度快,在预制构件中广泛应用。

7.8.2.7 碾压混凝土

碾压混凝土是一种超干硬性混凝土。水灰比可达 0.70 ~ 0.90,水泥用量少,混凝土放热量低,浇筑时一般不需人工降温,可分层连续浇筑,大大加快了施工进度。适用于大坝及公路等大体积及连续施工的大面积混凝土工程。

7.8.2.8 喷射混凝土

喷射混凝土是以压缩空气为动力,经管道输送,通过喷射机喷嘴以很高的速度喷出的混凝土。喷射混凝土宜采用普通水泥,10 mm 以上的粗骨料控制在 30% 以下,不宜采用细砂。其配合比(水泥:砂:石)一般可采用 1:2:2.5、1:2.5:2、1:2:2或 1:2.5:1.5(质量比)。水泥用量为 300 ~450 kg/m^3,水灰比为 0.4 ~0.5。喷射混凝土可用于地下工程、矿井支护和隧道衬砌工程。

7.8.2.9 补偿收缩混凝土

普通水泥混凝土在硬化过程中特别是在干燥过程中产生体积收缩,一般砂浆收缩率为 0.1% ~0.2%,混凝土收缩率为 0.04% ~0.06%。收缩使混凝土产生裂缝,降低强度及耐久性。补偿收缩混凝土由膨胀水泥(或低热微膨胀水泥)和砂、石料及水组成,或由普通水泥、砂、石、水及膨胀剂组成。其特性是体积不收缩,或有适当的膨胀量,可用于防水结构、抗裂结构或其他需要大面积浇筑且不能设收缩缝的结构。

7.9 砂 浆

砂浆是由胶凝材料、细骨料、掺加料和水按适当的比例配制而成的,广泛用于堤坝、护坡、桥涵及房屋建筑等砖石结构物的砌筑,还可用于结构物表面的抹面等。

砂浆按其所用胶凝材料可分为水泥砂浆、石灰砂浆、混合砂浆等,按用途可分为砌筑砂浆、抹面砂浆、防水砂浆等。其中,砌筑砂浆为将砖、石、砌块等块材经砌筑成为砌体,起黏结、衬垫和传力作用的砂浆。

而工程中又根据砂浆是否现场拌制,分为现场配制砂浆和预拌砂浆。现场配制砂浆,是由水泥、细骨料和水,以及根据需要加入的石灰、活性掺合料或外加剂在现场配制成的砂浆,分为水泥砂浆和水泥混合砂浆;预拌砂浆,是由专业生产厂生产的湿拌砂浆或干混砂浆。

7.9.1 砌筑砂浆

7.9.1.1 砂浆的组成材料

1.胶凝材料

砌筑砂浆常用的胶凝材料有水泥、石灰、石膏等,在选用时应根据使用环境、用途等合理选择。配制砂浆用的水泥强度等级应根据设计要求进行选择,M15及以下强度等级的砌筑砂浆宜选用32.5级的通用硅酸盐水泥或砌筑水泥,M15以上强度等级的砌筑砂浆宜选用42.5级通用硅酸盐水泥。一般取砂浆强度的4~5倍为宜。

2.掺加料及外加剂

为了改善砂浆的和易性,节约水泥用量,在砂浆中常掺入适量的掺加料或外加剂。常用的掺加料有石灰膏、电石膏和粉煤灰等,常用的外加剂有皂化松香、微沫剂、纸浆废液等。

石灰、黏土均应制成稠度为(120±5)mm的膏状体,并通过3 mm×3 mm的网过滤后掺入砂浆中。生石灰熟化成石灰膏时,熟化时间不得少于7 d;磨细生石灰的熟化时间不得少于2 d;消石灰粉不得直接用于砌筑砂浆中。

砌筑砂浆中掺入的外加剂,应具有法定检测机构出具的该产品砌体强度型式检验报告,并经砂浆性能试验合格后,方可使用。

3.砂

砂宜选用中砂,并应符合现行行业标准《普通混凝土用砂、石质量及检验方法标准》(JGJ 52—2006)的规定,且应全部通过4.75 mm的筛孔。

4.拌合用水

砂浆拌合用水应符合现行行业标准《混凝土用水标准》(JGJ 63—2006)的规定。

7.9.1.2 砌筑砂浆技术性质

1.和易性

砂浆的和易性是指砂浆拌合物在施工中既方便操作、又能保证工程质量的性质。和易性好的砂浆,在运输和施工过程中不易产生分层、泌水现象,能在粗糙的砌筑底面上铺成均匀的薄层,使灰缝饱满密实,且能与底面很好地黏结成整体。砂浆的和易性包括流动性和保水性两个方面。

1)流动性

砂浆流动性表示砂浆在自重或外力作用下易于流动的性能。流动性的大小通过砂浆稠度仪试验测定,用稠度或沉入度(mm)表示,即标准圆锥体在砂浆内自由沉入10 s的深度。稠度值大,表明砂浆流动性大。

砂浆的流动性与水泥的品种和用量、骨料粒径和级配及用水量有关,主要取决于用水量。砂浆稠度应根据砌体种类、施工条件及气候条件等按表7-24选择,天气炎热干燥时选大值,寒冷潮湿时选小值。

表 7-24　砌筑砂浆适宜稠度(JGJ 98—2010)

项次	砖石砌体种类	砂浆稠度(mm)
1	烧结普通砖砌体	70 ~ 90
2	轻骨料混凝土小型空心砌块	60 ~ 90
3	烧结多孔砖,空心砖砌体	60 ~ 80
4	烧结普通砖平拱式过梁 空斗墙,筒拱 普通混凝土小型空心砌块砌体 加气混凝土砌块砌体	50 ~ 70
5	石砌体	30 ~ 50

2)保水性

砂浆的保水性是指砂浆保持水分的能力,用保水率表示。

保水性常用圆环试模测定。将拌好的砂浆置于试模中,于其上放置 8 片中速定性滤纸并压重物,静止 2 min 后,以滤纸所吸水质量除以砂浆质量,便得保水率,以% 表示。《砌筑砂浆配合比设计规程》(JGJ 98—2010)规定,砌筑砂浆保水率应符合表 7-25 的规定。

表 7-25　砌筑砂浆的保水率　(%)

砂浆种类	保水率
水泥砂浆	≥80
水泥混合砂浆	≥84
预拌砌筑砂浆	≥88

砂浆的保水性与胶凝材料、混合材料的品种及用量、骨料粒径和细颗粒含量有关。在砂浆中掺入石灰、引气剂或微沫剂可有效提高砂浆的保水性。

2. 硬化砂浆的技术性质

硬化后的砂浆应满足抗压强度及黏结强度的要求。

1)强度等级

砂浆在砌体中主要起胶结砌块和传递荷载的作用,所以应具有一定的抗压强度。其抗压强度是确定强度等级的主要依据。

砌筑砂浆强度等级是用尺寸为 70.7 mm × 70.7 mm × 70.7 mm 的立方体试件,在标准温度(20 ± 2)℃及规定湿度条件下(相对湿度 90% 以上)养护 28 d 的平均极限抗压强度(MPa)来确定的。

水泥砂浆及预拌砌筑砂浆按 28 d 抗压强度分为 M30、M25、M20、M15、M10、M7.5、M5 等七个强度等级。混合砂浆分 M15、M10、M7.5、M5 四个等级。

2)影响强度的主要因素

影响砂浆强度的因素基本与混凝土相同,但砌筑砂浆的实际强度与所砌筑材料的吸水性有关。当用于不吸水的材料(如致密的石材)时,砂浆强度主要取决于水泥的强度和

灰水比,可用公式(7-21)表示:

$$f_{28} = Af_{ce}(\frac{C}{W} - B) \tag{7-21}$$

式中　f_{28}——砂浆 28 d 抗压强度,MPa;

f_{ce}——水泥实测强度,MPa;

$\frac{C}{W}$——灰水比;

A、B——经验系数,当用普通水泥时,A 取 0.29,B 取 0.4。

当用于吸水的材料(如烧土砖)时,原材料及灰砂比相同,砂浆拌和时加入水量虽稍有不同,但经材料吸水,保留在砂浆中的水分仍相差不大,砂浆的强度主要取决于水泥强度和水泥用量,而与用水量关系不大,所以可用公式(7-22)表示:

$$f_{28} = \frac{\alpha f_{ce} Q_C}{1\ 000} + \beta \tag{7-22}$$

式中　Q_C——1 m^3 砂浆中水泥用量,kg;

α、β——砂浆的特征系数,其中 $\alpha = 3.03$,$\beta = -15.09$。

除上述因素外,砂的质量、混合材料的品种及用量也影响砂浆的强度。

3)黏结强度

砂浆与所砌筑材料的黏结力称为黏结强度。一般情况下,砂浆的抗压强度越高,其黏结强度也越高。另外,砂浆的黏结强度与所砌筑材料的表面状态、清洁程度、湿润状态、施工水平及养护条件等也密切相关。

4)抗冻性

具有冻融循环次数要求的砌筑砂浆,经冻融试验后,其质量损失率不得大于 5%,抗压强度损失率不得大于 25%。

7.9.1.3　砌筑砂浆配合比设计

砂浆配合比可用质量比或体积比表示。

1. 质量配合比

$$\text{水泥:石灰膏:砂:水} = Q_C : Q_D : Q_S : Q_W = 1 : \frac{Q_D}{Q_C} : \frac{Q_S}{Q_C} : \frac{Q_W}{Q_C} \tag{7-23}$$

2. 体积配合比

$$\text{水泥:石灰膏:砂:水} = \frac{Q_C}{\rho'_C} : \frac{Q_D}{\rho'_D} : 1 : \frac{Q_W}{\rho_W} = 1 : \frac{Q_D \rho'_C}{Q_C \rho'_D} : \frac{\rho'_C}{Q_C} : \frac{Q_W \rho'_C}{\rho_W Q_C} \tag{7-24}$$

式中　ρ'_C、ρ'_D、ρ_W——水泥、石灰膏的堆积密度和水的密度,g/cm³。

砌筑砂浆用质量配合比表示,不宜采用体积配合比。

按照《砌筑砂浆配合比设计规程》(JGJ 98—2010)规定,砂浆配合比设计一般按下列步骤进行。

水泥混合砂浆配合比计算:

(1)计算砂浆试配强度 $f_{m,0}$(MPa):

$$f_{m,0} = kf_2 \tag{7-25}$$

式中　$f_{m,0}$——砂浆的试配强度，精确至0.1 MPa；

f_2——砂浆强度等级值，精确至0.1 MPa；

k——系数，按表7-26选用。

砌筑砂浆现场强度标准差应按公式(7-26)确定：

$$\sigma = \sqrt{\frac{\sum_{i=1}^{n} f_{m,i}^2 - n\mu_{fm}^2}{n-1}} \tag{7-26}$$

式中　$f_{m,i}$——统计周期内同一品种砂浆第i组试件的强度，MPa；

μ_{fm}——统计周期内同一品种砂浆n组试件强度的平均值，MPa；

n——统计周期内同一品种砂浆试件的总组数，$n \geqslant 25$。

当不具有近期统计资料时，其砂浆现场强度标准差σ可按表7-26取用。

表7-26　砂浆强度标准差σ及k值

施工水平	砂浆强度等级(MPa)及强度标准差σ(MPa)							k
	M5	M7.5	M10	M15	M20	M25	M30	
优良	1.00	1.50	2.00	3.00	4.00	5.00	6.00	1.15
一般	1.25	1.88	2.50	3.75	5.00	6.25	7.50	1.20
较差	1.50	2.25	3.00	4.50	6.00	7.50	9.00	1.25

(2)计算1 m³砂浆中的水泥用量Q_C(kg/m³)：

$$Q_C = \frac{1\,000(f_{m,0} - \beta)}{\alpha f_{ce}} \tag{7-27}$$

式中　Q_C——1 m³砂浆的水泥用量，精确至1 kg；

$f_{m,0}$——砂浆的试配强度，精确至0.1 MPa；

f_{ce}——水泥的实测强度，精确至0.1 MPa；

α、β——砂浆的特征系数，其中$\alpha=3.03$，$\beta=-15.09$。

在无法取得水泥的实测强度值时，可按公式(7-28)计算f_{ce}：

$$f_{ce} = \gamma_c f_{ce,k} \tag{7-28}$$

式中　$f_{ce,k}$——水泥强度等级值；

γ_c——水泥强度等级值的富余系数，按实际统计资料确定，无统计资料时γ_c取1.0。

当计算出砂浆中的水泥用量不足200 kg/m³时，应按200 kg/m³采用。

(3)按水泥用量Q_C计算石灰膏用量Q_D(kg/m³)。水泥混合砂浆的掺加料用量应按公式(7-29)计算：

$$Q_D = Q_A - Q_C \tag{7-29}$$

式中　Q_D——1 m³砂浆的石灰膏用量，精确至1 kg；

Q_C——1 m³砂浆的水泥用量，精确至1 kg；

Q_A——1 m³砂浆中水泥和石灰膏的总量，应精确至1 kg，可为350 kg。

注:石灰膏使用时稠度宜为(120±5)mm,否则须进行换算。

(4)确定砂用量 Q_S(kg/m^3)。砂浆中的水、胶凝材料和掺加料用于填充砂子的空隙,因此1 m^3 砂子就构成1 m^3 砂浆。由于砂子的体积随含水率的变化而变化,所以1 m^3 砂浆中的砂子用量,应以干燥状态(含水率小于0.5%)的堆积密度值作为计算值,以kg/m^3 计。

(5)按砂浆稠度选用用水量 Q_W(kg/m^3)。每立方米砂浆用水量,可根据砂浆稠度等要求选用,一般为210~310 kg。

注:①混合砂浆中的用水量,不包括石灰膏或黏土膏中的水;②当采用细砂或粗砂时,用水量分别取上限或下限;③稠度小于70 mm时,用水量可小于下限;④施工现场气候炎热或干燥季节,可酌量增加水量。

水泥砂浆配合比可参考表7-27选用,作为砂浆的初选配合比。水泥粉煤灰砂浆比水泥砂浆的水泥用量略高,因为水泥中特别是32.5级水泥中会掺入较大量的混合材,为保证砂浆耐久性,规定粉煤灰掺量不宜超过胶凝材料总量的25%。当掺入矿渣粉等其他活性混合材时,可参考表7-28选用。

表7-27　1 m^3 水泥砂浆材料用量

强度等级	水泥用量(kg)	砂子用量(kg)	用水量(kg)
M5	200~230	根据1 m^{3}砂子的堆积密度值计算	270~330
M7.5	230~260		
M10	260~290		
M15	290~330		
M20	340~400		
M25	360~410		
M30	430~480		

注:1. M15及M15以下强度等级水泥砂浆,水泥强度等级为32.5级;M15以上强度等级水泥砂浆,水泥强度等级为42.5级。

2. 采用细砂或粗砂时,用水量分别取上限或下限。

3. 稠度小于70 mm时,用水量可小于下限。

4. 施工现场气候炎热或干燥季节,可酌量增加用水量。

5. 试配强度应按公式(7-25)计算。

表7-28　1 m^{3}水泥粉煤灰砂浆材料用量

强度等级	水泥和粉煤灰总量(kg)	粉煤灰(kg)	砂子用量(kg)	用水量(kg)
M5	210~240	粉煤灰掺量可占胶凝材料总量的15%~25%	根据1 m^{3}砂子的堆积密度值计算	270~330
M7.5	240~270			
M10	270~300			
M15	300~330			

注:1. 表中水泥强度等级为32.5级。

2. 采用细砂或粗砂时,用水量分别取上限或下限。

3. 稠度小于70 mm时,用水量可小于下限。

4. 施工现场气候炎热或干燥季节,可酌量增加用水量。

5. 试配强度应按公式(7-25)计算。

(6)配合比试配、调整与确定。按计算或查表所得配合比进行试拌,测定其拌合物的稠度和保水率,若不能满足要求,则应调整材料用量,直到符合要求。此配合比即为砂浆基准配合比。

强度检验至少应采用三个不同的配合比,其中一个按基准配合比,另外两个配合比的水泥用量按基准配合比分别增加及减少10%,在保证稠度、保水率合格的条件下,调整材料用量。各配合比砂浆按国家现行标准《建筑砂浆基本性能试验方法标准》(JGJ/T 70—2009)的规定成型、养护,测定砂浆28 d强度。选定符合强度要求且水泥用量较少的砂浆配合比作为砂浆的试配配合比。砂浆的试配配合比应进行表观密度校正,以确定砂浆的设计配合比(校正方法同混凝土配合比设计)。

砂浆配合比确定后,当原材料有变更时,其配合比必须重新通过试验确定。

7.9.1.4　砌筑砂浆的应用

水泥砂浆和水泥混合砂浆宜用于砌筑潮湿环境及强度要求较高的砌体,但对于湿土中的砖石基础一般采用水泥砂浆。石灰砂浆宜用于砌筑干燥环境中的砌体。M2.5等级砂浆使用较少,而配筋砌体结构需要砂浆有较高的强度等级。随着新型砌块的出现,高强度等级砂浆需求越来越大。

【工程实例7-2】

要求设计用于砌筑砖墙的水泥砂浆配合比,设计强度等级为M10,稠度为70~90 mm。原材料为:水泥采用32.5级复合硅酸盐水泥;中砂:堆积密度为1 450 kg/m^3;施工水平一般。

解:

(1)设计强度为M10,根据表7-27,选用水泥用量270 kg/m^3;

(2)砂子用量 $Q_S = 1\ 450 \times 1 = 1\ 450$(kg/m^3);

(3)稠度为70~90 mm,根据表7-27,用水量选280 kg/m^3;

(4)砂浆试配的配比为(质量比):水泥:砂:水 = 270:1 450:280 = 1:5.37:1.04

7.9.2　其他砂浆

7.9.2.1　抹面砂浆

抹面砂浆是以薄层涂抹于建筑物的表面,既能提高建筑物防风、雨及潮气侵蚀的能力,又使建筑物表面平整、光滑、清洁和美观。抹面砂浆一般用于粗糙和多孔的底面,其水分易被底面吸收,因此要有很好的保水性。抹面砂浆对强度的要求不高,而主要是能与底面很好地黏结。从以上两个方面考虑,抹面砂浆的胶凝材料用量要比砌筑砂浆多一些。

为保证抹灰质量及表面平整,避免裂缝、脱落,常分底层、中层、面层三层涂抹。

底层砂浆主要起与材料底层的黏结作用,一般多采用水泥砂浆,但对于砖墙,则多用混合砂浆。中层砂浆主要起找平作用,多用混合砂浆。面层主要起装饰作用,多采用细砂配制的混合砂浆、麻刀石灰浆或纸筋石灰浆。在容易碰撞或潮湿地方应采用水泥砂浆。

抹面砂浆的流动性和骨料的最大粒径可参考表7-29。

表7-29　抹面砂浆流动性及骨料最大粒径

抹面层名称	稠度(mm) 人工抹面	砂的最大粒径 (mm)
底层	100～120	2.5
中层	70～90	2.5
面层	70～80	1.2

7.9.2.2　**防水砂浆**

用于防水层的砂浆称为防水砂浆。防水砂浆适用于堤坝、隧洞、水池、沟渠等具有一定刚度的混凝土或砖石砌体工程。对于变形较大或可能发生不均匀沉陷的建筑物防水层不宜采用。

为了提高砂浆的防水性能,可掺入防水剂。常用的防水剂有氯化铁、金属皂类防水剂等。近年来,采用引气剂、减水剂、三乙醇胺等作为砂浆的防水剂,也取得了良好的防水效果。

防水砂浆的水泥用量较多,砂灰比一般为2.5～3.0,水灰比为0.50～0.55;水泥应选用42.5级以上的火山灰水泥、硅酸盐水泥或普通水泥;采用级配良好的中砂。防水砂浆要分多层涂抹,逐层压实,最后一层要压光,并且要注意养护,以提高防水效果。

7.9.2.3　**饰面砂浆**

饰面砂浆是用于砌体表面装饰,以增加建筑物美观为主的砂浆,它具有特殊的表面形式,或呈现各种色彩、线条和花样。常用的胶凝材料有石膏、石灰、白水泥、普通水泥或在水泥中掺加白色大理石粉。骨料多用白色、浅色或彩色的天然砂、石(大理石、花岗岩等)、陶瓷碎粒或特制的塑料色粒。加入的颜料必须具有耐碱、耐光、不溶的性质,如氧化铁红、氧化铬绿等。

饰面砂浆常用的艺术处理有水磨石、水刷石、斩假石、麻点、干粘石、贴花、拉毛、人造大理石等。

7.9.2.4　**勾缝砂浆**

在砌体表面进行勾缝,既能提高灰缝的耐久性,又能增加建筑物的美观。勾缝采用M10或M10以上的水泥砂浆,并用细砂配制。勾缝砂浆的流动性必须调配适当,砂浆过稀则灰缝容易变形走样,过稠则灰缝表面粗糙。火山灰水泥的干缩性大,灰缝易开裂,故不宜用来配制勾缝砂浆。

7.9.2.5　**接缝砂浆**

在建筑物基础或老混凝土上浇筑混凝土时,为了避免混凝土中的石子与基础或老混凝土接触,影响结合面胶结强度,应先铺一层砂浆,此种砂浆称为接缝砂浆。接缝砂浆的水灰比应与混凝土的水灰比相同,或稍小一些。灰砂比应比混凝土的灰砂比稍高一些,以达到适宜的稠度为准。

7.9.2.6 **钢丝网水泥砂浆**

钢丝网水泥砂浆简称钢丝网水泥。它由几层重叠的钢丝网，经浇捣30～50 MPa的高强度水泥砂浆所构成，一般厚度为30～40 mm。由于在水泥砂浆中分散配制细而密的钢丝网，因而较钢筋混凝土有更好的弹性、抗拉强度和抗渗性，并能承受冲击荷载的作用。在水利工程中，钢丝网水泥砂浆主要用于制作压力管道、渡槽及闸门等薄壁结构物。

7.9.2.7 **小石子砂浆**

在水泥砂浆中掺入适量的小石子称为小石子砂浆（亦称小石子混凝土）。这种砂浆主要用于毛石砌筑工程。其既可节约水泥用量，又能提高砌体强度。

小石子砂浆所用石子粒径为10～20 mm。石子的掺量为骨料总量的20%～30%。粒径过大或用量过多，砂浆不易捣实。

7.9.2.8 **微沫砂浆**

微沫砂浆是一种在砂浆中掺入微沫剂（松香热聚物等）配制成的砂浆。微沫剂掺量一般占水泥质量的0.005%～0.01%。由于砂浆在搅拌过程中能产生大量封闭微小的气泡，从而提高了新拌砂浆的和易性，增强了砂浆的保水、抗冻、抗渗等性能。同时，也可大幅度地节约石灰膏用量。如将微沫剂与氯盐复合使用，还能提高砂浆低温施工的效果。

7.10 混凝土检测方法和检测报告

7.10.1 混凝土拌合物取样及室内拌合方法

7.10.1.1 **目的**

混凝土拌合物取样是为室内试验提供混凝土拌合物。

7.10.1.2 **混凝土取样**

混凝土试样应在混凝土浇筑地点随机取样，取样频率应符合以下规定：

（1）每100盘，但不超过100 m^3 的同配合比的混凝土取样次数不得少于一次；

（2）每一工作班拌制的同配合比的混凝土不足100盘时，取样次数不得少于一次。

7.10.1.3 **仪器设备**

混凝土搅拌机（50～100 L，转速18～22 r/min）、拌合钢板（平面尺寸不小于1.5 m×2.0 m，厚5 mm左右）、磅秤（称量50～100 kg，感量50 g）、台秤（称量10 kg，感量5 g）、天平（称量1 000 g，感量0.5 g）、盛料容器和铁铲等。

7.10.1.4 **拌合方法**

1. 人工拌合

（1）人工拌合在钢板上进行，拌合前应将钢板及铁铲清洗干净，并保持表面润湿。

（2）将称好的砂料、胶凝材料（水泥和掺合料预先拌均匀）倒在钢板上，用铁铲翻拌至颜色均匀，再放入称好的石料与之拌合，至少翻拌3次，然后堆成锥形。将中间扒成凹坑，加入拌合用水(外加剂一般先溶于水),小心拌合,至少翻拌6次,每翻拌一次后,用铁铲将全部拌合物铲切一次。拌合从加水完毕时算起,应在10 min内完成。

2. 机械拌合

(1)机械拌合在搅拌机中进行。拌合前应将搅拌机冲洗干净,并预拌少量同种混凝土拌合物或水胶比相同的砂浆,使搅拌机内壁挂浆后将剩余料卸出。

(2)将称好的石料、胶凝材料、砂料、水(外加剂一般先溶于水)依次加入搅拌机,开动搅拌机搅拌2~3 min。

(3)将拌好的混凝土拌合物卸在钢板上,刮出黏结在搅拌机上的拌合物,用人工翻拌2~3次,使之均匀。

3. 材料用量

材料用量以质量计。

称量精度:水泥、掺合料、水和外加剂为±0.3%,骨料为±0.5%。

注:①在拌合混凝土时,拌合间温度保持在(20±5)℃。对所拌制的混凝土拌合物应避免阳光照射及吹风。②用以拌制混凝土的各种材料,其温度应与拌合间温度相同。③砂、石料用量均以饱和面干状态下的质量为准。④人工拌合一般用于拌合较少量的混凝土;采用机械拌和时,一次拌合量不宜小于搅拌机容量的20%,也不宜大于搅拌机容量的80%。

7.10.2 混凝土拌合物坍落度试验

7.10.2.1 目的及适用范围

混凝土拌合物坍落度试验的目的是测定混凝土拌合物的坍落度,以评定混凝土拌合物的和易性。必要时,也可用于评定混凝土拌合物和易性随拌合物停置时间的变化。适用于骨料最大粒径不超过40 mm,坍落度10~230 mm的混凝土拌合物。

7.10.2.2 仪器设备

(1)坍落度筒:用2~3 mm厚的铁皮制成,筒内壁光滑,底部内径(200±2)mm,顶部内径(100±2)mm,高度(300±2)mm的截圆锥形筒。

(2)其他:捣棒(直径16 mm、长650 mm,一端为弹头形的金属棒)、钢尺(300 mm)、40 mm孔径筛、装料漏斗、镘刀、小铁铲、温度计等。

7.10.2.3 试验步骤

(1)按前文"混凝土拌合物取样及室内拌合方法"拌制混凝土拌合物。若骨料粒径超过40 mm,应采用湿筛法剔除。

注:湿筛法是对刚拌制好的混凝土拌合物,按试验所规定的最大骨料粒径选用对应的孔径筛进行湿筛,筛除超过规定粒径的骨料,再用人工将筛下的混凝土拌合物翻拌均匀的方法。

(2)将坍落度筒冲洗干净并保持湿润,放在测量用的钢板上,双脚踏紧踏板。

(3)将混凝土拌合物用小铁铲通过装料漏斗分三层装入筒内,每层体积大致相等。底层厚约70 mm,中层厚约90 mm。每装一层,用捣棒在筒内从边缘到中心按螺旋形均匀插捣25次。插捣深度:底层应穿透该层,中、上层应分别插进其下层10~20 mm。

(4)上层插捣完毕,取下装料漏斗,用镘刀将混凝土拌合物沿筒口抹平,并清除筒外周围的混凝土。

(5)将坍落度筒徐徐竖直提起,轻放于试样旁边。当试样不再继续坍落时,用钢尺量出试样顶部中心点与坍落度筒高度之差,即为坍落度值,精确至1 mm。

(6)整个坍落度试验应连续进行,并应在2~3 min内完成。

(7)若混凝土试样发生一边坍陷或剪坏,则该次试验作废,应取另一部分试样重做试验。

(8)测记试验时混凝土拌合物的温度。

7.10.2.4 试验结果处理

(1)混凝土拌合物的坍落度以mm计,取整数。

(2)在测定坍落度的同时,可目测评定混凝土拌合物的下列性质:

①棍度。根据做坍落度时插捣混凝土的难易程度分为上、中、下三级。上:表示容易插捣;中:表示插捣时稍有阻滞感觉;下:表示很难插捣。

②黏聚性。用捣棒在做完坍落度的试样一侧轻打,若试样保持原状而渐渐下沉,表示黏聚性较好。若试样突然坍倒、部分崩裂或发生石子离析现象,表示黏聚性不好。

③含砂情况。根据镘刀抹平程度分多、中、少三级。多:用镘刀抹混凝土拌合物表面时,抹1~2次就可使混凝土表面平整无蜂窝;中:抹4~5次就可使混凝土表面平整无蜂窝;少:抹面困难,抹8~9次后混凝土表面仍不能消除蜂窝。

④析水情况。根据水分从混凝土拌合物中析出的情况分多量、少量、无三级。多量:表示在插捣时及提起坍落度筒后就有很多水分从底部析出;少量:表示有少量水分析出;无:表示没有明显的析水现象。

注:本试验可用于评定混凝土拌合物和易性随时间的变化,如坍落度损失。此时可将拌合物保湿停置规定时间(如30 min、60 min、90 min、120 min等)再进行上述试验(试验前将拌合物重新翻拌2 ~3次),将试验结果与原试验结果进行比较,从而评定拌合物和易性随时间的变化。

7.10.3 混凝土拌合物维勃稠度试验

7.10.3.1 目的及适用范围

混凝土拌合物维勃稠度试验的目的是测定混凝土拌合物的维勃稠度,用以评定混凝土拌合物的工作性。适用于骨料最大粒径不超过40 mm的混凝土。测定范围以5~30 s为宜。

7.10.3.2 仪器设备

(1)维勃稠度仪。由以下各部分组成:容量筒(内径(240±3)mm、高(200±2)mm、壁厚3 mm、底厚7.5 mm的金属圆筒,筒两侧有手柄,底部可固定于振动台上)、坍落度筒(无踏脚板,其他规格与前文"混凝土拌合物坍落度试验"有关规定相同)、圆盘(要求透明平整,可用无色有机玻璃制成,直径(230 ±2) mm,厚(10 ±2) mm,圆盘、滑杆及配重组成的滑动部分总质量为(2 750 ±50) g。滑杆上有刻度,可测读混凝土的坍落度)、振动台(台面长380 mm、宽260 mm,振动频率为(50 ±3.3) Hz,空载振幅为(0.5 ±0.1) mm)。

(2)捣棒、秒表、镘刀、小铁铲等。

7.10.3.3　**试验步骤**

(1)按前文"混凝土拌合物取样及室内拌合方法"制备试样,骨料粒径大于40 mm时,用湿筛法剔除。

(2)用湿布将容量筒、坍落度筒及漏斗内壁润湿。

(3)将容量筒用螺母固定于振动台台面上。把坍落度筒放入容量筒内并对中,然后把漏斗旋转到筒顶位置并把它坐落在坍落度筒的顶上,拧紧螺丝,以保证坍落度筒不能离开容量筒底部。

(4)按前文"混凝土拌合物坍落度试验"中7.10.2.3的规定将混凝土拌合物装入坍落度筒。上层插捣完毕后将螺丝松开,漏斗旋转90°,用镘刀刮平顶面。

(5)将坍落度筒小心缓慢地竖直提起,让混凝土慢慢坍陷,把透明圆盘转到坍陷的混凝土锥体上部,小心下降圆盘直至与混凝土面接触,此时可从滑杆上刻度读出坍落度数值。

(6)开动振动台,同时用秒表计时,当透明圆盘的整个底面都与水泥浆接触时(允许存在少量闭合气泡),立即卡停秒表,关闭振动台。

(7)记录秒表上的时间,精确至0.5 s。

7.10.3.4　**试验结果处理**

由秒表读出的时间(s)即为混凝土拌合物的维勃稠度值。

注:若测得的维勃稠度值小于5 s或大于30 s,则该拌合物具有的稠度已超出本仪器的适用范围。

7.10.4　混凝土拌合物坍扩度试验

7.10.4.1　**目的及适用范围**

混凝土拌合物坍扩度试验的目的是测定混凝土拌合物的坍扩度,用以评定混凝土拌合物的流动性。适用于骨料最大粒径不超过30 mm、坍落度大于150 mm的流态混凝土。

7.10.4.2　**仪器设备**

(1)500 mm钢尺一把。

(2)其他仪器设备与前文"混凝土拌合物坍落度试验"所用相同。

7.10.4.3　**试验步骤**

(1)按前文"混凝土拌合物取样及室内拌合方法"拌制混凝土拌合物。若骨料粒径超过 40 mm,应采用湿筛法剔除。

(2)按前文“混凝土拌合物坍落度试验”中“试验步骤”(2)~(4)进行试验操作。

(3)将坍落度筒徐徐竖直提起,拌合物在自重作用下逐渐扩散,当拌合物不再扩散或扩散时间已达到 60 s 时,用钢尺在不同方向量取拌合物扩散后的直径 2~4 个,精确至 1 mm。

(4)整个坍扩度试验应连续进行,并应在 4~5 min 内完成。

7.10.4.4 试验结果处理

以拌合物扩散后的 2~4 个直径测值的平均值作为坍落扩展度值,以 mm 计,取整数。

7.10.5 混凝土拌合物表观密度试验

7.10.5.1 目的及适用范围

混凝土拌合物表观密度试验的目的是测定混凝土拌合物单位体积的质量,为配合比计算提供依据。当已知所用原材料表观密度时,还可用以计算拌合物近似含气量。

7.10.5.2 仪器设备

(1)容量筒:金属制圆筒,筒壁应有足够刚度,使之不易变形,规格见表 7-30。

表 7-30 容量筒规格

骨料最大粒径 D_M(mm)	容量筒容积(L)	容量筒内部尺寸(mm)	
		直径	高度
≤40	5	186	186
80	15	267	267
150(120)	80	467	467

(2)磅秤:根据容量筒容积的大小,选择适宜称量的磅秤(称量 50~250 kg,感量 50~100 g)。

(3)捣棒、玻璃板(尺寸稍大于容量筒口)、金属直尺等。

7.10.5.3 试验步骤

(1)测定容量筒容积:将干净的容量筒与玻璃板一起称其质量,再将容量筒装满水,仔细用玻璃板从筒口的一边推到一边,使筒内满水及玻璃板下无气泡,擦干筒、盖的外表面,再次称其质量。两次质量之差即为水的质量,除以该温度下水的密度,即得容量筒容积 V(在正常情况下,水温影响可以忽略不计,水的密度可取为 1 kg/L)。

(2)按前文“混凝土拌合物取样及室内拌和方法”拌制混凝土。

(3)擦净空容量筒,称其质量 G_1。

(4)将混凝土拌合物装入容量筒内,在振动台上振至表面泛浆。若用人工插捣,则将混凝土拌合物分层装入筒内,每层厚度不超过 150 mm,用捣棒从边缘至中心螺旋形插捣,每层插捣次数按容量筒容积分为 5 L 15 次、15 L 35 次、80 L 72 次。底层插捣至底面,以上各层插至其下层 10~20 mm 处。

(5)沿容量筒口刮除多余的拌合物,抹平表面,将容量筒外部擦净,称其质量 G_0。

7.10.5.4 试验结果处理

(1)表观密度按公式(7-30)计算(精确至10 kg/m³):

$$\rho_h = \frac{G_0 - G_1}{V_c} \times 1\ 000 \tag{7-30}$$

式中 ρ_h——混凝土拌合物的表观密度,kg/m³;

G_0——混凝土拌合物及容量筒总质量,kg;

G_1——容量筒质量,kg;

V_c——容量筒的容积,L。

(2)含气量按公式(7-31)计算。

$$A = \frac{\rho_0 - \rho_h}{\rho_0} \times 100\% \tag{7-31}$$

$$\rho_0 = \frac{C + P + S + G + W}{C/\rho_c + P/\rho_p + S/\rho_s + G/\rho_g + W/\rho_w} \tag{7-32}$$

式中 A——混凝土拌合物的含气量(%);

ρ_0——不含气时混凝土拌合物的理论密度,按公式(7-30)计算,kg/m³;

C、P、S、G、W——拌合物中水泥、掺合料、砂、石及水的质量,kg;

ρ_c、ρ_p、ρ_s、ρ_g、ρ_w——水泥、掺合料、砂、石、水的密度或表观密度,kg/m³。

7.10.6 混凝土试件的成型与养护

7.10.6.1 目的

混凝土试件的成型与养护的目的是为室内混凝土性能试验制作试件。

7.10.6.2 仪器设备

(1)试模:试模最小边长应不小于最大骨料粒径的3倍。试模拼装应牢固,不漏浆,振捣时不得变形。尺寸精度要求:边长误差不得超过1/150,角度误差不得超过0.5°,平整度误差不得超过边长的0.05%。

(2)振动台:频率(50±3)Hz,空载时台面中心振幅(0.5±0.1)mm。

(3)捣棒:直径为16 mm,长650 mm,一端为弹头形的金属棒。

(4)养护室:标准养护室温度应控制在(20±5)℃,相对湿度95%以上。在没有标准养护室时,试件可在(20±3)℃的饱和石灰水中养护,但应在报告中注明。

7.10.6.3 试验步骤

(1)制作试件前应将试模清擦干净,并在其内壁上均匀地刷一薄层矿物油或其他脱模剂。

(2)按前文"混凝土拌合物取样及室内拌合方法"拌制混凝土拌合物。当混凝土拌合物骨料最大粒径超过试模最小边长的1/3时,大骨料用湿筛法筛除。

(3)试件的成型方法应根据混凝土拌合物的坍落度而定。混凝土拌合物坍落度小于90 mm时宜采用振动台振实,混凝土拌合物坍落度大于90 mm时宜采用捣棒人工捣实。

采用振动台成型时,应将混凝土拌合物一次装入试模,装料时应用抹刀沿试模内壁略加插捣,并使混凝土拌合物高出试模上口,振动应持续到混凝土表面出浆为止(振动时间一般为30 s左右)。采用捣棒人工插捣时,每层装料厚度不应大于100 mm,插捣应按螺旋方向从边缘向中心均匀进行,插捣底层时,捣棒应达到试模底面,插捣上层时,捣棒应穿至下层20~30 mm,插捣时捣棒应保持垂直,同时,还应用抹刀沿试模内壁插入数次。每层的插捣次数一般每100 cm^2 不少于12次(以插捣密实为准)。成型方法需在试验报告中注明。

(4)试件成型后,在混凝土初凝前1~2 h,需进行抹面,要求沿模口抹平。

(5)根据试验目的不同,试件可采用标准养护或与构件同条件养护。确定混凝土强度等级或进行材料性能研究时应采用标准养护。在施工过程中作为检测混凝土构件实际强度的试件,如决定构件的拆模、起吊、施加预应力等,应采用同条件养护。

(6)采用标准养护的试件,成型后的带模试件宜用湿布或塑料薄膜覆盖,以防止水分蒸发,并在(20±5)℃的室内静置24~48 h,然后拆模并编号。拆模后的试件应立即放入标准养护室中养护。在标准养护室内试件应放在架上,彼此间隔1~2 cm,并应避免用水直接冲淋试件。

(7)采用同条件养护的试件,成型后应覆盖表面。试件的拆模时间可与实际构件的拆模时间相同。拆模后试件仍须同条件养护。

7.10.7　混凝土立方体抗压强度检验

7.10.7.1　目的

混凝土立方体抗压强度检验的目的是测定混凝土立方体试件的抗压强度。

7.10.7.2　仪器设备

(1)压力机或万能试验机:试件的预计破坏荷载宜在试验机全量程的20%~80%。试验机应定期校正,示值误差不应超出标准值的±1%。

(2)钢制垫板:尺寸比试件承压面稍大,平整度误差不应大于边长的0.02%。

(3)试模:150 mm×150 mm×150 mm的立方体试模为标准试模。

7.10.7.3　检验步骤

(1)按前文"混凝土拌合物取样及室内拌合方法"及前文"混凝土试件的成型与养护"的有关规定制作试件。

(2)到达试验龄期时,从养护室取出试件,并尽快试验。试验前需用湿布覆盖试件,防止试件干燥。

(3)试验前将试件擦拭干净,测量尺寸,并检查其外观,当试件有严重缺陷时,应废弃。试件尺寸测量精确至1 mm,并据此计算试件的承压面积。如实测尺寸与公称尺寸之差不超过1 mm,可按公称尺寸进行计算。试件承压面的不平整度误差不得超过边长的0.05%,承压面与相邻面的不垂直度不应超过±1°。

(4)将试件放在试验机下压板正中间,上下压板与试件之间宜垫以钢垫板,试件的承压面应与成型时的顶面相垂直。开动试验机,当上垫板与上压板即将接触时若有明显偏斜,应调整球座,使试件受压均匀。

(5)以0.3 ~0.5 MPa/s 的速度连续而均匀地加荷。当试件接近破坏而开始迅速变形时,停止调整油门,直至试件破坏,记录破坏荷载。

7.10.7.4　检验结果处理

(1)混凝土立方体抗压强度按公式(7-33)计算(精确至0.1 MPa):

$$f_{cc} = \frac{P}{A} \tag{7-33}$$

式中　f_{cc}——混凝土立方体试件抗压强度,MPa;

P——破坏荷载,N;

A——试件承压面积,mm^2。

(2)以三个试件测值的平均值作为该组试件的抗压强度试验结果。单个测值与平均值允许差值为±15%,超过时应将该测值剔除,取余下两个试件值的平均值作为检验结果。当一组中可用的测值少于两个时,该组试验应重做。

7.10.8　砌筑砂浆检验

7.10.8.1　检验依据

按照《建筑砂浆基本性能试验方法》(JGJ 70—2009)的规定执行。

7.10.8.2　拌合物取样及试样制备

(1)砌筑砂浆试验用料应根据不同要求,可从同一盘搅拌机或同一车运送的砂浆中取出,或在实验室用机械或人工单独拌制。

(2)施工中取样进行砂浆试验时,其取样方法和原则按相应的施工验收规范执行。一般应在使用地点的砂浆槽中、运送车内或搅拌机出料口,从不同部位,至少取三处,取样数量不应少于试验所需量的4倍。

(3)实验室拌制砂浆进行试验时的一般规定:①拌合用的材料应提前运入室内,室温应保持在(20±5)℃(需要模拟施工条件下所用的砂浆时,实验室原材料的温度宜与施工现场保持一致)。②试验用水泥和其他原料应与现场使用材料一致。水泥若有结块,应通过0.9 mm筛过筛。以采用中砂为宜,其最大粒径小于5 mm。③材料用量以质量计,称量的精确度:水泥、外加剂等为±0.5%,砂、石灰膏、黏土膏、粉煤灰和磨细生石灰粉为±1%。④应采用机械搅拌,搅拌量应为搅拌机容量的30% ~70%,搅拌时间对水泥砂浆和水泥混合砂浆,不得小于120 s;对掺用粉煤灰和外加剂的砂浆,不宜小于180 s。

(4)砂浆拌合物取样后,应尽快进行试验。现场取来的试样,试验前应经人工略翻拌,使其质量均匀。

7.10.8.3　稠度检测

1. 检测目的

检测砂浆配合比,评定和易性;施工过程中控制砂浆的稠度,以达到控制用水量的目的。

2. 主要仪器设备

(1)砂浆稠度仪:主要构造有支架、底座、齿条侧杆、带滑杆的圆锥体。带滑杆的圆锥体质量300 g,圆锥体高度为145 mm,锥底直径为75 mm;刻度盘及盛砂浆的圆锥形金属筒,筒高为180 mm,锥底内径为150 mm。

(2)钢制捣棒:直径10 mm、长350 mm。

(3)秒表等。

3. 试验方法

(1)盛浆容器和试锥表面用湿布擦干净,并用少量润滑油轻擦滑杆,使滑杆自由滑动。

(2)将砂浆拌合物一次装入金属筒内,砂浆表面低于筒口10 mm左右。

(3)用捣棒自筒边向中心插捣25次,然后轻轻地将筒摇动和敲击5~6下,使砂浆表面平整,然后将筒移至测定仪底座上。

(4)拧开试锥杆的制动螺丝,向下移动滑杆,当试锥尖端与砂浆表面接触时,拧紧制动螺丝,使齿条侧杆下端刚接触滑杆上端,并将指针对准零点上。

(5)拧开制动螺丝,同时计时。待10 s后立即固定螺丝,将齿条侧杆下端接触滑杆上端,从刻度盘上读出下沉深度(精确至1 mm)即为砂浆稠度值。

(6)圆锥筒内砂浆只允许测定一次稠度,重复测定时应重新取样。

4. 结果处理

(1)取两次试验结果的算术平均值,计算精确至1 mm。

(2)两次试验值之差若大于10 mm,则应另取砂浆搅拌后重新测定。

7.10.8.4　保水率检验

1. 检验目的

本方法适用于测定砂浆保水性,测定砂浆拌合物在运输或停放时内部组分的稳定性。

2. 检验仪器

(1)金属或硬塑料圆环试模:内径为100 mm,内部高度为25 mm。

(2)可密封的取样容器,应清洁、干燥。

(3)2 kg的重物。

(4)医用棉纱,尺寸为110 mm×110 mm,宜选用纱线稀疏,厚度较薄的棉纱。

(5)超白滤纸,符合《化学分析滤纸》(GB/T 1914—2007)中速定性滤纸,直径110 mm,定量200 g/m^2。

(6)2片金属或玻璃的方形或圆形不透水片,边长或直径大于110 mm。

(7)天平:量程200 g,感量0.1 g;量程2 000 g,感量1 g。

(8)烘箱。

3. 检验方法

(1)称量下不透水片与干燥试模质量m_1和8片中速定性滤纸质量m_2。

(2)将砂浆拌合物一次填入试模,并用抹刀插捣数次,当填充砂浆略高于试模边缘时,用抹刀以45°角一次性将试模表面多余的砂浆刮去,然后用抹刀以较平的角度在试模表面反向将砂浆刮平。

(3)抹掉试模边的砂浆,称量试模、下不透水片与砂浆总质量m_3。

(4)用 2 片医用棉纱覆盖在砂浆表面,再在棉纱表面放上 8 片滤纸,用不透水片盖在滤纸表面,以 2 kg 的重物把不透水片压着。

(5)静止 2 min 后移走重物及不透水片,取出滤纸(不包括棉纱),迅速称量滤纸质量 m_4。

(6)从砂浆的配比及加水量计算砂浆的含水率,若无法计算,可按下述砂浆含水率测试方法的规定测定砂浆的含水率。

4. 计算公式

保水性按公式(7-34)计算:

$$W = [1 - \frac{m_4 - m_2}{\alpha \times (m_3 - m_1)}] \times 100\% \tag{7-34}$$

式中 W——保水性(%);

m_1——下不透水片与干燥试模质量,g;

m_2——8 片滤纸吸水前的质量,g;

m_3——试模、下不透水片与砂浆总质量,g;

m_4——8 片滤纸吸水后的质量,g;

α——砂浆含水率(%)。

取两次试验结果的平均值作为结果,如两个测定值中有一个超出平均值的 5%,则此组试验结果无效。

5. 砂浆含水率测试方法

称取 100 g 砂浆拌合物试样,置于一干燥并已称重的盘中,在(105 ±5)℃的烘箱中烘干至恒重,砂浆含水率应按公式(7-35)计算:

$$\alpha = \frac{m_5}{m_6} \times 100\% \tag{7-35}$$

式中 α——砂浆含水率,%;

m_5——烘干后砂浆样本损失的质量,g;

m_6——砂浆样本的总质量,g。

7.10.8.5 立方体抗压强度检测

1. 试验目的

试验目的是检验砂浆强度是否满足工程要求。

2. 主要仪器设备

(1)砂浆试模:为 70.7 mm ×70.7 mm ×70.7 mm 的带底试模,由铸铁或钢制成,应具有足够的刚度并拆装方便。试模内表面应机械加工,其不平度应为每 100 mm 不超过 0.05 mm,组装后各相邻面的不垂直度不应超过 ±0.5°。

(2)压力机、捣棒、垫板、振动台等。

3. 试验方法

1)试件制作

(1)应采用黄油等密封材料涂抹试模的外接缝,试模内应涂刷薄层机油或隔离剂。

(2)砂浆拌和均匀,应一次注满试模内,用捣棒由外向里按螺旋方向均匀插捣 25 次,用油灰刀沿模壁插数次，并用手将试模一边抬高 5 ~ 10 mm 各振动 5 次，砂浆应高出试模顶面 6 ~ 8 mm。

(3)待表面水分稍干后(15 ~ 30 min)，将多出部分的砂浆沿试模顶面刮平。

2)试件养护

(1)试件制作后，应在(20 ± 5)℃温度环境下停置一昼夜((24 ± 2)h)，当气温较低时，可适当延长时间，但不应超过两昼夜，然后对试件进行编号并拆模。

(2)试件拆模后，应在标准养护条件下继续养护至 28 d 进行试压，也可根据相关标准要求增加 7 d 或 14 d 标准养护龄期。①标准养护条件：温度为(20 ± 2)℃，相对湿度为 90% 以上的潮湿条件。②养护时，试件彼此间隔不小于 10 mm，混合砂浆、湿拌砂浆试件上面应覆盖，防止有水滴在试件上。

3)立方体抗压强度试验

(1)试件从养护地点取出后，应尽快进行试验，以免试件内部的温度、湿度发生显著变化。将试件擦拭干净，测量尺寸，并检查外观。试件尺寸测量精确至 1 mm，并据此计算试件的承压面。若实测尺寸与公称尺寸之差不超过 1 mm，可按公称尺寸进行计算。

(2)将试件安放在试验机下压板上(或下垫板上)，试件的承压面应与成型时的顶面垂直，试件的中心应与试验机压板中心对准。开动试验机，当上压板与试件接近时，调整球座，使接触面均衡受压。加荷速度要均匀，加荷速度应为 0.25 ~ 1.5 kN/s；当砂浆强度≤2.5 MPa时，取下限为宜。当试件接近破坏而开始迅速变形时，停止调整试验机油门，直至试件破坏，然后记录破坏荷载。

(3)砂浆立方体抗压强度按公式(7-36)计算：

$$f_{m,cu} = K\frac{N_u}{A} \tag{7-36}$$

式中 $f_{m,cu}$——砂浆立方体试件抗压强度，精确至 0.1 MPa；

N_u——破坏荷载，N；

A——试件承压面积，mm^2；

K——换算系数，取 1.3。

4. 结果处理

(1)以三个试件测值的算术平均值作为该组试件的砂浆立方体抗压强度平均值，精确至 0.1 MPa。

(2)当三个试件的最大值或最小值中有一个与中间值之差超过中间值的 15% 时，应把最大值及最小值一并舍去，取中间值作为改组试件的抗压强度值；当两个测试值与中间值的差值均超过中间值的 15% 时，该组检验结果应为无效。

7.10.9 检验报告

混凝土配合比检验报告见表 7-31，混凝土抗压强度检验报告见表 7-32，砂浆抗压强度检验报告见表 7-33。

表 7-31　混凝土配合比检验报告

委托单编号:＿＿＿＿＿　检验记录编号:＿＿＿＿＿　检验报告编号:＿＿＿＿＿

委托单位:＿＿＿＿＿　工程名称:＿＿＿＿＿＿＿＿＿＿

单位工程名称:＿＿＿＿　结构部位:＿＿＿＿＿＿＿＿＿＿

强度等级:C＿＿　配制强度:＿＿MPa　要求坍落度:＿＿mm　实测坍落度:＿＿mm

水泥:　厂名:＿＿＿　强度等级:＿＿　牌号:＿＿　品种:＿＿　报告编号:＿＿＿＿

砂:　粗、中、细　产地:＿＿＿＿　细度模数:＿＿＿＿　报告编号:＿＿＿＿

石:　卵、碎石　产地:＿＿＿＿　规格:＿＿＿＿mm　报告编号:＿＿＿＿

掺合料:　产地、名称＿＿＿＿＿　占胶凝材料用量:＿＿%　报告编号:＿＿＿＿

外加剂:　厂名、名称、型号＿＿＿＿　占胶凝材料用量:＿＿%　报告编号:＿＿＿＿

配合比:＿＿＿＿＿＿＿＿＿＿　水胶比:＿＿＿＿　砂率:＿＿＿＿%

材料名称	水泥	水	砂	石	掺合料	外加剂
混凝土 材料用量 (kg/m^3)						

成型日期:＿＿＿＿年＿＿月＿＿日　　　养护方法:＿＿＿＿＿＿＿

试验日期 (月-日)	龄期 (d)	试件规格 (mm)	抗压强度值 (MPa)	强度代表值 (MPa)	达强度等级 百分率(%)
依据标准					
说明					

检验单位:　　　　批准:　　　　审核:　　　　检验:

报告日期:　　　年　月　日

表7-32 混凝土抗压强度检验报告

委托编号:________ 记录编号:________ 报告编号:________

委托日期:___年___月___日 试验日期:___年___月___日 报告日期:___年___月___日

委托单位:________ 工程名称:________

单位工程名称:________ 结构部位:________

强度等级		试件成型方法	
配合比编号		试件养护方法	
立方体试件边长	mm		

成型日期 (年-月-日)	检验日期 (年-月-日)	龄期 (d)	抗压强度值 (MPa)	强度代表值 (MPa)	达到强度等级 (%)
依据标准					
说明					

检验单位: 批准: 审核: 检验:

表7-33　砂浆抗压强度检验报告

委托单编号:________________　记录编号:________________

委 托 日 期:______年______月______日　检验日期:______年______月______日

报 告 编 号:________________　报告日期:______年______月______日

委 托 单 位:________________________________

工 程 名 称:________________　工程部位:________________

<table>
<tr><td colspan="2">强度等级</td><td colspan="2"></td><td>试件来源</td><td></td></tr>
<tr><td colspan="2">立方体试件边长</td><td colspan="2"></td><td>试件养护方法</td><td></td></tr>
<tr><td>成型日期
(年-月-日)</td><td>试验日期
(年-月-日)</td><td>龄期
(d)</td><td>抗压强度值
(MPa)</td><td>强度代表值
(MPa)</td><td>达到设计
强度(%)</td></tr>
<tr><td rowspan="3"></td><td rowspan="3"></td><td rowspan="3"></td><td></td><td rowspan="3"></td><td rowspan="3"></td></tr>
<tr><td></td></tr>
<tr><td></td></tr>
<tr><td>依据标准</td><td colspan="5"></td></tr>
<tr><td>说明</td><td colspan="5"></td></tr>
</table>

检验单位:　　签发:　　审核:　　检验:

8 砌筑块材

8.1 天然石材

凡由天然岩石开采的,经加工或未经过加工的石材,统称为天然石材。石材是我国历史上最悠久的建筑材料。因其来源广泛、质地坚固耐久,又具有良好的建筑特性等优点,被广泛应用于水利工程、建筑工程及其他工程中,且今后仍将是重要的建筑材料。

为正确认识和使用石材,需对岩石进行分类。按地质形成条件的不同,岩石可分为岩浆岩(火成岩)、沉积岩(水成岩)、变质岩三类。

8.1.1 工程中常用的石材

8.1.1.1 工程中常用的岩浆岩

1. 花岗岩

花岗岩主要由石英、长石和少量云母组成,有时还含有少量的暗色矿物(角闪石、辉石)。花岗岩具有色泽鲜艳、密度大、硬度及抗压强度高(100~250 MPa)、耐磨性及抗风化能力强、孔隙率及吸水率低(一般在0.5%左右)、凿平及磨光性能好等特点。在建筑工程中常用作饰面、基础、基座、路面、闸坝、桥墩等,也是水工建筑物的理想石材。

2. 正长岩

正长岩由正长石、斜长石、云母及暗色矿物组成,为深成中性岩,颜色深暗,结构构造、主要性能均与花岗岩相似,但正长岩抗风化能力较差。

3. 玄武岩

玄武岩为喷出岩,多呈隐晶质或斑状结构,是岩浆岩中最重要的岩石。主要矿物成分为斜长石和辉石。其特点是颜色深暗,密度大,抗压强度因构造不同而波动较大,一般为100~500 MPa,硬脆及硬度大,不易加工。主要用于铺筑路面,铺砌堤岸边坡等,也是铸石原料和高强混凝土的良好骨料。

4. 辉绿岩

辉绿岩为浅成基性岩,主要矿物成分与玄武岩相同,具有较高的耐酸性,可作为耐酸混凝土骨料。其熔点为1 400~1 500 ℃,可用作铸石的原料,铸出的材料结构均匀、密实、抗酸蚀,常用作化工设备的耐酸衬里。

5. 浮石、火山凝灰岩

火山喷发时,部分熔岩喷至空中,因温度和压力急剧降低,形成不同粒径的粉碎疏松颗粒,其中粉状或疏松的沉积物称为火山灰,粒径大于5 mm的泡沫状多孔岩石称为浮石,经胶结并致密的火山灰称为火山凝灰岩。这些岩石为多孔结构,表观密度小,强度比较低,导热系数小,可用作砌墙材料和轻混凝土骨料。

8.1.1.2 工程中常用的沉积岩

1. *石灰岩*

石灰岩俗称灰岩或青石,主要矿物成分是方解石,常含有白云石、菱镁石、石英、黏土矿物等。其特点是构造细密、层理分明,密度为2.6~2.8 g/cm^3,抗压强度一般为80~160 MPa,并且具有较高的耐水性和抗冻性。由于石灰岩分布广、硬度小,易于开采加工,所以被广泛用于建筑工程及一般水利工程。块石可砌筑基础、墙体、桥洞桥墩、堤坝护坡等。碎石是常用的混凝土骨料,同时也是生产石灰与水泥的重要原材料。

2. *砂岩*

砂岩是由粒径0.05~2 mm的砂粒(多为耐风化的石英、长石、白云母等矿物及部分岩石碎屑)经天然胶结物质胶结变硬的碎屑沉积岩。其性能与胶结物的种类及胶结的密实程度有关。以氧化硅胶结的称为硅质砂岩,呈浅灰色,质地坚硬耐久,加工困难,性能接近花岗岩;以碳酸钙胶结的称为石灰质砂岩,近于白色,质地较软,容易加工,但易受化学腐蚀;以氧化铁胶结的称为铁质砂岩,呈黄色或紫红色,质地较差,次于石灰质砂岩;以黏土胶结的称为黏土质砂岩,呈灰色,遇水易软化,不宜用于基础及水工建筑物中。

8.1.1.3 工程中常用的变质岩

1. *大理岩*

大理岩由石灰岩、白云岩变质而成,俗称大理石,主要矿物成分为方解石、白云石。大理岩构造致密,抗压强度高(70~110 MPa),硬度不大,易于开采、加工与磨光。纯大理岩为白色,又称汉白玉。当含有杂质时呈灰、绿、黑、黄、红等色,形成各种美丽图案,磨光后是室内外的高级装饰材料;大理石下脚料可作为水磨石的彩色石渣。但大理石抗二氧化碳和酸腐蚀的性能较差,经常接触易风化,失去表面美丽光泽。

2. *石英岩*

石英岩是由硅质砂岩变质而成的。砂岩变质后形成坚硬致密的变晶结构,强度高(达400 MPa),硬度大,加工困难,耐久性强,可用于各类砌筑工程、重要建筑物的贴面、铺筑道路及作为混凝土骨料。

3. *片麻岩*

片麻岩由花岗岩变质而成,矿物成分与花岗岩类似,片麻状构造,各个方向物理力学性质不同。垂直于片理的抗压强度为150~200 MPa,沿片理易于开采和加工,但在冻融作用下易成层剥落。常用作碎石、堤坝护岸、渠道衬砌等。

8.1.2 石材的主要技术性质

8.1.2.1 表观密度

石材按其表观密度大小分为重石与轻石两类。表观密度大于1 800 kg/m^{3}者为重石,表观密度小于1 800 kg/m^{3}者为轻石。重石可用于建筑的基础、贴面、地面、不采暖房屋外墙、桥梁及水工建筑物等,轻石主要用于采暖房屋外墙。

8.1.2.2 强度等级

根据抗压强度大小,石材的强度等级可分为MU100、MU80、MU60、MU50、MU40、MU30、MU20。石材的强度等级,可用边长为70 mm的立方体试块的抗压强度表示。抗压强度取三个试件破坏强度的平均值。试块也可采用表8-1所列的其他尺寸的立方体,但应对其试验结果乘以相应的换算系数后方可作为石材的强度等级。

表8-1　石材强度等级的换算系数

立方体边长(mm)	200	150	100	70	50
换算系数	1.43	1.28	1.14	1	0.86

8.1.2.3　抗冻性

石材抗冻性指标是用冻融循环次数表示的,在规定的冻融循环次数(15次、20次或50次)时,无贯穿裂缝,质量损失不超过5%,强度降低不大于25%时,则抗冻性合格。石材的抗冻性主要取决于矿物成分、结构及其构造,应根据使用条件选择相应的抗冻指标。

8.1.2.4　耐水性

石材的耐水性按软化系数分为高、中、低三等。高耐水性的石材软化系数大于0.9,中耐水性的石材软化系数为0.7~0.9,低耐水性的石材软化系数为0.6~0.7。软化系数低于0.6的石材,一般不允许用于重要的工程。

8.1.3　工程中常用的砌筑石材

砌筑用石材分为毛石、料石两类。

8.1.3.1　毛石

毛石(又称片石或块石)是由爆破直接获得的石块。按其平整程度又分为乱毛石与平毛石两类。

1. 乱毛石

乱毛石形状不规则,见图8-1,一般在一个方向的尺寸达300~400 mm,质量为20~30 kg,其中部厚度一般不小于150 mm。常用于砌筑基础、勒角、墙身、堤坝、挡土墙等。

2. 平毛石

平毛石是由乱毛石略经加工而成的,形状较乱毛石平整,其形状基本上有6个面,见图8-2,但表面粗糙,中部厚度不小于200 mm。常用于砌筑基础、墙角、勒角、桥墩、涵洞等。

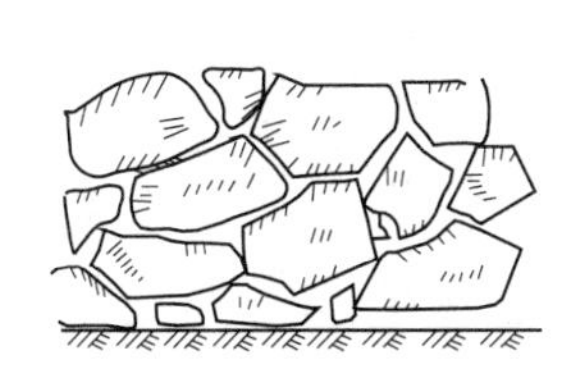

图8-1　乱毛石

图8-2　平毛石

8.1.3.2　料石

料石(又称条石)是由人工或机械开采出的较规则的六面体石块,略经加工凿琢而成。按其加工后的外形规则程度,分为毛料石、粗料石、半细料石和细料石四种。

1. 毛料石

毛料石外形大致方正,一般不加工或仅稍加修整,高度不应小于 200 mm,叠砌面凹入深度不大于 25 mm。

2. 粗料石

粗料石截面的宽度、高度不小于 200 mm,且不小于长度的 1/4,叠砌面凹入深度不大于 20 mm。

3. 半细料石

半细料石规格尺寸同粗料石,但叠砌面凹入深度不应大于 15 mm。

4. 细料石

通过细加工,外形规则,规格尺寸同粗料石,叠砌面凹入深度不大于 10 mm。

在工程中常用的石材除毛石和料石外,还有饰面板材、石子、石渣(石米、米石、米粒石)及石粉等石材品种。

8.2 砌墙砖

凡由黏土、工业废料或其他地方资源为主要原料,以不同工艺制造的,用于砌筑承重和非承重墙体的人造小型块材统称为砌墙砖。

8.2.1 烧结砖

8.2.1.1 烧结普通砖

国家标准《烧结普通砖》(GB/T 5101—2017)规定:凡由黏土、页岩、煤矸石、粉煤灰等为主要原料,经成型、焙烧而成的实心或孔洞率不大于 15% 的砖,称为烧结普通砖。

按使用的原料不同,烧结普通砖可分为烧结黏土砖(N)、烧结页岩砖(Y)、烧结煤矸石砖(M)、烧结粉煤灰砖(F)。按砖的抗压强度,砖可分为 MU30、MU25、MU20、MU15、MU10 等五个强度等级,见表 8-2。强度和抗风化性能合格的砖,根据尺寸偏差、外观质量、泛霜和石灰爆裂分为优等品(A)、一等品(B)和合格品(C)三个质量等级。优等品可用于清水墙和墙体装饰,一等品和合格品可用于混水墙。

表 8-2　烧结普通砖的强度等级(GB/T 5101—2017)　　(单位:MPa)

强度等级	抗压强度平均值 $\bar{f}$,≥	变异系数 $\delta \leqslant 0.21$	变异系数 $\delta > 0.21$
		强度标准值 f_k,≥	f_{min},≥
MU30	30.0	22.0	25.0
MU25	25.0	18.0	22.0
MU20	20.0	14.0	16.0
MU15	15.0	10.0	12.0
MU10	10.0	6.5	7.5

烧结普通砖的外形为直角六面体,公称尺寸为 240 mm × 115 mm × 53 mm。其中,240 mm × 115 mm 的面称为大面,240 mm × 53 mm 的面称为条面,115 mm × 53 mm 的面称为顶面。若加上 10 mm 的砌筑灰缝,则 4 块砖长、8 块砖宽、16 块砖厚均为 1 m,砌筑 1 m^3 砖体理论上需 512 块砖,一般再加上 2.5% 的损耗即为计算工程所需用的砖数。

砖的技术要求如下。

1. 尺寸偏差及外观质量

尺寸偏差除检查砖的尺寸外,还需从外观上检查砖的弯曲程度、缺棱掉角的程度、裂纹的长度等(见表 8-3、表 8-4 的规定)。

表 8-3 烧结普通砖尺寸允许偏差(GB/T 5101—2017) (单位:mm)

公称尺寸	优等品		一等品		合格品	
	样本平均偏差	样本极差,≤	样本平均偏差	样本极差,≤	样本平均偏差	样本极差,≤
240	±2.0	6	±2.5	7	±3.0	8
115	±1.5	5	±2.0	6	±2.5	7
53	±1.5	4	±1.6	5	±2.0	6

表 8-4 烧结普通砖外观质量(GB/T 5101—2017) (单位:mm)

项目	优等品	一等品	合格品
两条面高度差,≤	2	3	4
弯曲,≤	2	3	4
杂质凸出高度,≤	2	3	4
缺棱掉角的三个破坏尺寸不得同时大于	5	20	30
裂纹长度,≤			
(1)大面上宽度方向及其延伸至条面的长度	30	60	80
(2)大面上长度方向及其延伸至顶面的长度或条面上水平裂纹长度	50	80	100
完整面不得少于	一条面和一个顶面	一条面和一个顶面	—
颜色	基本一致	—	—

2. 强度等级

砖的强度等级应符合表 8-2 的要求。

3. 抗风化性能

通常将干湿变化、温度变化、冻融变化等气候因素对砖的作用称为风化作用,砖抵抗风化作用的能力,称为抗风化性能。风化指数是指日气温从正温降至负温或负温升至正温的每年平均天数,与每年从霜冻之日起至消失霜冻之日止这一期间降雨总量(以 mm 计)的平均值的乘积。我国风化区划分见表 8-5。

表8-5 风化区划分(GB/T 5101—2017)

严重风化区		非严重风化区	
1. 黑龙江省	11. 河北省	1. 山东省	11. 福建省
2. 吉林省	12. 北京市	2. 河南省	12. 台湾省
3. 辽宁省	13. 天津市	3. 安徽省	13. 广东省
4. 内蒙古自治区		4. 江苏省	14. 广西壮族自治区
5. 新疆维吾尔自治区		5. 湖北省	15. 海南省
6. 宁夏回族自治区		6. 江西省	16. 云南省
7. 甘肃省		7. 浙江省	17. 西藏自治区
8. 青海省		8. 四川省	18. 上海市
9. 陕西省		9. 贵州省	19. 重庆市
10. 山西省		10. 湖南省	

按《烧结普通砖》(GB/T 5101—2017)的规定,严重风化区中的1、2、3、4、5地区的砖必须进行冻融试验,其他地区砖的抗风化性能符合表8-6的规定时,可不做冻融试验。冻融试验是将吸水饱和的5块砖,在-20~-15 ℃条件下冻结3 h,再放入10~20 ℃水中融化2 h以上,称为一个冻融循环。如此反复进行15次试验后,测得单块砖的质量损失不超过2%;冻融试验后每块砖样不出现裂纹、分层、掉皮、缺棱、掉角等冻坏现象时,冻融试验合格。

表8-6 抗风化性能(GB/T 5101—2017)

砖种类	严重风化区				非严重风化区			
	5 h沸煮吸水率(%),≤		饱和系数≤		5 h沸煮吸水率(%),≤		饱和系数,≤	
	平均值	单块最大值	平均值	单块最大值	平均值	单块最大值	平均值	单块最大值
黏土砖	18	20	0.85	0.87	19	20	0.88	0.90
粉煤灰砖	21	23			23	25		
页岩砖	16	18	0.74	0.77	18	20	0.78	0.80
煤矸石砖	16	18			18	20		

注:1. 粉煤灰掺入量(体积比)小于30%时,抗风化性能指标按黏土砖规定。

2. 饱和系数为常温24 h吸水量与沸煮5 h吸水量之比。

4. 泛霜

泛霜也称起霜,是砖在使用过程中的盐析现象。砖内过量的可溶盐受潮吸水而溶解,随水分蒸发而沉积于砖的表面,形成白色粉状附着物,影响建筑物美观。如果溶盐为硫酸盐,当水分蒸发呈晶体析出时,产生膨胀,使砖面剥落。标准规定:优等品无泛霜,一等品不允许出现中等泛霜,合格品不允许出现严重泛霜。

5. 石灰爆裂

石灰爆裂是指砖坯中夹杂有石灰石,焙烧后转变成生石灰,砖吸水后,由于石灰逐渐熟化而膨胀产生的爆裂现象。这种现象影响砖的质量,并降低砌体强度。

《烧结普通砖》(GB/T 5101—2017)标准规定:优等品不允许出现最大破坏尺寸大于

2 mm 的爆裂区域;一等品不允许出现最大破坏尺寸大于 10 mm 的爆裂区域,在 2 ~ 10 mm 的爆裂区域,每组砖样不得多于 15 处;合格品不允许出现最大破坏尺寸大于 15 mm 的爆裂区域,在 2 ~ 15 mm 的爆裂区域,每组砖样不得多于 7 处。

6. 体积密度与吸水率

烧结普通砖的体积密度一般为 1 600 ~ 1 800 kg/m^3。吸水率反映了砖的孔隙率大小和孔隙构造特征,它与砖的焙烧程度有关。欠火砖吸水率大,过火砖吸水率小,一般为 8% ~ 16%。

8.2.1.2 烧结多孔砖

烧结多孔砖是以黏土、页岩、煤矸石、粉煤灰、淤泥(江河湖淤泥)及其他固体废弃物等为主要原料,经焙烧而成的孔洞率大于或等于 28%,主要用于建筑物的承重用砖。按使用原料不同,分为黏土砖(N)、页岩砖(Y)、煤矸石砖(M)、粉煤灰砖(F)、淤泥砖(U)和固体废弃物砖(G)。

烧结多孔砖的外形为直角六面体,其长度 L 可为 290 mm、240 mm、190 mm,宽度 B 可为 240 mm、190 mm、180 mm、140 mm、115 mm,高度 H 为 90 mm。在与砂浆接合面上应设有增加结合力的粉刷槽和砌筑砂浆槽。产品还可有 $L/2$ 或 $H/2$ 的配砖,配套使用。烧结多孔砖的外形见图 8-3。

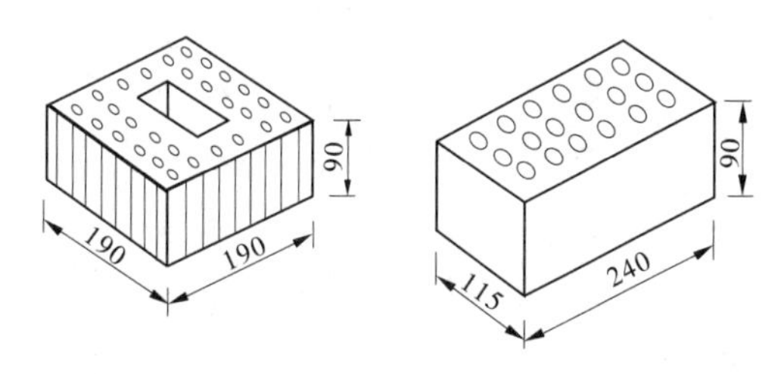

图 8-3 烧结多孔砖 (单位:mm)

烧结多孔砖的技术要求如下:

(1)尺寸允许偏差应符合表 8-7 的规定。

(2)砖的外观质量应符合表 8-8 的规定。

(3)孔型、孔洞率及孔洞排列应符合表 8-9 的规定。

表 8-7 烧结多孔砖的尺寸允许偏差(GB 13544—2011) (单位:mm)

尺寸	样本平均偏差	样本极差,≤
>400	±3.0	10.0
300 ~ 400	±2.5	9.0
200 ~ 300	±2.5	8.0
100 ~ 200	±2.0	7.0
<100	±1.5	6.0

表 8-8　烧结多孔砖的外观质量(GB 13544—2011)　　(单位:mm)

项目		指标
1. 完整面	不得少于	一条面和一顶面
2. 缺棱掉角的三个破坏尺寸	不得同时大于	30
3. 裂纹长度		
(1)大面(有孔面)上深入孔壁 15 mm 以上宽度方向及其延伸到条面的长度	不大于	80
(2)大面(有孔面)上深入孔壁 15 mm 以上长度方向及其延伸到顶面的长度	不大于	100
(3)条面、顶面上的水平裂纹	不大于	100
4. 杂质在砖面上造成的凸出高度	不大于	5

注:凡有下列缺陷之一者,不能称为完整面;

①缺损在条面或顶面上造成的破坏面尺寸同时大于 20 mm × 30 mm;

②条面或顶面上裂纹宽度大于 1 mm,其长度超过 70 mm;

③压缩、焦花、粘底在条面或顶面上的凹陷或凸出超过 2 mm,区域最大投影尺寸同时大于 20 mm × 30 mm。

表 8-9　烧结多孔砖的孔型、孔洞率及孔洞排列(GB 13544—2011)　　(单位:mm)

孔型	孔洞尺寸		最小外壁厚	最小肋厚	孔洞率(%)	孔洞排列
	孔宽 b	孔长 L				
矩形条孔或矩形孔	≤13	≤40	≥12	≥5	≥28	1. 所有孔宽应相等,孔采用单向或双向交错排列; 2. 孔洞排列上下、左右应对称,分布均匀,手抓孔的长度方向尺寸必须平行于砖的条面

注:1. 矩形孔的孔长 L、孔宽 b 满足式 $L \geqslant 3b$ 时,为矩形条孔。

2. 孔四个角应做成过渡圆角,不得做成直尖角。

3. 规格大的砖应设置手抓孔,手抓孔尺寸为(30 ~ 40)mm × (75 ~ 85)mm。

(4)密度等级。砖的密度等级分为 1 000、1 100、1 200、1 300 四个等级,见表 8-10。

表 8-10　烧结多孔砖的密度等级(GB 13544—2011)　　(单位:kg/m^3)

密度等级	3 块砖干燥表观密度平均值
1 000	900 ~ 1 000
1 100	1 000 ~ 1 100
1 200	1 100 ~ 1 200
1 300	1 200 ~ 1 300

(5)强度等级、泛霜、石灰爆裂。烧结多孔砖的强度等级要求同烧结普通砖。同样不

允许出现严重的泛霜和破坏尺寸超过 15 mm 的石灰爆裂区域。破坏尺寸在 2 ~ 15 mm 的爆裂区域,每组砖和砌块不得多于 15 处,其中大于 10 mm 的区域不得多于 7 处。

(6)抗风化性能,见表 8-11。

表 8-11 抗风化性能(GB 13544—2011)

种类	严重风化区				非严重风化区			
	5 h 沸煮吸水率(%),≤		饱和系数,≤		5 h 沸煮吸水率(%),≤		饱和系数,≤	
	平均值	单块最大值	平均值	单块最大值	平均值	单块最大值	平均值	单块最大值
黏土砖	21	23	0.85	0.87	23	25	0.88	0.90
粉煤灰砖	23	25			30	32		
页岩砖	16	18	0.74	0.77	18	20	0.78	0.80
煤矸石砖	19	21			21	23		

注:1. 粉煤灰掺入量(质量比)小于 30% 时,按黏土砖规定判定。
2. 严重风化区用砖和其他地区以淤泥、固体废弃物为主料生产的砖必须进行冻融试验。
3. 其他地区用砖符合表格规定可不做冻融试验。

(7)产品标记。烧结多孔砖的产品标记按产品名称、品种、规格、强度等级、密度等级和标准编号顺序编写。例如:规格尺寸 290 mm × 140 mm × 90 mm,强度等级 MU25,密度 1 200 级的黏土烧结多孔砖,其标记为:烧结多孔砖 N 290 × 140 × 90 MU25 1200 GB 13544—2011。

8.2.1.3 烧结空心砖

烧结空心砖以黏土、页岩、煤矸石为主要原料,经焙烧而成,孔洞率大于或等于 40%,孔洞尺寸大而数量少,用作填充的非承重用砖。空心砖孔洞采用矩形条孔或其他孔型,且平行于大面和条面,使用时大面受压。其外形见图 8-4。

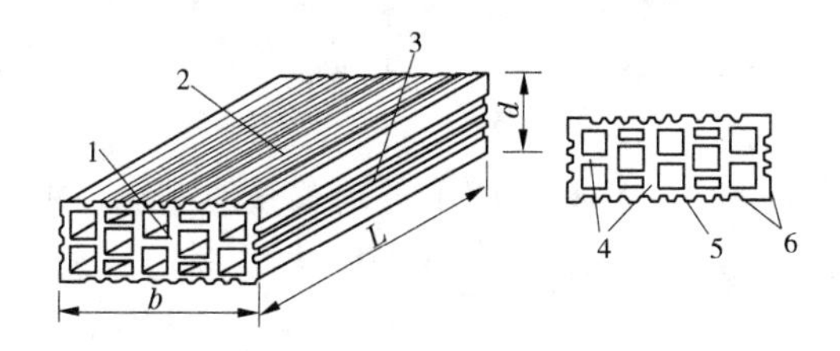

1—顶面;2—大面;3—条面;4—肋;5—凹线槽;6—外壁;
L—长度;b—宽度;d—高度

图 8-4 烧结空心砖外形示意

烧结空心砖的长度、宽度、高度尺寸(mm)应符合下列要求:长度:390、290、240、190、180(175)、140;宽度:190、180(175)、140、115;高度:180(175)、140、115、90。空心砖的强度等级分为 MU10.0、MU7.5、MU5.0、MU3.5 四个等级。

空心砖的表观密度为 800 ~ 1 100 kg/m^3,具有良好的热绝缘性能,在多层建筑中用于隔断墙或框架结构填充墙中。

生产和使用多孔砖和空心砖可节约黏土25%左右,节约燃料10% ~20%,比实心砖减轻墙体自重1/3,提高工效40%,降低造价约20%,并改善了墙体的热工性能。

8.2.2 非烧结砖

不经焙烧而制成的砖均称为非烧结砖,如蒸养(压)砖、碳化砖、免烧免蒸砖等。蒸养(压)砖是以钙质材料(石灰、电石渣等)和硅质材料(砂、粉煤灰、煤矸石、灰渣、炉渣等)与水拌合,经压制成型,在人工热合成条件(蒸养或蒸压)下,反应生成以水化硅酸钙、水化铝酸钙为主要成分的硅酸盐制品。目前,工程中应用较广的是蒸养(压)砖,其主要品种有蒸养(压)粉煤灰砖和蒸压灰砂砖。

8.2.2.1 蒸养(压)粉煤灰砖

蒸养(压)粉煤灰砖以粉煤灰、石灰为主要原料,掺加适量石膏等外加剂和骨料等,经坯料制备、压制成型、高压蒸汽养护而制成。

粉煤灰砖的公称尺寸为240 mm×115 mm×53 mm,呈深灰色,表观密度约1 500 kg/m^3。

粉煤灰砖根据抗压强度和抗折强度可分为MU30、MU25、MU20、MU15、MU10五个强度等级。

粉煤灰砖可用于工业与民用建筑的墙体和基础,但用于基础或用于易受冻融和干湿交替作用的建筑部位必须使用MU15以上强度等级的砖,不得用于长期受热(200 ℃以上)、受急冷急热和有酸性介质侵蚀的建筑部位。

8.2.2.2 蒸压灰砂砖

凡以石灰和砂为主要原料,允许掺加颜料和外加剂,经坯料制备、压制成型、蒸压养护而制成的实心砖称为蒸压灰砂砖。

蒸压灰砂砖的公称尺寸为240 mm×115 mm×53 mm。表观密度为1 800 ~1 900 kg/m^3。灰砂砖有彩色(CO)和本色(N)两类。

蒸压灰砂砖根据抗压强度和抗折强度可分为MU25、MU20、MU15、MU10四个强度等级。根据尺寸偏差和外观质量、强度及抗冻性分为优等品(A)、一等品(B)和合格品(C)三个质量等级。

MU15、MU20、MU25的蒸压灰砂砖可用于基础及其他建筑,MU10的蒸压灰砂砖仅可用于防潮层以上的建筑;不得用于长期受热200 ℃以上、受急冷急热和有酸性介质侵蚀的建筑部位。

8.3 墙用砌块

砌块是指砌筑用的人造块材,外形多为直角六面体,也有各种异形的。砌块系列中主规格的长度、宽度或高度有一项或一项以上分别大于365 mm、240 mm或115 mm。砌块生产工艺简单,能充分利用地方材料和工业废渣;可利用中小型施工机具施工,提高施工速度;砌筑方便;其力学性能、物理性能、耐久性能均能满足一般工业与民用建筑的要求。

砌块按用途分为承重砌块与非承重砌块,按有无孔洞分为密实砌块与空心砌块,按使用原材料分为硅酸盐混凝土砌块与轻骨料混凝土砌块，按生产工艺分为烧结砌块与蒸压（蒸养）砌块，按砌块产品规格分为大型砌块（主规格的高度大于 980 mm）、中型砌块（主规格的高度为 380～980 mm）和小型砌块（主规格的高度大于 115 mm 而小于 380 mm）。

8.3.1　蒸压加气混凝土砌块（ACB）

蒸压加气混凝土砌块是以钙质材料（水泥、石灰等）和硅质材料（砂、矿渣、粉煤灰等）为基本原料，经过磨细，并以铝粉为加气剂，按一定比例配合，经搅拌、浇筑、发气、成型、切割和蒸压养护而制成的一种轻质墙体材料。

蒸压加气混凝土砌块质轻，便于加工，保温隔声，防火性好。常用于低层建筑的承重墙、多层和高层建筑的非承重墙、框架结构填充墙，也可作为填充材料或保温隔热材料；不得用于有侵蚀介质的环境、处于浸水或经常处于潮湿环境的建筑墙体，不得用于墙体表面温度高于 80 ℃的结构，不得用于建筑物基础。

蒸压加气混凝土砌块的长度为 600 mm，宽度有 100 mm、120 mm、125 mm、150 mm、180 mm、200 mm、240 mm、250 mm、300 mm 九种规格，高度有 200 mm、240 mm、250 mm、300 mm 四种规格。强度级别有 A1.0、A2.0、A2.5、A3.5、A5.0、A7.5、A10.0 七个级别。干密度级别有 B03、B04、B05、B06、B07、B08 六个级别。按尺寸偏差与外观质量、干密度、抗压强度和抗冻性分为优等品（A）、合格品（B）两个质量等级。

蒸压加气混凝土砌块的尺寸允许偏差和外观质量应符合表 8-12 的规定，抗压强度应

表 8-12　蒸压加气混凝土砌块的尺寸允许偏差和外观质量（GB/T 11968—2006）

项目		指标	
		优等品（A）	合格品（B）
尺寸允许偏差（mm）	长度 L	±3	±4
	宽度 B	±1	±2
	高度 H	±1	±2
缺棱掉角	最小尺寸不得大于（mm）	0	30
	最大尺寸不得大于（mm）	0	70
	大于以上尺寸的缺棱掉角个数不多于（个）	0	2
裂纹长度	贯穿一棱二面的裂纹长度不得大于裂纹所在的裂纹方向尺寸总和的	0	2
	任一面上的裂纹长度不得大于裂纹方向尺寸的	0	1/3
	大于以上尺寸的裂纹条数不多于（条）	0	1/2
爆裂、粘模和损坏深度不得大于（mm）		10	30
平面弯曲		不允许	
表面疏松、层裂		不允许	
表面油污		不允许	

符合表8-13的规定,强度级别应符合表8-14的规定,干密度应符合表8-15的规定,干燥收缩、抗冻性和导热系数(干态)应符合表8-16的规定。

表8-13 蒸压加气混凝土砌块的抗压强度(GB/T 11968—2006) (单位:MPa)

强度级别	立方体抗压强度	
	平均值,≥	单块最小值,≥
A1.0	1.0	0.8
A2.0	2.0	1.6
A2.5	2.5	2.0
A3.5	3.5	2.8
A5.0	5.0	4.0
A7.5	7.5	6.0
A10.0	10.0	8.0

表8-14 蒸压加气混凝土砌块的强度级别(GB/T 11968—2006)

干密度级别		B03	B04	B05	B06	B07	B08
强度级别	优等品	A1.0	A2.0	A3.5	A5.0	A7.5	A10.0
	合格品			A2.5	A3.5	A5.0	A7.5

表8-15 蒸压加气混凝土砌块的干密度(GB/T 11968—2006) (单位:kg/m^3)

干密度级别		B03	B04	B05	B06	B07	B08
干密度	优等品(A),≤	300	400	500	600	700	800
	合格品(B),≤	325	425	525	625	725	825

表8-16 蒸压加气混凝土砌块的干燥收缩、抗冻性和导热系数(GB/T 11968—2006)

干密度级别			B03	B04	B05	B06	B07	B08
干燥收缩值	标准法(mm/m),≤		0.50					
	快速法(mm/m),≤		0.80					
抗冻性	质量损失(%),≤		5.0					
	冻后强度(MPa),≥	优等品	0.8	1.6	2.8	4.0	6.0	8.0
		合格品			2.0	2.8	4.0	6.0
导热系数(干态,W/(m·K))			0.10	0.12	0.14	0.16	0.18	0.20

注:规定采用标准法、快速法测定砌块干燥收缩值。若测定结果发生矛盾不能判定,则以标准法测定的结果为准。

8.3.2　普通混凝土小型砌块

普通混凝土小型砌块是以水泥、矿物掺合料、砂、石、水等为原材料,经搅拌、振动成型、养护等工艺制成的小型砌块,包括空心砌块和实心砌块。常用于地震设计烈度为8度和8度以下地区的一般民用与工业建筑物的墙体。

混凝土小型空心砌块主规格尺寸为390 mm×190 mm×190 mm。最小外壁厚应不小于30 mm,最小肋厚应不小于25 mm。空心率应不小于25%。混凝土小型空心砌块的外形见图8-5。

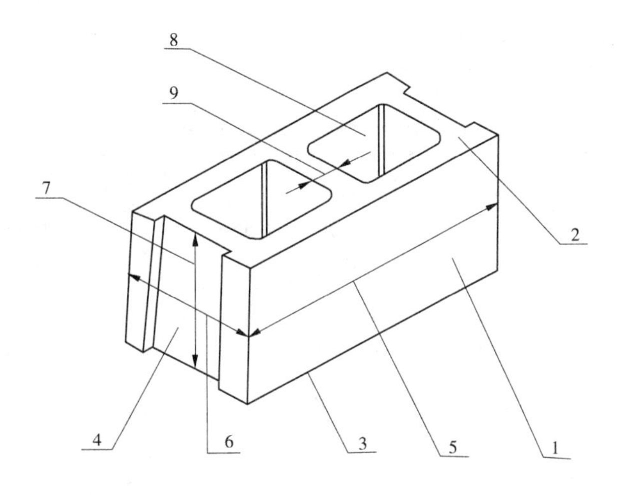

1—条面;2—坐浆面(肋厚较小的面);3—铺浆面(肋厚较大的面);
4—顶面;5—长度;6—宽度;7—高度;8—壁;9—肋厚

图8-5　混凝土小型空心砌块

混凝土小型砌块抗压强度分为MU5.0、MU7.5、MU10、MU15、MU20、MU25、MU30、MU35、MU40九个强度等级。

混凝土小型砌块尺寸允许偏差应符合表8-17的规定,外观质量应符合表8-18的规定,强度等级应符合表8-19的规定。

表8-17　混凝土小型砌块尺寸允许偏差(GB/T 8239—2014)　(单位:mm)

项目名称	技术指标
长度	±2
宽度	±2
高度	+3、-2

表 8-18　混凝土小型砌块外观质量(GB/T 8239—2014)

项目名称		技术指标
弯曲(mm),≤		2
掉角缺棱	个数(个),不超过	1
	三个方向投影尺寸的最大值(mm),≤	20
裂纹延伸的投影尺寸累计(mm),≤		30

表 8-19　混凝土小型空心砌块强度等级(GB/T 8239—2014)　(单位:MPa)

强度等级	砌块强度	
	平均值不小于	单块最小值不小于
MU5.0	5.0	4.0
MU7.5	7.5	6.0
MU10	10.0	8.0
MU15	15.0	12.0
MU20	20.0	16.0
MU25	25.0	20.0
MU30	30.0	24.0
MU35	35.0	28.0
MU40	40.0	32.0

8.3.3　轻集料混凝土小型空心砌块(LB)

轻集料混凝土小型空心砌块(简称轻集料小砌块)是由水泥、轻粗细集料及外加剂加水搅拌,经装模、振动(或加压振动或冲压)成型并经养护而制成的一种墙体材料。它具有良好的保温隔热性、抗震性、防火及吸声性能,并且施工方便,自重轻,是一种具有广泛发展前景的墙体材料。

按砌块孔的排数分为单排孔、双排孔、三排孔和四排孔四类。按砌块的干表观密度分为700、800、900、1 000、1 100、1 200、1 300和1 400八个密度等级。按砌块的抗压强度分为MU2.5、MU3.5、MU5.0、MU7.5和MU10.0五个强度等级。

轻集料混凝土小型空心砌块按代号、类别、密度等级、强度等级和标准编号的顺序进行标记。示例:符合 GB/T 15229—2011,双排孔,800 密度等级,3.5 强度等级的轻集料混凝土小型空心砌块标记为:LB 2 800 MU3.5 GB/T 15229—2011。

轻集料混凝土小型空心砌块的主规格尺寸为 390 mm × 190 mm × 190 mm。尺寸允许偏差和外观质量应符合表 8-20 的规定。密度等级应符合表 8-21 的规定。强度等级应符合表 8-22 的规定。其中,完全符合的为一等品;密度等级范围不满足要求的为合格品。吸水率不应大于 20%,干缩率和相对含水率应符合表 8-23 的规定。抗冻性应符合表 8-24 的规定。

表 8-20　尺寸偏差和外观质量

项目		指标
尺寸偏差(mm)	长度	±3
	宽度	±3
	高度	±3
最小外壁厚(mm)	用于承重墙体,≥	30
	用于非承重墙体,≥	20
肋厚(mm)	用于承重墙体,≥	25
	用于非承重墙体,≥	20
缺棱掉角	个数(块),≤	2
	三个方向投影的最大值(mm),≤	30
裂缝延伸的累计尺寸(mm),≤		30

表 8-21　密度等级　(单位:kg/ m^3)

密度等级	干表观密度范围
700	≥610,≤700
800	≥710,≤800
900	≥810,≤900
1 000	≥910,≤1 000
1 100	≥1 010,≤1 100
1 200	≥1 110,≤1 200
1 300	≥1 210,≤ 1 300
1 400	≥1 310,≤1 400

表 8-22　强度等级

强度等级	砌块抗压强度(MPa)		密度等级范围(kg/m^3)
	平均值	最小值	
MU2.5	≥2.5	≥2.0	≤800
MU3.5	≥3.5	≥2.8	≤1000
MU5.0	≥5.0	≥4.0	≤1 200
MU7.5	≥7.5	≥6.0	≤1 200[a] ≤1 300[b]
MU10.0	≥10.0	≥8.0	≤1 200[a] ≤1 400[b]

注:a. 除自燃煤矸石掺量不小于砌块质量 35% 以外的其他砌块;

b. 自燃煤矸石掺量不小于砌块质量 35% 的砌块。

表 8-23　干缩率和相对含水率

干缩率(%)	相对含水率(%)		
	潮湿地区	中等湿度地区	干燥地区
<0.03	≤45	≤40	≤35
≥0.03,≤0.045	≤40	≤35	≤30
>0.045,≤0.065	≤35	≤30	≤25

注:相对含水率即砌块出厂含水率与吸水率之比。

表 8-24　抗冻性

环境条件	抗冻标号	质量损失(%)	强度损失(%)
温和与夏热冬暖地区	D15	≤5	≤25
夏热冬冷地区	D25		
寒冷地区	D35		
严寒地区	D50		

8.4　砌墙砖检验

试验按照《砌墙砖试验方法》(GB/T 2542—2012)、《烧结普通砖》(GB/T 5101—2017)和《砌墙砖检验规则》(JC 466—92)等规定执行。

取样批次按 3.5 万 ~ 15 万块为一批,不足 3.5 万块的按一批计。外观质量检验的试样采用随机抽样法,在每一检验批的产品堆垛中抽取。尺寸偏差检验的样品用随机抽样法从外观质量检验后的样品中抽取。其他检验项目的样品用随机抽样法从外观质量检验后的样品中抽取。抽样数量见表 8-25。

表 8-25 抽样数量

序号	检验项目	抽样数量(块)	序号	检验项目	抽样数量(块)
1	外观质量	50	5	石灰爆裂	5
2	尺寸偏差	20	6	冻融	10
3	强度等级	10	7	吸水率	5
4	泛霜	5	8	饱和系数	5

8.4.1 砖的尺寸偏差检验

8.4.1.1 检验目的

作为评定砖的产品质量等级的依据。

8.4.1.2 主要仪器

砖用卡尺如图 8-6 所示,分度值为 0.5 mm。

8.4.1.3 检验方法

按《砌墙砖试验方法》(GB/T 2542—2012)规定,长度、宽度应在砖的两个大面中间处分别测量两个尺寸,高度应在两个条面中间处分别测量两个尺寸,如图 8-7 所示。当被测处缺损或凸出时,可在其旁边测量,但应选择不利的一侧,精确至 0.5 mm。每一方向尺寸以两个测量值的算术平均值表示,精确至 1 mm。

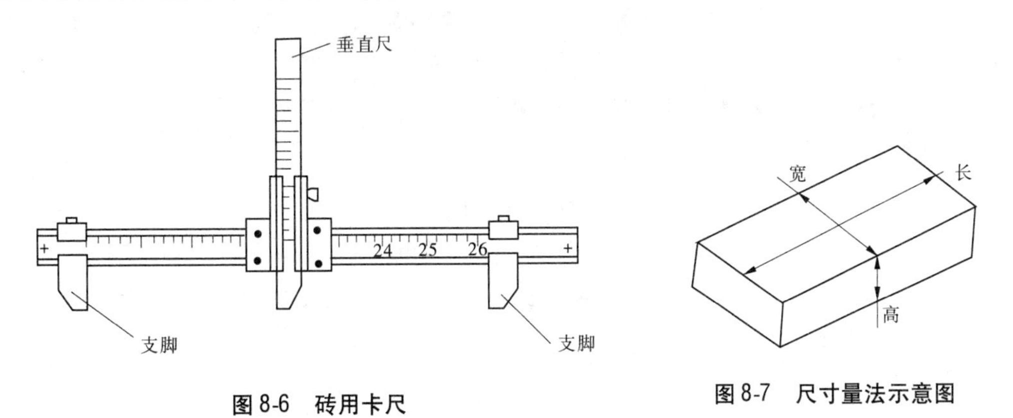

图 8-6 砖用卡尺

图 8-7 尺寸量法示意图

8.4.1.4 结果处理

样本平均偏差是 20 块试样同一方向测量尺寸的算术平均值减去其公称尺寸的差值,样本极差是 20 块试样同一方向测量尺寸的最大值与最小值之差。

尺寸偏差符合国家标准相应等级规定,判尺寸偏差为该等级;否则,判为不合格。

8.4.2 外观质量检验

8.4.2.1 检验目的

作为评定砖的产品质量等级的依据。

8.4.2.2 主要仪器

砖用卡尺:分度值为 0.5 mm。钢直尺:分度值为 1 mm。

8.4.2.3　检验方法

1. 缺损

缺棱掉角在砖上造成的破损程度,以破损部分对长、宽、高三个棱边的投影尺寸来度量,称为破坏尺寸,如图8-8所示。缺损所造成的破坏面,是指缺损部分对条、顶面,空心砖为条、大面的投影面积,如图8-9所示。空心砖内壁残缺及肋残缺尺寸,以长度方向的投影尺寸度量。

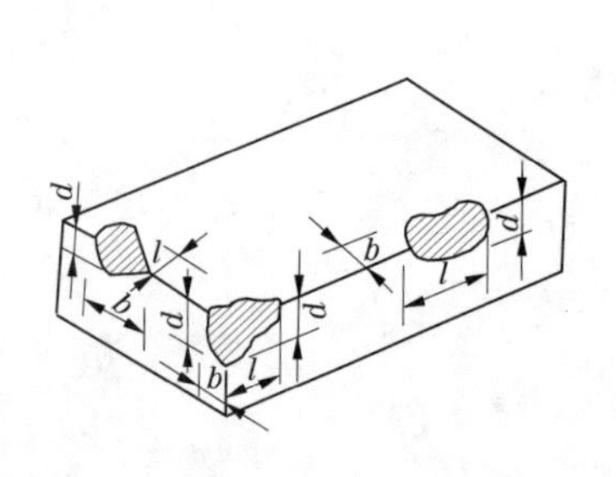

l—长度方向的投影量;b—宽度方向的投影量;d—高度方向的投影量

图8-8　缺棱掉角破坏尺寸量法

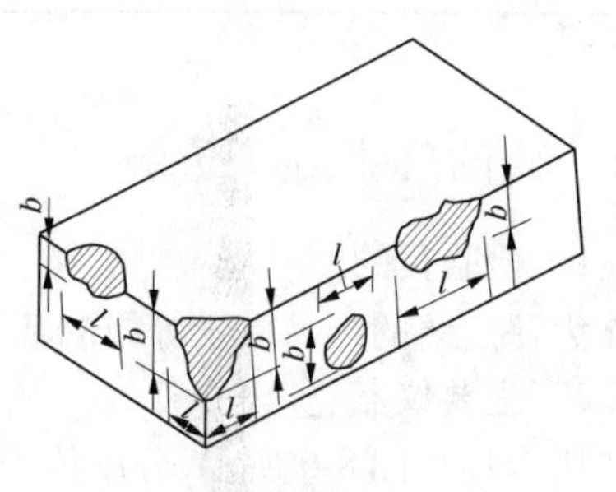

l—长度方向的投影量;b—高度方向的投影量(破坏面面积 $=l\times b$)

图8-9　缺损在条面、顶面上造成破坏量法

2. 裂纹

裂纹分为长度、宽度和水平方向三种,以被测方向的投影长度表示。如果裂纹从一个面延伸至其他面上,则累计其延伸的投影长度,如图8-10所示。多孔砖的孔洞与裂纹相通时,则将孔洞包括在裂纹内一并测量,如图8-11所示。裂纹长度以在三个方向上分别测得的最长裂纹作为测量结果。

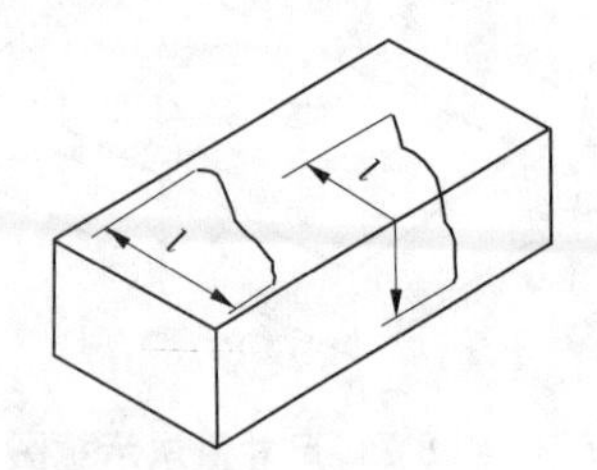

(a)宽度方向裂纹长度量法

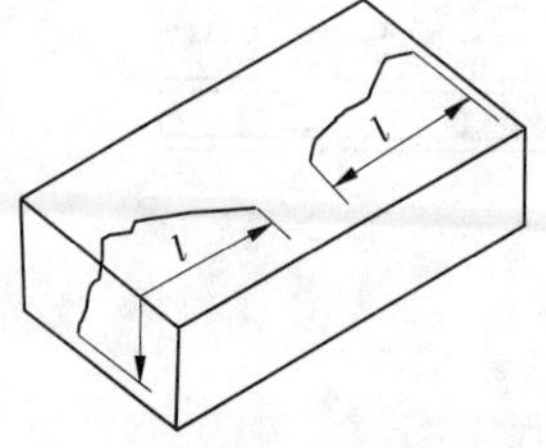

(b)长度方向裂纹长度量法

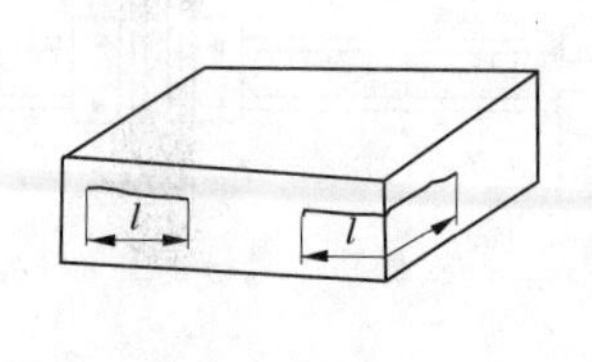

(c)水平方向裂纹长度量法

图8-10　裂纹长度量法

3. 弯曲

弯曲分别在大面和条面上测量,测量时将砖用卡尺的两支脚沿棱边两端放置,择其弯曲最大处将垂直尺推至砖面,如图8-12所示。但不应将因杂质或碰伤造成的凹处计算在内。以弯曲中测得的较大值作为测量结果。

4. 杂质凸出高度

杂质在砖面上造成的凸出高度,以杂质距砖面的最大距离表示。测量时将砖用卡尺的两支脚置于凸出两边的砖平面上,以垂直尺测量,如图8-13所示。

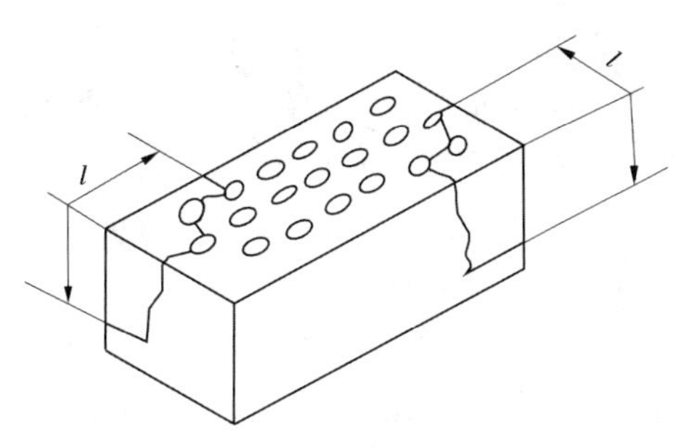

图 8-11 多孔砖裂纹通过孔洞时长度量法

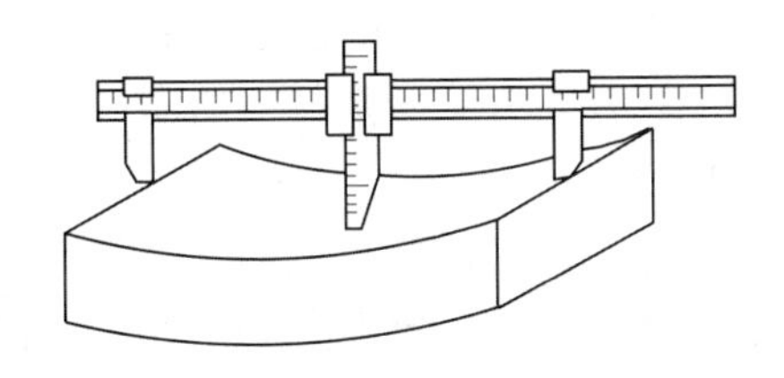

图 8-12 弯曲量法

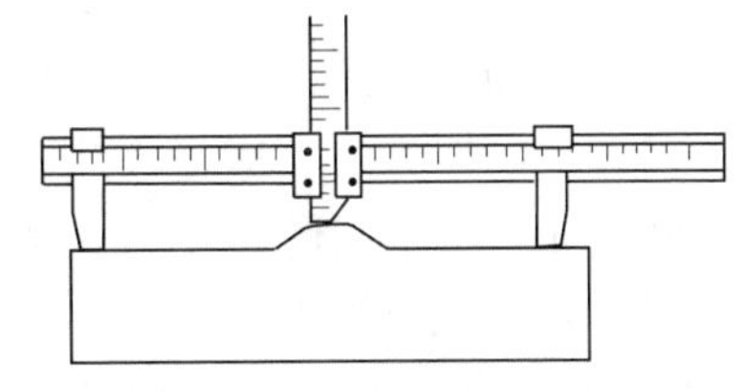

图 8-13 杂质凸出高度量法

8.4.2.4 **结果处理**

外观测量结果以 mm 为单位，不足 1 mm 者按 1 mm 计。

8.4.2.5 **结果评定**

外观质量采用《砌墙砖检验规则》（JC/T 466—92）二次抽样方案，根据国家标准规定的外观质量指标，检查出其中不合格品数 d_1，按下列规则判定：①$d_1 \leqslant 7$ 时，外观质量合格。②$d_1 \geqslant 11$ 时，外观质量不合格。③$7 < d_1 < 11$ 时，需再从该产品批抽样 50 块检验，检查出不合格品数 d_2，按下列规则判定：$d_1 + d_2 \leqslant 18$，外观质量合格；$d_1 + d_2 \geqslant 19$，外观质量不合格。

8.4.3 抗压强度检验

8.4.3.1 **检验目的**

测定砖的抗压强度，作为评定砖的产品质量等级的依据。

8.4.3.2 **检验仪器**

压力机：示值相对误差不超出 ±1%，预期最大破坏荷载应为量程的 20% ~80%。其下加压板应为球铰支座。

抗压试件制备平台：试件制备平台必须平整水平，可用金属或其他材料制作。

锯砖机或砌砖器、直尺、镘刀等。

8.4.3.3 **检验方法**

试样数量为 10 块。

1. 试件制备

一次成型制样适用于采用样品中间部位切割，交错叠加灌浆制成强度试验试样的方式。将试样锯成两个半截砖，两个半截砖用于叠合部分的长度不得小于 100 mm。将已切割开的半截砖放入室温的净水中浸 20 ~30 min 后取出，在铁丝网架上滴水 20 ~30 min，以断口相反方向装入制样模具中。用插板控制两个半砖间距不应大于5 mm,砖大面与模具间距不应大于3 mm,砖断面、顶面与模具间垫以橡胶垫或其他密封材料,模具内表面涂油或脱模剂。将净浆材料按照配制要求,置于搅拌机中搅拌均匀。将装好试样的模具置于振动台上,加入适量搅拌均匀的净浆材料,振动时间为0.5~1 min,停止振动,静置至净浆材料达到初凝时间(15~19 min)后拆模。

二次成型制样适用于采用整块样品上下表面灌浆制成强度试验试样的方式。将整块试样放入室温的净水中浸20~30 min后取出,在铁丝网架上滴水20~30 min。按照净浆材料配制要求,置于搅拌机中搅拌均匀。模具内表面涂油或脱模剂,加入适量搅拌均匀的净浆材料,将整块试样一个承压面与净浆接触,装入制样模具中,承压面找平层厚度不应大于3 mm。接通振动台电源,振动0.5~1 min,停止振动,静置至净浆材料初凝(15~19 min)后拆模。按同样方法完成整块试样另一承压面的找平。

非成型制样适用于试样无需进行表面找平处理的方式。将试样锯成两个半截砖,两个半截砖用于叠合部分的长度不得小于100 mm。两半截砖切断口相反叠放,叠合部分不得小于100 mm。

2. 试件养护

一次成型制样、二次成型制样在不低于10 ℃的不通风室内养护4 h,再进行试验。非成型制样不需养护,直接进行试验。

3. 抗压检验

测量每个试件连接面或受压面的长、宽尺寸各两个,分别取其平均值,精确至1 mm。

将试件平放在加压板的中央,垂直于受压面加荷,加荷应均匀平稳,不得发生冲击或振动。加荷速度以2~6 kN/s为宜,直至试件破坏,记录最大破坏荷载P(N)。

8.4.3.4 结果处理

每块试样的抗压强度按下式计算(精确至0.01 MPa):

$$f_c = \frac{P}{lb} \tag{8-1}$$

式中 f_c——抗压强度,MPa;

P——最大破坏荷载,N;

l——受压面(连接面)的长度,mm;

b——受压面(连接面)的宽度,mm。

检验结果以试样抗压强度的算术平均值和标准值或单块最小值表示,精确至0.1 MPa。根据《烧结普通砖》(GB/T 5101—2017)的规定,对烧结普通砖的抗折强度已不作要求,只需给出烧结普通砖的抗压强度算术平均值及其标准值,它们分别按式(8-2)~式(8-5)计算。

$$\bar{f} = \frac{1}{10}\sum_{i=1}^{10} f_i \tag{8-2}$$

$$f_k = \bar{f} - 1.8S \tag{8-3}$$

$$S = \sqrt{\frac{1}{9}\sum_{i=1}^{10}(f_i - \bar{f})^2} \tag{8-4}$$

$$\delta = \frac{S}{\overline{f}} \tag{8-5}$$

式中　$\overline{f}$——10 块砖样抗压强度算术平均值,MPa,精确至 0.1 MPa;

f_k——强度标准值,MPa,精确至 0.1 MPa;

S——10 块砖样抗压强度标准差,MPa,精确至 0.01 MPa;

δ——砖强度变异系数,精确至 0.01;

f_i——单块砖样抗压强度的测定值,MPa,精确至 0.01MPa。

变异系数 $\delta \leqslant 0.21$ 时,按抗压强度算术平均值 $\overline{f}$ 和强度标准值 f_k 指标评定砖的强度等级;$\delta > 0.21$ 时,按抗压强度算术平均值 $\overline{f}$ 和单块最小抗压强度值 f_{min}(精确至 0.1 MPa)指标评定砖的强度等级。强度检验结果符合国家标准的规定,判强度合格,且定为相应等级;否则,判为不合格。

8.4.4　抗折强度检验

8.4.4.1　检验仪器

材料试验机:试验机的示值相对误差不超出 ±1%,其下加压板应为球铰支座,预期最大破坏荷载应为量程的 20% ~80%;抗折试验的加荷形式为三点加荷,其上压辊和下压辊的曲率半径为 15 mm,下支辊应有一个为铰接固定。

直尺:分度值不应大于 1 mm。

8.4.4.2　检验方法

抗折强度用烧结砖和蒸压灰砂砖试样,数量为 5 块,其他砖则为 10 块。

在砖的两个大面的中间处测量宽度 b(测量两次取其平均值,精确至 1 mm);在砖的两个条面的中间处用同样的方法测出砖的高度 h(mm)。

调整抗折夹具下支辊的跨距为砖规格长度减去 40 mm,如图 8-14 所示。但规格长度为 190 mm 的砖,其跨距为 160 mm。

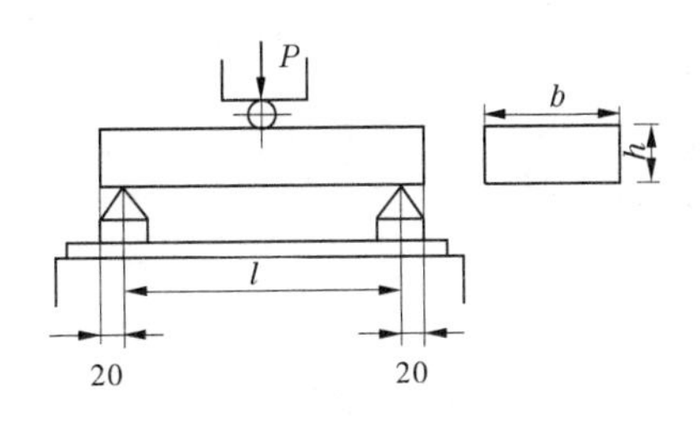

图 8-14　砖的抗折强度(荷重)检验示意　(单位:mm)

将试样大面平放在下支辊上,试样两端面与下支辊的距离应相同,当试样有裂缝或凹陷时,应使有裂缝或凹陷的大面朝下,以 50 ~150 N/s 的速度均匀加荷,直至试样断裂,记录最大破坏荷载 P(N)。

8.4.4.3　结果处理

(1)每块试样的抗折强度按式(8-6)计算(精确至 0.01 MPa):

$$f_{tm} = \frac{3Pl}{2bh^2} \tag{8-6}$$

式中 f_{tm}——抗折强度,MPa;

P——最大破坏荷载,N;

l——跨距,mm;

b——试样宽度,mm;

h——试样高度,mm。

(2)检验结果以试样抗折强度算术平均值和单块最小值表示,精确至0.01 MPa。

9　防水材料

防水材料是保证建筑物防止水分侵蚀渗透的重要功能性材料，在水利工程、建筑工程、市政工程中应用广泛。国内外使用沥青防水材料历史悠久，但随着石油工业的发展，各种高分子材料的出现为研制性能优良的新型防水材料提供了原料和技术。本章主要介绍沥青、沥青及高分子防水材料、沥青混合料等常用防水材料。

9.1　沥　青

沥青是一种有机胶凝材料，它是复杂的高分子碳氢化合物及非金属（氧、硫、氮等）衍生物的混合物。在常温下呈固体、半固体或黏性液体状态，颜色由黑褐色至黑色，能溶于多种有机溶剂，极难溶于水，具有良好的憎水性、黏结性和塑性，能抵抗冲击荷载的作用，且耐酸、耐碱、耐腐蚀。在工程中广泛地用作防水、防潮、防腐和路面等材料。

沥青可分为地沥青和焦油沥青两大类：

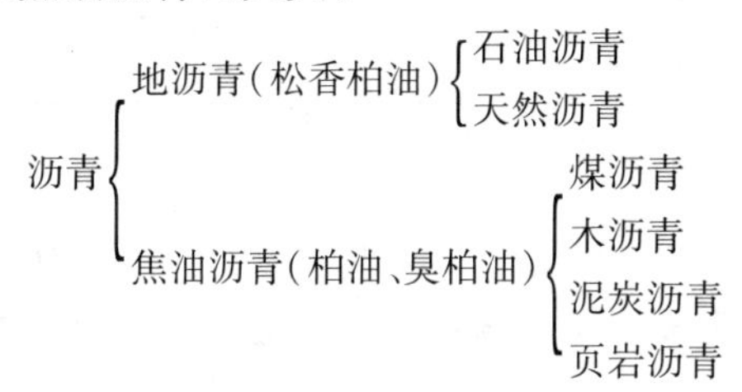

地沥青俗称松香柏油，按其产源不同分为石油沥青和天然沥青两种。石油沥青是由石油原油炼制出汽油、煤油、柴油及润滑油等以后的副产品经过加工而成的；天然沥青是由沥青矿提炼加工而成的。

焦油沥青俗称柏油、臭柏油，是干馏各种固体或液体燃料及其他有机材料所得的副产品，包括煤焦油蒸馏后的残余物即煤沥青，木焦油蒸馏后的残余物即木沥青等。页岩沥青是由页岩提炼石油后的残渣加工制得的。

工程中常用的沥青材料主要为石油沥青和煤沥青，石油沥青的技术性质优于煤沥青，在工程中应用更为广泛。

9.1.1　石油沥青

石油沥青是由天然原油炼制各种成品油后，经加工所得的重质产品，是黑色或棕褐色的黏稠状或固体状物质，燃烧时略有松香或石油味，但无刺激性臭味，韧性较好，略有弹性。

9.1.1.1　**石油沥青的分类**

石油沥青按原油的成分分为石蜡基沥青、沥青基沥青和混合基沥青，按加工方法不同分为直馏沥青、氧化沥青、裂化沥青等,按沥青用途不同分为道路石油沥青、建筑石油沥青、专用石油沥青等。

道路石油沥青是石油蒸馏的残留物或将残留物氧化而制得的,适用于铺筑道路及制作屋面防水层的黏结剂,或制造防水纸及绝缘材料。

建筑石油沥青是用原油蒸馏后的重油经氧化所得的产物,适用于建筑工程及其他工程的防水、防潮、防腐蚀、胶结材料和涂料,制造油毡、油纸防水卷材和绝缘材料等。

专用石油沥青指有特殊用途的沥青,是石油经减压蒸馏的残渣经氧化而制得的高熔点沥青,适用于电缆防潮防腐、电气绝缘填充材料、配制油漆等。

9.1.1.2 石油沥青的组分

沥青是一种化学成分相当复杂的混合物,为了便于研究,可将沥青中化学性质与物理性质相似的成分划分为一个组分。一般情况下,沥青分为三大组分,即油分、树脂和地沥青质。沥青中除三大组分外,还含有其他成分,但由于含量很少,因此可忽略不计。

1. 油分

油分是淡黄色至红褐色的黏性透明液体,分子量为200~700,几乎溶于所有溶剂,密度小于1 g/cm^3,含量为40%~60%,它使沥青具有流动性。

2. 树脂

树脂是红褐色至黑褐色的黏稠的半固体,分子量为500~3 000,密度略大于1 g/cm^3,含量为15%~30%。在沥青中绝大部分属于中性树脂,它使沥青具有良好的塑性和黏结性,另有少量(约1%)的酸性树脂,是沥青中表面活性物质,能增强沥青与矿质材料的黏结。

3. 地沥青质

地沥青质是深褐色至黑褐色粉末状固体颗粒,分子量为1 000~5 000,密度大于1 g/cm^3,含量为10%~30%,加热时不熔化,在高温时分解成焦炭状物质和气体。它能提高沥青的黏滞性和耐热性,但含量增多时会降低沥青的低温塑性,是决定沥青性质的主要成分。

9.1.1.3 石油沥青的结构

沥青中的油分和树脂可以互溶,而只有树脂才能浸润地沥青质。以地沥青质为核心,周围吸附部分树脂和油分,构成胶团,无数胶团分散在油分中形成胶体结构,并随着各化学组分的含量及温度而变化,使沥青形成了不同类型的胶体结构,这些结构使石油沥青具有各种不同的技术性质。

当地沥青质含量较少时,油分及树脂含量较多,地沥青质在胶体结构中运动较为自由,形成了溶胶结构,如图9-1(a)所示。这是液体石油沥青的结构特征。具有溶胶结构的石油沥青,黏滞性小而流动性大,塑性好,但温度稳定性较差。

当地沥青质含量适当,并有较多的树脂作为保护层时,它们组成的胶团之间有一定的吸引力。这类沥青在常温下变形的最初阶段,表现出明显的弹性效应。大多数优质沥青属于溶、凝胶型沥青,也称弹性溶胶。在常温下的黏稠沥青(固体、半固体状)即属于此种结构,如图9-1(b)所示。

当地沥青质含量增多,油分及树脂含量减少时,地沥青质成为不规则空间网状的凝胶结构,如图9-1(c)所示。这种结构的石油沥青具有弹性,且黏结性及温度稳定性较好,但塑性较差。

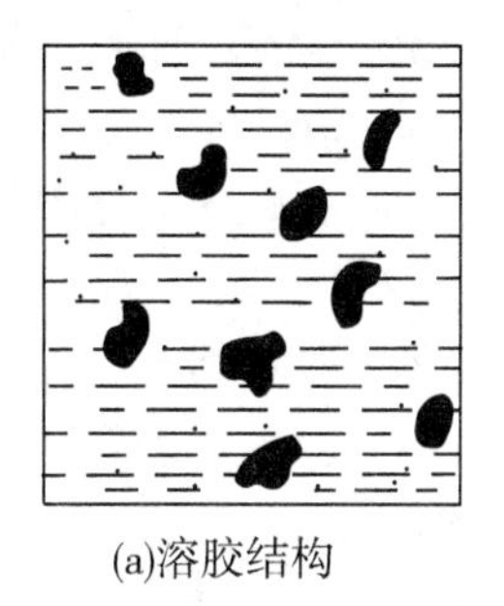
(a)溶胶结构

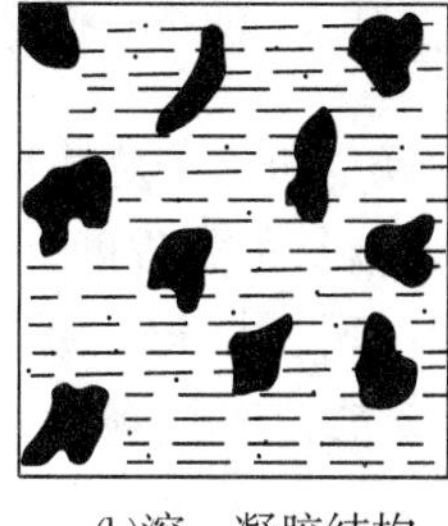
(b)溶、凝胶结构

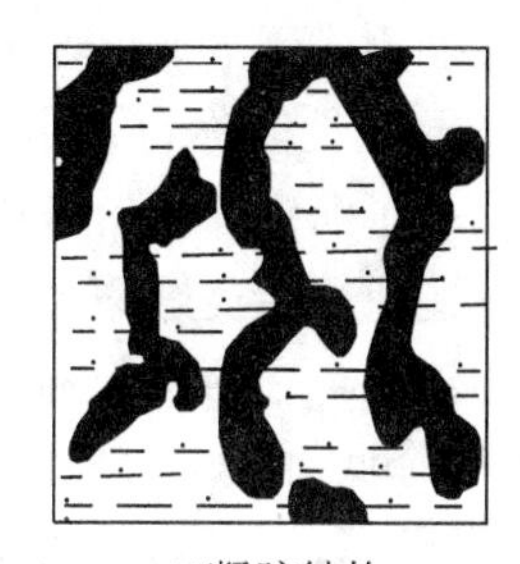
(c)凝胶结构

图 9-1 沥青胶体结构示意

石油沥青的结构状态随温度不同而改变。当温度升高时,固体石油沥青中易熔成分逐渐转变为液体,使原来的凝胶结构状态逐渐转变为溶胶状态;但当温度降低时,它又可以恢复为原来的结构状态。

9.1.1.4 主要技术性质

1. 黏滞性

黏滞性是沥青在外力作用下抵抗发生变形的性能。不同沥青的黏滞性变化范围很大,主要由沥青的组分和温度而定,一般随地沥青质的含量增加而增大,随温度的升高而降低。液体沥青黏滞性指标是黏滞度。黏滞度是液体沥青在一定温度(25 ℃或 60 ℃)条件下,经规定直径(3.5 mm 或 10 mm)的孔漏下 50 mL 所需的秒数。其测定示意图如图 9-2所示。黏滞度常以符号 C_t^d 表示。其中 d 为孔径(mm),t 为试验时沥青的温度(℃)。黏滞度大,表示沥青的稠度大,黏性高,反映液态沥青流动时内部的阻力大。

半固体沥青、固体沥青的黏滞性指标是针入度。针入度通常是指在温度为 25 ℃的条件下,以质量为 100 g 的标准针,经 5 s 插入沥青中的深度(每 0.1 mm 为 1 度)来表示。针入度测定示意图如图 9-3 所示。针入度值大,表示沥青流动性大,黏性差,反映沥青抵抗剪切变形的能力差。针入度范围为 5 ~ 200,它是沥青很重要的技术指标,是沥青划分牌号的主要依据。

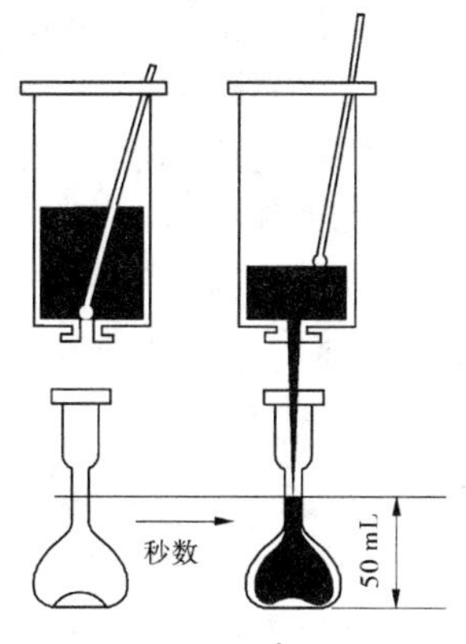

图 9-2 黏滞度测定示意

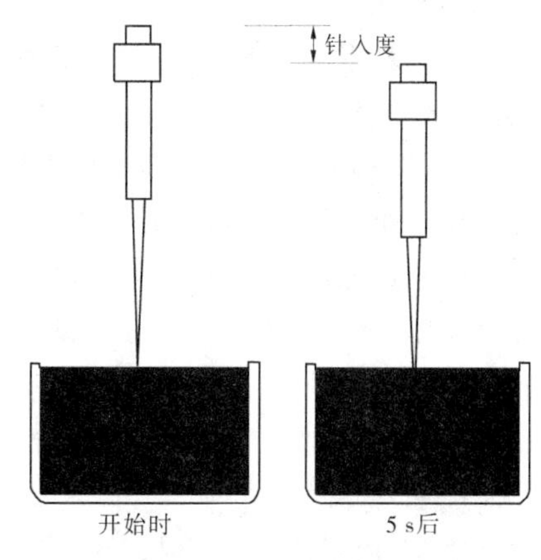

图 9-3 针入度测定示意

2. 塑性

沥青在外力作用下产生变形,除去外力后仍保持变形后的形状不变,而且不发生破坏(裂缝或断开)的性能称为塑性。

塑性反映了沥青开裂后自愈能力及受机械应力作用后变形而不破坏的能力。沥青之所以能被制造成性能良好的柔性防水材料,很大程度上取决于这种性质。

沥青的塑性与它的组分和所处温度密切相关。沥青的塑性一般随其温度的升高而增大,随温度的降低而减小。地沥青质含量相同时,树脂和油分的比例决定沥青的塑性大小,树脂含量越多,沥青的塑性越大。

沥青的塑性用"延伸度"(有时简称延度)或"延伸率"表示。按标准试验方法,制成"8"字形标准试件,试件中间最狭处断面为 1 cm^2,在规定温度(一般为 25 ℃)和规定速度(5 cm/min)的条件下在延伸仪上进行拉伸,延伸度以试件能够拉成细丝的延伸长度(cm)表示。沥青的延伸度越大,沥青的塑性越好。延伸度测定示意见图 9-4。

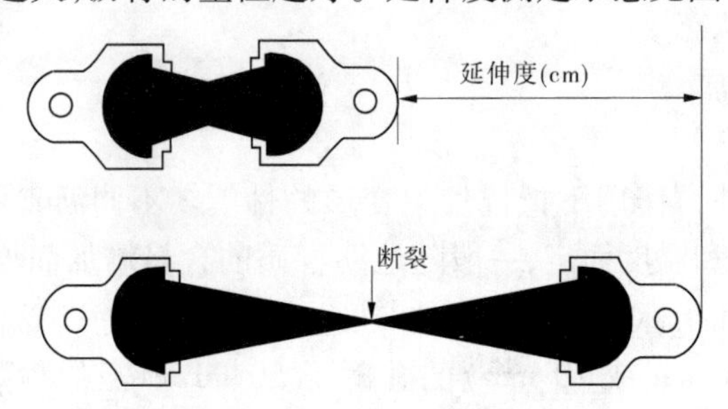

图 9-4　延伸度测定示意

3. 温度稳定性

温度稳定性也称温度敏感性,是指沥青的黏滞性和塑性在温度变化时不产生较大变化的性能。使用温度稳定性好的沥青,可以保证在夏天不流淌,冬天不脆裂,保持良好的工程应用性能。温度稳定性包括耐高温的性质及耐低温的性质。

耐高温即耐热性,是指石油沥青在高温下不软化、不流淌的性能。固态、半固态沥青的耐热性用软化点表示。

软化点是指沥青受热由固态转变为一定流动状态时的温度。软化点越高,表示沥青的耐热性越好。软化点通常用环球法测定,如图 9-5 所示。将熔化的沥青注入标准铜环内制成试件,冷却后表面放置标准小钢球,然后在水或甘油中按标准试验方法加热升温,使沥青软化而下垂,沥青下垂至与底板接触时的温度(℃),即为软化点。

耐低温一般用脆点表示。将沥青涂在一标准金属片上(厚度约 0.5 mm),将金属片放在脆点仪中,一边降温,一边将金属片反复弯曲,直至沥青薄层开始出现裂缝时的温度(℃)即为脆点。寒冷地区使用的沥青应考虑沥青的脆点。

沥青的软化点越高、脆点越低,则沥青的温度敏感性越小,温度稳定性越好。

4. 大气稳定性

大气稳定性也称沥青的耐久性,是指沥青在热、阳光、氧气和潮湿等大气因素的长期综合作用下,抵抗老化的性能。在大气因素的综合作用下,沥青中各组分会发生不断递变,低分子化合物将逐步转变成高分子物质,即油分和树脂逐渐减少,而地沥青质逐渐增

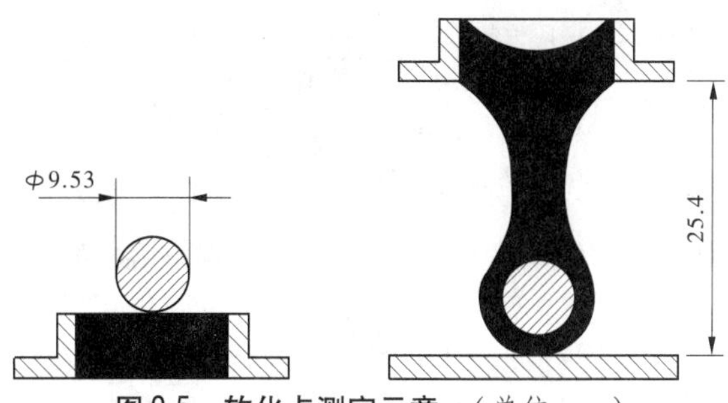

图 9-5　软化点测定示意　（单位:mm）

多,沥青的流动性和塑性将逐渐减小,硬脆性逐渐增大,直至脆裂,丧失使用功能,这个过程称为石油沥青的老化。

石油沥青的大气稳定性(抗老化性),用“薄膜烘箱后质量变化 ”和“薄膜烘箱后针入度比”表示。薄膜烘箱后质量变化是沥青试样在 163 ℃ 温度下,经 5 h 蒸发后的质量损失率。薄膜烘箱后针入度比为薄膜烘箱试验后与试验前针入度的比值。质量变化 越小,针入度比越大,沥青的大气稳定性越好。为避免施工中过度加热沥青导致沥青的加速老化,工程中使用沥青时,应尽量降低加热温度和缩短加热时间。通常情况下,熬制沥青的适宜温度见表 9-1。

表 9-1　常用沥青熬制的适宜温度

石油沥青牌号	熬制温度		最高不得高于(℃)	出厂沥青闪点,≥(℃)
	标准温度(℃)	允许偏差(℃)		
200	120	±5	130	180
180	130	±5	140	200
140	130	±5	140	200
100 乙	140	±5	160	200
100 甲	145	±5	165	200
60 乙	175	±5	190	230
60 甲	180	±5	195	230
30 乙	185	±5	200	230
30 甲	190	±5	205	230
10	200	±5	210	230

5. 最高加热温度

各种沥青都必须有其固定的最高加热温度,其值必须低于闪点和燃点。在施工现场熬制沥青时,应特别注意加热温度。当超过最高加热温度时,由于油分的挥发,可能发生沥青锅起火、爆炸、烫伤人等事故。

闪点是指沥青达到软化点后再继续加热,则会发生热分解而产生挥发性的气体,当与空气混合,在一定条件下与火焰接触,初次产生蓝色闪光时的沥青温度。燃点是指沥青温度达到闪点,温度如再上升,与火接触而产生的火焰能持续燃烧 5 s 以上时,这个开始燃烧时的温度即为燃点。沥青的闪点和燃点的温度值通常相差 10 ℃。液体沥青由于轻质成分较多,闪点和燃点的温度值相差很小。

6.溶解度

沥青的溶解度是指沥青在溶剂中(苯或二硫化碳)可溶部分质量占全部质量的百分率。沥青溶解度可用来确定沥青中有害杂质含量。沥青中有害物质含量多,会降低沥青的黏滞性。一般石油沥青溶解度高达98%以上,而天然沥青因含不溶性矿物质,溶解度低。

7.水分

沥青几乎不溶于水,具有良好的防水性能。但沥青材料也不是绝对不含水的。水在纯沥青中的溶解度为0.001%~0.01%。沥青吸收的水分取决于所含能溶于水的盐分的多少,沥青含盐分越多,水作用时间越长,水分就越大。

由于沥青中含有水分,施工中挥发太慢,影响施工进度,施工前要进行加热熬制。沥青在加热过程中水分形成泡沫,并随温度的升高而增多,易发生溢锅现象,以致引起火灾。所以,在加热过程中,应不断搅拌,促进水分蒸发,并降低加热温度。锅内沥青不要装得过满。

9.1.1.5 石油沥青技术标准

我国生产的石油沥青产品,主要有道路石油沥青、建筑石油沥青、专用石油沥青等。石油沥青的牌号主要根据针入度、延伸度和软化点等指标划分,并以针入度值表示。每个牌号的沥青应保证相应的延伸度、软化点、溶解度、薄膜烘箱后质量变化、薄膜烘箱后针入度比、闪点等。其技术要求如表9-2所示。同一品种的石油沥青材料,牌号越高,则黏性越小,针入度越大,塑性越好,延伸度越大,温度敏感性越大,软化点越低。

9.1.1.6 石油沥青的应用

建筑石油沥青主要用于屋面、地下防水及沟槽防水、防腐蚀等工程。道路石油沥青主要用于配制沥青混凝土或沥青砂浆,用于道路路面或工业厂房地面等工程。根据工程需要还可以将建筑石油沥青与道路石油沥青掺配使用。

一般屋面使用的沥青,软化点应比本地区屋面可能达到的最高温度高20~25℃,以避免夏季流淌。

水利工程中所用的沥青,要求具有较高的塑性和一定的耐热性。当缺乏所需牌号的石油沥青时,可采用两种不同牌号的沥青掺配(称调配沥青)使用。可按式(9-1)及式(9-2)初步计算配制比例,然后再进行试验确定。

当按需用的针入度掺配时

$$S = \frac{\lg P_m - \lg p_h}{\lg p_s - \lg p_h} \times 100\% \tag{9-1}$$

式中 S——软石油沥青的用量(%);

P_m、P_s、P_h——预配制沥青、软石油沥青、硬石油沥青的针入度。

当按需用的软化点掺配时

$$B = \frac{t - t_2}{t_1 - t_2} \times 100\% \tag{9-2}$$

式中 B——高软化点石油沥青用量(%);

t、t_1、t_2——要求配制的石油沥青、高软化点石油沥青、低软化点石油沥青的软化点。

表 9-2 石油沥青技术指标

项目	道路石油沥青（NB/SH/T 0522—2010）					建筑石油沥青（GB/T 494—2010）			防水防潮石油沥青（SH/T 002—1990）			
	200 号	180 号	140 号	100 号	60 号	40	30	10	3 号	4 号	5 号	6 号
针入度(25 ℃,100 g,5 s)(1/10 mm)	200～300	150～200	110～150	80～110	50～80	36～50	26～35	10～25	25～45	20～40	20～40	30～50
延度(25 ℃)(cm),≥	20	100	100	90	70	3.5	2.5	1.5	—	—	—	—
软化点(环球法)(℃),≥	30～48	35～48	38～51	42～55	45～58	60	75	95	85	90	95	100
溶解度(三氯乙烯、四氯化碳或苯)(%),≥	99.0	99.0	99.0	99.0	99.0	99.0	99.0	99.0	98.0	98.0	95.0	92.0
针入度比(%)	报告					65	65	65	—	—	—	—
蒸发损失(质量变化)(163 ℃,5 h)(%),≤	1.3	1.3	1.3	1.2	1.0	1	1	1	1	1	1	1
闪点(开口)(℃),≥	180	200	230	230	230	260	260	260	250	270	270	270

注:1. 对于道路石油沥青,如 25 ℃延度达不到,15 ℃延度达到时,也认为是合格的,指标要求与 25 ℃延度一致。

2. 对于道路石油沥青,除针入度比要求报告外,延度(25 ℃)也要求报告。

如用三种沥青,可先求出两种沥青的配比后再与第三种沥青进行计算。一般沥青掺配是在高标号沥青中加入一定数量的低标号沥青。加入的方法是将高标号的沥青熔化,然后再加入低标号沥青,共同熔化,不断搅匀。

使用沥青时,应对其牌号加以鉴别,在施工现场的简易鉴别方法见表 9-3 和表 9-4。

表 9-3 石油沥青外观简易鉴别

沥青形态	外观简易鉴别
固体	敲碎,检查新断口处,色黑而发亮的质好,暗淡的质差
半固体	即膏状体,取少许,拉成细丝,愈细长,质量愈好
液体	黏性强,有光泽,没有沉淀和杂质的较好。也可用一根小木条插入液体内,轻轻搅动几下后提起,细丝愈长的质量愈好

表 9-4 石油沥青牌号简易鉴别

牌号	简易鉴别方法
140 ~ 100	质软
60	用铁锤敲,不碎,只变形
30	用铁锤敲,成为较大的碎块
10	用铁锤敲,成为较小的碎块,表面黑色而有光

注:鉴别时的气温为 15 ~ 18 ℃。

9.1.2 煤沥青

煤沥青是炼焦或生产煤气的副产品。烟煤干馏时所挥发的物质冷凝为煤焦油,煤焦油经分馏加工以后剩余的残渣即为煤沥青。

煤沥青可分为硬煤沥青和软煤沥青两种。硬煤沥青是从煤焦油中蒸馏出轻油、中油、重油及蒽油之后的残留物,常温下一般呈硬的固体;软煤沥青是从煤焦油中蒸馏出水分、轻油及部分中油后所得的产品。由于软煤沥青中保留一部分油质,故常温下呈黏稠液体或半固体。建筑工程中使用硬煤沥青时需掺入一定量的焦油进行掺配。

煤沥青的主要技术性质大都不如石油沥青好,且有毒,易污染水质。因此,在水利工程中很少应用,主要用于防腐及路面工程。

使用煤沥青时,应严格遵守国家规定的安全操作规程,防止中毒。煤沥青与石油沥青一般不宜混合使用,它们的制品也不能相互粘贴或直接接触,否则会分层、成团而失去胶凝性,以致无法使用或降低防水效果。

煤沥青的技术指标按国家标准《煤沥青》(GB/T 2290—2012)的规定,见表 9-5。

表 9-5　煤沥青的技术指标(GB/T 2290—2012)

指标名称	低温沥青		中温沥青		高温沥青	
	1号	2号	1号	2号	1号	2号
软化点(环球法)(℃)	30~45	46~75	80~90	75~95	95~100	95~120
甲苯不溶物含量(%)	—	—	15~25	≤25	≥24	—
灰分(%),≤	—	—	0.3	0.5	0.3	—
水分(%),≤	—	—	5.0	5.0	4.0	5.0
喹啉不溶物含量(%),≤	—	—	10	—	—	—
结焦值(%),≥	—	—	45	—	52	—

注:1. 水分只作为生产操作中控制指标,不作质量考核依据。

2. 喹啉不溶物含量每月至少测定一次。

煤沥青与石油沥青都是一种复杂的高分子碳氢化合物,它们的外观相似,具有共同点,但由于组分不同,它们之间存在着很大区别。石油沥青与煤沥青的主要区别见表 9-6。

表 9-6　石油沥青与煤沥青的主要区别

性质	石油沥青	煤沥青
密度	近于 1.0 g/cm³	1.25~1.28 g/cm³
燃烧	烟少、无色、有松香味、无毒	烟多、黄色、臭味大、有毒
锤击	韧性较好	韧性差、较脆
颜色	呈黑褐色	浓黑色
溶解	易溶于煤油或汽油中,呈棕黑色	难溶于煤油或汽油中,呈黄绿色
温度稳定性	较好	较差
大气稳定性	较高	较低
防水性	较好	较差(含酚,能溶于水)
抗腐蚀性	差	强

9.1.3　改性沥青

改性沥青是对沥青进行氧化、乳化、催化或者掺入橡胶树脂等物质,使沥青的性质得到不同程度的改善。

改性沥青一般分为橡胶改性沥青、树脂改性沥青、橡胶树脂改性沥青、矿物填充剂改性沥青等。

9.1.3.1　橡胶改性沥青

沥青与橡胶的混溶性较好,二者混溶后的改性沥青高温变形很小,低温时具有一定塑性。所用的橡胶有天然橡胶、合成橡胶(氯丁橡胶、丁基橡胶和丁苯橡胶等)、废旧橡胶。使用不同品种橡胶及掺入的量与方法不同,形成的改性沥青性能也不同。

9.1.3.2　树脂改性沥青

在沥青中掺入树脂改性,可以改善耐寒性、耐热性、黏结性和不透气性。树脂与石油沥青的相溶性较差,与煤沥青的相溶性较好。常用的树脂有聚乙烯、聚丙烯、无规聚丙烯等。

9.1.3.3　橡胶树脂改性沥青

橡胶树脂改性沥青是指沥青、橡胶和树脂三者混溶的改性沥青。混溶后兼有橡胶和树脂的特性,能获得较好的技术经济效果。

9.1.3.4　矿物填充剂改性沥青

在沥青中掺入矿物填充料,用以增加沥青的黏结力、耐热性等,减小沥青的温度敏感性。常用的矿物粉有滑石粉、石灰粉、云母粉、石棉粉、硅藻土等。

9.1.4　沥青材料的贮运

沥青贮运时,应按不同的品种及牌号分别堆放,避免混放混运。贮存时应尽可能避开热源及阳光照射,还应防止其他杂物及水分混入。沥青热用时其加热温度不得超过最高加热温度,加热时间不宜过长,同时避免反复加热,使用时要防火,对于有毒性的沥青材料还要防止中毒。

9.2　沥青及高分子防水材料

9.2.1　防水卷材

防水卷材种类较多,主要有以下品种。

9.2.1.1　油纸和油毡

油纸是用低软化点石油沥青浸渍原纸(一种生产油毡的专用纸)而成的一种无涂盖层的防水卷材。油纸按原纸1 m^2 的质量克数分为200、350两个标号。油纸多适用于防潮层。

油毡是采用高软化点沥青涂盖油纸的两面,再涂撒隔离材料所制成的一种纸胎防水材料。涂撒粉状材料(如滑石粉)称“粉毡”,涂撒片状材料(如云母)称“片毡”。

油毡的幅宽分为915 mm和1 000 mm两种规格。

油毡分为200、350和500三种标号。200号油毡适用于简易防水或临时性建筑防水、防潮,350号和500号粉毡常用作多层防水。片毡适用于单层防水。

9.2.1.2　玻璃丝油毡及玻璃布油毡

玻璃丝油毡及玻璃布油毡是用石油沥青浸渍玻璃丝薄毡和玻璃布的两面,并撒以粉状防粘物质而成的。玻璃丝油毡的抗拉强度略低于350号纸胎油毡,其他性能均高于纸胎油毡。沥青玻璃布油毡的抗拉强度高于500号纸胎油毡,还具有柔性好、耐腐蚀性强、耐久性好的特点。这种油毡适用于地下防水层、防腐层及屋面防水等,在水利工程中常用于渠道、坝面的防水层或修补加固等。

9.2.1.3　改性沥青防水卷材

普通沥青防水卷材的低温柔性、延伸性、拉伸强度等性能尚不理想,耐久性也不高,使用年限一般为5~8年。采用新型胎料和改性沥青,可有效地提高沥青防水卷材的使用年限、技术性能、冷施工及操作性能,还可降低污染,有效地提高了防水质量。目前,我国改性沥青防水卷材主要有以下几种。

1. 弹性体 SBS 改性沥青防水卷材(SBS 卷材)

SBS(苯乙烯-丁二烯-苯乙烯)防水卷材是以 SBS 聚合物改性沥青为涂盖材料,以聚酯毡(PY)、玻纤毡(G)、玻纤增强聚酯毡(PYG)为胎基,以聚乙烯膜(PE)、砂粒(S)或矿物片料(M)为隔离层的防水卷材。按物理力学分为Ⅰ型、Ⅱ型。SBS 卷材幅宽 1 000 mm,每卷面积分为 15 m^2、10 m^2、7.5 m^2 三种。其技术性能见表 9-7。

表 9-7 SBS 卷材物理力学性能(GB 18242—2008)

序号	胎基		聚酯 PY		玻纤 G		玻纤增强聚酯 PYG
	型号		Ⅰ	Ⅱ	Ⅰ	Ⅱ	Ⅱ
1	可溶物含量(g/m^2),≥	3 mm	2 100				—
		4 mm	2 900				—
		5 mm	3 500				
		试验现象	—	胎基不燃	—	胎基不燃	—
2	不透水性(MPa),30 min		0.30		0.20	0.30	0.30
3	耐热度	℃	90	105	90	105	105
		≤mm	2				
		试验现象	无流淌、滴落				
4	拉力(N/50mm),≥	最大峰拉力	500	800	350	500	900
		次高峰拉力	—	—	—	—	800
		试验现象	拉伸过程中,试件中部无沥青涂盖层开裂或与胎基分离现象				
5	延伸率(%),≥	最大峰时	30	40	—		—
		第二峰时	—	—			15
6	低温柔性(℃)		-20	-25	-20	-25	-25
			无裂纹				
7	浸水后质量增加(%)	PE、S	1.0				
		M	2.0				
8	热老化	拉力保持率(%),≥	90				
		延伸率保持率(%),≥	80				
		低温柔性(℃)	-15	-20	-15	-20	-20
			无裂纹				
		尺寸变化率(%),≤	0.7		—		0.3
		质量损失(%),≤	1.0				
9	渗油性	张数,≤	2				
10	接缝剥离强度(N/mm),≥		1.5				
11	钉杆撕裂强度①(N),≥		—				300
12	矿物粒料黏附性②(g),≤		2.0				
13	卷材下表面沥青涂盖层厚度③(mm),≥		1.0				
14	人工气候加速老化	外观	无滑动、流淌、滴落				
		拉力保持率(%),≥	80				
		低温柔度(℃)	-15	-20	-15	-20	-20
			无裂纹				

注:①仅适用于单层机械固定施工方式卷材。

②仅适用于矿物粒料表面的卷材。

③仅适用于热熔施工的卷材。

SBS防水卷材适用于屋面及地下防水工程,尤其适用于较低气温环境的建筑防水。

2. 塑性体APP改性沥青防水卷材(APP卷材)

APP防水卷材是以聚酯毡或玻纤毡为胎基,无规聚丙烯(APP)或聚烯烃类聚合物(APAO、APO)作为改性剂,两面覆盖隔离材料所制成的防水卷材,统称APP卷材。

APP卷材的品种、规格与SBS卷材相同,物理力学性能与SBS相比较,低温柔度稍差、耐热性稍好,其余指标基本相同(详见GB 18243—2008)。APP卷材尤其适用于较高气温环境的建筑防水。它不仅适用于各种屋面、墙体、楼地面、地下室、水池、桥梁、公路和水坝等的防水、防护工程,也适用于各种金属容器、管道的防腐保护。

9.2.1.4　合成高分子防水卷材

合成高分子防水卷材是以合成橡胶、合成树脂或两者的共混体为基料,加入适量的化学助剂和填充料等,经不同工序(混炼、压延或挤出等)加工而成的可卷曲的片状防水材料。

合成高分子卷材目前品种有橡胶系列(聚氨酯、三元乙丙橡胶、丁基橡胶等)、塑料系列(聚乙烯、聚氯乙烯等)和橡胶塑料共混系列防水卷材三大类。

合成高分子防水卷材具有拉伸强度和抗撕裂强度高、断裂伸长率大、耐热性和低温柔韧性好、耐腐蚀、耐老化等一系列优异的性能,是新型高档防水卷材。多用于高级宾馆、大厦、游泳池等要求有良好防水性能的屋面、地下等防水工程。

1. 三元乙丙橡胶(EPDM)防水卷材

三元乙丙橡胶(EPDM)防水卷材是以乙烯、丙烯和少量双环戊二烯三种单体共同聚合成的三元乙丙橡胶为主要原料,掺入适量的丁基橡胶、硫化剂、促进剂、软化剂、补强剂和填充剂等,经密炼、拉片、过滤、挤出(或压延)成型、硫化加工制成。该卷材是目前耐老化性能较好的一种卷材,使用寿命达20年以上。它的耐候性、耐老化性好,化学稳定,耐臭氧性、耐热性和低温柔韧性好,具有质量轻、弹性和抗拉强度高、延伸率大、耐酸碱腐蚀等特点,对基层材料的伸缩或开裂变形适应性强,可广泛用于防水要求高、耐用年限长的防水工程。三元乙丙橡胶防水卷材根据其表面质量、拉伸强度与撕裂强度、不透水性、耐低温性等指标,分为一等品与合格品。

2. 聚氯乙烯(PVC)防水卷材

聚氯乙烯(PVC)防水卷材是以聚氯乙烯树脂为主要原料,掺加填充料和适量的改性剂、增塑剂等,经混炼、压延或挤出成型、分卷包装而成的防水卷材。

PVC防水卷材根据产品的组分分为均质卷材(H)、带纤维背衬卷材(L)、织物内增强卷材(P)、玻璃纤维内增强卷材(G)、玻璃纤维内增强带纤维背衬卷材(GL)。PVC防水卷材的特点是抗拉强度和断裂伸长率较高,对基层伸缩、开裂、变形的适应性强;低温柔韧性好,可在较低的温度下施工和应用,其性能见表9-8。PVC防水卷材适用于大型屋面板、空心板,并可用于地下室、水池、贮水池及污水处理池的防渗等。

表 9-8 聚氯乙烯防水卷材及氯化聚乙烯防水卷材物理力学性能(GB 12952—2011、GB 12953—2003)

项目		聚氯乙烯防水卷材					氯化聚乙烯防水卷材			
							N		L、W	
		H	L	P	G	GL	Ⅰ	Ⅱ	Ⅰ	Ⅱ
中间胎基上面树脂层厚度(mm),≥		—		0.40			—			
最大拉力,(N/cm),≥		—	120	250	—	120	—	—	70	120
拉伸强度(MPa),≥		10.0	—	—	10.0	—	5.0	8.0	—	
最大拉力时伸长率(%),≥		—	—	15	—	—	—			
断裂伸长率(%),≥		200	150	—	200	100	200	300	125	250
热处理尺寸变化率(%),≤		2.0	1.0	0.5	0.1	0.1	3.0	纵向 2.5 横向 1.5	1.0	
低温弯折性		−25 ℃无裂纹					−20 ℃无裂纹	−25 ℃无裂纹	−20 ℃无裂纹	−25 ℃无裂纹
抗穿孔性		—					不渗水			
不透水性		0.3 MPa,2 h 不透水					不透水			
抗冲击性能		0.5 kg · m,不渗水					—			
抗静态荷载[1]		—	—	20 kg 不渗水			—			
接缝剥离强度(N/mm),≥		4.0 或卷材破坏		3.0			3.0 或卷材破坏		L 类:3.0 或卷材破坏 W 类:6.0 或卷材破坏	
直角撕裂强度(N/mm),≥		50	—	—	50	—	—			
梯形撕裂强度(N),≥		—	150	250	—	220	—			
吸水率(70 ℃,168 h)(%)	浸水后,≤	4.0					—			
	晾置后,≥	−0.40								
人工气候加速老化[3]	时间(h)	1 500[2]					—			
	外观	无起泡、裂纹、分层、黏结和孔洞					—			
	最大拉力保持率(%),≥	—	85	85	—	85	—			
	拉伸强度保持率(变化率)(%)	≥85	—	—	≥85	—	−20,+50	±20	—	
	最大拉力时伸长率保持率(%),≥	—	—	80	—	—	—			
	断裂伸长率保持率(变化率)(%)	≥80	≥80	—	≥80	≥80	−30,+50	±20	—	
	拉力(N/cm),≥	—					—		55	100
	断裂伸长率(%),≥	—					—		100	200
	低温弯折性(无裂纹)(℃)	−20					−15	−20	−15	−20

续表 9-8

项目		聚氯乙烯防水卷材					氯化聚乙烯防水卷材			
		H	L	P	G	GL	N		L、W	
							I	Ⅱ	I	Ⅱ
热老化(80 ℃)	时间(h)	672					—			
	外观	无起泡、裂纹、分层、黏结和孔洞					无起泡、裂纹、黏结与孔洞			
	最大拉力保持率(%),≥	—	85	85	—	85	—			
	拉伸强度保持率(变化率)(%)	≥85	—	—	≥85	—	-20,+50	±20	—	
	最大拉力时伸长率保持率(%),≥	—	—	80	—	—	—			
	断裂伸长率保持率(变化率)(%)	≥80	≥80	—	≥80	≥80	-30,+50	±20	—	
	拉力(N/cm),≥	—					—		55	100
	断裂伸长率(%),≥	—					—		100	200
	低温弯折性(无裂纹)(℃)	-20					-15	-20	-15	-20
耐化学性	外观	无起泡、裂纹、分层、黏结和孔洞					—			
	最大拉力保持率(%),≥	—	85	85	—	85	—			
	拉伸强度保持率(变化率)(%)	≥85	—	—	≥85	—	±30	±20	—	
	最大拉力时伸长率保持率(%),≥	—	—	80	—	—	—			
	断裂伸长率保持率(变化率)(%)	≥80	≥80	—	≥80	≥80	±30	±20	—	
	拉力(N/cm),≥	—					—		55	100
	断裂伸长率(%),≥	—					—		100	200
	低温弯折性(无裂纹)(℃)	-20					-15	20	-15	-20

注:①抗静态荷载仅对用于压铺屋面的卷材要求。

②单层卷材屋面使用产品的人工气候加速老化时间为2 500 h。

③非外露使用的卷材不要求测定人工气候加速老化。

3. 氯化聚乙烯防水卷材

氯化聚乙烯防水卷材是以含氯量为30%～40%的氯化聚乙烯树脂为主要原料，配以大量填充料及适当的稳定剂、增塑剂等制成的非硫化型防水卷材。聚乙烯分子中引入氯原子后，破坏了聚乙烯的结晶性，使氯化聚乙烯不仅具有合成树脂的热塑性，还具有弹性、耐老化性、耐腐蚀性，其性能见表9-8。氯化聚乙烯可以制成各种彩色防水卷材，既能起到装饰作用，又能达到隔热的效果。氯化聚乙烯防水卷材适用于屋面做单层外露防水及有保护层的屋面、地下室、水池等工程的防水，也可用于室内装饰材料，兼有防水与装饰双重效果。

4. 氯化聚乙烯－橡胶共混防水卷材

氯化聚乙烯－橡胶共混防水卷材是以氯化聚乙烯树脂和合成橡胶为主体，加入适量的硫化剂、促进剂、稳定剂、软化剂和填充剂等，经过素炼、混炼、过滤、压延（或挤出）成型、硫化等工序加工制成的高弹性防水卷材。它不仅具有氯化聚乙烯所特有的高强度和优异的耐臭氧、耐老化性能，而且具有橡胶类材料所特有的高弹性、高延伸性和良好的低温柔性，拉伸强度在7.5 MPa以上，断裂伸长率在450%以上，脆性温度在－40 ℃以下，热老化保持率在80%以上。因此，该类卷材特别适用于寒冷地区或变形较大的防水工程。

9.2.2　沥青胶

沥青胶又称沥青玛瑲脂，是沥青与矿质填充料及稀释剂均匀拌合而成的混合物。沥青胶按所用材料及施工方法不同可分为热用沥青胶及冷用沥青胶。热用沥青胶是由加热熔化的沥青与加热的矿质填充料配制而成的，冷用沥青胶是由沥青溶液或乳化沥青与常温状态的矿质填充料配制而成的。

沥青胶应具有良好的黏结性、柔韧性、耐热性，还要便于涂刷或灌注。工程中常用的热用沥青胶，其性能主要取决于原材料的性质及其组成。

沥青是影响沥青胶性能的主要因素。沥青的软化点越高，则沥青胶的耐热性越好。所用沥青的软化点，一般应高于防水层表面及其周围介质可能出现的最高温度20～25 ℃，且不得低于40 ℃。沥青延伸度越大，配制的沥青胶柔韧性越好。

矿质填充料可以提高沥青胶的耐热性，减小低温脆性，增加黏结力。为了提高沥青胶的黏结力，矿质填充料应选用碱性的。常用的粉状填充料有滑石粉、石灰石粉，也可用水泥及粉煤灰。纤维状填充料主要有石棉。两种填充料也可混合使用。

热用沥青胶的各种材料用量：一般沥青材料占70%～80%，粉状矿质填充料（矿粉）为20%～30%，纤维状填充料为5%～15%。矿粉越多，沥青胶的耐热性越高，黏结力越大，但柔性降低，施工流动性也较差。

配制热用沥青胶时，先将矿粉加热到100～110 ℃，然后慢慢地倒入已熔化的沥青中，继续加热并搅拌均匀，直到具有需要的流动性即可使用。沥青的加热温度和沥青胶搅拌控制温度，视沥青牌号而定，一般为160～200 ℃，牌号小的沥青可选择较高的加热温度。

冷用沥青胶中沥青用量为40%～50%，稀释剂为25%～30%，矿粉为10%～30%。它可在常温下施工，能涂刷成均匀的薄层，但成本高，使用较少。

沥青胶的用途较广,可用于黏结沥青防水卷材、沥青混合料、水泥砂浆及水泥混凝土,并可用作接缝填充材料、大坝伸缩缝的止水等。

9.2.3 沥青防水涂料

沥青防水涂料是指以沥青、合成高分子材料为主体,在常温下呈无定型液态,经涂布并能在结构物表面形成坚韧防水膜的物料的总称。

9.2.3.1 沥青溶液

沥青溶液(冷底子油)是沥青加稀释剂而制成的一种渗透力很强的液体沥青,多用建筑石油沥青和 60 号道路石油沥青与汽油、煤油、柴油等稀释剂配制。配制时,将沥青熔化成细流状加入稀释剂中。对挥发慢的稀释剂(柴油等),沥青加热温度不得超过 110 ℃;对挥发快的稀释剂(汽油等),则不得超过 80 ℃。

沥青溶液由于黏度小,能渗入混凝土和木材等材料的毛细孔中,待稀释剂挥发后,在其表面形成一层黏附牢固的沥青薄膜。建筑工程中常用于防水层的底层,以增强底层与其他防水材料的黏结。因此,常把沥青溶液称为冷底子油。在干燥底层上用的冷底子油,应以挥发快的稀释剂配制;而潮湿底层则应用慢挥发性的稀释剂配制。沥青溶液中沥青含量一般为 30% ~60% 。当用作冷底子油时,沥青用量一般为 30% ,溶液较稀有利于渗入底层;当用作沥青混合料层间结合剂时,沥青用量可提高到 60% 左右。

9.2.3.2 乳化沥青

将液态的沥青、水和乳化剂在容器中经强烈搅拌,沥青则以微粒状分散于水中,形成的乳状沥青液体,称为乳化沥青。

沥青是憎水性材料,极难溶于水,但由于沥青在强力搅拌下被碎裂为微粒,并吸附乳化剂使其带电荷,带同性电的微粒互相排斥,阻碍沥青微粒的相互凝聚而成为稳定的乳化沥青(见图 9-6)。随着所用乳化剂不同,沥青微粒可带正电或负电,带正电者称为阳离子乳化沥青,如图 9-6(a)所示,所用的乳化剂称为阳离子乳化剂;带负电者称为阴离子乳化沥青,如图 9-6(b)所示,所用的乳化剂为阴离子乳化剂。

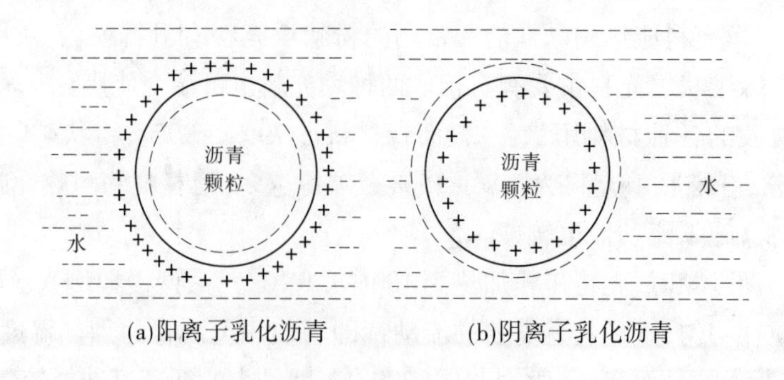

图 9-6 乳化沥青结构示意

乳化沥青中，沥青含量通常为55%～65%，乳化剂的掺量为0.1%～2.5%，含乳化剂的水为35%～45%。

一般用180、140、100号的石油沥青配制乳化沥青。如用低牌号的沥青，应掺入重油后再使用。

通常用的乳化剂有石灰膏、肥皂、洗衣粉、十八烷基氯化铵及烷基丙烯二胺等。石灰膏乳化剂来源广泛，价格低廉，使用较多，但要注意的是其稳定性较差。

乳化沥青用于结构上，其中的水分蒸发后沥青颗粒紧密结合形成沥青膜而起防水作用。乳化沥青是一种冷用防水涂料，施工工艺简单，造价低，已被广泛用于道路、房屋建筑等工程的防水结构。在水利工程中，乳化沥青可喷洒于渠道的边坡和底部作为防水剂，涂于混凝土墙面作为防水层，掺入混凝土或砂浆中（沥青用量约为混凝土干料用量的1%）提高其抗渗性，也可用作冷底子油涂于基底表面上。

9.2.4　防水嵌缝材料

防水嵌缝材料的品种很多，在工程中主要起黏结和防水作用，常用的有聚氯乙烯胶泥、建筑防水沥青嵌缝油膏、聚氨酯建筑密封胶、硅酮建筑密封胶、丙烯酸酯建筑密封胶、聚硫建筑密封胶等。主要用于屋面、墙板、门、窗嵌缝，也可用于渠道、渡槽、管道、道路、桥梁等接缝的填料，也可修补裂缝。

9.2.4.1　聚氯乙烯胶泥

聚氯乙稀胶泥实际上是一种聚合物改性的沥青油膏，是以煤焦油为基料，聚氯乙稀为改性材料，掺入一定量的增塑剂、稳定剂及填料，在130～140 ℃下塑化而形成的热施工嵌缝材料，通常随配方的不同在60～110 ℃进行热灌。配方中若加入少量溶剂，油膏变软，就可冷施工，但收缩较大，所以一般要加入一定的填料抑制收缩，填料通常用碳酸钙和滑石粉。聚氯乙稀胶泥是目前屋面防水嵌缝中使用较为广泛的一类密封材料。

聚氯乙烯胶泥具有价格低、生产工艺简单、原材料来源广、施工方便、黏结性好、防水性好、有弹性、耐寒和耐热性较好等优点。为了降低胶泥的成本，可以选用废旧聚氯乙烯塑料制品来代替聚氯乙烯树脂，这样得到的密封油膏习惯上称作塑料油膏。

其适用于各种屋面防水嵌缝，也可用于渠道、地下管道等接缝的密封。

9.2.4.2　建筑防水沥青嵌缝油膏

建筑防水沥青嵌缝油膏是以石油沥青为基料，加入改性材料、稀释剂及填充料等混合制成的膏状材料。建筑防水沥青嵌缝油膏具有良好的耐热性、黏结性、低温柔性，广泛用作屋面、墙板、沟和槽的防水嵌缝材料。建筑防水沥青嵌缝油膏按耐热性和低温柔性分为702和801两个型号。使用建筑防水沥青嵌缝油膏时，缝内应洁净干燥，先涂刷冷底子油一道，待其干燥后再填嵌缝油膏。油膏表面可加石油沥青、油毡、砂浆、塑料等覆盖层。

9.2.4.3　聚氨酯建筑密封胶

聚氨酯建筑密封胶是由多异氰酸酯与聚醚通过加成反应制成预聚体后，加入固化剂、助剂等在常温下交联固化而成的一类高弹性建筑密封胶。分为单组分和双组分两种,双组分的应用较广,单组分的目前已较少应用。其性能比其他溶剂型和水乳型密封胶优良,可用于防水要求中等和偏高的工程。

聚氨酯建筑密封胶对金属、混凝土、玻璃、木材等均有良好的黏结性能,具有弹性大、延伸率大、黏结性好、耐低温、耐水、耐油、耐酸碱、抗疲劳、使用年限长及价格低等优点。

聚氨酯建筑密封胶广泛应用于墙板、屋面等接缝的防水密封,以及给排水管道、蓄水池、游泳池、道路桥梁、机场跑道等工程的接缝密封与防渗补漏,也可用于玻璃、金属材料的嵌缝。

9.2.4.4　硅酮建筑密封胶

硅酮建筑密封胶是以聚硅氧烷为主体,加入硫化剂、硫化促进剂及增强填料等组成的室温固化的单组分密封胶。硅酮建筑密封胶具有良好的耐候性和黏结性。硅酮建筑密封胶按固化机理分为A型——脱酸(酸性)和B型——脱醇(中性)两种类型,按用途分为G类(镶装玻璃用)和F类(建筑接缝用)两种类别。其中,G类主要用于镶嵌玻璃和建筑门、窗的密封;F类适用于预制混凝土墙板、大理石板的外墙接缝,混凝土和金属框架的黏结,卫生间和公路接缝的防水密封等。

9.2.4.5　丙烯酸酯建筑密封胶

丙烯酸酯建筑密封胶中最常用的是以丙烯酸酯乳液为基料的单组分水乳型建筑密封胶,是以丙烯酸酯乳液为黏结剂,掺入少量表面活性剂、增塑剂、改性剂以及填料、颜料经搅拌研磨而成。

丙烯酸酯建筑密封胶具有良好的黏结性、弹性和低温柔性,无溶剂污染、无毒、不燃,可在潮湿的基层上施工,操作方便,特别是具有优异的耐候性和耐紫外线老化性能,属于中档建筑密封材料,其适用范围广、价格便宜、施工方便,综合性能明显优于非弹性密封胶和热塑性密封胶,但要比聚氨酯、聚硫、有机硅等密封胶差一些。

丙烯酸酯建筑密封胶主要用于外墙伸缩缝、屋面板缝、石膏板缝、给排水管道与楼屋面接缝等处的密封。丙烯酸酯建筑密封胶耐水性不是很好,不宜用于长期浸水的部位。

9.2.4.6　聚硫建筑密封胶

聚硫建筑密封胶是以液态聚硫橡胶(多硫聚合物)为基料的室温硫化双组分建筑密封胶。

产品按流动性分为非下垂型(N)和自流平型(L)两个类型,按位移能力分为25、20两个级别,按拉伸模量分为高模量(HM)和低模量(LM)两个次级别。聚硫建筑密封胶具有优异的耐候性,极佳的气密性和水密性,良好的耐油、耐溶剂、耐氧化、耐湿热和耐低温性能,能适应基层较大的伸缩变形,施工适用期可调整,垂直使用不流淌,水平使用时有自流平性,属于高档密封材料。

聚硫建筑密封胶除适用于较高防水要求的建筑防水密封,高层建筑的接缝及窗框周边防水、防尘密封,中空玻璃、耐热玻璃周边密封,游泳池、储水槽、上下管道以及冷库等接缝密封,混凝土墙板、屋面板、楼板、地下室等部位的接缝密封外,还适用于桥梁、公路、机场跑道等受疲劳荷载作用的工程。

9.3 沥青混合料

沥青混合料是由沥青和矿质材料(砂、石子、填充料等)在加热或常温时按适当比例配制而成的混合料的总称。

9.3.1 沥青混合料的分类

沥青混合料常以骨料的最大粒径、压实后的密实度、压实方法及使用方法分成不同种类。

沥青混合料按骨料最大粒径分粗粒式、中粒式、细粒式及砂质。粗粒式沥青混合料,骨料最大粒径为35 mm;中粒式沥青混合料,骨料最大粒径为25 mm;细粒式沥青混合料,骨料最大粒径为15 mm;砂质沥青混合料,骨料最大粒径为5 mm。工程中常把粗粒式、中粒式及细粒式沥青混合料称为沥青混凝土,把砂质沥青混合料称为沥青砂浆。

沥青混合料按压实后的密实度分密级配、开级配、碎石型沥青混合料。密级配沥青混合料的矿质混合料中含有一定量的矿粉,矿质混合料级配良好,沥青混合料压实后的密实度大,孔隙率小于5%;开级配沥青混合料的矿质混合料基本不含矿粉,沥青混合料压实后的密实度较小,孔隙率大于5%;碎石型沥青混合料(沥青碎石)中不含细骨料,压实后的孔隙率大于15%。密级配沥青混合料主要用于防水层,开级配沥青混合料及碎石型沥青混合料主要用于基层的整平、黏结和排水。

沥青混合料按压实方法分碾压式、灌注式。碾压式沥青混合料的流动性小,在施工铺筑时需要碾压振动才能密实,在水利工程及道路工程中应用最为广泛;灌注式沥青混合料中沥青含量较多,拌合物的流动性较大,灌注后在自重作用下或略加振动就能密实,适于用塑性较小的沥青拌制,能有效提高抗裂性,常在中、小型水利工程中使用。

按使用方法分热拌热用、热拌冷用、冷拌冷用沥青混合料。热拌热用沥青混合料施工时先将矿料加热,沥青熔化,然后在热的状态下进行搅拌、摊铺、压实,待温度下降后即硬化,这种沥青混合料的质量较高,水工建筑的防水结构及道路路面多采用这种沥青混合料;热拌冷用沥青混合料施工时先将组成材料分别加热后进行拌和,然后在常温下进行摊铺、压实,这种沥青混合料多采用黏滞性小的沥青;冷拌冷用沥青混合料施工时用稀释剂将沥青溶成胶体,在常温下与矿质材料拌合,使用时待稀释剂挥发后沥青混合料即硬化,此法施工方便,但要消耗大量的有机稀释剂,建筑上应用较少,常用于维修工程。

在工程中常用的沥青混合料主要包括沥青混凝土和沥青砂浆,因为沥青砂浆的技术性质与沥青混凝土有相似之处,所以本节主要介绍水工沥青混凝土。水工沥青混凝土是由沥青和石子、砂、填充料按适当比例配制而成的。

9.3.2 水工沥青混凝土的组成材料

9.3.2.1 石油沥青

水工沥青混凝土用的沥青材料,应根据气候条件、建筑物工作条件、沥青混凝土的种类和施工方法等条件选择。水工沥青混凝土多采用60甲或100甲的道路石油沥青配制。

9.3.2.2 矿质材料

水工沥青混凝土一般选用质地坚硬、密实、清洁、不含过量有害杂质、级配良好的碱性岩石(如石灰岩、白云岩、玄武岩、辉绿岩等),并且要有良好的黏结性。

细骨料可采用天然砂或人工砂,均应级配良好、清洁、坚固、耐久,不含有害杂质。

填充料又称矿粉,是指碱性矿粉(石灰石粉、白云石粉、大理石粉、水泥等)。其含水率应小于1%且不含团块;应全部通过0.6 mm的筛,通过0.074 mm的筛含量应大于80%。矿粉能提高沥青混凝土的强度、热稳定性及耐久性。

9.3.2.3 外加剂

为改善水工沥青混凝土的性能而掺入的少量物质称为外加剂。常用的有石棉、消石灰、聚酰胺树脂及其他物质。掺入石棉可提高水工沥青混凝土的热稳定性、抗弯强度、抗裂性等,一般选用短纤维石棉,掺量为矿质材料的1%~2%。掺入消石灰、聚酰胺树脂可提高沥青与酸性矿料的黏聚性、水稳定性。消石灰掺量为矿质材料的2%~3%,聚酰胺树脂掺量为沥青用量的0.02%。

9.3.3 水工沥青混凝土的技术性质

水工沥青混凝土的技术性质应满足工程的设计要求,具有与施工条件相适应的和易性。其主要技术性质包括和易性、力学性能、热稳定性、柔性、大气稳定性、水稳定性、抗渗性等。

9.3.3.1 和易性

和易性是指沥青混凝土在拌合、运输、摊铺及压实过程中具有与施工条件相适应,既保证质量又便于施工的性能。沥青混凝土和易性目前尚无成熟的测定方法,多是凭经验判定。

沥青混凝土的和易性与组成材料的性质、用量及拌合质量有关。使用黏滞性较小的沥青,能配制成流动性高、松散性强、易于施工的沥青混凝土,当使用黏滞性大的沥青时,流动性及分散性较差;沥青用量过多时易出现泛油,使运输时卸料困难,并难以铺平。矿质混合料中,粗细骨料的颗粒大小相差过大,缺乏中间颗粒,则容易产生离析分层;使用未经烘干的矿粉,易使沥青混凝土结块、质地不均匀,不易摊铺;矿粉用量过多,使沥青混凝土黏稠,但矿粉用量过少,则会降低沥青混凝土的抗渗性、强度及耐久性等。

拌合质量对沥青混凝土的性能影响较大,一般应采用强制式搅拌机拌制。

9.3.3.2　力学性能

沥青混凝土的力学性能包括强度及变形。沥青混凝土的破坏主要有一次荷载作用的破坏、疲劳破坏和徐变破坏。

一次荷载作用的破坏,可通过沥青混凝土的压、拉、弯、剪等试验测定。

沥青混凝土在压力的作用下,应力 σ 和应变 ε 主要与沥青混凝土中的沥青用量、沥青针入度有关,同时也受温度和加荷速度的影响。在其他条件相同时,若沥青的用量较少,且针入度小,沥青混凝土的应力与应变均呈直线关系(如图9-7(a)所示),此种破坏称为脆性破坏。随着沥青用量的增多,沥青针入度的增大,温度的增高,加荷速度的降低,沥青混凝土的应力与应变关系曲线由图9-7(a)型逐渐向(b)、(c)型转变。破坏强度逐渐降低,而破坏的应变逐渐增加。(b)型破坏称为过渡性破坏,(c)型破坏称为流变性破坏。沥青混凝土在低温或短时间荷载作用下,近于弹性;而在高温或长时间荷载下就表现出黏弹性或近于黏性。因此,测定沥青混凝土的力学性能,要特别注意在实际使用条件下的性能。

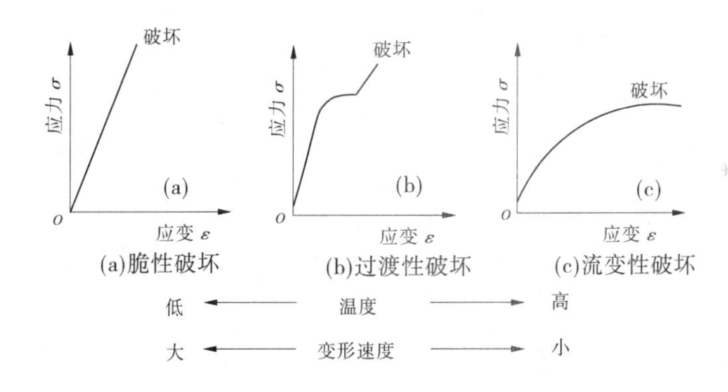

图9-7　沥青混凝土不同类型的破坏

一般情况下,沥青混凝土的抗拉强度为0.5~5 MPa,抗压强度为5~40 MPa,抗弯强度为3~12 MPa,延性破坏应变为10^{-2},脆性破坏应变为10^{-3},疲劳破坏应变为10^{-4}。

疲劳破坏是沥青混凝土在重复荷载作用下的破坏,其极限强度称为疲劳强度。疲劳强度随着荷载的增加而减小、沥青含量的增加而增大、荷载的重复次数增加而减小、温度的增高而增大。

徐变破坏是沥青混凝土在长时间受恒定荷载或变化速度很微小的荷载作用下,变形速度逐渐增加的现象。由徐变产生裂缝致使沥青混凝土破坏称徐变破坏。因此,坝体、蓄水池和渠道等的面板及衬砌均应考虑徐变破坏。

9.3.3.3　热稳定性

热稳定性又称耐热性,是指沥青混凝土在高温下抵抗塑性流动的性能。当温度升高时,沥青的黏滞性降低,使沥青与矿料的黏结力下降。因此,沥青混凝土的强度降低,塑性增加。对于暴露在大气中的沥青混凝土,它的温度可比气温高出 20 ~ 30 ℃,所以沥青混凝土必须具有良好的热稳定性。

影响沥青混凝土热稳定性的因素主要是沥青的性质和用量、矿质混合料的性能和级配、填充料的品种及用量。一般使用软化点较高的沥青,可提高沥青混凝土的热稳定性。在沥青用量相同的情况下,使用粒径较粗且级配良好的碎石、填充料适宜均能获得较好的热稳定性。在沥青混凝土中填充料较少,矿料表面的沥青层较厚,会降低热稳定性;填充料过多,矿料表面的沥青层太薄,黏结性减弱,也会降低热稳定性。

沥青混凝土的热稳定性可以通过三轴压力试验来测定,但多采用马歇尔稳定仪来测定其稳定值,见图 9-8。热稳定性合格的沥青混凝土在 60 ℃时,稳定度(沥青混凝土进行马歇尔稳定试验时,试件能承受的最大荷载,以 kN 计)应大于 4 kN,流变值(沥青混凝土进行马歇尔稳定试验时,试件达到最大荷载时对应的变形值,单位为 1/100 cm)为 30 ~ 80。

9.3.3.4　柔性

柔性是指沥青混凝土在自重或外力作用下,适应变形而不产生裂缝的性质。柔性好的沥青混凝土适应变形能力大,即使产生裂缝,在高水头的作用下也能自行封闭。

沥青混凝土的柔性主要取决于沥青的性质及用量。用延伸度大的沥青配制的沥青混凝土的柔性较好;增加沥青用量、采用较细的及连续级配的骨料、减少填充料的用量,均可提高沥青混凝土的柔性。

采用增加沥青用量并减少填充料用量的方法,是解决用低延伸度沥青配制具有较高柔性沥青混凝土的一个有效方法。

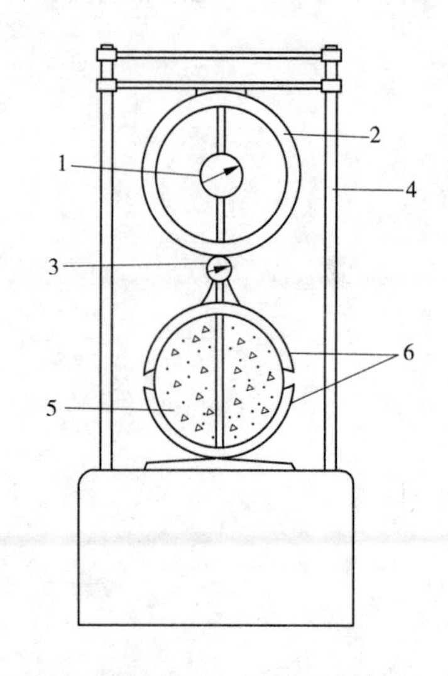

1—百分表;2—应力环;3—流值表;
4—压力架;5—试件;6—半圆形压头

图 9-8　马歇尔稳定仪示意

9.3.3.5　大气稳定性

在大气综合因素作用下,沥青混凝土保持物理力学性质稳定的性能,称为大气稳定性。水工沥青混凝土的大气稳定性,与其密实度和所处的工作条件有关。实践证明,对水上部分孔隙率在 5% 以下的沥青混凝土及长期处于水下部位的沥青混凝土,一般不易老化,大气稳定性较好,较耐久。沥青混凝土的大气稳定性,可根据沥青针入度及软化点随时间变化的情况来判断,变化较小者,其大气稳定性较高。

9.3.3.6　水稳定性

水稳定性是指水工沥青混凝土长期在水作用下,其物理力学性能保持稳定的性质。沥青混凝土长期处于水中,由于水分浸入会削弱沥青与骨料之间的黏结力,使沥青与骨料剥离而逐渐破坏，或遭受冻融作用而破坏，因此沥青混凝土的水稳定性取决于沥青混凝土的密实程度及沥青与矿料间的黏结力，沥青混凝土的孔隙率越小，水稳定性越高，一般认为孔隙率小于4%时，其水稳定性是有保证的。采用黏滞性大的沥青及碱性矿料都能提高沥青混凝土的水稳定性。

9.3.3.7　**抗渗性**

沥青混凝土的抗渗性用渗透系数(cm/s)来表示。防渗用沥青混凝土的渗透系数一般为 $10^{-7}\sim10^{-10}$ cm/s，排水层用沥青混凝土的渗透系数一般为 $10^{-1}\sim10^{-2}$ cm/s。

沥青混凝土的抗渗性取决于矿质混合料的级配、填充空隙的沥青用量，以及碾压后的密实程度。一般来说，矿料的级配良好、沥青用量较多、密实性好的沥青混凝土，其抗渗性较强。沥青混凝土的抗渗性与孔隙率之间的关系如图9-9所示，孔隙率越小，其渗透系数就越小、抗渗性越大。一般孔隙率在4%以下时，渗透系数可小于 10^{-7} cm/s。因此，在设计和施工中，常以4%的孔隙率作为控制防渗沥青混凝土的控制指标。

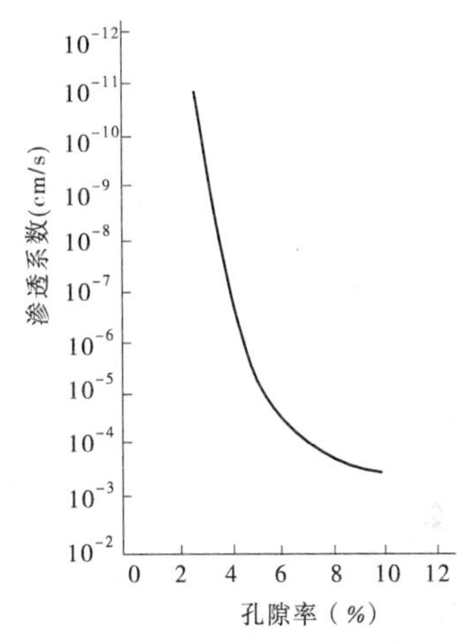

图9-9　沥青混凝土的渗透系数与孔隙率的关系曲线

实践证明，沥青混凝土的抗渗性与所受的水压力有关，渗透系数随着水压力的增加而减小，抗渗性能随着水压的增加而增强，这是沥青混凝土防水的一个重要性能。

9.3.4　水工沥青混凝土配合比设计

水工沥青混凝土配合比设计的目的，是根据所要求的沥青混凝土的物理力学性质，确定各矿质材料之间的合理比例及沥青用量。配合比设计时，首先按照规定的沥青混凝土中矿质混合料的级配范围，选定矿质混合料的组合级配，然后通过试验确定沥青最优用量。

9.3.4.1　**矿质混合料组合级配的选定**

矿质混合料组合级配，常采用现场比较容易取得的几种矿料配合而成。

(1)在选择矿质混合料的组合级配时，可在表9-9推荐的范围内选择，各种矿料的组合级配，应接近此标准级配。

(2)确定各种矿质材料在矿质混合料中的百分率，其方法有试算法、解析法、图解法等。现将试算法介绍如下：

表9-9　水工沥青混凝土矿料级配范围

级配类别	筛孔尺寸(mm)												沥青用量(%)
	35	25	20	15	10	5	2.5	1.2	0.6	0.3	0.15	0.074	
	总通过率(%)												
开级配	100	68.4~80.6	53.1~69.9	38.4~58.3	24.3~45.3	11.1~29.8	5.0~20.0	2.1~13.6	0.9~9.8	0.4~7.5	0.1~6.0	0~5.0	3.0~4.0
		100	74.9~84.7	51.5~68.5	30.4~51.1	12.4~31.5	5.0~20.0	1.9~13.0	0.7~9.8	0.3~7.0	0.1~5.8	0~5.0	3.5~4.5
			100	66.1~78.8	36.9~56.7	13.6~33.0	5.0~20.0	1.7~12.6	0.6~8.8	0.2~6.8	0.1~5.6	0~5.0	4.0~5.0
粗粒式级配		100	84.7~90.0	68.5~78.6	51.1~65.1	31.5~47.5	20.0~35.0	13.3~25.8	9.3~19.6	7.0~15.3	5.8~12.2	5.0~10.0	4.0~5.0
			100	78.8~85.9	56.7~69.5	33.0~48.9	20.0~35.0	12.6~25.2	8.8~19.0	6.8~14.8	5.6~11.9	5.0~10.0	4.5~5.5
				100	67.8~77.8	35.8~51.5	20.0~35.0	11.9~24.2	8.2~18.0	6.4~14.0	5.5~11.6	5.0~10.0	5.0~6.0
密级配		100	90.0~93.6	78.6~86.0	65.1~76.2	47.5~61.9	35.0~50.0	25.8~39.7	19.6~31.7	15.3~25.1	12.2~19.6	10.0~15.0	6.0~8.0
			100	85.9~90.9	69.5~79.4	48.9~63.1	35.0~50.0	25.2~39.1	19.0~30.9	14.8~24.4	11.9~19.2	10.0~15.0	6.5~8.5
				100	77.8~85.3	51.5~65.1	35.0~50.0	24.2~38.1	18.0~29.7	14.0~23.4	11.6~18.6	10.0~15.0	7.5~9.0
细粒式级配		100	93.9~96.5	86.6~92.1	77.0~85.9	62.4~75.4	50.0~65.0	38.9~54.3	29.9~44.3	22.2~34.4	15.7~24.7	10.0~15.0	6.0~8.0
			100	91.3~94.9	80.1~87.8	63.6~76.2	50.0~65.0	38.2~53.7	29.1~43.4	21.5~33.6	15.3~24.7	10.0~15.0	6.5~8.5
				100	85.8~91.4	65.7~77.6	50.0~65.0	37.1~52.7	27.7~42.1	20.3~32.4	14.6~23.4	10.0~15.0	7.5~9.0
碎石薄层沥青混凝土矿料		100	96.6~98.5	92.3~96.5	86.2~93.4	75.6~87.3	65.0~80.0	53.7~70.8	43.0~60.3	32.1~47.9	21.2~33.1	10.0~15.0	6.0~8.0
			100	95.0~97.8	88.1~94.4	76.4~87.7	65.0~80.0	53.1~70.4	42.1~59.7	31.3~47.2	20.6~32.5	10.0~15.0	6.5~8.5
				100	90.0~91.6	77.9~88.5	65.0~80.0	52.1~69.7	40.7~58.6	29.9~46.0	19.8~31.6	10.0~15.0	7.5~9.0

注:沥青用量按矿料总重的百分率计。

当矿质混合料由碎石、石屑、砂及矿粉等四种材料组成时,可按下述方法求出矿质混合料的初步配合比例。

设 y_1、y_2、y_3、y_4 分别为碎石、石屑、砂及矿粉在矿质混合料中含量的百分率,则:

$$y_1 + y_2 + y_3 + y_4 = 100 \tag{9-3}$$

设 $m_1(x)$、$m_2(x)$、$m_3(x)$ 及 $m_4(x)$ 分别为碎石、石屑、砂及矿粉中通过某筛孔径为 x(mm)的百分率,则总通过率 $M(x)$ 为:

$$M(x) = \frac{y_1 m_1(x)}{100} + \frac{y_2 m_2(x)}{100} + \frac{y_3 m_3(x)}{100} + \frac{y_4 m_4(x)}{100} \tag{9-4}$$

式(9-4)中,$M(x)$ 为选定值,$m_1(x)$、$m_2(x)$、$m_3(x)$ 及 $m_4(x)$ 均为筛分测定值。为了求得未知数 y_1、y_2、y_3 及 y_4,可从矿料筛分结果中选定一筛孔孔径 a,使除碎石外其他各种材料全部通过该筛孔,即 $m_2(a)$、$m_3(a)$、$m_4(a)$ 均为 100%,则

$$M(a) = \frac{y_1 m_1(a)}{100} + y_2 + y_3 + y_4$$

$$= \frac{y_1 m_1(a)}{100} + (100 - y_1)$$

得

$$y_1 = \frac{100[100 - M(a)]}{100 - m_1(a)} \tag{9-5}$$

再计算矿粉含量。不考虑其他矿料中粒径小于 0.074 mm 颗粒含量,即 $m_1(0.074)$、$m_2(0.074)$ 和 $m_3(0.074)$ 均为 0,则

$$M(0.074) = \frac{y_4 m_4(0.074)}{100}$$

得

$$y_4 = \frac{100M(0.074)}{m_4(0.074)} \tag{9-6}$$

余下的 y_2 和 y_3 就可以利用式(9-3)和式(9-4)联立求得,即

$$y_2 = \frac{(100 - y_1 - y_4)m_3(x) - [100M(x) - y_1 m_1(x) - y_4 m_4(x)]}{m_3(x) - m_2(x)} \tag{9-7}$$

$$y_3 = \frac{(100 - y_1 - y_4)m_2(x) - [100M(x) - y_1 m_1(x) - y_4 m_4(x)]}{m_2(x) - m_3(x)} \tag{9-8}$$

根据上述求得的四种矿料的初步用量,计算出矿质混合料的级配,然后与表 9-9 所给定的范围进行比较,若在规定的范围内,说明所计算的矿质材料级配是合适的;若不在规定的范围内,说明矿质混合料中某级颗粒含量不足或过多,则应在混合料中增减含这级颗粒的矿质材料,或加入其他矿质材料进行调整,使其矿质混合料的级配达到表 9-9 所规定的标准。

9.3.4.2　沥青用量的选定

1. 沥青用量的初步选择

沥青混凝土的初步配合比确定后,可参考已有工程或表 9-9 的沥青用量初拟几种沥青用量,一般须选定 3 ~4 个沥青用量进行试验。例如表 9-9 中密级配中粒式沥青用量为 6.5% ~8.5%,即可选 6.5%、7.0%、7.5% 及 8.5% 四个沥青用量。

2. 马歇尔试验

将沥青用量为6.5%、7.0%、7.5%及8.5%的四种配合比的沥青混凝土做马歇尔试验,并测定沥青混凝土的表观密度及孔隙率。试验结果用图9-10的形式表示。然后,按照设计的技术指标(例如孔隙率为2%~4%,表观密度大于2 290 kg/m^3,稳定度为4~6 kN,流变值为40~60),表观密度、孔隙率、稳定度、流变值等基本技术性能同时满足的沥青用量范围即为所求,取其中间值即为该组合级配的最优沥青用量(见图9-11)。

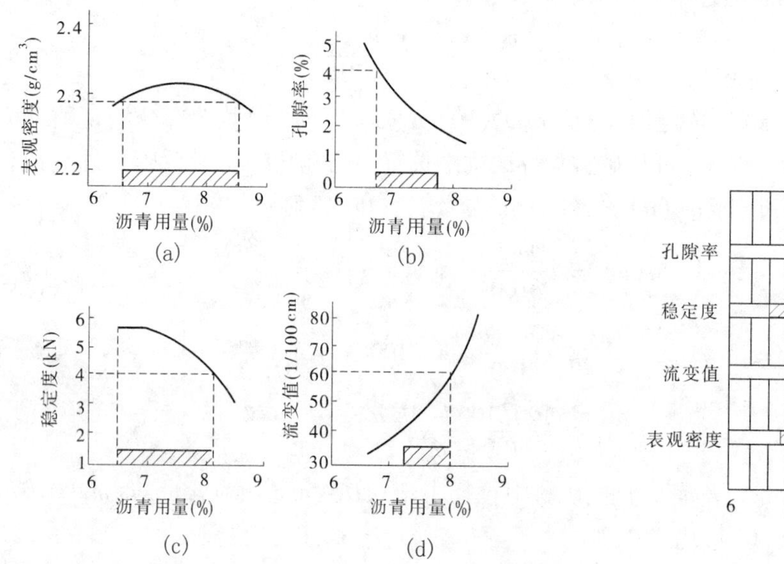

图9-10　沥青混凝土各项基本性质与沥青用量关系曲线

图9-11　确定沥青用量示意

9.3.4.3　配合比的确定

对初步选定的配合比,再根据设计规定的技术要求,如水稳定性、热稳定性、渗透系数、柔性、强度等指标全面进行检验,若各项技术指标均能满足要求,则该配合比即可确定为实验室配合比,否则须另选沥青用量进行验证试验。

9.3.4.4　配合比现场铺筑试验

在实际工程应用时,常用符合要求的几组矿质混合料及不同的沥青用量,配制几组沥青混凝土,在施工现场同时进行各组的物理、力学性能检验,从中选取技术性能符合要求又经济的一组,作为实际使用的水工沥青混凝土的配合比。

9.4　石油沥青试验

试验按照《沥青软化点测定法　环球法》(GB/T 4507—2014)、《沥青延度测定法》(GB/T 4508—2010)、《沥青针入度测定法》(GB/T 4509—2010)的规定执行。

沥青取样:同一批出厂、同一规格牌号的沥青以20 t为一个取样单位,不足20 t也按一个取样单位取样。从每个取样单位的不同部位取5处洁净试样,每处所取数据大致相等,约1 kg作为平均试样。

9.4.1 针入度测定

9.4.1.1 试验目的

测定沥青针入度,评定其黏滞性并依针入度值确定沥青的牌号。

9.4.1.2 主要仪器设备

(1)针入度测定仪。如图 9-12 所示,针连杆在无明显摩擦下垂直运动,指示穿入深度精确到 0.1 mm。针连杆质量为(47.5 ±0.05)g。针和针连杆的总质量为(50 ±0.05)g,仪器附有(50 ±0.05)g 和(100 ±0.05)g 的砝码各一个,可以组成(100 ±0.05)g 和(200 ±0.05)g 的载荷,以满足试验所需的载荷条件。仪器设有放置平底玻璃皿的平台,并有可调水平的机构,针连杆应与平台垂直。仪器设有针连杆制动按钮,紧压按钮针连杆可自由下落。

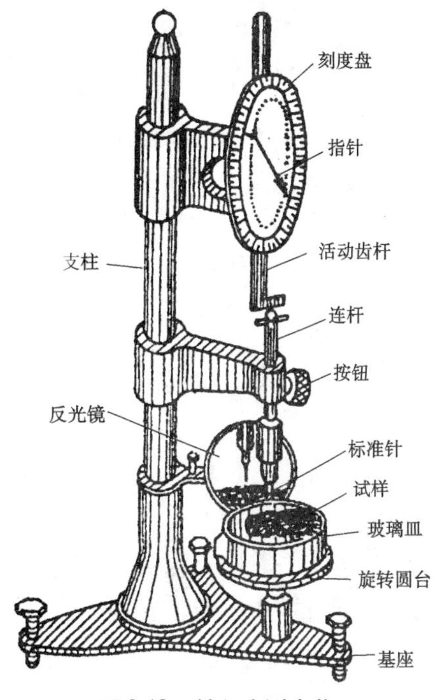

图 9-12 针入度测定仪

(2)标准针。如图 9-13 所示,由硬化回火的不锈钢制造。针长约 50 mm,长针长约 60 mm,直径为 1.00 ~ 1.02 mm,针质量为(2.50 ±0.05)g。每一根针均应附有国家计量部门的检验单。

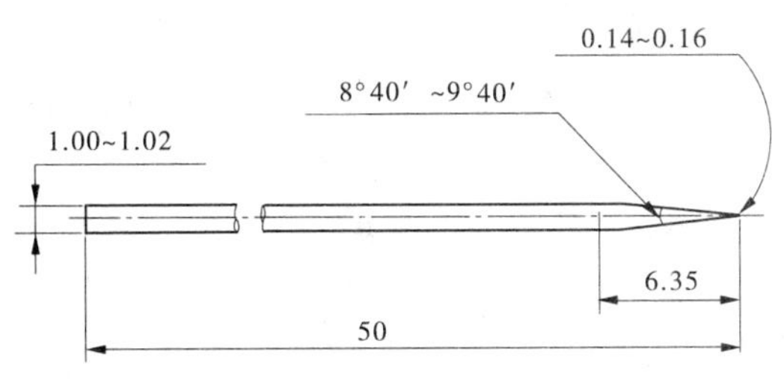

图 9-13 针入度标准针 (单位:mm)

(3)试样皿。金属或玻璃的圆柱形平底皿,尺寸如下:针入度小于 40 时,直径 33 ~ 55 mm,深度 8 ~ 16 mm;针入度小于 200 时,直径 55 mm,深度 35 mm;针入度 200 ~ 350 时,直径 55 ~ 75 mm,深度 45 ~ 70 mm;针入度 350 ~ 500 时,直径 55 mm,深度 70 mm。

(4)恒温水浴。容量不小于 10 L,能保持温度在试验温度下控制在 ±0.1 ℃范围内。距水底部 50 mm 处有一个带孔的支架。这一支架离水面至少有 100 mm。

(5)平底玻璃皿。平底玻璃皿的容量不小于 350 mL,深度要没过最大的样品皿。内设一个不锈钢三角支架,以保证试样皿稳定。

(6)计时器。刻度为 0.1 s 或小于 0.1 s,60 s 内的准确度达到 ±0.1 s。

(7)温度计。液体玻璃温度计刻度范围 -8 ~ 55 ℃,分度值为 0.1 ℃。

9.4.1.3 试验方法

1. 试样制备

(1)小心加热样品,不断搅拌以防局部过热,加热到使样品能够流动。加热时焦油沥青的加热温度不超过软化点60 ℃,石油沥青不超过软化点90 ℃。加热时间在保证样品充分流动的基础上尽量少。加热、搅拌过程中避免试样中进入气泡。

(2)将试样倒入预先选好的试样皿中。试样深度应至少是预计锥入深度的120%。如果试样皿的直径小于65 mm,而预期针入度高于200,每个试验条件都要倒三个样品。

(3)轻轻地盖住试样皿以防灰尘落入。在15~30 ℃的室温下冷却45 min~1.5 h(小试样皿)、1~1.5 h(中等试样皿)、1.5~2.0 h(大试样皿),然后将两个试样皿和平底玻璃皿一起放入恒温水浴中,水面应没过试样表面10 mm以上。在规定的试验温度(正常情况为(25±0.1)℃下冷却,小皿恒温45 min~1.5 h,中皿恒温1~1.5 h,大皿恒温1.5~2.0 h。

2. 针入度测定

(1)调节针入度仪的水平,检查针连杆和导轨,确保上面没有水和其他物质。先用合适的溶剂将针擦干净,再用干净的布擦干,然后将针插入针连杆中固定。按试验条件放好砝码(正常情况为:标准针、针连杆与附加砝码的总质量为(100±0.05)g)。

(2)将已恒温到试验温度(25 ℃)的试样皿和平底玻璃皿取出,放置在针入度仪的平台上。慢慢放下针连杆,使针尖刚刚接触到试样的表面,必要时用放置在合适位置的光源反射来观察。拉下活杆,使其与针连杆顶端相接触,调节针入度仪上的表盘读数为零。

(3)用手紧压按钮,同时启动秒表,使标准针自由下落穿入沥青试样,到规定时间(5 s)停压按钮,使标准针停止移动。

(4)拉下活杆,再使其与针连杆顶端相接触,此时表盘指针的读数即为试样的针入度,用1/10 mm表示。

(5)同一试样至少重复测定三次。每一试验点的距离和试验点与试样皿边缘的距离都不得小于10 mm。每次试验前都应将试样和平底玻璃皿放入恒温水浴中,每次测定都要用干净的针。当针入度超过200时,至少用三根针,每次试验用的针留在试样中,直到三根针扎完时再将针从试样中取出。针入度小于200时可将针取下用合适的溶剂擦净后继续使用。

9.4.1.4 结果处理

(1)取三次测定针入度的平均值(保留整数),作为试验结果。三次测定的针入度值相差不应大于下列数值:针入度0~49,最大差值2;针入度50~149,最大差值4;针入度150~249,最大差值6;针入度250~350,最大差值8;针入度35~500,最大差值20。若差值超过上述数值,应重做试验。

(2)关于试验的重复性与再现性的要求。重复性:同一操作者同一样品利用同一台仪器测得的两次结果不超过平均值的4%。再现性:不同操作者同一样品利用同一类型仪器测得的两次结果不超过平均值的11%。

9.4.2 延度测定

9.4.2.1 试验目的

了解石油沥青的塑性大小,并作为确定牌号的依据。

9.4.2.2 主要仪器

(1)延度仪。如图 9-14 所示,能以一定的速度拉伸试件,启动时无明显振动的仪器。

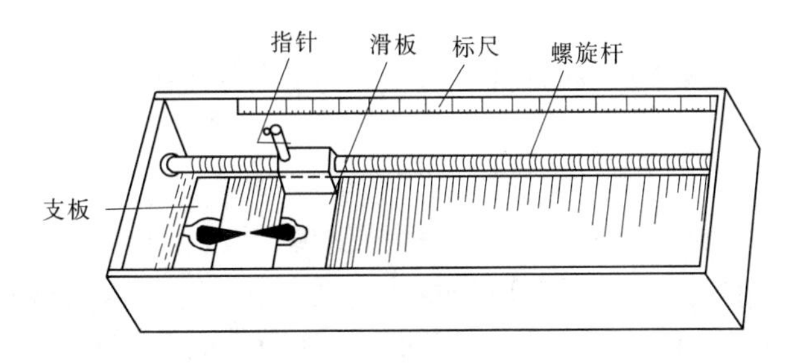

图 9-14 沥青延度仪

(2)模具。如图 9-15 所示,试件模具由黄铜制造,由两个弧形端模和两个侧模组成。

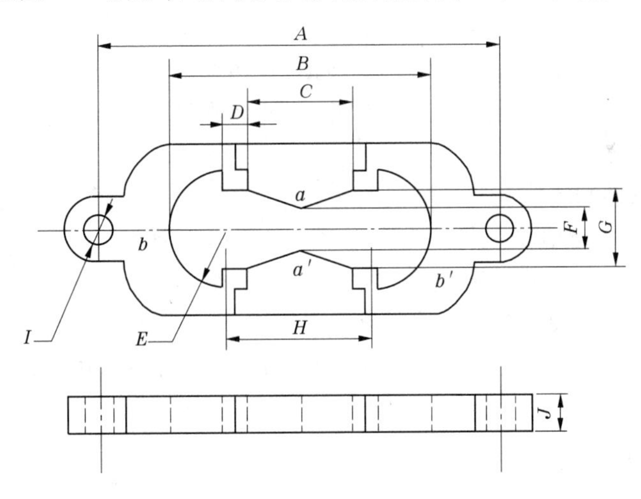

图 9-15 沥青延度仪模具

A—两端模环中心点距离 111.5 ~113.5 mm;*B*—试件总长 74.5 ~75.5 mm;
C—端模间距 29.7 ~30.3 mm;*D*—肩长 6.8 ~7.2 mm;*E*—半径 15.75 ~16.25 mm;
F—最小横断面宽 9.9 ~10.1 mm;*G*—端模口宽 19.8 ~20.2 mm;*H*—两半圆心间距离 42.9 ~43.1 mm;
I—端模孔直径 6.5 ~6.7 mm;*J*—厚度 9.9 ~0.1 mm

(3)其他仪器。水浴,温度计(0 ~50 ℃),金属网筛(孔径 0.3 ~0.5 mm),甘油、滑石粉隔离剂(2∶1),支撑板。

9.4.2.3 试验方法

1. 试样制备

(1)将模具组装在支撑板上,将隔离剂涂于支撑板表面及侧模的内表面,以防沥青粘在模具上。

(2)小心加热样品,以防局部过热,直到完全变成液体能够倾倒。石油沥青加热温度不超过预计沥青软化点90 ℃,煤焦油沥青加热温度不超过煤焦油沥青预计软化点60 ℃。样品的加热时间在不影响样品性质和在保证样品充分流动的基础上尽量短。把熔化了的样品充分搅拌之后倒入模具中。在倒样时使试样呈细流状,自模的一端至另一端往返倒入,使试样略高出模具,将试件在空气中冷却30~40 min,然后放在规定温度(25±0.5)℃的水浴中保持30 min取出,用热的直刀或铲将高出模具的沥青刮出,使试样与模具齐平。

(3)恒温。将支撑板、模具和试件一起放入水浴中,并在试验温度(25±5)℃下保持85~95 min。

2. 延度测定

(1)从水浴中取出试件,去除支撑板,拆掉侧模,并将模具两端的孔套在沥青延度仪的柱上,然后以一定的速度((5±0.25)cm/min)拉伸,直至试件拉伸断裂。测量试件从拉伸到断裂所经过的距离,以cm表示。试验时,试件距水面和水底的距离不小于2.5 cm,并且要使温度保持在(25±5)℃范围内。

(2)如果沥青浮于水面或沉入槽底,则试验不正常,应使用乙醇或氯化钠调整水的密度,使沥青材料既不浮于水面,又不沉入槽底。

(3)正常的试验应将试样拉成锥形或柱形,直至在断裂时实际横断面面积接近于零或均匀断面。如果三次试验得不到正常结果,则报告在该条件下延度无法测定。

9.4.2.4 结果处理

(1)若三个试件测定值在其平均值的5%内,取平行测定三个结果的平均值作为测定结果。若三个试件测定值不在其平均值的5%以内,但其中两个较高值在平均值的5%以内,则弃去最低测定值,取两个较高值的平均值作为测定结果,否则重新测定。

(2)关于试验重复性与再现性的要求。重复性:同一样品,同一操作者重复测定两次结果不超过平均值的10%。再现性:同一样品,在不同实验室测定的结果不超过平均值的20%。

9.4.3 软化点测定

9.4.3.1 试验目的

了解沥青的温度稳定性,并作为评定沥青牌号的依据。

9.4.3.2 主要仪器与材料

(1)环。黄铜肩(亦称肩环)两只,其尺寸规格见图9-16(a)。

(2)球。两只直径为9.5 mm的钢球,每只质量为(3.50±0.05) g。

(3)钢球定位器。两只钢球定位器用于使钢球定位于试样中央,其形状和尺寸见图9-16(b)。

(4)浴槽。可以加热的玻璃容器,其内径不小于85 mm,离加热底部的深度不小于120 mm。

(5)铜支撑架与支架系统。铜支撑架(亦称支架),用于支撑两个肩环,其形状和尺寸见图 9-16(c);支架系统由上支撑板、铜支撑架、下支撑板用长螺栓连接而成,支架系统置于浴槽内,其装配示意见图 9-16(d)。肩环的底部距离下支撑板的表面为 25 mm,下支撑板的下表面距离浴槽底部为(16 ±3)mm。

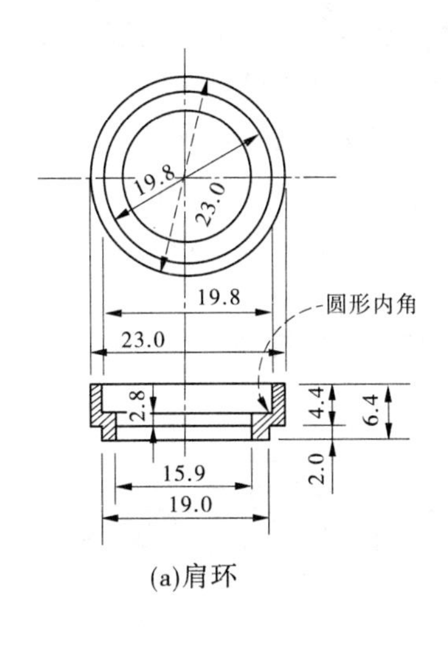

(a)肩环

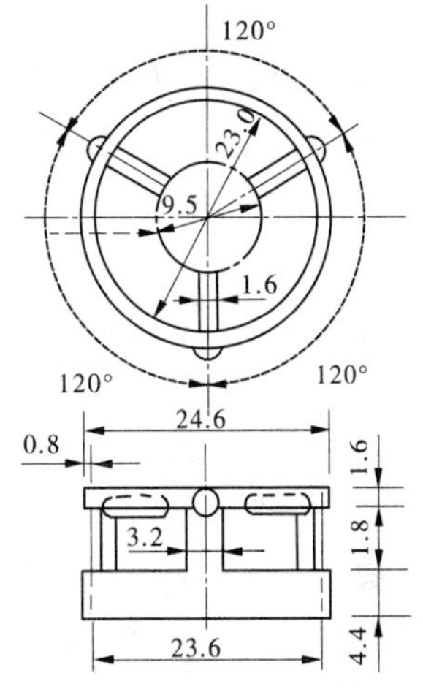

(b)钢球定位器

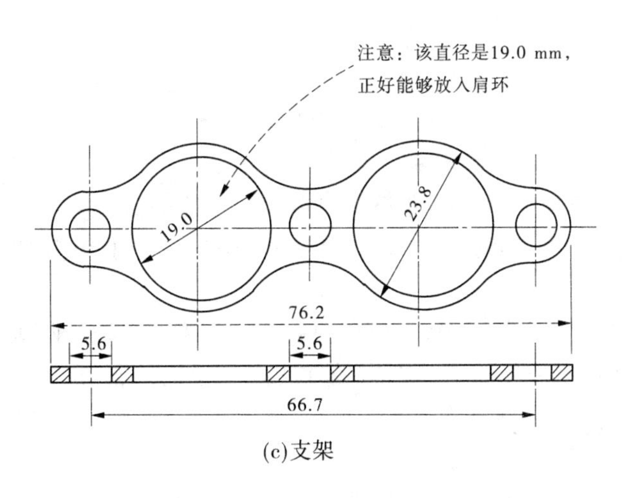

(c)支架

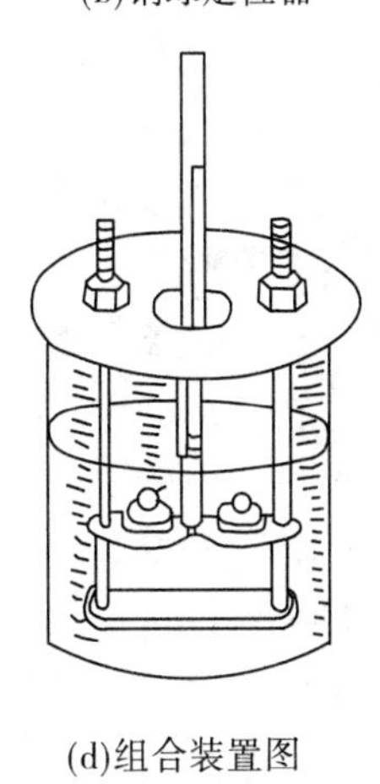
(d)组合装置图

图 9-16 环、钢球定位器、支架、组合装置图 (单位:mm)

(6)温度计。测温范围在 30 ~180 ℃、最小分度值为 0.5 ℃的全浸式温度计,能悬于支架上,使得水银球底部与环底部水平。

(7)材料。新煮沸过的蒸馏水或甘油,用作加热介质;隔离剂以两份甘油和一份滑石粉调制而成(以质量计)。

(8)其他。0.3 ~0.5 mm 的金属网筛、铜支撑板、电炉或其他加热器。

9.4.3.3 试验方法

1. 试样制备

(1)样品的加热时间在不影响样品性质和保证样品充分流动的基础上尽量短。

(2)石油沥青、改性沥青、天然沥青以及乳化沥青残留物加热温度不超过预计沥青软化点110 ℃。

(3)煤焦油沥青加热温度不超过煤焦油沥青预计软化点55 ℃。

(4)如果重复试验不能重新加热样品,应在干净的容器中用新鲜样品制备试样。

(5)若估计软化点在120~157 ℃,应将肩环与铜支撑板预热至80~100 ℃,然后将肩环放到涂有隔离剂的支撑板上,否则会出现沥青试样从肩环中完全脱落。

(6)向每个环中倒入略过量的沥青试样,让试件在室温下至少冷却30 min。对于在室温下较软的样品,应将试件在低于预计软化点10 ℃以上的环境中冷却30 min,从开始倒试样时起至完成试验的时间不得超过240 min。

(7)试样冷却后,用稍加热的小刀或刮刀干净地刮去多余的沥青,使得每一个圆片饱满且和环的顶部齐平。

2.软化点测定

(1)选择加热介质。新煮沸过的蒸馏水适于软化点为30~80 ℃的沥青,起始加热介质温度应为(5±1)℃;甘油适于软化点为80~157 ℃的沥青,起始加热介质的温度为(30±1)℃。

(2)把仪器放在通风橱内并配置两个样品环、钢球定位器,将温度计插入合适的位置,浴槽装满加热介质,并使各仪器处于适当位置。用镊子将钢球置于浴槽底部,使其同支架的其他部位达到相同的起始温度。

(3)将浴槽置于冰水中,或小心加热并维持适当的起始浴温达15 min。

(4)用镊子从浴槽底部将钢球夹住并置于定位器中。

(5)从浴槽底部加热温度以恒定的速度5 ℃/min上升。试验期间不能取加热速率的平均值,但在3 min后,升温速度应达到(5±0.5)℃/min,若温度上升速率超过此限定范围,则此次试验失败。

(6)当两个试环的球刚触及下支撑板时,分别记录温度计所显示的温度。无须对温度计的浸没部分进行校正。取两个温度的平均值作为沥青的软化点。当软化点为30~15 ℃时,如果两个温度的差值超过1 ℃,则重新试验。

9.4.3.4 结果处理

(1)取两个结果的平均值作为测定结果,并同时报告浴槽中使用加热介质的种类。

(2)关于试验的重复性与再现性的要求(对于石油沥青、乳化沥青残留物、焦油沥青,加热介质为水时)。重复性:重复测定两次结果的差值不得大于1.2 ℃。再现性:同一试样由两个实验室各自提供的试验结果之差不应超过2.0 ℃。

9.5 弹(塑)性体改性沥青防水卷材试验

试验按照《弹性体改性沥青防水卷材》(GB 18242—2008)、《塑性体改性沥青防水卷材》(GB 18243—2008)的规定执行。

防水卷材取样:以同一类型同一规格10 000 m^2为一批,不足10 000 m^2也可作为一批,每批中随机抽取5卷进行试验。

9.5.1　卷重、面积、厚度、外观试验

9.5.1.1　试验目的

评定卷材的卷重、面积、厚度、外观是否合格。

9.5.1.2　试验内容

1. 卷重

用最小分度值为0.2 kg的台秤称量每卷卷材的卷重。

2. 面积

用最小分度值为1 mm的卷尺在卷材的两端和中部测量长度、宽度，以长度、宽度的平均值求得每卷的卷材面积。当有接头时，两段长度之和减去150 mm为卷材长度测量值。当面积超出标准规定值的正偏差时，按公称面积计算卷重。当符合最低卷重时，也判为合格。

3. 厚度

使用10 mm直径接触面，单位压力为0.2 MPa时分度值为0.1 mm的厚度计测量，保持时间为5 s。沿卷材宽度方向裁取50 mm宽的卷材一条在宽度方向上测量5点，距卷材长度边缘(150 ± 15)mm向内各取一点，在这两点之间均分取其余3点。对于砂面卷材必须将浮砂清除，再进行测量，记录测量值，计算5点的平均值作为卷材的厚度。以抽取卷材的厚度总平均值作为该批产品的厚度，并记录最小值。

4. 外观

将卷材立放于平面上，用一把钢卷尺放在卷材的端面上，用另一把钢卷尺(分度值为1 mm)垂直伸入端面的凹面处，测得的数值即为卷材端面里进外出值。然后将卷材展开按外观质量要求检查，沿宽度方向裁取50 mm宽的一条，胎基内不应有未被浸透的条纹。

9.5.1.3　判定原则

在抽取的5卷中，各项检查结果都符合标准规定时，判定为卷重、面积、厚度、外观合格，否则允许在该批试样中另取5卷，对不合格项进行复查，若达到全部指标合格，则判为合格，否则为不合格。

9.5.2　物理力学性能试验

9.5.2.1　试验目的

评定卷材的物理力学性能是否合格。

9.5.2.2　试样制备

在面积、卷重、外观、厚度都合格的卷材中，随机抽取一卷，切除距外层卷头2 500 mm后，顺纵向切取长度为800 mm的全幅卷材两块，一块进行物理力学性能试验，另一块备用。按图9-17所示部位及表9-10中规定的数量，切取试件边缘与卷材纵向的距离不小于75 mm。

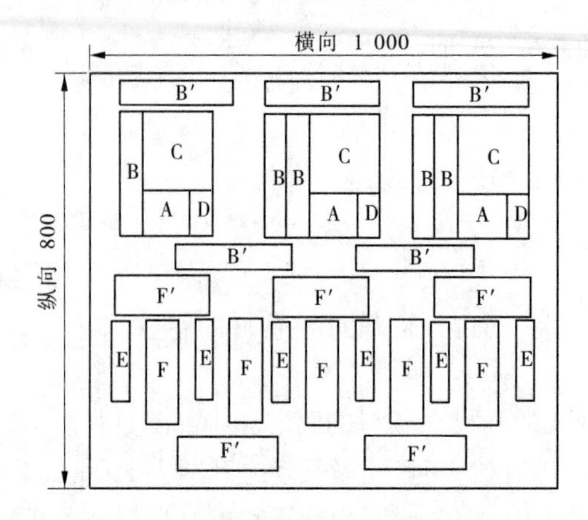

图 9-17　试件切取图　(单位:mm)

表 9-10　试件尺寸

试验项目	试件代号	试件尺寸(mm × mm)	数量(个)
可溶物含量	A	100 × 100	3
拉力及延伸率	B、B′	(250 ~ 320) × 50	纵横各 5
不透水性	C	150 × 150	3
耐热度	D	125 × 100	纵向 3
低温柔度	E	150 × 25	纵向 10
钉杆撕裂强度	F、F′	200 × 100	纵向 5

9.5.2.3　试验内容

1. 可溶物含量试验

1) 溶剂

四氯化碳、三氯甲烷或三氯乙烯(工业纯或化学纯)。

2) 试验仪器

分析天平(感量 0.001 g)、萃取器(500 mL 索氏萃取器)、电热干燥箱(0 ~ 300 ℃,精度为 ±2 ℃)、滤纸(直径不小于 150 mm)。

3) 试验步骤

将切好的三块试件(A)分别用滤纸包好,用棉线捆扎。分别称重,记录数据。将滤纸包置于萃取器中,溶剂量为烧瓶容量的 1/3 ~ 1/2,进行加热萃取,直至回流的液体呈浅色。取出滤纸包让溶剂挥发,放入预热至 105 ~ 110 ℃的电热干燥箱中干燥 1 h,再放入干燥器中冷却至室温,称量滤纸包。

4) 计算

可溶物含量按下式计算

$$A = K(G - P) \tag{9-9}$$

式中　A——可溶物含量,g/m^2;

G——萃取前滤纸包质量,g;

P——萃取后滤纸包质量;g;

K——系数,$1/m^2$。

以三个试件可溶物含量的算术平均值为卷材的可溶物含量。

2. 拉力及延伸率试验

1)试验设备及仪器

拉力试验机:能同时测定拉力及延伸率,测量范围 0 ~ 2 000 N,最小分度值不大于 5 N,伸长率范围能使夹具 180 mm 间距伸长一倍,夹具夹持宽度不小于 50 mm。

2)试验步骤

将切取好的试件放置在试验温度下不少于 24 h。校准试验机(拉伸速度 50 mm/min),将试件夹持在夹具中心,不得歪扭,上下夹具间距为 180 mm。开动试验机,拉伸至试件拉断,记录拉力及最大拉力时的延伸率。

3)最大拉力及最大拉力时的延伸率的计算

分别计算纵向及横向各 5 个试件的最大拉力的算术平均值,作为卷材纵向和横向的拉力(N/50 mm)。最大拉力时的延伸率按下式计算

$$E = \frac{L_1 - L_0}{L} \times 100\% \tag{9-10}$$

式中 E——最大拉力时的延伸率(%);

L_1——试件拉断时夹具的间距,mm;

L_0——试件拉伸前夹具的间距,mm;

L——上下夹具间的距离,180 mm。

分别计算纵向及横向各 5 个试件的最大拉力时的延伸率值的算术平均值,作为卷材纵向及横向的最大拉力时的延伸率。

3. 不透水性试验

1)试验仪器

油毡不透水仪:具有三个透水盘(底盘内径为 92 mm),金属压盖上有 7 个均匀分布的直径 25 mm 的透水孔;压力表示值范围 0 ~ 0.6 MPa,精度为 2.5 级。

2)试验步骤

在规定压力、规定时间内,试件表面无透水现象为合格。卷材的上表面为迎水面;上表面为砂面、矿物粒料时,下表面作为迎水面;下表面为细砂时,在细砂面沿密封圈的一圈除去表面浮砂,然后涂一圈 60 ~ 100 号的热沥青,涂平、冷却 1 h 后进行试验。

4. 耐热度试验

1)试验仪器

主要设备有电热恒温箱。

2)试验步骤

将 50 mm × 100 mm 的试件垂直悬挂在预先加热至规定温度的电热恒温箱内,加热 2 h 后取出,观察涂盖层有无滑动、流淌、滴落,任一端涂盖层不应与胎基发生位移,试件下

端应与胎基平齐,无流挂、滴落。

5. 低温柔度试验

1) 试验仪器及用具

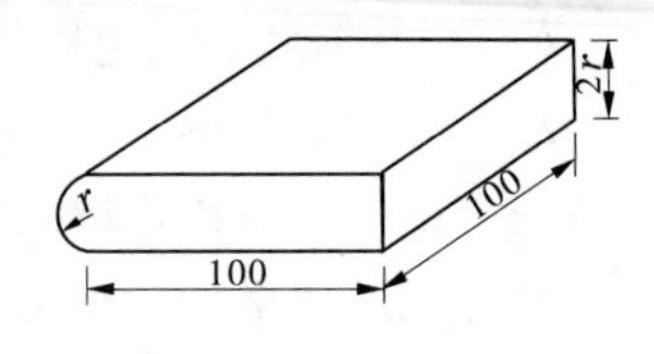

图 9-18　柔度弯板示意
(单位:mm)

试验仪器及用具包括低温制冷仪(控温范围 0 ~ 30 ℃,精度为 ±2 ℃)、半导体温度计(量程 30 ~ 40 ℃,精度为 5 ℃)、柔度棒或柔度弯板(半径为 15 mm 和 25 mm 两种,如图 9-18 所示)、冷冻液(不与卷材发生反应)等。

2) 试验步骤

A 法(仲裁法):在不小于 10 L 的容器内放入冷冻液(6 L 以上),将容器放入低温制冷仪中,冷却至标准规定的温度。然后将试件与柔度棒(板)同时放在液体中,待温度达到标准规定的温度时,至少保持 0.5 h,将试件置于液体中,在 3 s 内匀速绕柔度棒或弯板弯曲 180°。

B 法:将试件和柔度棒(板)同时放入冷却至标准规定的低温制冷仪内的液体中,待温度达到标准规定的温度后,保持时间不少于 2 h,在低温制冷仪中,将试件在 3 s 内匀速绕柔度棒或弯板弯曲 180°。

柔度棒(板)的直径根据卷材的标准规定选取,6 块试件中,3 块试件上表面、另 3 块试件下表面与柔度棒(板)接触,取出试件后用目测,观察试件涂盖层有无裂缝。

6. 撕裂强度试验

1) 试验仪器

拉力试验机(上下夹具间距为 180 mm),试验温度 (23 ±2) ℃。

2) 试验步骤

将切好的试件用切刀或模具裁成如图 9-19 所示的形状,然后在试验温度下放置不少于 24 h;校准试验机(拉伸速度 50 mm/min),将试件夹持在夹具中心,不得歪扭,上下夹具间距为 130 mm;开动试验机,进行拉伸直至试件拉断,记录拉力。

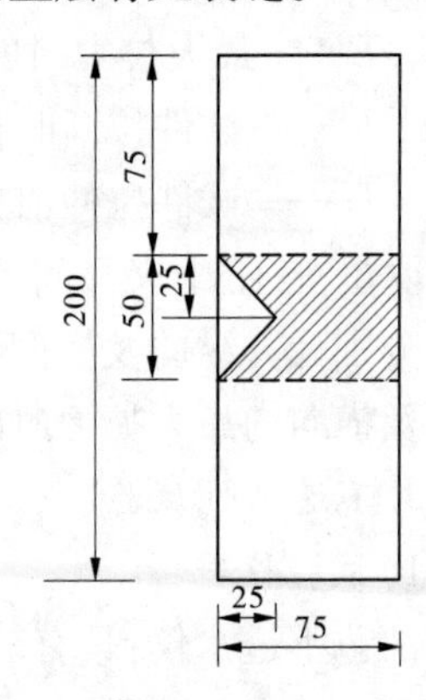

图 9-19　撕裂试件

3) 结果计算

分别计算纵向及横向各 5 个试件的最大拉力的算术平均值,作为卷材纵向或横向的撕裂强度,单位为 N。

9.5.2.4　物理力学性能评定

(1) 可溶物含量、拉力及拉伸强度、低温柔度、最大拉力时延伸率等各项结果的平均值达到规定时,判定为该项指标合格。

(2) 不透水性、耐热度每组 3 个试件分别达到标准规定时,判定为该项指标合格。

(3) 低温柔度 6 个试件中至少 5 个试件达到标准规定时,判定为该项指标合格。

10　土工合成材料

土工合成材料是20世纪50年代末期发展起来的一种新型建筑材料，它是应用于岩土工程、以高分子聚合物为原材料制成的各种产品的统称。土工合成材料具有满足多种工程需要的性能，而且由于其寿命长（在正常使用条件下，可达50～100年）、强度高（在埋置20年后，强度仍保持75%）、柔性好、抗变形能力强、施工简易、造价低廉、材料来源丰富等优点，在水利水电、道路、海港、采矿、军工、环境等工程领域得到了广泛的应用。

10.1　土工合成材料的种类

我国《土工合成材料应用技术规范》（GB 50290—2014）将土工合成材料分为土工织物、土工膜、土工复合材料和土工特种材料四大类。

10.1.1　土工织物

土工织物又称土工布，它是由聚合物纤维制成的透水性土工合成材料。按制造方法不同，可分为织造（有纺）型土工织物与非织造（无纺）型土工织物两大类。

10.1.1.1　织造型土工织物

1. 结构

织造型土工织物是问世最早的土工织物产品，又称为有纺土工织物。它是由单丝或多丝织成的，或由薄膜形成的扁丝编织成的布状卷材。其制造工序是：将聚合物原材料加工成丝、纱、带，再借织机织成平面结构的布状产品。织造时有相互垂直的两组平行丝，如图10-1所示。沿织机（长）方向的称经丝，横过织机（宽）方向的称纬丝。

单丝的典型直径为0.5 mm，它是将聚合物热熔后从模具中挤压出来的连续长丝。在挤出的同时或刚挤出后将丝拉伸，使其中的分子定向，以提高丝的强度。多丝是由若干根单丝组成的，在制造高强度土工织物时常采用多丝。扁丝是由聚合物薄片经利刃切成的薄条，在切片前后都要牵引拉伸以提高其强度，宽度约为3 mm，是其厚度的10～20倍。

目前，大多数编织土工织物是由扁丝织成的，而圆丝和扁丝结合成的织物有较高的渗透性。如图10-2所示。

2. 织造型式

织造型土工织物有三种基本的织造型式：平纹、斜纹和缎纹。平纹是最简单、应用最多的织法，其型式是经、纬纹一上一下，如图10-1、图10-2所示。斜纹是经丝跳越几根纬丝，最简单的型式是经丝二上一下，如图10-3所示。缎纹是经丝和纬丝长距离地跳越，如经丝五上一下，这种织法适用于衣料类产品。

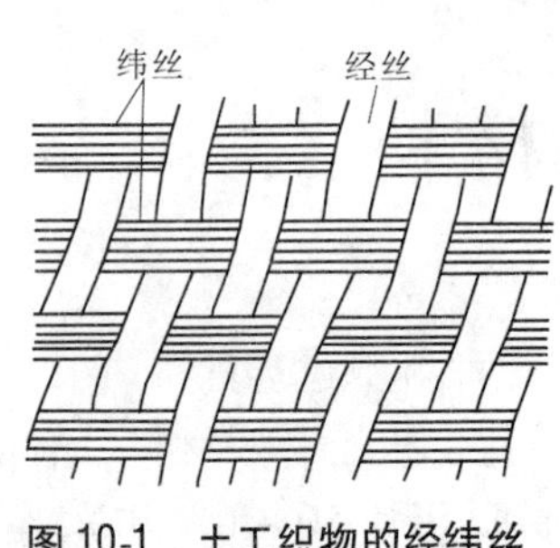

图10-1　土工织物的经纬丝

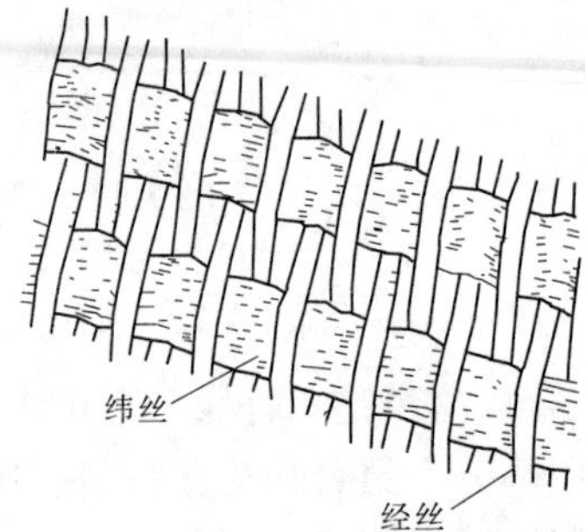

图10-2　圆丝和扁丝织成的织物

3. 各产品的特性

不同的丝和纱及不同的织法,织成的产品具有不同的特性。平纹织物有明显的各向异性,其经、纬向的摩擦系数也不一样;圆丝织物的渗透性一般比扁丝的高,每百米长的经丝间穿越的纬丝愈多,织物愈密愈强,渗透性愈低。单丝的表面积较多丝的小,其防止生物淤堵的性能好。聚丙烯的老化速度比聚酯和聚乙烯的要快。由此可见,可以借助调整丝(纱)的材质、品种和织造方式等来得到符合工程要求的强度、经纬强度比、摩擦系数、等效孔径和耐久性等项指标。

图10-3　斜纹土工织物

10.1.1.2　非织造型土工织物

非织造型土工织物又称无纺土工织物,是由短纤维或喷丝长纤维按随机排列制成的絮垫,经机械缠合,或热黏合,或化学黏合而成的布状卷材。

1. 热黏合

热黏合是将纤维在传送带上成网,让其通过两个反向转动的热辊之间热压,纤维网受热达到一定温度后,部分纤维软化熔融,互相黏连,冷却后得到固化。这种方法主要用于生产薄型土工织物,厚度一般为0.5~1.0 mm。由于纤维是随机分布的,织物中形成无数大小不一的开孔,又无经纬丝之分,故其强度的各向异性不明显。

2. 化学黏合

化学黏合是通过不同工艺将黏合剂均匀地施加到纤维网中,待黏合剂固化,纤维之间便互相黏连,使网得以加固,厚度可达3 mm。常用的黏合剂有聚烯酯、聚酯乙烯等。

3. 机械黏合

机械黏合是以不同的机械工具将纤维加固,有针刺法和水刺法两种。针刺法利用装在针刺机底板上的许多截面为三角形或棱形且侧面有钩刺的针,由机器带动,做上下往复运动,让网内的纤维互相缠结,从而织网得以加固。产品厚度一般在1 mm以上,孔隙率高,渗透性大,反滤、排水性能好,在工程中应用很广。水刺法是利用高压喷射水流射入纤维网,使纤维互相缠结加固。产品柔软,主要用于卫生用品,工程中尚未应用。

10.1.2　土工膜

土工膜是透水性极低的土工合成材料。土工膜根据原材料不同,可分为聚合物和沥青两大类。按制作方法不同,可分为现场制作和工厂预制两大类。为满足不同强度和变形需要,又有加筋和不加筋之分。聚合物膜在工厂制造,而沥青膜则大多在现场制造。

制造土工膜的聚合物有热塑塑料(如聚氯乙烯)、结晶热塑塑料(如高密度聚乙烯)、热塑弹性体(如氯化聚乙烯)和橡胶(如氯丁橡胶)等。

现场制造是指在工地现场地面上喷涂一层或敷一层冷或热的黏性材料(沥青和弹性材料混合物或其他聚合物)或在工地先铺设一层织物在需要防渗的表面,然后在织物上喷涂一层热的黏性材料,使透水性低的黏性材料浸在织物的表面,形成整体性的防渗薄膜。

工厂制造是采用高分子聚合物、弹性材料或低分子量的材料通过挤出、压延或加涂料等工艺过程所制成的,是一种均质薄膜。挤出是将熔化的聚合物通过模具制成土工膜,厚 0.25 ~4.0 mm。压延是将热塑性聚合物通过热辊压成土工膜,厚 0.25 ~2.0 mm。加涂料是将聚合物均匀涂在纸片上,待冷却后将土工膜揭下来而成的。

制造土工膜时,掺入一定量的添加剂,可使其在不改变材料基本特性的情况下,改善其某些性能和降低成本。例如,掺入碳黑可提高抗日光紫外线能力,延缓老化;掺入滑石等润滑剂改善材料可操作性;掺入铅、盐、钡、钙等衍生物以提高材料的抗热、抗光照稳定性;掺入杀菌剂可防止细菌破坏等。在沥青类土工膜中,掺入填料(如细矿粉)或纤维,可提高膜的强度。

10.1.3 土工复合材料

土工复合材料是两种或两种以上的土工合成材料组合在一起的制品。这类制品将各种组合料的特性相结合,以满足工程的特定需要。

10.1.3.1 复合土工膜

复合土工膜是将土工膜和土工织物(包括织造型和非织造型)复合在一起的产品。应用较多的是非织造针刺土工织物,其单位面积质量一般为 200 ~600 g/m^2。复合土工膜在工厂制造时有两种方法,一是将织物和膜共同压成;二是在织物上涂抹聚合物以形成二层(一布一膜)、三层(二布一膜)、五层(三布二膜)的复合土工膜。

复合土工膜具有许多优点,例如:以织造型土工织物复合,可以对土工膜加筋,保护不受运输或施工期间的外力损坏;以非织造型织物复合,可以对土工膜起加筋、保护、排水排气作用,提高膜的摩擦系数,在水利工程和交通隧洞工程中有广泛的应用。

10.1.3.2 塑料排水带

塑料排水带是由不同凹凸截面形状并形成连续排水槽的带状芯材,外包非织造土工织物(滤膜)构成的排水材料。芯板的原材料为聚丙烯、聚乙烯或聚氯乙烯。芯板截面形式有城垛式、口琴式和乳头式等,如图 10-4 所示。

芯板起骨架作用,截面形成的纵向沟槽供通水用,而滤膜多为涤纶无纺织物,作用是滤土、透水。塑料排水带的宽度一般为 100 mm,厚度为 3.5 ~4 mm,每卷长 100 ~200 m,单位长度质量 0.125 kg/m。排水带在公路、码头、水闸等软基加固工程中应用广泛。

10.1.3.3 软式排水管

软式排水管又称为渗水软管,是由高强度钢丝圈作为支撑体及具有反滤、透水、保护作用的管壁包裹材料两部分构成的,如图 10-5 所示。

高强钢丝由钢线经磷酸防锈处理，外包一层PVC材料，使其与空气、水隔绝，避免氧化生锈。包裹材料有三层，内层为透水层，由高强度尼龙纱作为经纱，特殊材料作为纬纱制成；中层为非织造土工织物过滤层；外层为与内层材料相同的覆盖层。在支撑体和管壁外裹材料间、外裹各层之间都采用了强力黏结剂黏合牢固，以确保软式排水管的复合整体性。目前，管径有50.1 mm、80.4 mm和98.3 mm，相应的通水量（坡降$i=1/250$）分别为45.7 cm^3/s、162.7 cm^3/s、311.4 cm^3/s。

软式排水管兼有硬水管的耐压与耐久性能，又有软水管的柔软和轻便特点，过滤性强，排水性好，可用于各种排水工程中。

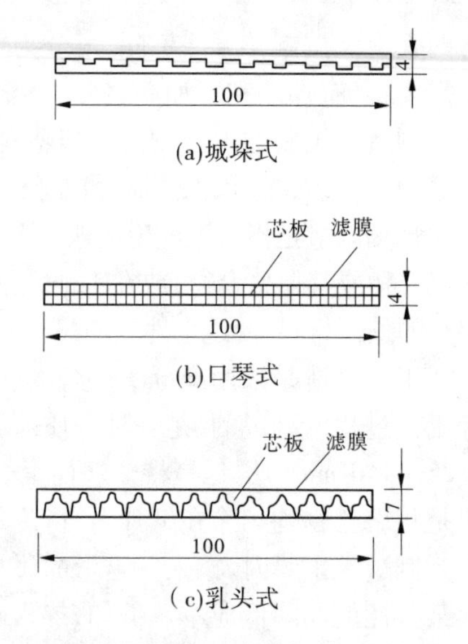

图10-4　塑料排水板断面　（单位:mm）

10.1.4　土工特种材料

土工特种材料是为工程特定需要而生产的产品。常见的有以下几种。

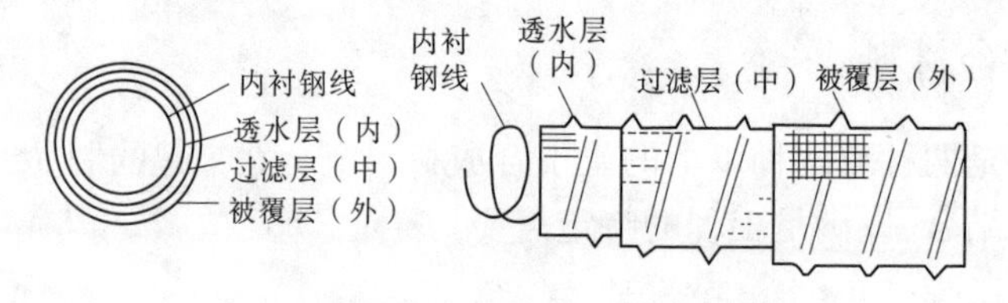

图10-5　软式排水管构造示意图

10.1.4.1　土工格栅

土工格栅是在聚丙烯或高密度聚乙烯板材上先冲孔，然后进行拉伸而成的带长方形孔的板材，如图10-6所示。

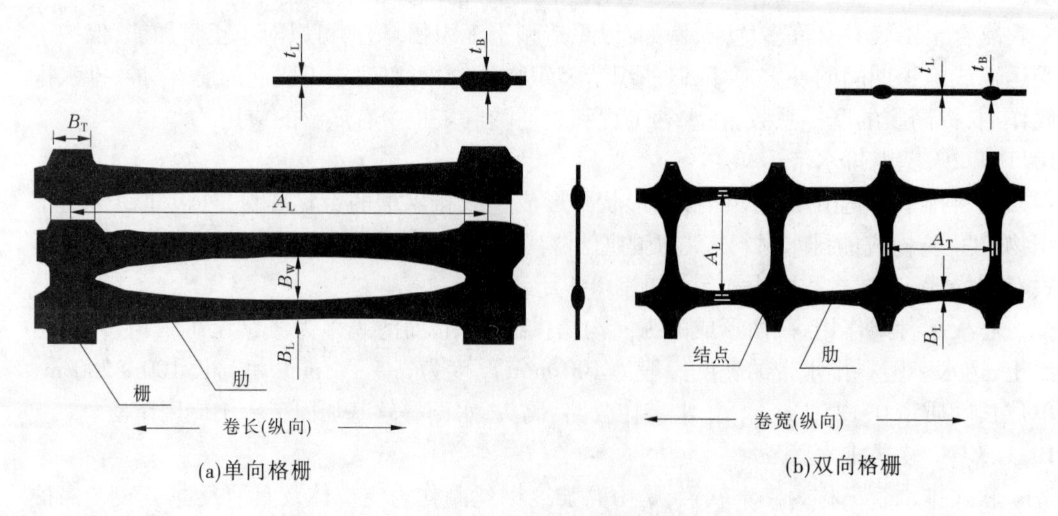

图10-6　土工格栅

加热拉伸是让材料中的高分子定向排列,以获得较高的抗拉强度和较低的延伸率。按拉伸方向不同,可分为单向拉伸(孔近矩形)和双向拉伸(孔近方形)两种。单向拉伸在拉伸方向上皆有较高强度。

土工格栅强度高、延伸率低,是加筋的好材料。土工格栅埋在土内,与周围土之间不仅有摩擦作用,而且由于土石料嵌入其开孔中,还有较高的咬合力,它与土的摩擦系数高达0.8~1.0。

10.1.4.2　**土工网**

土工网是由聚合物经挤塑成网,或由粗股条编织,或由合成树脂压制成的具有较大孔眼和一定刚度的平面结构网状材料,如图10-7所示。网孔尺寸、形状、厚度和制造方法不同,其性能也有很大差异。一般而言,土工网的抗拉强度都较低,延伸率较高。这类产品常用于坡面、防护、植草、软基加固垫层或用于制造复合排水材料。

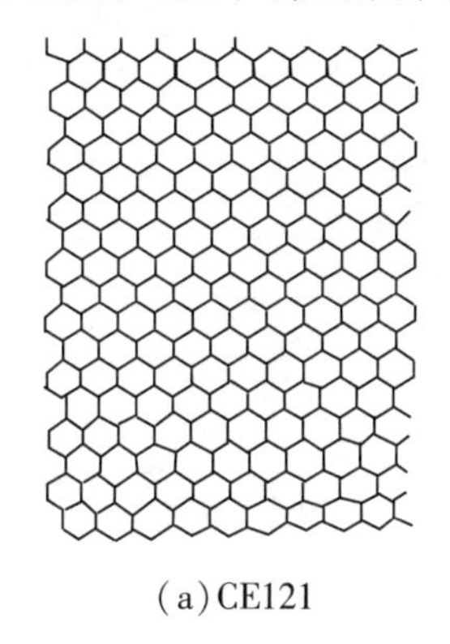

(a)CE121

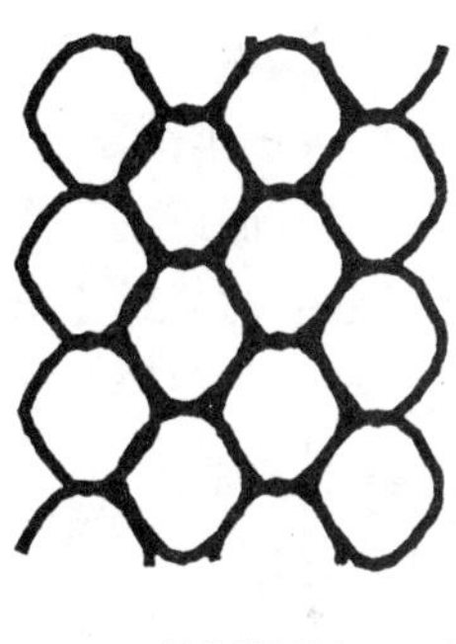

(b)CE131

图10-7　土工网

10.1.4.3　**土工模袋**

土工模袋是由上下两层土工织物制成的大面积连续袋状材料,袋内充填混凝土或水泥砂浆,凝固后形成整体混凝土板,可用作护坡。模袋上下两层之间用一定长度的尼龙绳来保持其间隔,可以控制填充时的厚度。浇注在现场用高压泵进行。混凝土或砂浆注入模袋后,多余水量可从织物孔隙中排走,故降低了水分,加快了凝固速度,提高了强度。

按加工工艺不同,模袋可分为机织模袋和简易模袋两类。前者是由工厂生产的定型产品,后者是用手工缝制而成的。

10.1.4.4　**土工格室**

土工格室是由强化的高密度聚乙烯宽带,每隔一定间距以强力焊接而形成的网状格室结构。典型条带宽100 mm、厚1.2 mm,每隔300 mm进行焊接。闭合和张开时的形状如图10-8所示。格室张开后,可填土料,由于格室对土的侧向位移的限制,可大大提高土体的刚度和强度。土工格室可用于处理软弱地基,增大其承载力,沙漠地带可用于固沙,还可用于护坡等。

10.1.4.5　**土工管、土工包**

土工管是用经防老化处理的高强度土工织物制成的大型管袋及包裹体,可有效地护岸和用于崩岸抢险,或利用其堆筑堤防。

土工包是将大面积高强度的土工织物摊铺在可开底的空驳船内,充填200~800 m^3

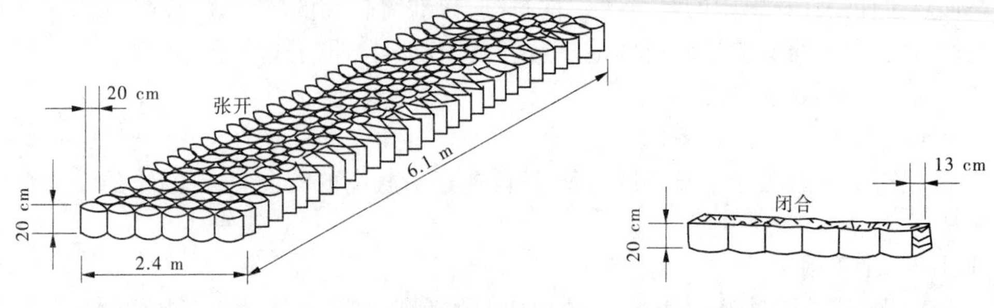

图10-8 土工格室

料物将织物包裹闭合,运送沉放到一定预定位置。在国外,该技术主要用于环境保护。

10.1.4.6 聚苯乙烯板块

聚苯乙烯板块又称泡沫塑料,是以聚苯乙烯为原料,加入发泡剂制成的。其特点是质量轻、导热系数低、吸水率小、有一定抗压强度。由于其质量轻,可用它代替土料,填筑桥端的引堤,解决桥头跳车问题。其导热系数低,在寒冷地带,可用该材料板块防止结构物冻害,例如,在挡墙背面或闸底板下,放置泡沫塑料以防止冻胀等。

10.1.4.7 土工合成材料黏土垫层

土工合成材料黏土垫层是由两层或多层土工织物(或土工膜)中间夹一层膨润土粉末(或其他低渗透性材料)以针刺(缝合或黏结)而成的一种复合材料。其优点是体积小、质量轻、柔性好、密封性良好、抗剪强度较高、施工简便、适应不均匀沉降,比压实黏土垫层具有无比的优越性,可代替一般的黏土密封层,用于水利或土木工程中的防渗或密封设计。

10.2 土工合成材料的技术性能与检测

土工合成材料广泛应用于水利和岩土工程的各个领域。不同的工程对材料有不同的功能要求,并因此而选择不同的类型和不同品种的土工合成材料。根据国家有关规范、规程,土工合成材料的技术性能大体可分为物理性能、力学性能、水力性能、土工合成材料与土的相互作用及耐久性等。

10.2.1 物理性能

表示土工合成材料的物理性能的指标主要是单位面积质量、厚度、等效孔径和孔隙率。

10.2.1.1 单位面积质量

单位面积质量是指1 m^2 土工合成材料的质量,单位为 g/m^2。它是土工合成材料的一个重要指标,土工合成材料的单价与其大致成正比,强度也随单位面积质量增大而增大。

单位面积质量的测试方法为称量法,从卷材长度和宽度方向上随机剪取至少10块方形或圆形试样,距卷材边缘不小于100 mm,每块面积为100 cm^2,剪裁和测量精度为1

mm。用感量为0.01 g的天平进行称量，每块试样称量一次。根据测试结果，按下式计算每块试样的单位面积质量 G：

$$G = \frac{M}{A} \tag{10-1}$$

式中 G——单位面积质量，g/m^2；

M——试样质量，g；

A——试样面积，m^2。

计算出全部测试值的算术平均值即为土工合成材料的单位面积质量。

10.2.1.2 厚度

土工合成材料的厚度是指在承受一定压力的情况下，土工合成材料的实际厚度，单位为mm。土工织物的厚度在承受压力时变化很大，并随加压持续时间的延长而减小。因此，规范规定，在测定厚度时应按要求施加一定的压力，在加压30 s时读数。施加的压力分别为(2 ±0.01)kPa、(20 ±0.1)kPa和(200 ±1)kPa，可以对每块试样逐级持续加压测读。测量时取样方法与测量单位面积质量时相同，将试样放置在厚度试验仪基准板上，用一与基准板平行、下表面光滑、面积为25 cm^2 的圆形压脚对试件施加压力，压脚与基准板间的距离即为土工合成材料厚度。土工织物的厚度一般为0.1～5 mm，对厚度超过0.5 mm的织物，测量精度为0.01 mm，厚度小于0.5 mm时，精度为0.001 mm。

10.2.1.3 等效孔径(表观孔径)

等效孔径相当于织物的表观最大孔径，也是能通过的土颗粒的最大粒径，以 O 表示，单位为mm。测定土工织物孔径的方法有直接法和间接法两种，直接法有显微镜测读法和投影放大测读法，间接法包括干筛法、湿筛法、动力水筛法、水银压入法和渗透法等。目前多采用干筛法。干筛法是用织物试样作为筛布，将预先定出粒径的石英砂放在筛布上振筛，称量通过筛布的石英砂的质量，计算出截留在织物内部和上部砂的质量占砂粒总投放量的百分比(筛余率)。取筛余率为95%(过筛率为5%)所对应的粒径为织物的等效孔径 O_{95}。用同样方法可得到 O_{85}、O_{50}、O_{15} 的孔径值，绘制出不同粒径下筛余率与粒径(对数坐标)的关系曲线，如图10-9所示。

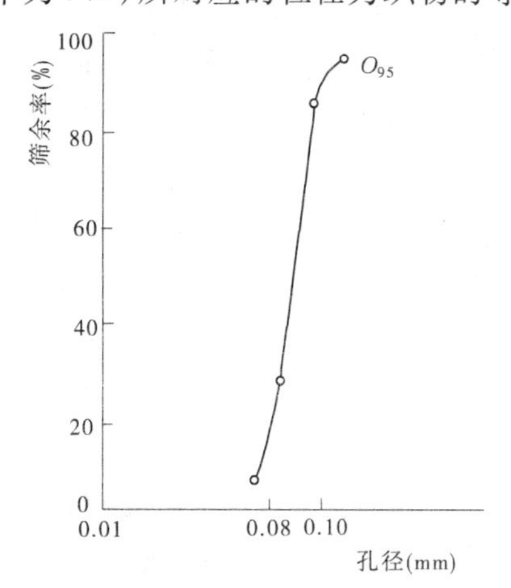

图10-9 孔径分布曲线

试验前，必须用筛分法将石英砂分成不同的粒组，如0.063～0.090 mm、0.090～0.106 mm等。试验中，每种粒径石英砂的投放量为50 g，振筛时间为20 min，采用的标准分析筛外径为20 mm。用下式计算筛余率 R_i

$$R_i = \frac{M_t - M_p}{M_t} \times 100\% \tag{10-2}$$

式中 M_t——某粒径石英砂的投放量，g；

M_p——筛析后通过织物的石英砂质量，g。

10.2.1.4　孔隙率

土工合成材料的孔隙率是指其所含孔隙体积与总体积之比,以 n_p(%)表示。它与土工合成材料孔径的大小有关,直接影响到织物的透水性、导水性和阻止土粒随水流流失的能力。孔隙率的大小不直接测定,由单位面积质量、密度和厚度计算得到,按下式计算:

$$n_p = (1 - \frac{G}{\rho\delta}) \times 100\% \tag{10-3}$$

式中　G——单位面积质量,g/m^2;

ρ——无纺织物原材料密度,g/m^3;

δ——无纺织物的厚度,m。

无纺织物在不受压力的情况下,孔隙率一般在 90% 以上,随着压力的增大,孔隙率减小。

10.2.2　力学性能

土工合成材料力学性能指标主要有抗拉强度、握持强度、撕裂强度、胀破强度、顶破强度、刺破强度、蠕变性能等。其中,抗拉强度是最基本的力学性能指标。

10.2.2.1　抗拉强度

1. 抗拉强度计算公式

土工合成材料的抗拉强度是指试样在拉力机上拉伸至断裂时,单位宽度所承受的最大拉力,其单位为 kN/m,计算公式如下:

$$T_s = \frac{P_f}{B} \tag{10-4}$$

式中　T_s——抗拉强度,kN/m;

P_f——拉伸过程中最大拉力,kN;

B——试样的初始宽度,m。

2. 延伸率计算公式

延伸率是试样拉伸时对应最大拉力时的应变,是指试样长度的增加值与试样初始长度的比值,以百分数(%)表示。公式如下:

$$\varepsilon_p = \frac{L_f - L_0}{L_0} \times 100\% \tag{10-5}$$

式中　ε_p——延伸率(%);

L_0——试样的计算长度(夹具间距),mm;

L_f——最大拉力时的试样长度,mm。

影响抗拉强度和延伸率的因素有原料、结构型式、试样的宽度、拉伸速率和拉伸方向等。

不同材料的合成纤维或纱线,其拉伸特性不同,由它们制成的织物也具有各异的拉伸特性(尤其是有纺织物)。无纺织物纤维的排列是随机的,拉伸性能主要取决于纤维之间加固和黏合的程度。

有纺织物的经纱(或扁丝)和纬纱,其粗细和单位长度内的根数,甚至材料都可能不同。因此,经纬向拉伸特性也有差别。对于无纺织物,根据铺网时交错的方式不同,经纬强度也不一样。为此,在进行拉伸试验时,要进行两个方向的拉伸试验,并分别给出沿经向和纬向的抗拉强度和延伸率。

我国《土工合成材料测试规程》(SL 235—2012)中规定了两种宽度,即窄条试验宽 50 mm 和宽条试验宽 200 mm。采用窄条试验时,无纺织物横向收缩很大,有时高达 50% 以上,测得的抗拉强度偏小;而有纺织物的横向收缩很小,测得的结果要好一些。

拉伸速率越快,测得的抗拉强度越高。规范规定拉伸速率为 20 mm/min。目前,我国典型的有纺织物和无纺织物的拉伸过程曲线如图 10-10 所示。

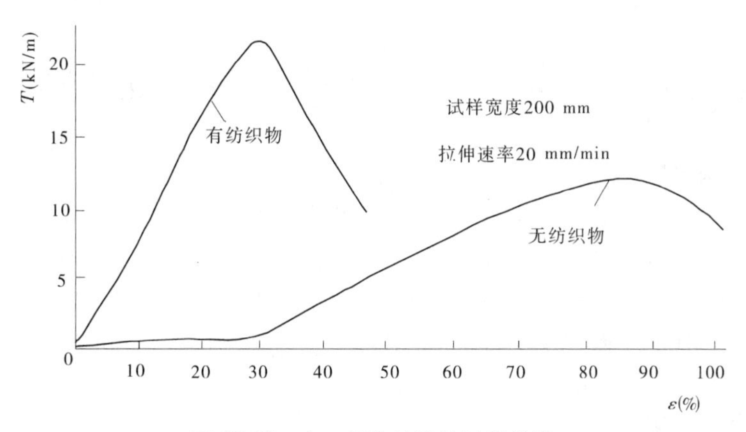

图 10-10 土工织物的拉伸过程曲线

10.2.2.2 握持强度

握持强度是表示土工织物抵抗外来集中荷载的能力。其测试方法与抗拉强度基本相同,只是试验时仅 1/3 试样宽度被夹持,故该指标除反映抗拉强度的影响外,还与握持点相邻纤维提供的附加强度有关。握持强度试验如图 10-11 所示。拉伸速率为 100 mm/min,试样破坏过程中出现的最大拉力即为握持强度,单位为 kN。

10.2.2.3 撕裂强度

撕裂强度是指沿土工织物某一裂口将裂口逐步扩大过程中的最大拉力,单位为 kN。测定撕裂强度的试验方法有梯形试样、舌形试样和翼形试样。梯形试样的测试方法是将梯形轮廓画在试样上,如图 10-12(a)所示,并预先剪出 15 mm 长的裂口,然后沿梯形的两个腰夹在拉力机的夹具中,如 10-12(b)所示。拉伸速度为 100 mm/min,使裂口扩展到整个试样宽度,撕裂过程的最大拉力即为撕裂强度,单位为 N。

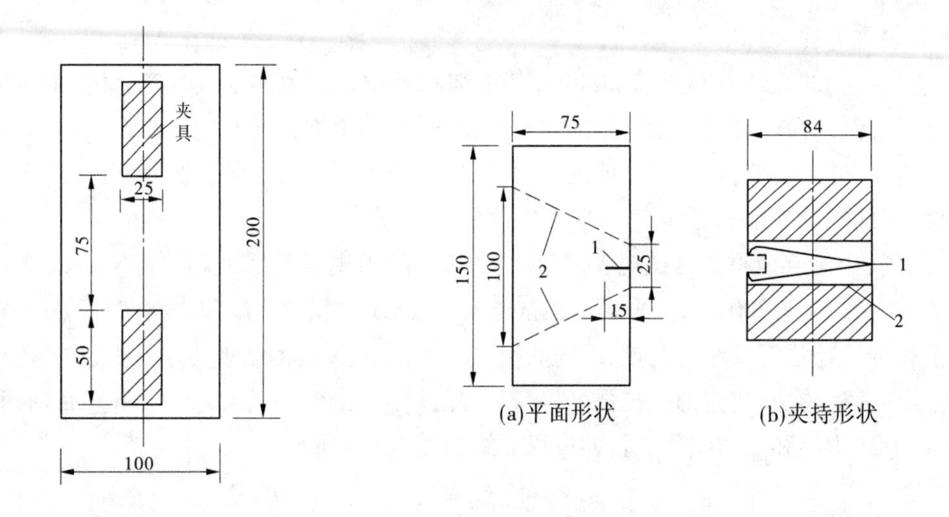

图 10-11　握持强度试验　(单位:mm)　　　**图 10-12　梯形撕裂试样**　(单位:mm)

10.2.2.4　胀破强度

胀破强度表示土工合成材料抵抗外部冲击荷载的能力,试验装置如图 10-13 所示。取直径为不小于 55 mm 的圆形试样铺放在试验机的人造橡胶膜上,并夹在内径为 30.5 mm 的环形夹具间。以 170 mL/min 的速率加液压使橡胶冲胀,直至试样胀破。施加的最大液压即为该试样的胀破强度 P_{bi},单位为 kPa。共完成 10 个试样的试验,取其平均值作为胀破强度 P_b。

10.2.2.5　圆球顶破强度

圆球顶破强度是指土工合成材料抵抗法向荷载的能力,用以模拟凹凸不平的地基和上部块石压入的影响。

试验装置如图 10-14 所示。环形夹具内径为 44.5 mm,钢球的直径为 25.4 mm。试样在不受预应力的状态下牢固地夹在环形夹具之间,钢球沿试样中心的法向以 100 mm/min 的速率顶入,测得钢球顶破试样需要的最大压力,即为该试样的圆球顶破强度 T_{bi},单位为 N。试验共进行 10 次,取其平均值作为圆球顶破强度 T_b。

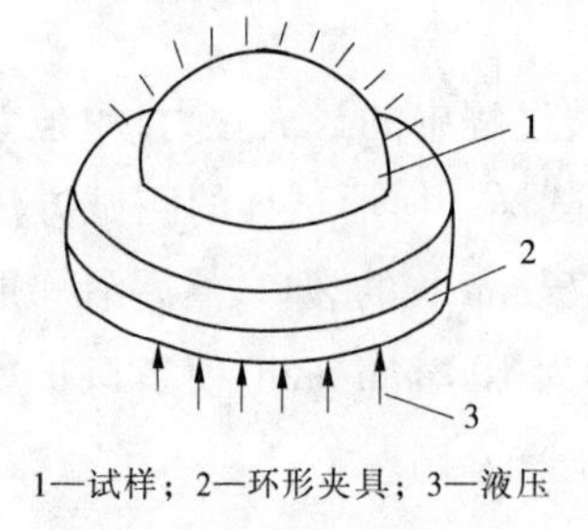

1—试样；2—环形夹具；3—液压

图 10-13　胀破试验示意

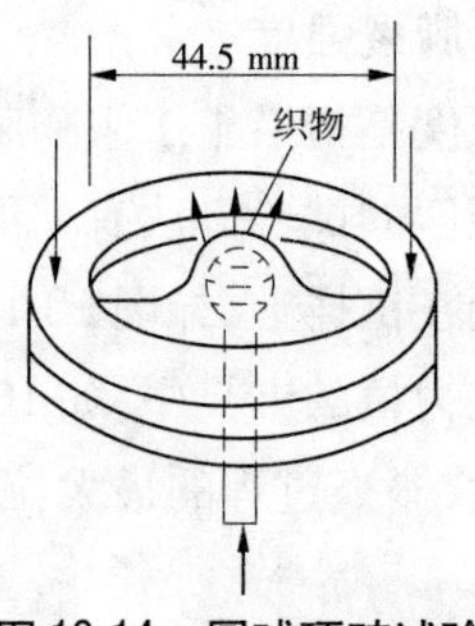

图 10-14　圆球顶破试验

10.2.2.6　CBR 顶破强度

试验装置如图 10-15 所示。将直径为 230 mm 的织物试样在不受预应力的状态下固定在内径为 150 mm 的 CBR 仪圆筒顶部，然后用直径为 50 mm 的标准圆柱活塞以 60 mm/min 的速率顶推织物，直至试样顶破，记录最大荷载即为该试样的 CBR 顶破强度 T_{ci}，单位为 N。每组试样应取 6 ~ 10 块，取其平均值作为 CBR 顶破强度 T_c。

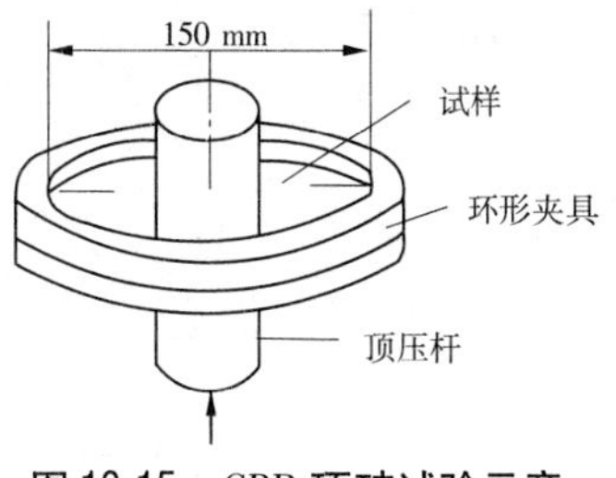

图 10-15　CBR 顶破试验示意

10.2.2.7　刺破强度

刺破试验是模拟土工合成材料受到夹有尖锐棱角的石子或树根的压入而刺破的情况。刺破强度是织物在小面积上受到法向集中荷载，直到刺破所能承受的最大力 T_p，单位为 N。刺破试验的环形夹具与圆球顶破试验完全相同，如图 10-16 所示，顶杆直径 8 mm，杆端为半球形。我国水利部测试规程用平头顶杆，移动速率为 100 mm/min，共进行 10 次试验。

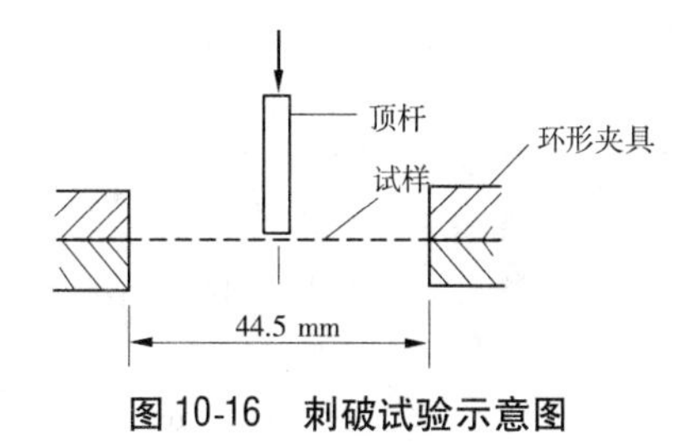

图 10-16　刺破试验示意图

10.2.2.8　落锥穿透试验

落锥穿透试验是模拟工程施工中，具有尖角的石块或其他锐利之物掉落在土工合成材料上，并穿透土工合成材料的情况，穿透孔眼的大小反映了材料抗冲击刺破的能力。

落锥试验试样尺寸与 CBR 试验试样尺寸相同，其他参数如下：落锥直径 50 mm，尖锥角 45°，质量 1 kg，落锥置于试样的正上方，锥尖距试样 500 mm，令落锥自由下落，测定结果以试样刺破的孔洞直径 D_f 表示，单位为 mm。

10.2.2.9　蠕变性能

蠕变是指材料在受力大小不变的情况下，变形随时间增长而逐渐加大的现象。蠕变特性是土工合成材料的重要性能之一，是材料能否长期工作的关键，影响蠕变的因素有原材料、结构、应力、周围介质、温度等。

材料的蠕变特性可用蠕变曲线表示，如图 10-17 所示。

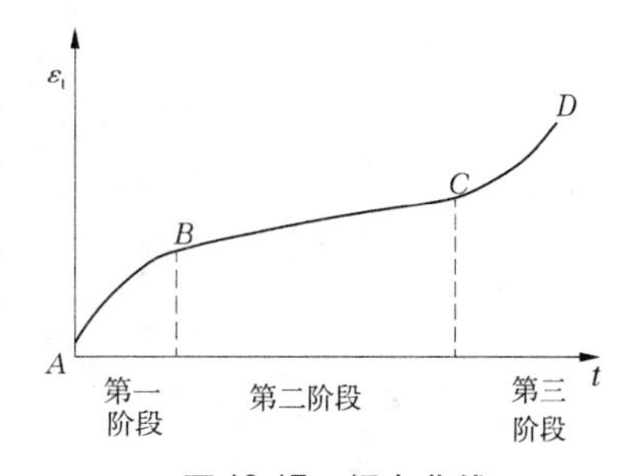

图 10-17　蠕变曲线

10.2.3　水力性能

土工合成材料的水力性能主要是指各类土工织物和土工复合品的透水性能。主要指标有孔隙率、等效孔径和渗透系数，这些因素决定了土工织物和土工复合品在反滤、排水及防止淤堵等方面的能力。目前，以保土和透水作用作为选择土工织物反滤层的准则。因此，等效孔径和渗透系数是反滤与排水功能中的重要指标。

10.2.3.1　垂直渗透系数和透水率

垂直渗透系数是水流垂直于土工织物平面水力梯度等于 1 时的渗透流速，单位为

cm/s,用 k 表示:

$$k = \frac{v}{i} = \frac{v\delta}{\Delta h} \tag{10-6}$$

式中 k——垂直渗透系数,cm/s;

v——渗透流速,cm/s;

δ——土工织物的厚度,cm;

i——渗透水力梯度;

Δh——土工织物上下游测压管水位差,cm。

透水率是水流垂直于土工织物平面水位差等于 1 时的渗透流速,用 Ψ 表示:

$$\Psi = \frac{v}{\Delta h} \tag{10-7}$$

式中 Ψ——透水率,1/s;

其他符号含义同前。

由式(10-6)和式(10-7)可知,透水率和渗透系数之间的关系为:

$$\Psi = \frac{k}{\delta} \tag{10-8}$$

土工织物的透水性能除取决于织物本身的材料、结构、孔隙的大小和分布外,还与织物平面所受的法向应力、水质、水温和水中含气量等因素有关。

10.2.3.2 水平渗透系数和导水率

水平渗透系数是水流沿土工织物平面水力梯度等于 1 时的渗透流速,单位为 cm/s,以 k_h 表示:

$$k_h = \frac{v}{i} = \frac{vL}{\Delta h} \tag{10-9}$$

式中 k_h——沿织物平面的渗透系数,cm/s;

v——沿织物平面的渗透流速,cm/s;

i——渗透水力梯度;

L——织物试样沿渗流方向的长度,cm;

Δh——L 长度两端测压管水位差,cm。

导水率是水力梯度等于 1 时水流沿土工织物平面单位宽度内输导的水量,单位为 cm^2/s,以 Q 表示:

$$Q = k_h\delta \tag{10-10}$$

式中 Q——导水率,cm^2/s;

δ——织物试样厚度,cm。

土工织物的水平渗透系数和导水率除与织物的原材料、织物的结构有关外,还与织物平面的法向压力、水流状态、水流方向与织物经纬向夹角、水的含气量和水的温度等因素有关。

10.2.4 土工织物与土的相互作用

土工织物应用于岩土工程,相互作用的性质最重要的有两个:一是土工织物被土颗粒淤堵的特性，二是土工织物与土的界面摩擦特性。

10.2.4.1 淤堵

土工织物用作滤层时，水从被保护的土流过织物，水中颗粒可能封闭织物表面的孔口或堵塞在织物内部，产生淤堵现象，渗透流量逐渐减小。同时，在织物上产生过大的渗透力，严重的淤堵会使滤层失去作用。

目前，还没有防止淤堵的设计公式，也没有统一的标准说明淤堵容许的程度，只有通过长期淤堵试验来判断。淤堵试验历时达 500～1 000 h，观测渗透流量（或渗透系数）随时间的变化，检验是否能稳定在某一数值上。

10.2.4.2 土工织物的界面摩擦特性

土工织物与周围的土产生相对位移时，在接触面上将产生摩擦阻力，界面摩擦剪切强度符合库仑定律：

$$\tau_f = C_a + P_n \tan\Phi_{sf} \tag{10-11}$$

式中 τ_f——界面摩擦剪切强度，kPa；

C_a——土和织物的界面黏聚力，kPa；

P_n——织物平面的法向压力，kPa；

Φ_{sf}——土和织物的界面摩擦角，(°)。

10.2.5 耐久性

土工合成材料的耐久性是指其物理和化学性能的稳定性，是土工合成材料能否应用于永久性工程的关键。土工合成材料的耐久性主要包括抗老化能力、抗化学侵蚀能力、抗生物侵蚀能力、抗磨损能力及湿度、水分和冻融的影响。

10.2.5.1 抗老化能力

土工合成材料的老化是指在加工、贮存和使用过程中，受环境的影响，材料性能逐渐劣化的过程。老化的现象主要表现在外观、手感、物理化学性能、力学性能、电性能等方面。产生老化的主要原因是高分子聚合物都具有碳氢链式结构，受到太阳光、氧气、热、水分、工业有害气体和废物、微生物、机械损害等外界因素的影响后会发生降解反应和交联反应。降解反应是高分子聚合物变为低分子聚合物的反应，包括主链断裂和主链分解两种情况，而交联反应是大分子之间相联，产生网状或立体结构，也使材料性能发生变化。此外，老化还与材料的组成、配方、颜色、成型加工工艺及内部所含的添加剂有关。延缓老化的措施有：在原材料中加入防老化剂，抑制光、氧、热等外界因素对材料的作用，如掺适量的抗氧剂、光稳定剂和碳黑等；在工程中采取防护措施，如尽量缩短材料在日光中的暴露时间，用岩土（30 cm 厚以上）或深水覆盖等。实践证明，土工合成材料在有覆盖的情况下老化速度非常缓慢，可以满足工程的应用年限要求。

10.2.5.2 抗化学侵蚀能力

聚合物对化学侵蚀一般具有较高的抵抗能力，例如在 pH 值高达 9～10 的泥炭土中用作加筋的土工织物，15 年后发生的化学侵蚀非常轻微。但是某些特殊的化学材料或废液对聚合物有侵蚀作用，柴油对聚乙烯、碱性很大（pH = 12）的物质对聚酯、酸性很大（pH = 2）的物质对聚酰胺、盐水对某些土工织物有一定影响。氧化铁沉积在土工织物上可能发生化学淤堵,影响滤层的透水性。

10.2.5.3　抗生物侵蚀能力

土工合成材料一般能抵御各种微生物的侵蚀。但在土工膜或土工织物下面,如有昆虫或兽类藏匿和建巢,或者是树根的穿透,会产生局部的破坏作用,但整体性能不会显著降低。

10.2.5.4　抗磨损能力

磨损是指土工合成材料与其他材料接触摩擦时,部分纤维被剥离,有强度下降的现象。土工合成材料在装卸、铺设过程中,在施工机械碾压、运行中都会发生磨损。不同的聚合物材料抗磨损能力不同,例如聚酰胺优于聚酯和聚丙烯,圆丝厚型有纺织物比扁丝薄型有纺织物抗磨损能力强,厚的针刺无纺织物表层易磨损,但内层一般不会被磨损。

10.2.5.5　温度、水分和冻融的影响

在高温作用下(例如在土工织物上铺放热沥青时),土工合成材料将发生熔融,在低温条件下,柔性降低,质地变脆,强度下降。聚酯材料在水中会发生水解反应,干湿变化和冻融循环可能使一部分空气或冰屑积存在土工织物内,影响它的渗透性能。

10.3　土工合成材料的功能

土工合成材料在土建工程中应用时,不同的材料,用在不同的部位,能起到不同的作用,这就是土工合成材料的功能。其主要功能可归纳为六类,即反滤、排水、隔离、防渗、防护和加筋。

10.3.1　反滤功能

由于土工织物具有良好的透水性和阻止颗粒通过的性能,是用作反滤设施的理想材料,在土石坝、土堤、路基、涵闸、挡土墙等各种土建工程中,用以替代传统的砂砾反滤设施,可以获得巨大的经济效益和良好的技术性能。反滤功能应用示意如图10-18所示。

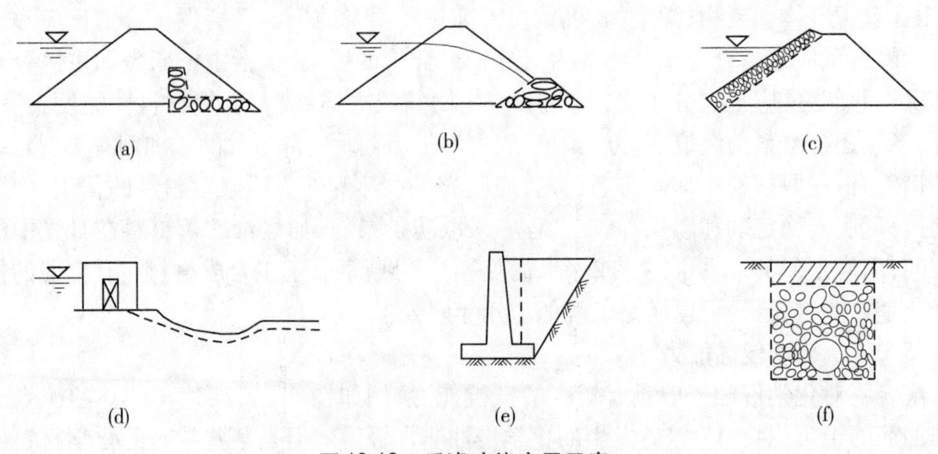

图10-18　反滤功能应用示意

用作反滤的土工织物一般是非织造型(无纺)土工织物,有时也可使用织造型土工织

物,基本要求如下:

(1)被保护的土料在水流作用下,土粒不得被水流带走,即需要有“保土性”,以防止管涌破坏。

(2)水流必须能顺畅通过织物平面,即需要有“透水性”,以防止积水产生过高的渗透压力。

(3)织物孔径不能被水流挟带的土粒所阻塞,即要有“防堵性”,以避免反滤作用失效。

10.3.2　排水功能

一定厚度的土工织物或土工席垫,具有良好的垂直和水平透水性能,可用作排水设施,有效地把土体中的水分汇集后予以排出。例如,在堤坝工程中用以降低浸润线位置,控制渗透变形;土坡排水,减小孔隙压力,防止土坡失稳;软土地基排水,加速土固结,提高地基承载能力;挡墙背面排水,以减小压力,提高墙体稳定性,等等。排水功能应用示意如图10-19所示。土工织物用作排水时兼起反滤作用,除满足反滤的基本要求外,织物还应有足够的平面排水能力以导走来水。

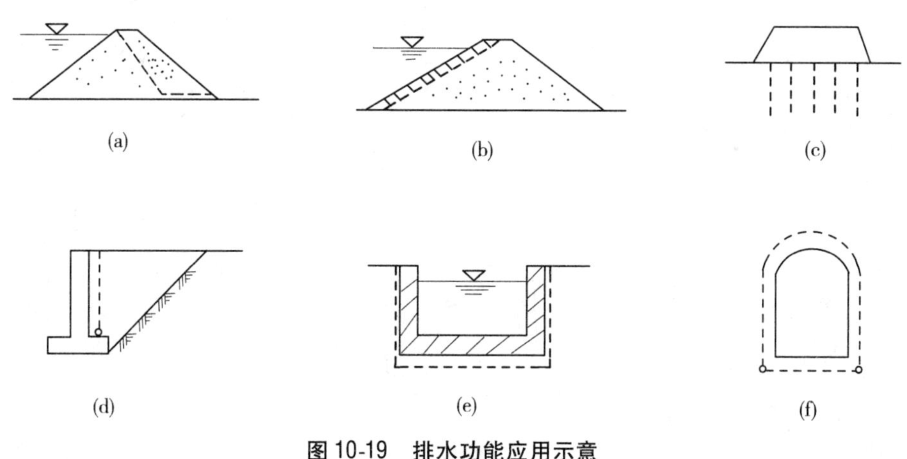

图10-19　排水功能应用示意

10.3.3　隔离功能

隔离是将土工合成材料放置在两种不同材料之间或两种不同土体之间,使其不互相混杂。例如将碎石和细粒土隔离,软土和填土之间隔离等。隔离可以产生很好的工程技术效果,当结构承受外部荷载作用时,隔离作用使材料不致互相混杂或流失,从而保持其整体结构和功能。例如,土石坝、堤防、路基等不同材料的各界面之间的分隔层;在冻胀性土中,用以切断毛细水流以消减土的冻胀和上层土融化而引起的沉陷或翻浆现象,防止粗粒材料陷入软弱路基和防止开裂反射到表面的作用,等等。隔离功能应用示意如图10-20所示。用于隔离的土工合成材料应以它们在工程中的用途来确定,应用最多的是有纺土工织物。如果对材料的强度要求较高,可以土工网或土工格栅做材料的垫层,当要求隔离防渗时,用土工膜或复合土工膜。用于隔离的材料必须具有足够的抗顶破能力和抗刺破能力。

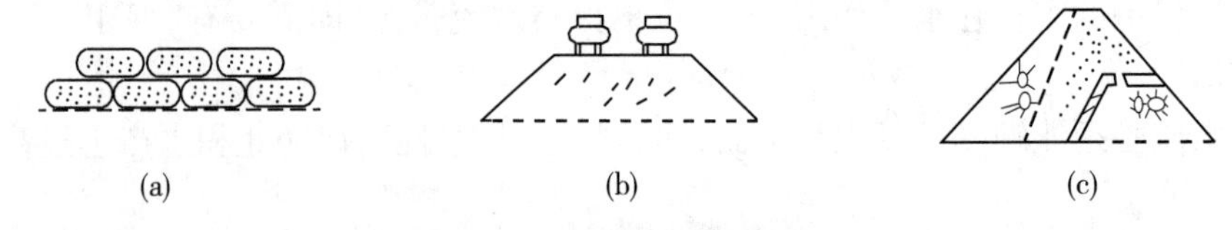

图 10-20　隔离功能应用示意

10.3.4　防渗功能

防渗是防止液体渗透流失的作用,也包括防止气体的挥发扩散。土工膜及复合土工膜防渗性能很好,其渗透系数一般为 $10^{-11} \sim 10^{-15}$ cm/s,在水利工程中利用土工膜或复合土工膜,可有效防止水或其他液体的渗漏。例如,堤坝的防渗斜墙或心墙,透水地基上堤坝的水平防渗铺盖和垂直防渗墙,混凝土坝、圬工坝及碾压混凝土坝的防渗体,渠道和蓄水池的衬砌防渗,涵闸、海漫与护坦的防渗,隧洞和堤坝内埋管的防渗,施工围堰的防渗,等等。防渗功能应用示意如图 10-21 所示。

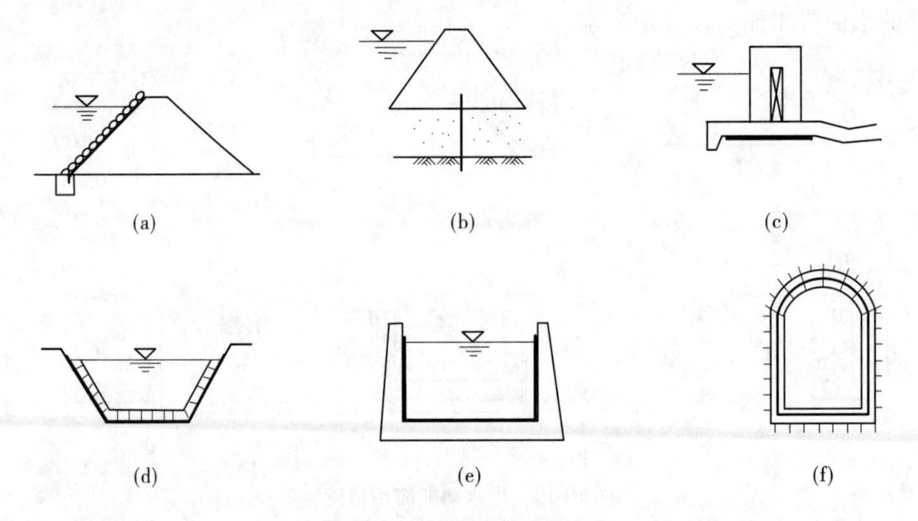

图 10-21　防渗功能应用示意

土工膜防渗效果好,质量轻,运输方便,施工简单,造价低,为保证土工膜发挥其应有的防渗作用,应注意以下几点:

(1)土工膜材质选择。土工膜的原材料有多种,应根据当地气候条件进行适当选择。例如在寒冷地带,应考虑土工膜在低温下是否会变脆破坏,是否会影响焊接质量;土质和水质中的某些化学成分会不会给膜材或黏结剂带来不良作用等。

(2)排水、排气问题。铺设土工膜后,由于种种原因,膜下有可能积气、积水,若不将它们排走,可能因受顶托而破坏。

(3)表面防护。聚合物制成的土工膜容易因日光紫外线照射而降解或破坏,故在贮存、运输和施工等各个环节,必须注意封盖遮阳。

10.3.5 防护功能

防护功能是指土工合成材料及由土工合成材料为主体构成的结构或构件对土体起到的防护作用。例如,把拼成大片的土工织物或者是用土工合成材料做成土工模袋、土工网垫、土工格室、土工管袋、土工箱笼或各种排体铺设在需要保护的岸坡、堤脚及其他需要保护的地方,用以抵抗水流及波浪的冲刷和侵蚀;将土工织物置于两种材料之间,当一种材料受力时,它可使另一种材料免遭破坏。水利工程中利用土工合成材料的常见防护工程有:江河湖泊岸坡防护,水库岸坡防护,水道护底和水下防护,渠道和水池护坡,水闸护底,岸坡防冲植被,水闸、挡墙等防冻胀措施等。防护功能应用示意如图10-22所示。用于防护的土工织物应符合反滤准则和具有一定的强度。

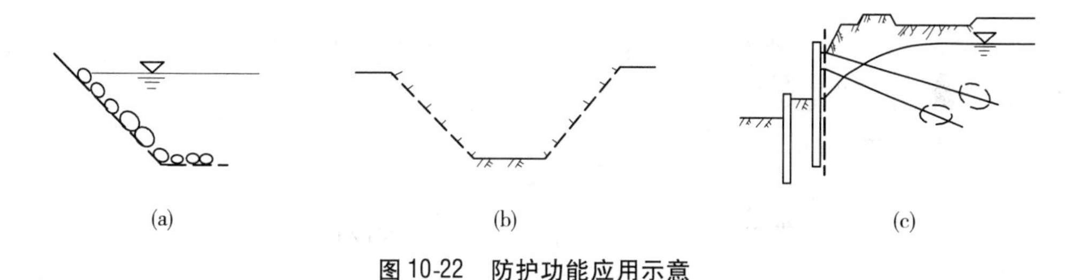

图10-22 防护功能应用示意

10.3.6 加筋功能

加筋是将具有高拉伸强度、拉伸模量和表面摩擦系数较大的土工合成材料(筋材)埋入土体中,通过筋材与周围土体界面间摩擦阻力的应力传递,约束土体受力时侧向位移,从而提高土体的承载力或结构的稳定性。用于加筋的土工合成材料有织造土工织物、土工带、土工网和土工格栅等,较多地应用于软土地基加固、堤坝陡坡、挡土墙等。加筋功能应用示意如图10-23所示。用于加筋的土工合成材料与土之间结合力良好,蠕变性较低。目前,土工格栅最为理想。

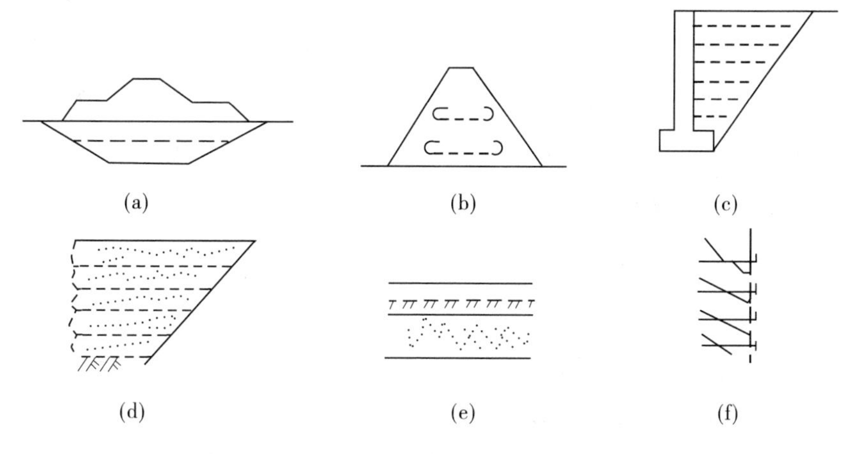

图10-23 加筋功能应用示意

以上六种功能的划分是为了说明土工合成材料在实际应用中所起的主要作用。事实上,在实际应用中,一种土工合成材料往往同时发挥多种功能,例如反滤和排水,隔离和防冲、防渗、防护等,不能截然分开。此外,有的土工合成材料还具有减荷功能,如利用泡沫塑料质量轻、变形大的特点,用以替代工程结构中某些部位的填土,可大幅度减小其荷载强度和填土产生的压力;有的土工合成材料具有很好的隔离、保温性能,在严寒地区修建大型渠道和道路工程时,可使用这类土工合成材料作为渠道保温衬砌和道路隔离层。

以上对土工合成材料的功能作了简要介绍,在实际工程中,应用土工合成材料时,应按工程要求,根据相应的规范规程作合理的设计。

10.4 土工合成材料的贮存与保管

土工合成材料是以高分子聚合物为原料的化纤产品,在阳光照射下易发生强度降低,即老化。除在加工制造时采取防老化的措施外,在采购、运输、贮存与保管等环节中都应注意保护,使其老化速度尽可能降低。

土工合成材料在采购时,要严格按设计要求的各项技术指标选购,如物理性能指标、力学性能指标、水力学性能指标、耐久性指标等都要符合设计标准,运送时材料不得受阳光的照射,要有篷盖或包装,并避免机械性损伤,如刺破、撕裂等。材料存放在仓库时,要注意防鼠,按用途分别存放,并标明进货时间、有效期、材料的型号、性能特征和主要用途,存放期不得超过产品的有效期限。产品在工地存放时应避免阳光的照射及苇根植物的穿透破坏,应搭设临时存放遮棚。当种类较多、用途不一时,也应分别存放,标明性能指标和用途等。存放时还要注意防火。

11　气硬性胶凝材料

胶凝材料是一种经自身的物理、化学作用,能由浆体(液态或半固态)变成坚硬的固体物质,并能将散粒材料或块状材料黏结成一个整体的物质。胶凝材料按化学成分可分为无机胶凝材料和有机胶凝材料两大类。无机胶凝材料按凝结硬化的条件不同又可分为气硬性胶凝材料和水硬性胶凝材料。气硬性胶凝材料只能在空气中凝结硬化,并保持和提高自身强度;水硬性胶凝材料不仅能在空气中还能在水中凝结硬化,保持和提高自身强度。工程中常用的石灰、石膏、水玻璃属于气硬性胶凝材料,各种水泥均属于水硬性胶凝材料。沥青、树脂属于有机胶凝材料。

11.1　石　灰

石灰具有原料来源广、生产工艺简单、成本低廉和使用方便等特点,是工程中最早和较常用的无机胶凝材料之一。

11.1.1　石灰的原料及生产

生产石灰的原料是石灰岩、白垩或白云质石灰岩等天然岩石,其化学成分主要是碳酸钙。原料经高温煅烧后得到的白色块状产品,称为石灰(亦称生石灰),其主要化学成分为氧化钙。反应式为:

$$CaCO_3 \xrightarrow{900 \sim 1\ 200\ ℃} CaO + CO_2 \uparrow$$

由于窑内煅烧温度不均匀,产品中常含有少量的欠火石灰和过火石灰。欠火石灰含有未完全分解的碳酸钙内核,降低了石灰的产量;过火石灰表面有一层深褐色熔融物质,阻碍石灰的正常熟化。正火石灰质轻(表观密度为 800 ~ 1 000 kg/m^3)、色匀(白色或灰白色),工程性质优良。石灰原料中常含有少量碳酸镁,煅烧时生成氧化镁。根据石灰中氧化镁的含量,将石灰分为钙质石灰(氧化镁含量≤5%)和镁质石灰(氧化镁含量 > 5%)。镁质石灰具有熟化稍慢、凝结硬化后强度较高的特点。

11.1.2　石灰的熟化与凝结硬化

11.1.2.1　**石灰的熟化**

石灰的熟化又称消解,是指生石灰加水生成氢氧化钙的过程。氢氧化钙俗称熟石灰或消石灰。石灰熟化的化学反应如下:

$$CaO + H_2O = Ca(OH)_2$$

石灰熟化时放出大量的热,体积膨胀 1.0 ~ 2.5 倍。通过熟化时加水量的控制,可将熟石灰制成熟石灰粉(加水量约为生石灰质量的 70%)和熟石灰膏(加水量一般为生石灰质量的2.5~3倍),供不同施工场合使用。石灰膏多存放在工地现场的贮灰坑中,产品含水量约50%,表观密度为1 300~1 400 kg/m^3。由于过火石灰熟化缓慢,为防止过火石灰在建筑物中吸收空气中水分继续熟化,造成建筑物局部膨胀开裂,石灰膏应在贮灰坑中隔绝空气存放2周以上,使生石灰充分熟化后再用于工程,这种过程称为“陈伏”。

11.1.2.2 石灰的凝结硬化

胶凝材料的凝结硬化是一个连续的物理、化学变化过程,经过凝结硬化这个过程,具有可塑性的胶凝材料能逐渐变成坚硬的固体物质。为便于研究,通常将具有可塑性的浆体逐渐失去塑性的过程,称为凝结;随着物理、化学作用的延续,浆体产生强度,并逐渐提高,最终变成坚硬的固体物质的过程,称为硬化。石灰的凝结硬化是干燥结晶和碳化两个交错进行的过程。

1. 干燥结晶

石灰浆体中的水分被砌体部分吸收及蒸发后,石灰胶粒更加紧密,同时氢氧化钙从饱和溶液中逐渐结晶析出,使石灰浆体凝结硬化,产生强度并逐步提高。

2. 碳化

浆体中的氢氧化钙与空气中的二氧化碳发生化学反应,生成碳酸钙,反应式如下:

$$Ca(OH)_2 + CO_2 + nH_2O = CaCO_3 + (n+1)H_2O$$

碳酸钙与氢氧化钙两种晶体在浆体中交叉共生,构成紧密的结晶网,使石灰浆体逐渐变成坚硬的固体物质。由于干燥结晶和碳化过程十分缓慢,且氢氧化钙易溶于水,故石灰不能用于潮湿环境及水下的建筑物中。

11.1.3 石灰的技术性质

11.1.3.1 石灰的技术指标

根据我国建材行业标准《建筑生石灰》(JC/T 479—2013)和《建筑消石灰》(JC/T 481—2013)的规定,按生石灰加工的情况分为建筑生石灰和建筑生石灰粉,按生石灰的化学成分分为钙质石灰和镁质石灰两类。根据化学成分的含量,每类分成若干等级。详见表11-1、表11-2和表11-3。

生石灰的识别标志由产品名称、加工情况和产品依据标准编号组成。生石灰块在代号后加Q,生石灰粉在代号后加QP。示例:符合JC/T 479—2013的钙质生石灰粉90标记为:CL 90 - QP JC/T 479—2013

表11-1 建筑生石灰的分类

类别	名称	代号
钙质石灰	钙质石灰90	CL 90
	钙质石灰85	CL 85
	钙质石灰75	CL 75
镁质石灰	镁质石灰85	ML 85
	镁质石灰80	ML 80

表 11-2　建筑生石灰的化学成分

名称	氧化钙 + 氧化镁	氧化镁	二氧化碳	三氧化硫
CL 90 – Q CL 90 – QP	≥90	≤5	≤4	≤2
CL 85 – Q CL 85 – QP	≥85	≤5	≤7	≤2
CL 75 – Q CL 75 – QP	≥75	≤5	≤12	≤2
ML 85 – Q ML 85 – QP	≥85	>5	≤7	≤2
ML 80 – Q ML 80 – QP	≥80	>5	≤7	≤2

表 11-3　建筑生石灰的物理性质

名称	产浆量(dm^3/kg)	细度	
		0.2 mm 筛余量(%)	90 μm 筛余量(%)
CL 90 – Q	≥26	—	—
CL 90 – QP	—	≤2	≤7
CL 85 – Q	≥26	—	—
CL 85 – QP	—	≤2	≤7
CL 75 – Q	≥26	—	—
CL 75 – QP	—	≤2	≤7
ML 85 – Q	—	—	—
ML 85 – QP		≤2	≤7
ML 80 – Q	—	—	—
ML 80 – QP		≤2	≤7

每批产品出厂时,应向用户提供产品质量证明书。证明书中应注明生产厂家、产品名称、标记、检验结果、批量编号、生产日期等。若用户对产品质量产生异议,可以按规定方法取样,送质量监督部门复验。复验有一项指标达不到相应等级要求时,判定该产品为不合格品。

11.1.3.2　石灰的特性

石灰与其他材料相比,具有如下特性。

1. 拌合物可塑性好

石灰浆体的氢氧化钙颗粒极细(粒径约 1 μm),比表面很大,表面能吸附一层较厚的水膜。用石灰拌制的拌合物均匀,保持水分的能力强,拌合物可塑性好。

2. 硬化过程中体积收缩大

石灰浆体需水量大,硬化时要脱去大量游离水使体积产生显著收缩。为抑制体积收缩,避免建筑物开裂,常在石灰中掺入砂、纸筋、麻刀等。

3. 硬化慢、强度低

石灰的凝结硬化过程十分缓慢,特别是表层碳酸钙薄层的形成,阻碍了浆体内部的水分蒸发及碳化向其内部的深入。硬化后的石灰强度较低,1∶3的石灰砂浆28 d抗压强度只有0.2～0.5 MPa,受潮后强度更低。

4. 耐水性差

由于氢氧化钙易溶于水,所以石灰不能用于水工建筑物或潮湿环境中的建筑物。

11.1.4　建筑石灰的主要性能检测

11.1.4.1　细度

称取试样100 g,倒入90 μm、0.2 mm方孔筛内进行筛分,直至2 min内通过量小于0.1 g。分别称量筛余物质量,计算90 μm方孔筛筛余百分率及两筛上的总筛余百分率,计算结果保留小数点后两位。

11.1.4.2　生石灰产浆量,未消化残渣含量

在消化器中加入(320±1)mL温度为(20±2)℃的水,然后加入(200±1)g生石灰(块状石灰则碾碎成粒径小于5 mm的粒子)。慢慢搅拌混合物,然后根据生石灰的消化需要立刻加入适量的水。继续搅拌片刻后,盖上生石灰消化器的盖子。静置24 h后,取下盖子,若此时消化器内,石灰膏顶面之上有不超过40 mL的水,说明消化过程中加入的水量是合适的,否则调整加水量。测定石灰膏的高度,结果取4次测定的平均值,计算产浆量。

提起消化器内筒,用清水冲洗筒内残渣,至水流不浑浊(冲洗用清水仍倒入筛筒内,水总体积控制在3 000 mL),将渣移入搪瓷盆内,在100～105 ℃烘箱中烘干至恒重,冷却至室温后用5 mm圆孔筛筛分,称量筛余物,计算未消化残渣含量。

11.1.4.3　消石灰粉体积安定性

称取试样100 g,倒入300 mL蒸发皿内,加入常温清洁淡水约120 mL,在3 min内拌合成稠浆。一次性浇注于两块石棉网上,其饼块直径50～70 mm,中心高8～10 mm。成饼后在室温下放置5 min后,将饼块移至另两块干燥的石棉网板上,然后放入烘箱中加热到100～105 ℃烘干4 h取出。

烘干后饼块用肉眼检查无溃散、裂纹、鼓包,则表示体积安定性合格;若出现三种现象之一,则表示体积安定性不合格。

11.1.4.4　消石灰粉游离水

称取试样5 g,精确至0.000 1 g,放入称量瓶中,在(105±5)℃烘箱中,烘干至恒重,立即放入干燥器中,冷却至室温(约需20 min)后称量,计算游离水百分含量(%)。

以上为建筑石灰的物理试验方法。此外相关规范还规定了建筑石灰的化学分析方法,以测定建筑生石灰、生石灰粉和消石灰粉的二氧化碳含量(%)、氧化钙含量(%)、氧化镁含量(%)、酸不溶物含量(%)、三氧化硫含量(%)等。

11.1.5　石灰的应用与贮运

建筑石灰主要有三种应用途径。

11.1.5.1　现场配制石灰土与石灰砂浆

石灰和黏土按比例配合形成灰土,再加入砂,可配成三合土。灰土或三合土经分层夯

实,具有一定的强度(抗压强度一般4~5 MPa)和耐水性,多用于建筑物的基础或路面垫层。石灰砂浆或水泥石灰砂浆是建筑工程中常用的砌筑、抹面材料。

11.1.5.2 制作硅酸盐及碳化制品

以生石灰粉和硅质材料(如砂、粉煤灰、火山灰等)为基料,加少量石膏、外加剂,加水拌合成型,经湿热处理而得的制品,统称为硅酸盐制品,如蒸养粉煤灰砖及砌块等。石灰碳化制品是将石灰粉和纤维料(或骨料)按规定比例混合,在水湿条件下混拌成型,经干燥后再进行人工碳化而成,如碳化砖、瓦、管材及石灰碳化板等。

11.1.5.3 配制无熟料水泥

石灰是生产无熟料水泥的重要原料,如石灰矿渣水泥、石灰粉煤灰水泥和石灰火山灰水泥等。无熟料水泥具有生产成本低、工艺简单的特点。建筑生石灰在运输和储存时应注意防潮,且不得与易燃、易爆及液体物品混运。石灰应存放在封闭严密、干燥的仓库中。石灰存放太久,会吸收空气中的水分自行熟化,与空气中的二氧化碳作用生成碳酸钙,失去胶结性。

11.2 建筑石膏

石膏是一种传统的胶凝材料。我国石膏资源丰富。建筑石膏生产工艺简单,其制品质轻、防火性能好、装饰性强,具有广阔的发展前景。

11.2.1 建筑石膏的原料及生产

生产建筑石膏的主要原料是天然二水石膏($CaSO_4 \cdot 2H_2O$)矿石(或称生石膏),也可以是一些富含硫酸钙的化学工业副产品,如磷石膏、氟石膏等。建筑石膏是由生石膏在非密闭状态下低温焙烧,再经磨细制成的半水石膏粉。反应式如下:

$$CaSO_4 \cdot 2H_2O \xrightarrow{107\sim170\ ℃} CaSO_4 \cdot 0.5H_2O + 1.5H_2O$$

建筑石膏晶粒较细,调制浆体时需水量较大。产品中杂质含量少,颜色洁白者可作为模型石膏。建筑石膏的密度为2.5~2.8 g/cm^3,表观密度为1 000~1 200 kg/m^3。

11.2.2 建筑石膏的凝结硬化

建筑石膏加水生成二水石膏,其反应式如下:

$$CaSO_4 \cdot 0.5H_2O + 1.5H_2O = CaSO_4 \cdot 2H_2O$$

二水石膏在水中的溶解度远小于半水石膏,故二水石膏首先从石膏饱和溶液中以胶粒形式沉淀析出,并不断转化为晶体。浆体中水分由于水化作用及蒸发而逐渐减少,浆体慢慢变稠,呈现凝结;随着二水石膏晶体的不断生成,相互交织形成空间晶体网,浆体逐渐硬化。

11.2.3 建筑石膏的技术性质

11.2.3.1 建筑石膏的技术指标

根据国家标准《建筑石膏》(GB/T 9776—2008)的规定,建筑石膏按原材料种类分为天然建筑石膏(N)、脱硫建筑石膏(S)和磷建筑石膏(P)三类,按2 h抗折强度分为3.0、2.0、1.6三个等级,各项指标见表11-4。

表11-4　建筑石膏物理力学性能

等级	细度(0.2 mm方孔筛筛余)(%)	凝结时间(min)		2 h强度(MPa)	
		初凝	终凝	抗折	抗压
3.0	≤10	≥3	≤30	≥3.0	≥6.0
2.0				≥2.0	≥4.0
1.6				≥1.6	≥3.0

生产厂家应向用户提供每一批建筑石膏的试验报告,用户在收到货后10日内有权对产品进行复验。复验有一项以上的指标不合格,可判定该产品为不合格品;若只有一项指标不合格,可用两份密封备用样品对不合格项目重验,须两个样品该项目全部合格,才能判定该产品合格。

10.2.3.2　建筑石膏的特性

1.凝结硬化快

建筑石膏浆体凝结极快,初凝一般只需几分钟,终凝也不超过半小时。在施工过程中,若需降低凝结速度,可适量加入缓凝剂,如加入0.1%~0.2%的动物胶或1%的亚硫酸酒精废液。

2.硬化初期有微膨胀性

建筑石膏在硬化初期能产生约1%的体积膨胀,充模性能好,石膏制品不易开裂。

3.孔隙率高

建筑石膏水化反应理论需水量约18.6%,为获得良好可塑性的石膏浆体,通常加水量达石膏质量的60%~80%。石膏硬化后多余的水分蒸发掉,使石膏制品的孔隙率高达40%~60%。因此,石膏制品具有表观密度小、隔热保温及吸声性能好的特点。同时,孔隙率高又使得石膏制品的强度降低,耐水性、抗渗性及抗冻性变差。

4.防火性能好

硬化后的石膏制品遇到火灾时,在高温下,二水石膏中的结晶水蒸发,蒸发水分能在火与石膏制品之间形成蒸汽幕,降低石膏表面的温度,从而可阻止火势蔓延。

11.2.4　建筑石膏的主要性能检测

建筑石膏的主要性能检测包括建筑石膏结晶水含量的测定、建筑石膏力学性能测定、建筑石膏净浆物理性能的测定及建筑石膏粉料物理性能的测定等4部分内容。

建筑石膏力学性能主要包括采用抗折试验机测定建筑石膏试件的抗折强度,单位为MPa。试验用三个试件,计算三个试件抗折强度平均值,精确至0.05 MPa。利用已做完抗折试验后的不同试件上的三块半截试件在抗压试验机上进行抗压试验,开动抗压试验机,使试件在开始加荷后20~40 s内破坏,计算三块试件抗压强度平均值,精确至0.05 MPa。

对已做完抗折试验后的不同试件上的三块半截试件，利用石膏硬度计进行石膏硬度测定。在试件成型的两个纵向面（即与模具接触的侧面）上测定石膏硬度 $H(N/mm^2)$。

利用稠度仪可以测定建筑石膏净浆的标准稠度用水量。试验过程中，记录料浆扩展直径等于(180 ±5) mm 时的加水量，该加水量与试样质量的比值，取两次测定结果的平均值，精确至 1%，作为该试样的标准稠度用水量。

利用凝结时间测定仪测定建筑石膏净浆的初凝时间和终凝时间，取两次测定结果的平均值，精确至 1 min。

11.2.5 建筑石膏的应用及贮存

建筑石膏洁白细腻、装饰性强，常用于室内抹灰、粉刷；又由于建筑石膏质轻、多孔及具有良好的防火性能，常将建筑石膏制成各种建筑装饰制品及石膏板材，用做建筑物的室内隔断及吊顶等装饰材料。建筑石膏还是生产水泥、制作硅酸盐制品的重要原材料。

建筑石膏及其制品在运输和贮存时，要注意防雨防潮。建筑石膏的贮存期为 3 个月，过期或受潮后，强度会有一定程度的降低。

11.3 水玻璃

建筑上用的水玻璃是硅酸钠的水溶液，为无色或淡黄、灰白色的黏稠液体。

11.3.1 水玻璃的生产及水玻璃模数

水玻璃的生产方法是将石英砂和碳酸钠磨细拌匀，在 1 300 ~ 1 400 ℃的玻璃熔炉内加热熔化，冷却后成为固体水玻璃，然后在高压蒸汽锅内加热溶解成液体水玻璃。反应式如下：

$$Na_2CO_3 + nSiO_2 \xrightarrow{1\,300 \sim 1\,400\ ^\circ C} Na_2O \cdot nSiO_2 + CO_2 \uparrow$$

硅酸钠中氧化硅与氧化钠的分子数比“n”，称为水玻璃模数。n 越大，水玻璃的黏度越大，越难溶于水，但越容易凝结硬化。建筑上常用的水玻璃模数为 2.6 ~ 2.8，密度为 1.36 ~ 1.50 g/cm^3。

11.3.2 水玻璃的凝结硬化

水玻璃与空气中的二氧化碳反应，析出无定形二氧化硅凝胶，凝胶逐渐脱水成为氧化硅而硬化。反应式如下：

$$Na_2O \cdot nSiO_2 + CO_2 + mH_2O = Na_2CO_3 + n\ SiO_2 \cdot mH_2O$$

上述反应十分缓慢，为加速其硬化，常在水玻璃中加入促硬剂氟硅酸钠，以加速二氧化硅凝胶的析出。反应式如下：

$$2(Na_2O \cdot nSiO_2) + mH_2O + Na_2SiF_6 = (2n+1)\ SiO_2 \cdot mH_2O + 6NaF$$

氟硅酸钠的掺量为水玻璃质量的 12% ~15%。

11.3.3　水玻璃的特性及应用

水玻璃具有良好的黏结性和很强的耐酸性及耐热性,硬化后具有较高的强度。在工程中常用作:

(1)灌浆材料。用水玻璃及氯化钙的水溶液交替灌入土壤,可加固地基。反应式如下:

$$Na_2O \cdot nSiO_2 + CaCl_2 + mH_2O = nSiO_2 \cdot (m-1)\ H_2O + Ca(OH)_2 + 2NaCl$$

硅胶起胶结和填充土壤的作用,使地基的承载力及不透水性提高。

(2)涂料。用水玻璃溶液对砖石材料、混凝土及硅酸盐制品表面进行涂刷或浸渍,可提高上述材料的密实度、强度和抗风化能力。

(3)耐酸材料。水玻璃能抵抗大多数无机酸(氢氟酸、过热磷酸除外)的作用,可配制耐酸胶泥、耐酸砂浆及耐酸混凝土。

(4)耐热材料。水玻璃具有良好的耐热性,可配制耐热砂浆和耐热混凝土,耐热温度可高达 1 200 ℃。

(5)防水剂。取蓝矾、明矾、红矾和紫矾各 1 份,溶于 60 份水中,加热至 50 ℃时投入 400 份水玻璃溶液中,搅拌均匀,可制成四矾防水剂。四矾防水剂与水泥浆调和,可堵塞建筑物的漏洞、缝隙。

(6)隔热保温材料。以水玻璃为胶凝材料,膨胀珍珠岩或膨胀蛭石为骨料,加入一定量的赤泥或氟硅酸钠,经配料、搅拌、成型、干燥、焙烧而制成的制品,是良好的保温隔热材料。

11.3.4　水玻璃的主要性能检测

水玻璃原材料的主要性能检测包括二氧化硅含量测定、模数测定、密度测定、水玻璃混合料含水率测定、水玻璃混合料细度测定。此外,对于制成品根据品种不同还可测定其稠度、沉入度、坍落度、初凝时间、终凝时间、抗压强度、抗拉强度、黏结强度、吸水率、浸酸安定性、抗渗等级、耐热极限等性能指标。

12 止水材料

为了使建筑物在温度变化、基础沉降等情况下能够自由伸缩变形，避免裂缝发生，混凝土建筑物在建造时人工设置变形缝。为防止压力水通过变形缝渗漏，需要在接缝内设置各种止水结构，以确保建筑物的安全与正常运行。

止水按结构型式可分为止水塞、止水带、沥青止水井、接缝面填料等，按所用材料可分为金属止水片、塑料止水片、橡胶止水带、沥青、油毛毡、聚氯乙烯胶泥等。对大体积挡水建筑物的横缝等重要部位，为了运用可靠，止水设施常采用不同止水的组合，如图 12-1 所示。

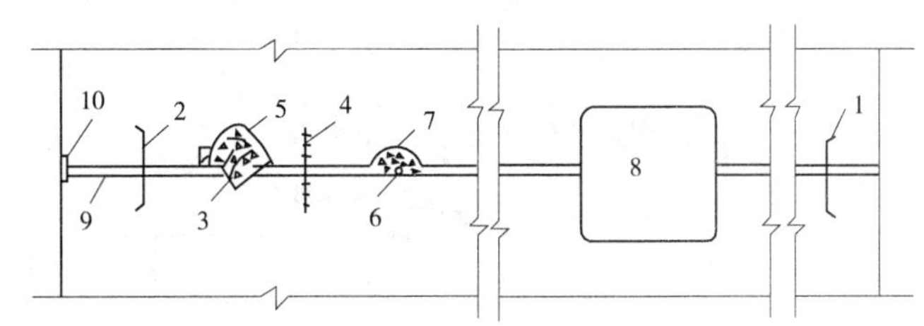

1—止水塞；2—止水铜片；3—沥青井；4—止水铜片；5—预制槽井板；
6—备用注浆孔；7—预制半圆管；8—检查井；9—“二毡三油”；10—三角木塞

图 12-1 大体积结构的止水

常用的止水结构有铜片止水、橡胶止水、塑料止水和填料止水等。

12.1 止水铜片

止水铜片是用于建筑物变形缝的传统止水材料，已拥有成熟的实践经验，至今仍是水利工程中最常用的一种止水材料，常作为接缝的第一道止水，如图 12-1 所示。

止水铜片是根据建筑物在运行中可能产生的接缝变形量、变形方向及上游最高水位等数据设计的一种软铜片，在建筑物施工时将其骑缝浇筑在基础和接缝两侧的混凝土块体中，以阻止上游的压力水沿接缝发生渗漏。其工作原理是利用铜片的不透水性和耐水性，以及其与水泥砂浆的黏附性阻止上游压力水通过铜片本身和绕过铜片与混凝土接触界面的渗漏，并利用软质铜材的柔韧性和铜片断面几何形状的变形承受接缝的伸缩变形和接缝两侧块体的相对变形。

金属止水带常用的断面形状有 W 形和 F 形，如图 12-2、图 12-3 所示。

12.1.1 铜片的性能指标

国内外水工混凝土接缝止水用铜材多为紫铜，其 Cu 含量不低于 99.5%，表面呈紫红色，常见的紫铜牌号有 T_1、T_2、T_3 及 T_4，其 Cu 含量分别为 99.95%、99.9%、99.70% 及 99.50% 以上。紫铜的基本物理性能见表 12-1。

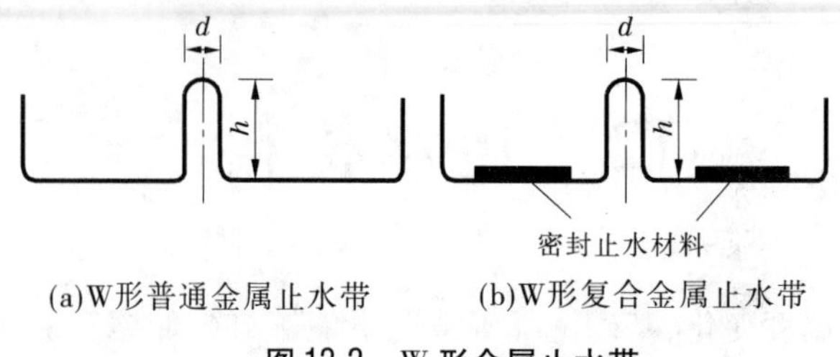

(a)W形普通金属止水带 (b)W形复合金属止水带

图12-2 W形金属止水带

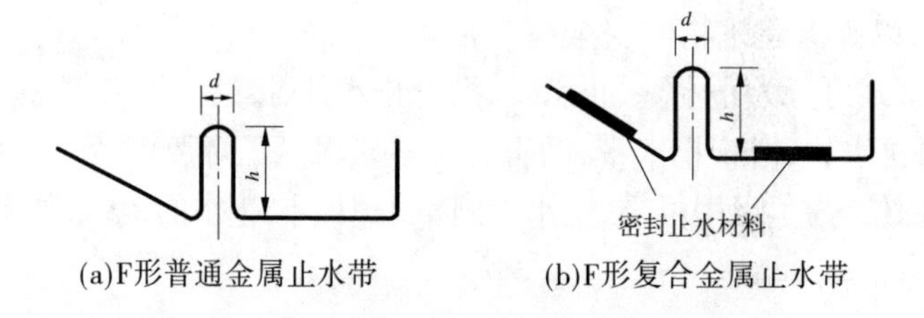

(a)F形普通金属止水带 (b)F形复合金属止水带

图12-3 F形金属止水带

表12-1 紫铜的基本物理性能

性能指标	抗拉强度(MPa)	延伸率(%)	密度(g/cm^3)	熔点(℃)	弹性模量(MPa)	线膨胀系数(10^{-6}/K)
软态(M)	196~235	50	8.94	1 083	1.287×10^5	16.8
硬态(Y)	392~490	6				

12.1.2 止水铜片的技术性能

12.1.2.1 铜片与混凝土的黏附性能

W形止水铜片埋入混凝土中的翼板是折曲断面,与两侧混凝土块体连接牢固,接缝变形时不被拔出。而F形止水铜片有一边翼板以平直的断面形状嵌入混凝土中,是借助铜片与混凝土的黏附力将翼板固结于混凝土中,如果翼板嵌入混凝土中的长度较小,则黏附力较小,接缝变形时,该翼板可能从混凝土中被拔出,故平直翼板埋入混凝土中的长度要根据混凝土对铜片的黏附强度确定,为此,需要进行铜片与混凝土的黏附检测。

为了检测铜片与混凝土的黏附性能,一般需进行埋入混凝土中的铜片拉拔试验。试验用混凝土配合比与面板坝采用的混凝土配合比相同,见表12-2。

表12-2 铜片拉拔试验用混凝土配合比

水胶比	42.5级水泥(kg/m^3)	砂(kg/m^3)	小石(kg/m^3)	中石(kg/m^3)	DH_9引气剂掺量(%)	抗压强度(MPa)
0.45~0.5	320	663	565	565	0.01	39.7

将10个断面为50 mm×1.0 mm的铜片按2 cm、4 cm、6 cm、8 cm、10 cm、12 cm、14 cm、16 cm、18 cm、20 cm的深度浇入混凝土中。以加载速率10 kN/min进行拉拔试验,试

验结果表明,拉拔力随铜片位移的增大而增加,并存在一个最大值。将该值除以铜片与混凝土的黏附面积即得铜片与混凝土间的平均剪切强度,绘入图12-4(a),由不同埋深试件的平均剪切强度可得图12-4(b)。

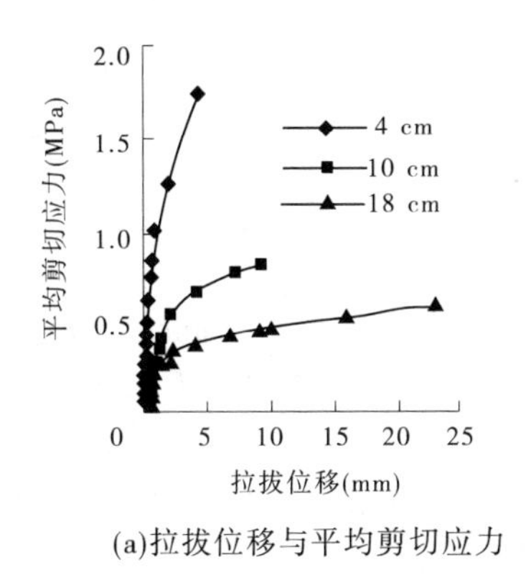

(a)拉拔位移与平均剪切应力

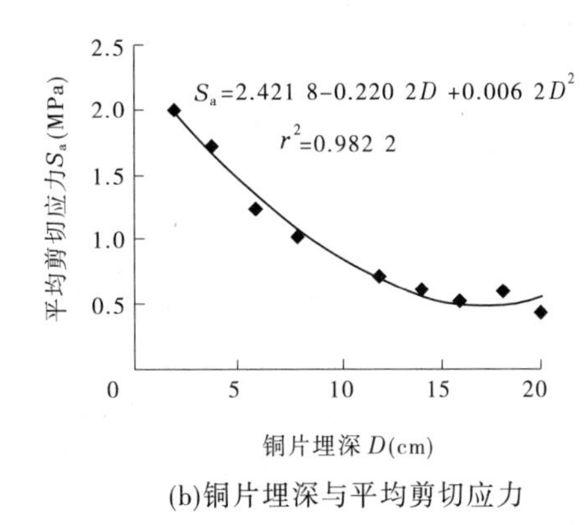

(b)铜片埋深与平均剪切应力

图12-4　不同埋深铜片拉拔试验结果

从中可以推断出铜片埋深趋于零时的平均剪切强度,即黏附强度约为2.4 MPa。平均剪切强度S_a(MPa)与铜片埋深D(cm)之间试验回归关系为$S_a = 2.421\ 8 - 0.220\ 2D + 0.006\ 2D^2$,最后将各试件出现最大拉拔力时的铜片拔出的位移作为破坏位移,与埋深的关系如图12-5所示。

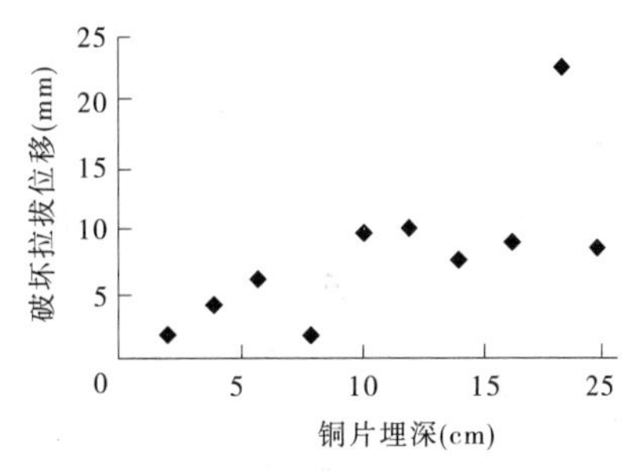

图12-5　铜片破坏拉拔位移与埋深的关系

试验结束后,对埋深为16 cm、18 cm、20 cm的三个试件的混凝土沿铜片平面劈开后,发现18 cm埋深试件中铜片被拉断,断裂位置距缝口4 cm,这表明F形的止水铜片其平直翼板埋入混凝土中的长度不宜超过18～20 cm。同时,也表明铜片承受水压力产生拉拔位移时破坏了铜片与混凝土的黏附界面,降低了界面阻止水流绕渗性能。

12.1.2.2　F形止水铜片的抗剪切性能

F形止水铜片的抗剪切性能需进行剪切试验来确定。

首先进行平面的剪切试验,主要检验止水片长度和鼻形高宽比对剪切作用的影响,剪切试件如图12-6所示,止水铜片尺寸见表12-3。

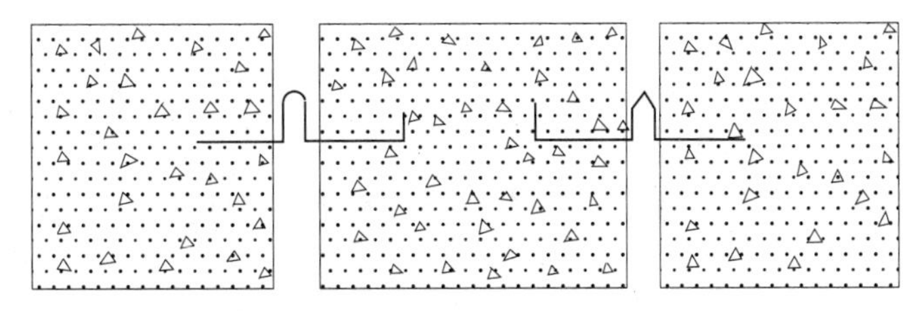

图12-6　止水铜片平面剪切

表 12-3　止水铜片尺寸

组号	铜片长度 L(mm)	折曲直线段长度 (mm)	折曲段宽度 B(mm)	折曲总高度 H(mm)	折曲段总长 (mm)	H/B
1	50	60	25	72.5	159.3	2.9
2	80	60	25	72.5	159.3	2.9
3	50	40	25	52.5	119.3	2.1

试验剪切速率为 0.5 mm/min,总剪切变形量为 50 ~ 55 mm,铜片与混凝土交接处的平均剪应力达到 30 MPa 时的剪切位移仅为 1.0 mm。铜片已进入屈服阶段,如图 12-7 所示。位移为 50 mm 时第 3 组的平均剪切应力达到 85 MPa,第 1 组为 68 MPa,第 3 组比第 1 组大约 25%。这表明 H/B 值越大,其折曲段吸收剪切变形的能力越好。铜片长度的影响不够明显。

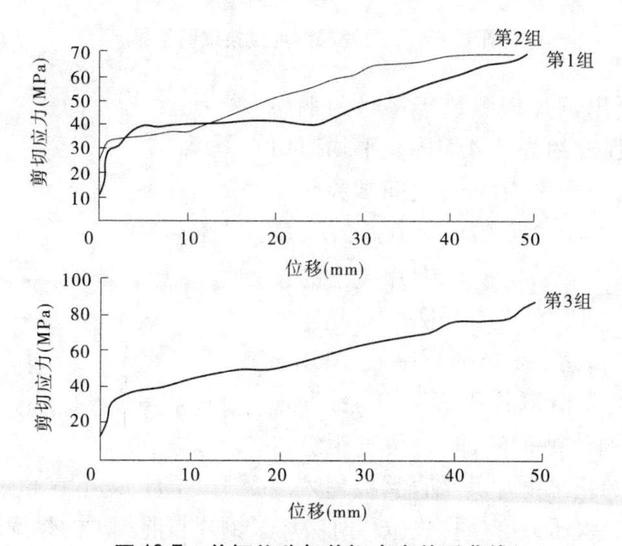

图 12-7　剪切位移与剪切应力关系曲线

再进行三维变形试验:先对铜片做张开及沉降变形试验,由于此两项位移均平行于铜片横断面,因此可简化处理,即将止水铜片一次张开达到两项位移的矢量和,然后在此基础上对铜片施加纵向剪切位移 5 cm,如图 12-8 所示。

控制变形速率为 0.5 mm/min,最终剪切变形量为 5 cm。铜与混凝土相交直线段的平均剪切应力为 39 MPa。试验后观察铜片无任何损坏,然后又进行铜片抗绕渗性能试验,在水压为 0.4 MPa 时渗漏,稳压 60 min,单位渗量为 6.8 mL/(m · s)。

12.1.2.3　铜片止水抗绕渗性能

铜片止水抗绕渗性能优劣可通过模型试验来确定,三种铜片止水结构模型如图 12-9 所示,用 1 mm 厚铜片加工成直径 20 cm 圆桶,圆桶两端各埋入混凝土中 20 cm。模型 A 是传统的光紫铜片;模型 B 在圆桶的上游面复合亲水泥浆的 GB 黏弹性止水条,圆桶下游面贴紧一层 1.0 mm 厚的 PVC 垫片,模拟实际工程的垫层表面;模型 C 不同于模型 B 之

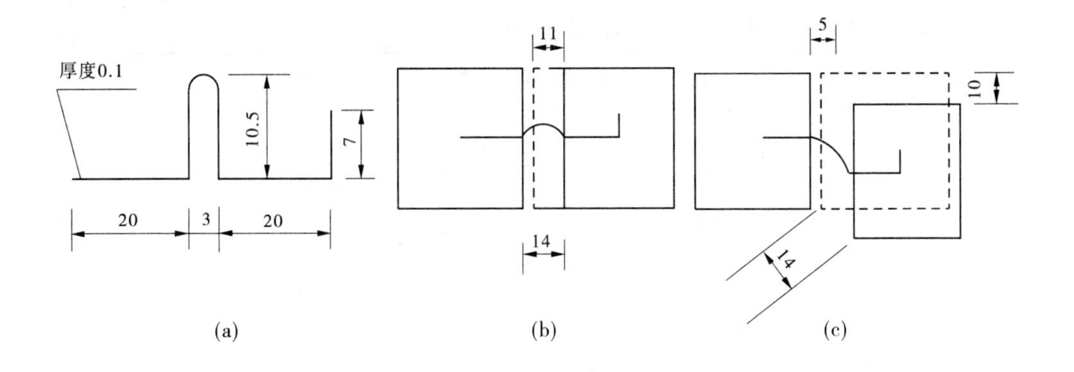

图 12-8 F 形止水铜片变形示意图 （单位:cm）

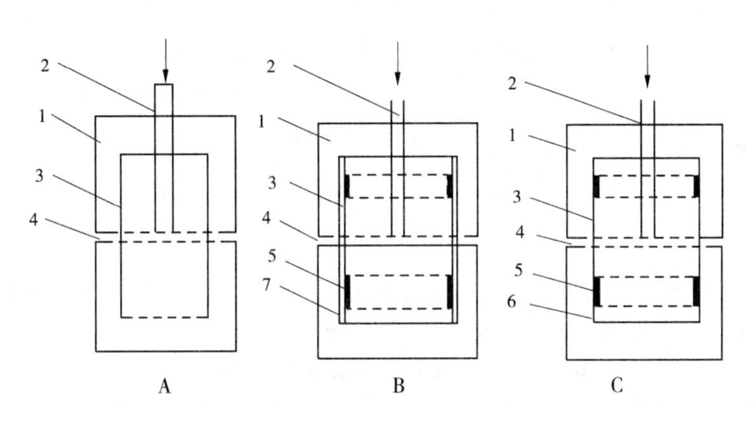

1—混凝土块;2—压力水管;3—铜片;4—接缝开度;
5—复合 GB(长 10 cm、厚 0.6 cm);6—涂抹机油;7—PVC 垫片(厚 0.1 cm)

图 12-9 铜片止水抗绕渗模型示意图

处是将 PVC 垫片去掉,改涂一层机油使铜片下游面与混凝土脱开,以了解铜片复合亲水泥浆 GB 胶条后的抗绕渗效果。

铜片止水抗绕渗模型压水试验结果见表 12-4。

从试验结果可以看出,传统形式的止水铜片,接缝无伸缩变形的情况下只能承受约小于 1.5 MPa 水压力的抗绕渗能力,而在铜片的上游面复合亲水泥浆的 GB 胶条后,在接缝张开 4 cm 情况下,能承受大于 2.0 MPa 水压力的绕渗。

12.1.3 不锈钢止水片的性能

近些年不锈钢止水片在水工建筑物中应用越来越广泛,不锈钢的强度、韧性均比紫铜片好;同时,不锈钢的价格低于紫铜片,而且不锈钢波纹片加工方便、施工质量容易保证;同等条件下破坏试验表明,紫铜片止水本身拉裂,不锈钢本身只发生扭曲变形,混凝土拉裂;而且,不锈钢止水的焊接性能略优于紫铜止水带。

表 12-4　铜片止水抗绕渗模型压水试验结果

模型	接缝开度(cm)	水压力(MPa)	稳压时间(min)	渗漏量(mL)	单位渗漏量(mL/(m·s))
A	0	0.5	10	0	0
		1.0	10	0	0
		1.5	10	开始渗	未测
		2.0	60	340	0.15
		2.5	30	220	0.10
B	0	1.0	60	0	0
		2.0	60	0	0
		2.5	>1 440	0	0
	1.0	2.5	>1 440	0	0
C	0	1.0	60	0	0
		2.0	60	0	0
		2.5	>1 440	0	0
	1.0	2.5	>1 440	0	0
	4.0	2.0	>60	0	0

在《水工建筑物止水带技术规范》(DL/T 5215—2005)中列出了黑泉面板坝和引子渡面板坝的周边缝止水采用的不锈钢止水带的物理力学性能指标,见表 12-5。

表 12-5　不锈钢止水带物理力学性能指标

不锈钢牌号	类别	抗拉强度 σ_b(MPa)	屈服强度 σ_s(MPa)	延伸率 ψ(%)	弹性模量 E(MPa)	泊松比 ν
0Cr18Ni9	实测	700	365	59	2×10^5	0.27
	GB 3280	≥520	≥205	≥40	—	—

不锈钢止水片应采用钨极氩弧焊。

12.1.4　止水铜片的焊缝质量检测

工程中的接缝止水结构,通常是由水平止水和竖向止水组成的止水系统,止水铜片的加工大多是在现场焊接拼装而成的。常用的焊接方法是熔焊、钎焊等。而铜片焊接质量直接影响着止水的效果,因此必须对焊缝的质量进行检测。

12.1.4.1　常规检查

(1)止水铜片应平整,表面的浮皮、锈污、油渍均应清除干净,若有砂眼、钉孔、裂纹,应予补焊。

(2)止水铜片的现场接头宜用搭接焊接。搭接长度应不小于 2 cm,且应双面焊接。若经试验能够保证质量,亦可采用对接焊接,但均不得采用手工电弧焊。

(3)焊接接头表面应光滑、无砂眼或裂纹,不渗水。在工厂加工的接头应抽查,抽查数量不少于接头总数的20%。在现场焊接的接头,应逐个进行外观和渗透检查合格。

(4)止水铜片应安装准确、牢固,其鼻子中心线与接缝中心线偏差为±5 mm。定位后应在鼻子空腔内满填塑性材料。

12.1.4.2　**焊缝厚度量测**

焊缝厚度可用自制的厚度测规量测,如图12-10所示。量测前先将测规垂直立在玻璃表面,将百分表调至零刻度。量测时测规的两个脚板的长度方向与焊缝中轴线平行,百分表测杆尖端落在焊缝中轴线上,且与铜片表面垂直。在鼻梁顶点及沿中轴线顶点前后各10~15 mm取一个测点进行量测,取三点的平均值。在鼻梁量测的直线段各测一点,点距8~10 mm,也可视峰、谷情况,要求测到峰厚和谷厚。

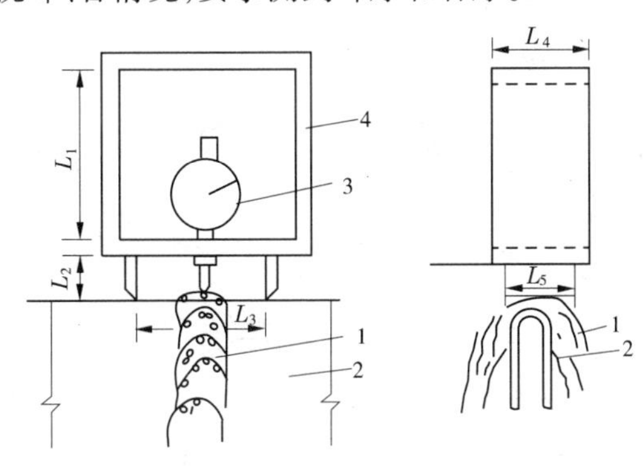

1—焊缝;2—铜片;3—百分表;4—测规框架;L_1 > 百分表最大长度;

L_2 ≥ 焊缝厚度的2倍(5 mm);L_3 ≥ 焊缝宽度(30~40 mm);L_4 ≥ 百分表厚度;L_5 = 30 mm

图12-10　焊缝厚度测规示意图

12.1.4.3　**焊缝宽度量测**

焊缝宽度的测点应在相应厚度测点的两侧,骑缝用卡规量测,卡规两尖脚应靠近焊缝边缘。尖脚连线与焊缝中轴线正交。缝宽测点的位置应与缝厚测点的位置相对应,即宽度测点与厚度测点在同一个断面上,取三个测点的平均值。

12.1.4.4　**焊缝渗透检测**

焊缝渗透检测主要检测焊缝熔体与铜片表面接触情况,常用的检测方法是着色渗透探伤法。

渗透探伤是一种以毛细管作用原理为基础的检测表面开口缺陷的无损检测方法。其检测原理为:首先,在金属止水焊缝表面施涂含有染料的渗透液后,在毛细管作用下,经过一定时间的渗透,渗透液可以渗进焊接表面开口缺陷中,经过擦除焊缝表面多余的渗透液和干燥后,再在焊缝表面施涂吸附介质——显像剂。同样,在毛细管作用下,显像剂将吸引缺陷中的渗透液,即渗透液回渗到显像剂中,在一定的光源下缺陷中的渗透液痕迹被显示(鲜艳红色),从而可观察出焊缝缺陷的种类及分布状态。最后在检测完毕后对焊缝作出是否合格的结论。对于不合格的焊缝进行补焊返修后,再次进行检测。其中,金属止水焊接中,焊缝夹渣、未融合、气孔等是常见缺陷。

12.2　橡胶止水带

橡胶止水带又名止水橡皮,由天然或者合成橡胶加入硫化剂、防老剂、补强剂等添加剂后经成型硫化等工艺挤压而成。在混凝土建筑物施工过程中,将有一定断面形状和尺寸的橡胶止水带的一端骑变形缝埋入基础,其断面两边的翼板分别埋入变形缝两侧的混凝土块体中,以阻止上游压力水通过变形缝渗漏。

橡胶止水带具有良好的弹性、强度、耐腐性和耐酸碱性,变形能力强,止水性能好,目前已普遍应用于土建工程的止水结构中。夹布型的橡胶,强度更大,适用于高水头大型工程。

12.2.1　常用橡胶止水带的断面型式

常用的橡胶止水带型式有平板型、中心孔型、中心开敞型、波形、Ω 形等 5 种,如图 12-11 ~ 图 12-15 所示。

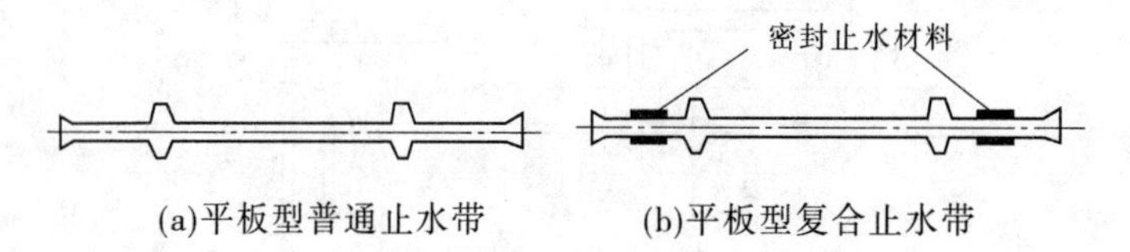

(a)平板型普通止水带　　(b)平板型复合止水带

图 12-11　平板型止水带

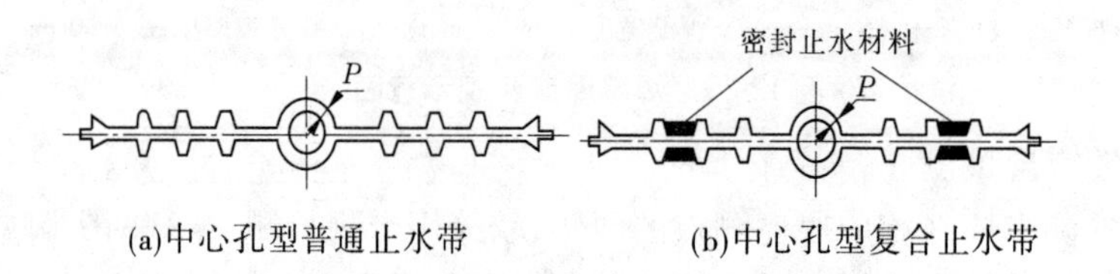

(a)中心孔型普通止水带　　(b)中心孔型复合止水带

图 12-12　中心孔型止水带

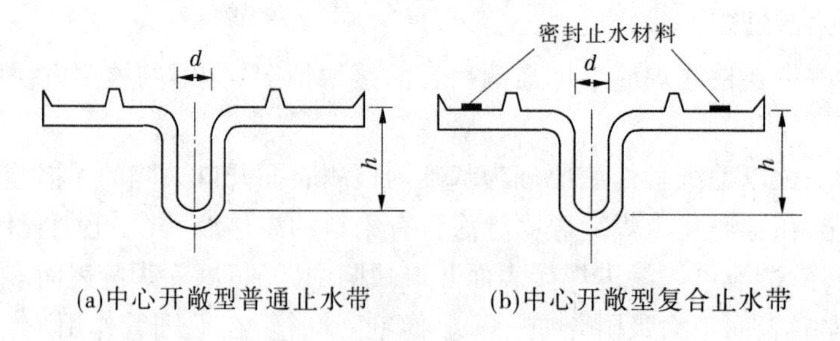

(a)中心开敞型普通止水带　　(b)中心开敞型复合止水带

图 12-13　中心开敞型止水带

12.2.2　橡胶止水带的物理力学性能

《水工建筑物止水带技术规范》(DL/T 5215—2005)规定了橡胶止水带的物理力学性能,见表 12-6。

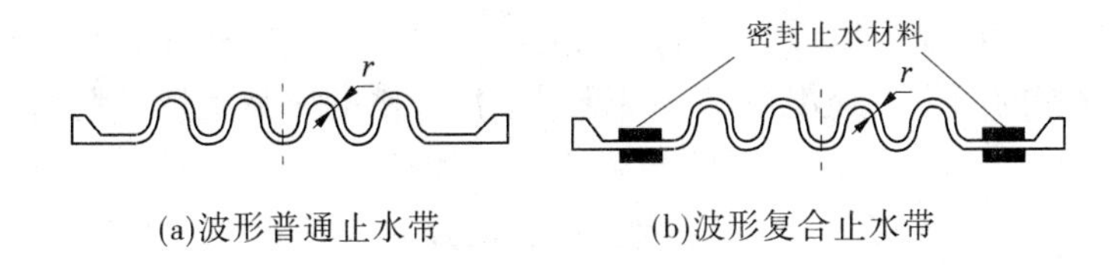

(a)波形普通止水带　(b)波形复合止水带

图 12-14　波形止水带

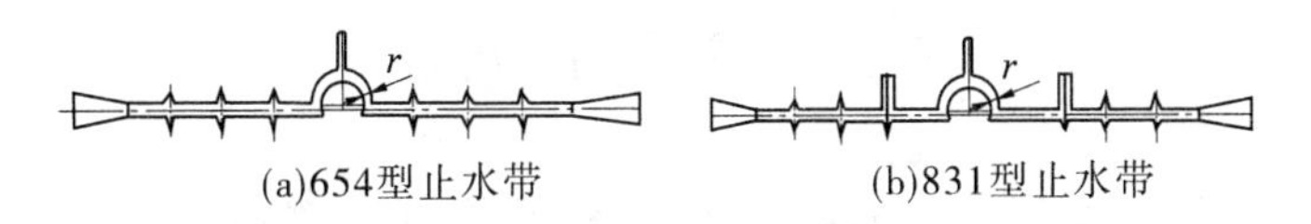

(a)654型止水带　(b)831型止水带

图 12-15　Ω 形止水带

表 12-6　橡胶止水带的物理力学性能

<table>
<tr><th rowspan="2">序号</th><th rowspan="2" colspan="3">项目</th><th rowspan="2">单位</th><th colspan="3">指标</th></tr>
<tr><th>B</th><th>S</th><th>J</th></tr>
<tr><td>1</td><td colspan="3">硬度(邵尔 A)</td><td>度</td><td>60 ± 5</td><td>60 ± 5</td><td>60 ± 5</td></tr>
<tr><td>2</td><td colspan="3">拉伸强度</td><td>MPa</td><td>≥15</td><td>≥12</td><td>≥10</td></tr>
<tr><td>3</td><td colspan="3">扯断伸长率</td><td>%</td><td>≥380</td><td>≥380</td><td>≥300</td></tr>
<tr><td rowspan="2">4</td><td rowspan="2" colspan="2">压缩永久变形</td><td>70 ℃,24 h</td><td>%</td><td>≤35</td><td>≤35</td><td>≤35</td></tr>
<tr><td>23 ℃,24 h</td><td>%</td><td>≤20</td><td>≤20</td><td>≤20</td></tr>
<tr><td>5</td><td colspan="3">撕裂强度</td><td>kN/m</td><td>≥30</td><td>≥25</td><td>≥25</td></tr>
<tr><td>6</td><td colspan="3">脆性温度</td><td>℃</td><td>≤ −45</td><td>≤ −40</td><td>≤ −40</td></tr>
<tr><td rowspan="6">7</td><td rowspan="6">热空气老化</td><td rowspan="3">70 ℃,168 h</td><td>硬度变化</td><td>度</td><td>≤ +8</td><td>≤ +8</td><td rowspan="3">—</td></tr>
<tr><td>拉伸强度</td><td>MPa</td><td>≥12</td><td></td></tr>
<tr><td>扯断伸长率</td><td>%</td><td>≥300</td><td>≥300</td></tr>
<tr><td rowspan="3">100 ℃,168 h</td><td>硬度变化</td><td>度</td><td rowspan="3">—</td><td rowspan="3">—</td><td>≤ +8</td></tr>
<tr><td>拉伸强度</td><td>MPa</td><td>≥9</td></tr>
<tr><td>扯断伸长率</td><td>%</td><td>≥250</td></tr>
<tr><td>8</td><td colspan="3">臭氧老化 50 pphm:20%,48 h</td><td>—</td><td>2 级</td><td>2 级</td><td>2 级</td></tr>
<tr><td>9</td><td colspan="3">橡胶与金属黏合</td><td>—</td><td colspan="3">断面在弹性体内</td></tr>
</table>

注:1. B 为适用于变形缝的止水带,S 为适用于施工缝的止水带,J 为适用于有特殊耐老化要求接缝的止水带。

2. 橡胶与金属黏合项仅适用于具有钢边的止水带。

3. 若对止水带防霉性能有要求,应考虑霉菌试验,且其防毒性能应等于或高于 2 级。

4. 试验方法应按照 GB 18173.2 的要求执行。

12.2.3　橡胶止水带的质量检测

(1)外观质量用目测及量具检查。表面不允许有开裂、缺胶、海绵状等影响使用的缺陷,中心孔偏心不允许超过管状断面厚度的 1/3。止水带表面允许有深度不大于 2 mm、面积不大于 16 mm^2 的凹痕、气泡、杂质、明疤等缺陷,每延米不超过 4 处。

(2)止水带的规格尺寸用量具测量。厚度精确到 0.05 mm,宽度精确到 1 mm,其中,厚度测量取制品上的任意 1 m 作为样品(必须包括一个接头),然后自其两端起在制品的设计工作面的对称部位取四点进行测量,取其平均值。

(3)止水带应有产品合格证和施工工艺文件。现场抽样检查每批不得少于一次。

(4)物理性能的测定。经规格尺寸及外观检验合格的制品裁取试验所需的足够长度试样,按《橡胶物理试验方法试样制备和调节通用程序》(GB/T 2941—2006)的规定制备试样,并在标准状态下静置24 h后,按要求进行试验。试验方法按相关的规范进行。

(5)对止水带的安装位置、紧固密封情况、接头连接情况、止水带的完好情况进行检查。

12.3　塑料止水带

塑料止水带是由聚氯乙烯(PVC)加入增塑剂、稳定剂等添加剂后,在一定温度下通过模具挤出成型的。其优点是弹性好、耐磨蚀,可加工成任何形状,施工简便、接头少,与紫铜片和橡胶止水带相比,成本低,同时塑料止水带具有较好的弹性、耐磨性和耐撕裂性;适应变形能力强,伸长率、脆性温度、稳定性等均优于橡胶止水带。但塑料止水带的硬度、强度、耐久性等不如橡胶止水带,且在主体结构温度超过50 ℃、受强烈氧化作用及在油类物质与有机溶剂环境下不得使用。

塑料止水带的性能按其不同配方和塑化条件而有变化。中国水利水电科学研究院曾提出塑料止水带的标准要求为:抗拉强度不小于12 N/mm^2,伸长率不小于220%;老化后的变化系数不大于0.85;冻融循环及耐硫酸盐溶液试验后,长度及伸长率损失不大于15%;耐寒性在-25 ℃以下。

塑料止水带的工作原理、断面型式同橡胶止水带。

12.3.1　塑料止水带的物理力学性能

《水工建筑物止水带技术规范》(DL/T 5215—2005)规定了塑料止水带的物理力学性能,见表12-7。

表12-7　塑料止水带的物理力学性能

项目		单位	指标	试验方法
拉伸强度		MPa	≥14	GB/T 1040Ⅱ型试件
扯断伸长率		%	≥300	
硬度		度	≥65	GB 2411
低温弯折		℃	≤-20	GB 18173.1 试件厚度采用2 mm
热空气老化 70 ℃,168 h	拉伸强度	MPa	≥12	GB/T 1040Ⅱ型试件
	扯断伸长率	%	≥280	
耐碱性10% $Ca(OH)_2$ 常温(23±2)℃,168 h	拉伸强度保持率	%	≥80	GB/T 1690
	扯断伸长率保持率	%	≥80	

12.3.2　塑料止水带的质量检测

(1)外观质量用目测及量具检查。表面不允许有开裂、缺胶、海绵状等影响使用的缺陷,中心孔偏心不允许超过管状断面厚度的1/3。止水带表面允许有深度不大于2 mm、面积不大于16 mm^2 的凹痕、气泡、杂质、明疤等缺陷，每延米不超过4处。

(2)取三片150 mm×150 mm的试片，厚度为2～8 mm。将试片擦洗干净，并晾置约1 h。

(3)称取每个试片的质量，精确至0.01 g，并测出每个试片的硬度。

(4)将试片浸没在20～25 ℃新配置的碱溶液中7 d。碱溶液按1 L蒸馏水添加5 g化学纯NaOH和5 g化学纯KOH的比例配置而成。

(5)浸泡7 d以后将试片取出清洗干净、擦干，并晾置约1 h。

(6)按照前述方法称取每个试片的质量，并测出每个试片的硬度。

(7)数据处理：将每个试片的质量和硬度的变化值除以该试片的原始质量和硬度，并用百分数表示，即得到该试片的原始质量变化值和硬度变化值，对三个试片的结果取平均值。

12.4　填料止水

填料止水是将具有一定物理化学性能的止水填料填充于嵌入变形接缝两侧的混凝土块体中及具有一定断面形状和尺寸的止水结构的腔体内，借助止水填料的止水工作机制，在接缝变形的情况下阻止压力水经过缝腔和绕过止水结构渗漏的一种止水措施。其特点是能适应接缝三维大变形的工作条件要求，尤其能满足接缝两侧混凝土块体发生相对不均匀沉降变形下的止水要求。

12.4.1　填料止水的工作机制及性能要求

止水填料是胶结材料(黏结剂)、增强剂、活性剂和活性填料(粉粒料)等膏状混合物。其材质具有耐久性、不透水性和流动变形(自行坍落)性能，以及与水泥混凝土面的黏附性。止水填料的耐水性和不透水性，可以阻止压力水经过接缝缝腔的渗流；止水填料与混凝土面的黏附性和流动变形性产生的侧压强，可以阻止压力水绕过止水填料与混凝土接触界面的渗漏；止水填料的流动变形性能，则能够满足由于混凝土温度变形引起缝腔中止水结构腔体的伸缩变形和基础沉降引起的两侧腔壁相对不均匀沉降变形的要求。

不同结构型式混凝土建筑物的填料止水结构的止水工作方式不同，因而对止水填料性能的要求也不同。

建在软基或基岩破碎带上的建筑物横缝(如重力式水工混凝土建筑物的横缝)，一般是温度—沉降变形缝，接缝中的填料止水结构设置在靠近止水铜片的上、下游，填料止水的结构型式一般采用直边形断面的缝槽，如图12-16所示。

当止水键周围环境温度没有明显变化时，接缝处于相对静止状态，此时要求填料具有一定的密度；当气温骤降时，建筑物混凝土块体收缩而接缝张开，此时要求填料满足工程要求的最低温度时的填料流变参数，黏结剂的脆化温度应低于实际工程运行过程中可能发生的绝对最低温度；当气温升高时，混凝土块体膨胀引起接缝缩小，此时要求填料具有高温黏性；为防止在高温或低温时键腔破坏，研制填料时应选择有触变性的黏结剂，同时，应控制填料的拉伸强度小于填料与混凝土的黏结强度，且具有一定的低温拉伸变形性能。

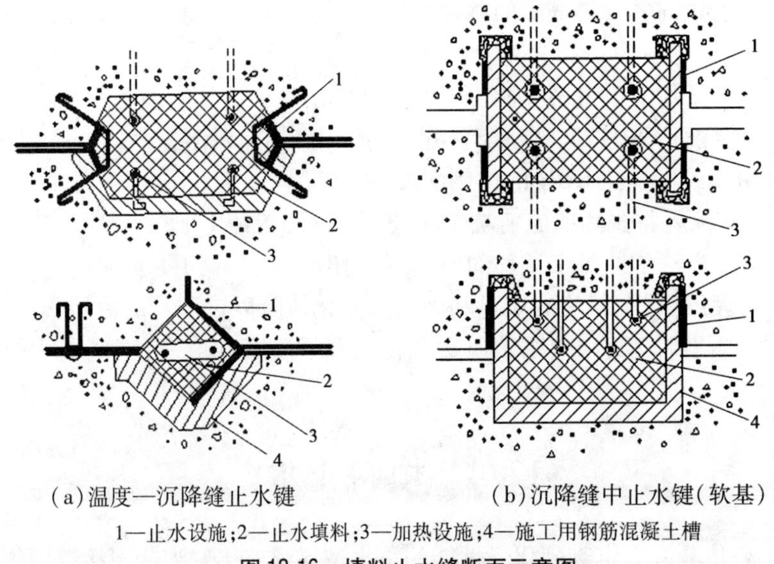

(a)温度—沉降缝止水键　　(b)沉降缝中止水键(软基)

1—止水设施;2—止水填料;3—加热设施;4—施工用钢筋混凝土槽

图 12-16　填料止水缝断面示意图

建在软基或不均匀沉降基础上、高度较小的混凝土建筑物块体之间的接缝(如混凝土面板坝的周边缝和面板之间的缝),其变形受温度的影响较小,止水结构型式如图12-17所示。

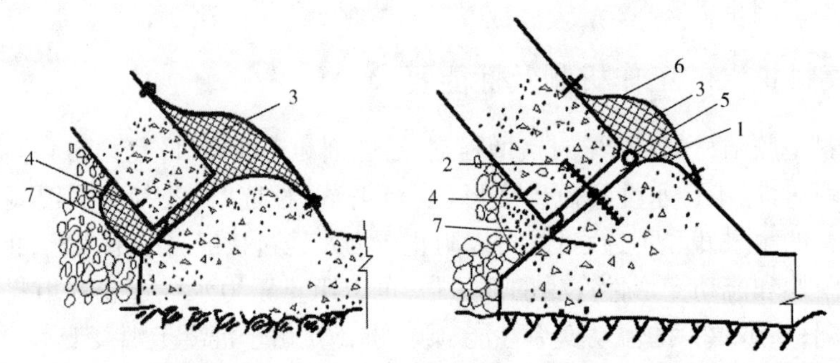

(a)流入缝腔型　　(b)滞留缝端型

1—木板;2—止水带;3—止水填料;4—铜片;5—氯丁胶管;6—PVC 盖片;7—沥青砂浆

图 12-17　周边墙缝止水结构型式

12.4.2　填料止水的质量检测

12.4.2.1　止水填料黏性系数的测定

不同的接缝变形状态要求止水填料具有不同力度的流动变形性能,反映填料流动变形力度的指标是黏性系数,因而要通过测定止水填料的黏性系数,评定止水填料对实际工程的适用性。

止水填料黏性系数的测定需用平行板式流变仪,如图 12-18 所示,试样宽度 b 和长度 h 是固定的,而厚度 a 应通过实测确定。需调小厚度使剪切位移条纹呈直线,确定厚度 a 后,可组装 3 块平行板,使中间板的两侧形成腔体,将试样加热呈现塑流状态,浇筑在腔体

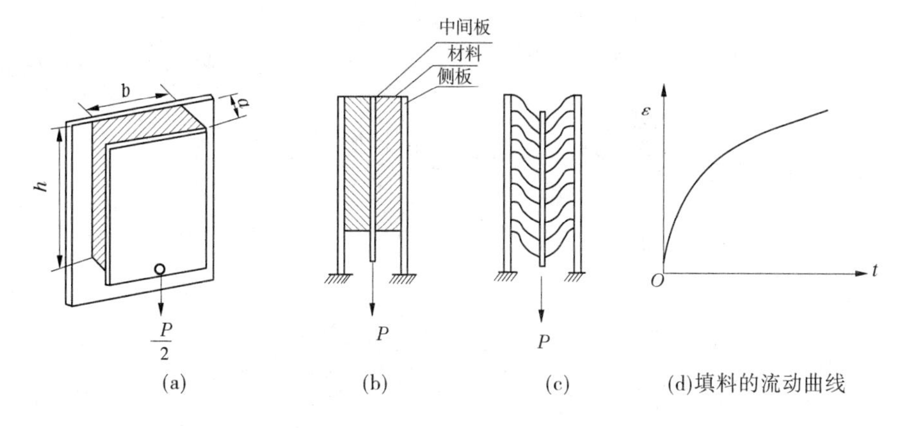

图 12-18 平行板式流变仪

中，冷却后则可进行试验。实际上是在恒定的温度 T_1 下的剪切徐变试验，施加一定的荷载 P_1，记录中间板剪切位移变形与时间曲线，当呈现出直线段时，则表明试样呈现等速剪切变形，求得 P_1 荷载下的等速位移速度 v_1，然后在同一恒定温度 T_1 下再求得 P_2 荷载下的 v_2，将 v_1、v_2 代入下式，可求得 β：

$$\beta = \frac{\lg v_1 - \lg v_2}{\lg\left(\frac{P_1}{bh + a\rho g}\right) - \lg\left(\frac{P_2}{bh + a\rho g}\right)} \tag{12-1}$$

将两个荷载中的任意一个荷载（如 P_1）及其相应的变形速度 v_1 代入下式，求得黏性系数[η]：

$$[\eta] = \frac{\left(\frac{P_1}{abg} + a\rho g\right)^{\beta+1} - \left(\frac{P_1}{abh}\right)^{\beta+1}}{(\beta + 1)v_1\rho g} \tag{12-2}$$

式中 g——重力加速度，980 $\mathrm{cm/s^2}$；

ρ——试样材料的密度，$\mathrm{g/cm^3}$。

平行板式流变仪测定黏性系数需时间较长，不宜在施工现场操作，因而建议求出不同温度下黏性系数[η]与针入度 P_T 的关系，在现场可用图 12-19 所示的针入度仪测定止水填料的针入度 P_T 进行止水填料的质量检测。

12.4.2.2 黏结剂的脆化温度（或玻璃化温度）测试

为使止水填料在实际工程中全部运行过程的温度范围内部具有一定的流动变形性能，要求其黏结剂的脆化温度低于实际工程运行过程中可能发生的绝对最低温度。一般情况下，应针对具体材料的性状制定出材料脆化温度的测试方法。如石油沥青类的热塑性材料脆化温度的测试方法可详见《公路工程沥青及沥青混合料试验规程》（JTG E20—2011）。

12.4.2.3 填料（粉粒料）与黏结剂亲和性的测定

为调整止水材料的黏性和密度，使其满足实际工程应用要求，一般情况下需在止水材料中掺入粉粒填料，利用粉粒填料的亲和性增强粉粒料与黏结剂的黏合强度。石油沥青和橡胶类的聚合物要求采用亲油性粉粒填料（亲水系数小于 1.0 的填料）。亲和性可用

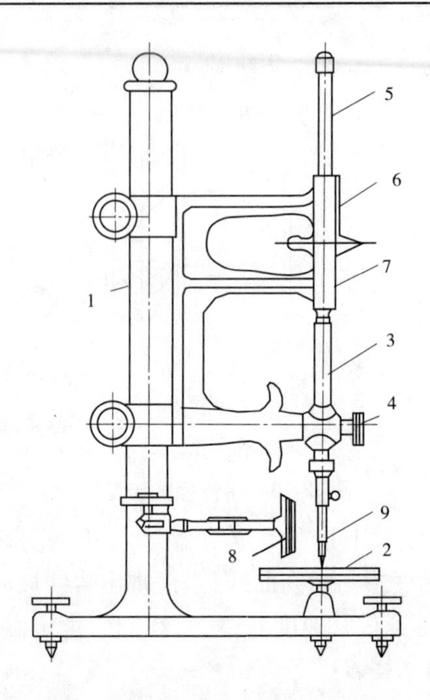

1—金属柱石;2—试样皿平台;3—针连杆;4—按钮;5—测杆;
6—指示针;7—刻度盘;8—反光镜;9—标准针

图 12-19　针入度仪

体积法测定,即将一定质量粉粒填料分别投入盛有煤油和蒸馏水的试管中,分别观测其最终沉降后的体积 V_1 和 V_2,亲水系数$\frac{V_2}{V_1}<1.0$ 即为亲油性填料。具体测试方法详见《公路工程沥青及沥青混合料试验规程》(JTG E20—2011)。

12.4.2.4　止水填料耐水或耐溶液的稳定性试验

止水填料的炼制是在一定的工艺条件下进行的,黏结剂与填料粒子之间互相牢固地黏附着,且形成黏性较大的扩散结构层。但是遇到极性较强的水介质、水蒸气可通过黏结剂的扩散结构层在填料粒子表面形成吸附水膜,剥离开黏结剂结构层与填料粒子的接触界面。聚合物也还有一定的透水系数,而且止水填料中的其他配料也可能有溶水性,故应进行耐水或耐溶液的稳定性试验。测试方法和指标可依据北京中水科海利工程技术有限公司企业标准 Q/HD KHL 003—2005 GB 柔性填料。

12.4.2.5　止水填料动水中自愈性测试

如果止水填料在水中有一定的自愈性,则可以提高接缝止水结构运行中的安全度。如果填料的特性随时间而改变,则填料具有触变性,可能有自愈性。

检验填料是否有自愈性可用如图 12-20 所示的填料流动试验仪进行填料的水中自愈性试验。先将填料预制成与试验仪上部储料室相似的梯形棱柱体试件,将仪器底盖关住,将储料室内充满水,然后将试件置入储料室的水中。从仪器顶盖加水压(恒定水头),再打开仪器底盖,在持续水流的冲切作用下填料的黏度变小,开始流动变形,则将试件与仪器的储料表面粘牢,水流中断,填料被压入仪器的接缝中,然后将试件取去,切下流入仪器接缝中的片状填料,再将片状填料试件置于仪器接缝的底部仪器底盖上,底盖与仪器底端面间留有一定缝隙,使压力水能排出。再加恒定的水头的水流冲切接缝中的试件,持续一定时间后,片状试件将仪器接缝底部封堵住,水流中断,表明填料的自愈性符合要求。

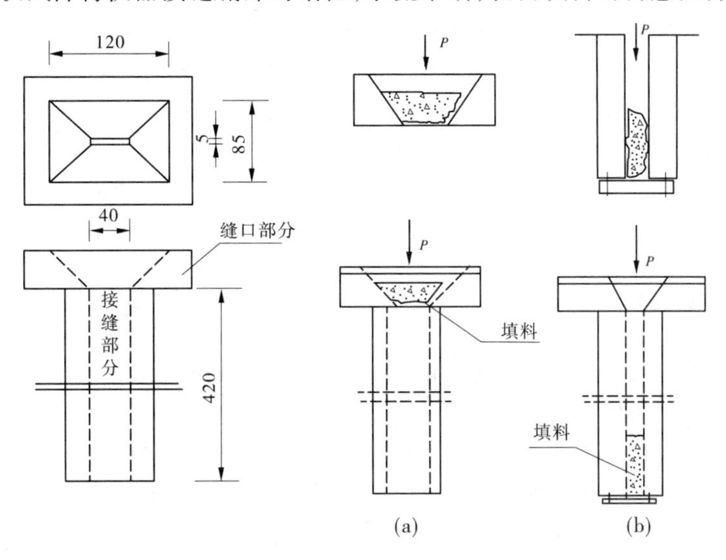

图 12-20　柔性填料流动止水试验仪　(单位:mm)

12.4.2.6　**止水填料的初始剪切强度 τ_y 的测定**

初始剪切强度 τ_y 是评定止水填料的热稳定性指标,所以要采用实际工程运行中的绝对最高温度为试验温度,可用有控温、控速(变形速度)的万能材料试验机,慢速均匀施加荷载并记录 $\tau \sim \gamma$(变形)。

12.4.2.7　**GB 柔性填料的性能测试**

混凝土面板坝周边缝中滞留型缝端止水结构用的 GB 柔性填料的性能测试,可按北京中水科海利工程技术有限公司企业标准 Q/HD KHL 003—2005 GB 柔性填料进行。

参考文献

[1] 刘进宝,张梦宇,余学芳.建筑材料与检测技术[M].郑州:黄河水利出版社,2010.
[2] 何雄.建筑工程见证类建筑材料质量检测[M].2版.北京:中国广播电视出版社,2009.
[3] 高军林,李念国,杨胜敏.建筑材料与检测[M].北京:中国电力出版社,2008.
[4] 丁凯,曹征齐.水利水电工程质量检测人员从业资格考核培训系列教材——混凝土工程类[M].郑州:黄河水利出版社,2008.
[5] 陈宇翔.建筑材料[M].北京:中国水利水电出版社,2005.
[6] 崔长江.建筑材料[M].郑州:黄河水利出版社,2006.
[7] 武桂芝,张守平,刘进宝.建筑材料[M].郑州:黄河水利出版社,2009.
[8] 孟祥礼,高传彬.建筑材料实训指导[M].郑州:黄河水利出版社,2009.
[9] 傅凌云,郑睿,李新猷.建筑材料[M].北京:中国水利水电出版社,2005.
[10] 周氐,章定国,钮新强.水工混凝土结构设计手册[M].北京:中国水利水电出版社,1999.
[11] 中华人民共和国水利部.SL 677—2014 水工混凝土施工规范[S].北京:中国水利水电出版社,2014.
[12] 中国水力发电工程学会混凝土面板堆石坝专业委员会.DL/T 5115—2016 混凝土面板堆石坝接缝止水技术规范[S].北京:中国电力出版社,2017.
[13] 孙建青,王江涛.不锈钢止水材料在黑泉工程上的应用[J].水利水电施工,2002(4):61-63.
[14] 姚元成.不锈钢止水材料在引子渡面板堆石坝的应用[J].水电勘测设计,2002(1):5-8.
[15] 蔡胜华,黄良锐,唐丽芳.水布垭水利枢纽面板堆石坝接缝止水材料及型式试验研究[J].长江科学院院报,1999(2):60-63.
[16] 中国水利水电科学研究院,南京水利科学研究院.SL 352—2006 水工混凝土试验规程[S].北京:中国水利水电出版社,2006.
[17] 中华人民共和国国家技术监督局.GB/T 17669.4—1999 建筑石膏 净浆物理性能的测定[S].北京:中国标准出版社,1999.
[18] 中华人民共和国国家技术监督局.GB/T 17669.3—1999 建筑石膏 力学性能的测定[S].北京:中国标准出版社,1999.
[19] 南京水利科学研究院,中国土工合成材料工程协会.SL 235—2012 土工合成材料测试规程[S].北京:中国水利水电出版社,2012.
[20] 中华人民共和国国家质量监督检验检疫总局,中国国家标准化管理委员会.GB 18242—2008 弹性体改性沥青防水卷材[S].北京:中国标准出版社,2008.
[21] 中华人民共和国国家质量监督检验检疫总局,中国国家标准化管理委员会.GB 18243—2008 塑性体改性沥青防水卷材[S].北京:中国标准出版社,2008.
[22] 中华人民共和国国家建筑材料工业局.JC/T 478.1—2013 建筑石灰试验方法 第1部分:物理试验方法[S].北京:中国建材工业出版社,2013.
[23] 中华人民共和国国家建筑材料工业局.JC/T 478.2—2013 建筑石灰试验方法 第2部分:化学分析方法[S].北京:中国建材工业出版社,2013.
[24] 中华人民共和国国家质量监督检验检疫总局.GB/T 2542—2012 砌墙砖试验方法[S].北京:中国

标准出版社,2012.
[25] 中华人民共和国国家发展和改革委员会. DL/T 5215—2005 水工建筑物止水带技术规范[S]. 北京:中国电力出版社,2005.

浙江省高校“十三五”优势特色专业建设规划教材
浙江省“十一五”重点教材

建筑材料与检测技术习题集

(第2版)

主　编　陈宇翔　陈　瑾　杨玉泉
副主编　曹　敏　黄黎明　徐红健
主　审　刘进宝　张梦宇

黄河水利出版社
·郑州·

前　言

本习题集作为陈宇翔等主编的《建筑材料与检测技术(第2版)》教材的配套资料,可供不同专业学生在学习过程中进行课内外训练和学习参考。

建筑材料与检测是高职高专水利类专业重要的专业基础课,本习题集根据高职高专水利类专业人才培养目标要求编写,采用最新技术规范和技术标准,突出实用原则,注重实践能力培养。本习题集共包括建筑材料的基本性质、建筑材料检测技术基础、建筑钢材、细骨料、粗骨料、水泥、水泥混凝土及砂浆、砌筑块材、防水材料、土工合成材料、气硬性胶凝材料、止水材料等十二个单元,并在书后附有常用材料检测试验用表。

本习题集不仅可以作为各类高职高专院校相关专业的建筑材料课程教材和教学用书,还可以作为建筑行业岗位培训、技能鉴定的教材和工程技术人员的参考书。

编　者

2018年3月

目 录

第一单元　建筑材料的基本性质

习题部分

一、判断题

1. 同种材料其孔隙率越大、含水率越小,则材料的表观密度越小。（　　）
2. 混凝土的弹性模量是个变值,强度等级越高的混凝土,弹性模量越大。（　　）
3. 脆性材料的抗压强度远大于抗拉强度。（　　）
4. 硬度大的材料耐磨性强,但不易加工。（　　）
5. 材料含水后,一般体积会膨胀、强度降低、抗冻性变差、导热性降低。（　　）
6. 材料的导热系数越大,材料的保温性能越好。（　　）
7. 材料孔隙率相同时,连通粗孔比封闭微孔的导热系数大。（　　）
8. 将某种含水材料,分别测其密度,其中干燥条件下的密度最小。（　　）
9. 材料的抗冻性与材料的孔隙特征有关,而与材料的吸水饱和程度无关。（　　）
10. 材料的软化系数愈大,材料的耐水性愈好。（　　）
11. 材料的渗透系数愈大,其抗渗性能愈好。（　　）
12. 当材料的孔隙率增大时,其密度会变小。（　　）

二、单选题

1. 衡量材料轻质高强性能的重要指标是(　　)。
   A. 抗压强度　B. 冲击韧性　C. 比强度　D. 强度等级
2. 回弹法常用来测定(　　)构件表面硬度,以此来推算其抗压强度。
   A. 石膏　B. 混凝土　C. 木材　D. 钢材
3. 下列材料中,属于韧性材料的是(　　)。
   A. 黏土砖　B. 石材　C. 木材　D. 陶瓷
4. 下列材料属于无机材料的是(　　)。
   A. 建筑石油沥青　B. 建筑塑料
   C. 烧结黏土砖　D. 木材胶合板
5. 当材料的软化系数取(　　)时,该材料即可用于经常受水浸泡或处于潮湿环境中的重要建筑物。
   A. 0.85　B. 0.75　C. 0　D. 0.5
6. 在100 g含水率为3%的湿砂中,水的质量为(　　)g。
   A. 3.0　B. 2.5　C. 3.3　D. 2.9

7. 100 g 含水率为4%的湿砂,折算为干砂的质量为(　　)g。

A. 100×0.96　　B. $(100-4) \times 0.96$

C. $100/(1-0.04)$　　D. $100/(1+0.04)$

8. 含水率为5%的湿砂220 g,其干燥后的质量是(　　)g。

A. 209.00　　B. 209.52　　C. 210.00　　D. 210.52

9. 材质相同的A、B两种材料,若A的表观密度大于B的表观密度,则A的保温效果比B(　　)。

A. 好　　B. 减小　　C. 差不多　　D. 一样

10. 当某材料的孔隙率增大时,其吸水率(　　)。

A. 增大　　B. 减小　　C. 不变化　　D. 不一定

11. 下列(　　)指标最能体现材料是否经久耐用。

A. 抗渗性　　B. 抗冻性　　C. 抗蚀性　　D. 耐水性

三、多选题

1. 材料吸水率的大小决定于材料的(　　)。

A. 孔隙率大小　　B. 孔隙构造特征　　C. 形状尺寸

D. 密度　　E. 表面粗糙程度

2. 同种类的几种材料进行比较时,表观密度大者,其(　　)。

A. 强度低　　B. 强度高　　C. 比较密实

D. 孔隙率大　　E. 保温隔热效果好

3. 下列材料中,属于复合材料的是(　　)。

A. 钢筋混凝土　　B. 沥青混凝土　　C. 建筑石油沥青

D. 建筑塑料　　E. 有机纤维石膏板

4. 下列性质属于力学性质的是(　　)。

A. 强度　　B. 硬度　　C. 弹性

D. 脆性　　E. 比强度

四、填空题

1. 随含水率的增加,材料的密度(　　　),导热系数(　　　)。

2. 当润湿角 $\theta < 90°$ 时,这种材料称为(　　　)。

3. 材料在(　　　)作用下,抵抗(　　　)的能力称为材料的强度。

4. 按材料所受外力的形式,材料的强度有(　　　)强度、(　　　)强度、(　　　)强度、(　　　)强度等几种强度。

5. 在测定材料抗压强度时,如果试件尺寸偏(　　　),加荷速度偏(　　　),则所得结果将高于按标准试验方法所得的强度值。

6. 一般材料的孔隙率越大,材料的强度越(　　　)。

7. 材料在外力作用下,无明显塑性变形而发生突然破坏的性质,称为(　　　)。

8. 材料在冲击或振动荷载作用下,能吸收较大能量,产生一定变形而不破坏的性质,称为(　　　　)。

9.(　　　　)是衡量材料抵抗变形能力的一个指标。

10.材料的渗透系数越小,材料的抗渗性越(　　　　);若某材料的抗渗等级为W8,则该材料能抵抗(　　　　)的水压而不被渗透。

11.材料抗渗性的好坏,主要与材料的(　　　　)及(　　　　)有关。

12.一般,抗冻等级用FN表示,其中N表示材料能承受的最大(　　　　)次数。

13.周围环境和各种自然因素对材料的破坏作用可概括为(　　　　)、(　　　　)和生物作用。

14.(　　　　)是评定材料保温隔热性能好坏的主要指标。

五、名词解释

1.密度

2.表观密度

3.密实度

4.堆积密度

5.孔隙率

6.空隙率

7.弹性变形

8.塑性变形

9.徐变

10. 导热性

11. 耐水性

12. 抗渗性

13. 抗冻性

14. 吸湿性

15. 憎水性

六、简答题

1. 为什么新建房屋墙体保暖性差,尤其在冬季更差?

2. 何谓材料的耐久性?包括哪些内容?

3. 材料的吸水性、吸湿性、耐水性、抗渗性和抗冻性各用什么指标表示?

4. 简述材料的孔隙率及孔隙特征对材料吸水性、抗渗性、抗冻性、保温性能及强度的影响。

七、计算题

1. 已知烧结普通砖的尺寸为 240 mm×115 mm×53 mm，孔隙率为 37%，若干燥质量为 2 486 g，浸水饱和后的质量为 2 984 g。求该砖的密度、表观密度（体积密度）、吸水率、开口孔隙率及闭口孔隙率。

2. 某种材料密度为 2.6 g/cm^3，表观密度（体积密度）为 1 800 kg/m^3。将一干重 954 g 的这种材料试块放入水中，吸水饱和后取出称重为 1 086 g。求该材料的孔隙率、质量吸水率、开口孔隙率及闭口孔隙率。

3. 经测定，质量为 3.4 kg，容积为 10 L 的量筒装满烘干石子后的总质量为 18.4 kg，若向筒内注入水，待石子吸水饱和后，为注满此筒共注入水 4.27 kg。将上述吸水饱和后的石子擦干表面后称得总质量为 18.6 kg（含筒重）。求该石子的表观密度（体积密度）、质量吸水率、堆积密度及开口孔隙率。

4. 某种岩石试件,外形尺寸为50 mm×50 mm×50 mm,测得该试件在干燥状态下和吸水饱和状态下的质量分别为325 g、326.1 g,已知该岩石的密度为2.68 g/cm^3。试求该岩石的表观密度(体积密度)、孔隙率、体积吸水率、质量吸水率。

5. 若某岩石试样完全干燥后质量为482 g。将它置于盛有水的量筒中,此时水面由425 cm^3升至630 cm^3,取出试样称量为498 g。试求该岩石的表观密度(体积密度)及开口孔隙率。

6. 某一混凝土的配合比设计中,需要干砂680 kg,干石子1 263 kg。已知现有砂子的含水率为4%,石子的含水率为1%,试计算现有湿砂、湿石子的用量各是多少?

7. 用直径为12 mm的钢筋做抗拉强度试验,测得破坏时的拉力为42.7 kN,求此钢筋的抗拉强度。

第二单元　建筑材料检测技术基础

习题部分

一、判断题

1. 企业标准所制定的相关技术要求高于类似(或相关)产品的国家标准。　(　　)

2. 材料的强度会随着检测时温度的升高而升高。　(　　)

3. 修正记录错误应由原始记录人员或其他检测人员采用“杠改”方式更正。　(　　)

4. 随机误差决定测量结果的正确程度,其特征是误差的绝对值和符号保持恒定或遵循某一规律变化。　(　　)

5. 水利工程标准化管理中,“标准化”的含义是,在经济、技术、科学及管理等社会实践中,对重复性事物和概念通过制定、实施标准,达到统一,以获得最佳秩序和社会效益的过程。　(　　)

6. 为了发展社会主义商品经济,促进技术进步,改进产品质量,提高社会经济效益,维护国家和人民的利益,使标准化工作适应社会主义现代化建设和发展对外经济关系的需要,制定《中华人民共和国标准化法》。　(　　)

二、单选题

1. 建筑材料的技术标准分为(　　)级。

A. 2　　B. 3　　C. 4　　D. 5

2. 称量精度大致为试样质量的(　　),有效量程在仪器最大量程的(　　)为宜。

A. 0.5%,20%～80%　　B. 0.1%,20%～80%

C. 0.1%,20%～70%　　D. 0.5%,20%～80%

3. 16.3,13.25,18.7,17.64,25.53,29.82,这组数据的中位数是(　　)。

A. 18.7　　B. 17.64　　C. 18.1　　D. 18.12

4. 5.16×10^{-2}为(　　)有效数字。

A. 两位　　B. 三位　　C. 四位　　D. 五位

5. 测得六组水泥试件的抗压强度分别为35.0、38.4、35.8、37.4、37.8、34.8(MPa),这六组水泥试件的极差为(　　)。

A. 3.4　　B. 3.5　　C. 3.6　　D. 3.7

6. $7.8\times10^{-3}-1.56\times10^{-3}$的值为(　　)。

A. 6.24×10^{-3}　　B. 6.2×10^{-3}　　C. 62.4×10^{-4}　　D. 0.62×10^{-2}

7. 18.085 002修约成四位有效数字后为(　　)。

A. 18.09　　B. 18.08　　C. 18.07　　D. 18.10

三、多选题

1. 影响材料检测结果变化的因素有(　　　　　)。

A. 温度　　B. 湿度　　C. 加载速度

D. 检测顺序　　E. 试件尺寸

2. 检测记录的基本要求是(　　　　　)。

A. 完整性　　B. 科学性　　C. 严肃性

D. 安全性　　E. 原始性

3. 建筑材料质量检测取样的基本原则是(　　　　　)。

A. 独立性　　B. 代表性　　C. 随机性

D. 普遍性　　E. 广泛性

4. 下列统计中,能够反映检测数据离散程度的有(　　　　　)。

A. 算术平均值　　B. 变异系数　　C. 加权平均值

D. 标准差　　E. 概率分布图

四、填空题

1. 建材行业标准《砂浆、混凝土防水剂》(JC 474—2008),标准的代号是(　　　　),编号是(　　　　),颁布的年份是(　　　　)年。

2. 系统误差决定测量结果的(　　　　)程度,随机误差决定测量结果的(　　　　)程度。

3. 15.661,28.3,76.32,这组数据的算术平均值为(　　　　　　)、均方根平均值为(　　　　)。

4. 将13.85修约成保留三位有效数字后为(　　　　)。

5. 建立两个变量间直线关系的方法有作图法、(　　　　　　)、(　　　　　　)、(　　　　)等。

五、问答题

1. 建筑材料检测的主要工作内容有哪些?

2. 在对某批水泥做抗压强度试验时，测得下列数值（单位 kN）：53.6，55.7，51.2，52.0，54.53，54.12，该水泥的抗压强度是多少？

3. 试以本人上学期所学各门课程的学分为权重，用加权平均法计算上学期所学全部课程的平均成绩，并与算术平均成绩相比较。

4. 测得 6 对水泥快速抗压强度 $R_{快}$ 与 28 d 标准抗压强度 $R_{标}$ 值见下表。试用最小二乘法建立标准强度 $R_{标}$ 与快速强度 $R_{快}$ 的直线相关公式。

水泥快速强度 $R_{快}$ 与 28 d 标准强度 $R_{标}$ 值　（单位：MPa）

序号	1	3	4	6	7	8
$X(R_{快})$	12.5	6.3	38.6	21.5	25.2	31.9
$Y(R_{标})$	29.0	26.1	58.4	41.1	45.7	52.6

第三单元　建筑钢材

习题部分

一、判断题

1. 钢材最大的缺点是易腐蚀。 (　　)

2. 钢材经冷加工强化后其强度提高了,塑性降低了。 (　　)

3. 钢是铁碳合金。 (　　)

4. 钢材的强度和硬度随含碳量的提高而提高。 (　　)

5. 质量等级为A的钢,一般仅适用于静荷载作用的结构。 (　　)

6. 对于经常处于低温状态的结构,钢材容易发生冷脆断裂,特别是焊接结构更严重,因而要求钢材具有良好的塑性和低温冲击韧性。 (　　)

7. 在钢中添加合金元素可以有效地防止或减少钢材的腐蚀。 (　　)

8. 钢材防锈的根本方法是防止潮湿和隔绝空气。 (　　)

9. 热处理钢筋因强度高,综合性能好,质量稳定,最适于普通钢筋混凝土结构。 (　　)

10. 钢材焊接时产生热裂纹,主要是由于含磷较多引起的,为消除其不利影响,可在炼钢时加入一定量的硅元素。 (　　)

11. Q235是最常用的建筑钢材牌号。 (　　)

12. 钢材冷拉后可提高其屈服强度和极限抗拉强度,而时效只能提高其屈服点。 (　　)

二、单选题

1. 在钢结构中常用(　　),轧制成钢板、钢管、型钢来建造桥梁、高层建筑及大跨度钢结构建筑。

A. 碳素钢　　B. 低合金钢　　C. 热处理钢筋　　D. 型钢

2. 钢材中(　　)的含量过高,将导致其热脆现象发生。

A. 碳　　B. 磷　　C. 硫　　D. 硅

3. 钢材中(　　)的含量过高,将导致其冷脆现象发生。

A. 碳　　B. 磷　　C. 硫　　D. 硅

4. 对同一种钢材,其伸长率δ_5(　　)δ_{10}。

A. 大于　　B. 等于　　C. 小于　　D. 大于或等于

5. 钢材随着含碳量的增加,其(　　)降低。

A. 强度　B. 硬度　C. 塑性　D. 刚度

6. 严寒地区的露天焊接钢结构，应优先选用下列钢材中的(　　)钢。

A. 16Mn　B. Q235C　C. Q275　D. Q235AF

7. 结构设计时，碳素钢以(　　)作为设计计算取值的依据。

A. 弹性极限 σ_p　B. 屈服强度 σ_s

C. 抗拉强度 σ_b　D. 屈服强度 σ_s 和抗拉强度 σ_b

8. (　　)冶炼得到的钢质量最好。

A. 氧气转炉法　B. 平炉法　C. 电炉法　D. 氧平气炉法

9. 低碳钢中的含碳量为(　　)。

A. <0.1%　B. <0.15%　C. <0.25%　D. <0.6%

10. 钢筋级别提高，则其(　　)。

A. 屈服点、抗拉强度提高，伸长率下降　B. 屈服点、抗拉强度下降，伸长率下降

C. 屈服点、抗拉强度下降，伸长率提高　D. 屈服点、抗拉强度提高，伸长率提高

11. 不属于钢中锰的优点的是(　　)。

A. 提高抗拉强度　B. 提高耐磨性

C. 消除热脆性　D. 改善可焊性

12. 钢中磷的危害主要是(　　)。

A. 降低抗拉强度　B. 增大冷脆性　C. 增大热脆性　D. 降低耐候性能

13. 不属于钢中硫的危害的是(　　)。

A. 降低冲击韧性　B. 增大冷脆性　C. 增大热脆性　D. 降低耐候性能

14. 为保护水工钢闸门，可在钢闸门上焊接一块(　　)。

A. 铅　B. 铜　C. 银　D. 锌

15. 钢材抵抗冲击荷载的能力称为(　　)。

A. 塑性　B. 冲击韧性　C. 弹性　D. 硬度

16. 钢的含碳量为(　　)。

A. <2.06%　B. >3.0%　C. >2.06%　D. <1.26%

17. 伸长率是衡量钢材的(　　)的指标。

A. 弹性　B. 塑性　C. 脆性　D. 耐磨性

18. 普通碳塑结构钢随钢号的增加，钢材的(　　)。

A. 强度增加、塑性增加　B. 强度降低、塑性增加

C. 强度降低、塑性降低　D. 强度增加、塑性降低

19. 在低碳钢的应力应变图中，有线性关系的是(　　)阶段。

A. 弹性阶段　B. 屈服阶段　C. 强化阶段　D. 颈缩阶段

三、多选题

1. 目前我国钢筋混凝土结构中普遍使用的钢材有(　　　　)。

A. 热轧钢筋　B. 冷拔低碳钢丝　C. 钢铰线

D. 热处理钢筋　E. 型钢

2. 碳素结构钢的质量等级包括(　　　　)。

A. A级　　B. B级　　C. C级

D. D级　　E. E级

3. 预应力混凝土用钢绞线是以数根优质碳素结构钢钢丝经绞捻和消除内应力的热处理制成的。根据钢丝的股数,钢绞线分(　　　　)等类型。

A. 1×2　　B. 1×3　　C. 1×5

D. 1×7　　E. 1×19S

4. 经冷拉时效处理的钢材,其特点是(　　　　)进一步提高,塑性和韧性进一步降低。

A. 塑性　　B. 韧性　　C. 屈服点

D. 抗拉强度　　E. 伸长率

5. 钢材的冷弯性能指标用试件在常温下能承受的弯曲程度表示,区分弯曲程度的指标是(　　)

A. 试件被弯曲的角度　　B. 弯心直径　　C. 试件厚度

D. 试件直径　　E. 弯心直径与试件厚度或直径的比值

6. 下列元素(　　　　)在钢材中是有害成分。

A. 氧　　B. 锰　　C. 磷

D. 硫　　E. 硅

四、名词解释

1. 钢材的冲击韧性

2. 钢材的疲劳破坏

3. 钢材的冷加工强化处理

4. 弹性模量

五、简答题

1. 简述低合金高强度结构钢的主要用途及被广泛采用的原因。

2. 伸长率反映钢材的什么性质？对同一种钢材来讲，δ_5 和 δ_{10} 之间有何关系？为什么？

3. 什么是钢的低温冷脆性？

4. 什么是屈强比？其在工程中的实际意义是什么？

5. 工地和预制厂常利用钢材的冷加工强化处理有何作用？

6. 某混凝土预制构件厂，为某寒冷地区工程预制钢筋骨架（商品钢筋），该钢筋用于一座新建露天堆料车间的吊车梁配筋。该厂在加工中，为节约钢材，先将钢筋进行冷拉，然后下料，对长度不够者，则进行对焊接长后使用。你认为该厂这种做法是否合理？说明理由。

六、计算题

1. 有一碳素钢试件的直径 $d_0 = 20$ mm，拉伸前试件标距为 $5d_0$，拉断后试件的标距长度为 125 mm，求该试件的伸长率。

2. 从某建筑工地的一批钢筋中抽样，并截取两根钢筋做拉伸试验，测得结果如下：屈服点荷载分别为 42.4 kN，41.5 kN；抗拉极限荷载分别为 62.0 kN，61.6 kN。钢筋实测直径为 12 mm，标距为 60 mm，拉断时长度分别为 66.0 mm，67.0 mm。计算该钢筋的屈服强度、抗拉强度及伸长率。

试验部分

一、钢筋取样

1. 填写取样记录表格

根据工程部位、取样地点、取样方法等按附表 1 详细填写取样登记。

2. 填写钢筋试验委托单

根据进场钢筋规格、牌号、强度等级等按附表 2 内容详细填写钢筋试验委托单。

3. 进场钢筋检验及取样

1) 外观检查

2) 取样

先去掉端头 0.5 m，再取样，带肋和光圆钢筋取四根，两拉两弯，盘条取三根，一拉两弯。其他规格钢筋取样数量依据规范而定。

二、钢筋检测

1. 钢筋拉伸性能检测

1）试样原始横截面面积（S_0）的测定

对于圆形横截面试样，应在标距的两端及中间三处两个相互垂直的方向测量直径，取其算术平均值，取用三处测得的最小横截面面积，按下式计算：

$$S_0 = \frac{1}{4}\pi d^2$$

式中　S_0——试样的横截面面积，mm^2；

d——试样的横截面直径，mm。

2）试样原始标距（L_0）的标记

对于 $d \geqslant 3$ mm 的钢筋，属于比例试样，其标距 $L_0 = 5d$。对于比例试样，应将原始标距的计算值修约至最接近 5 mm 的倍数，中间数值向较大一方修约。原始标距的标记应准确到 ±1%。

试样原始标距应用小标记、细划线或细墨线标记，但不得用引起过早断裂的缺口作标记；也可以标记一系列套叠的原始标距；亦可以在试样表面划一条平行于试样纵轴的线，并在此线上标记原始标距。

3）上屈服强度（R_{eH}）和下屈服强度（R_{eL}）的测定

（1）图解方法。试验时记录力—延伸曲线或力—位移曲线。从曲线图读取力首次下降前的最大力和不记初始瞬时效应时屈服阶段中的最小力或屈服平台的恒定力。将其分别除以试样原始横截面面积（S_0）得到上屈服强度和下屈服强度。仲裁试验采用图解方法。

（2）指针方法。试验时，读取测力度盘指针首次回转前指示的最大力和不记初始效应时屈服阶段中指示的最小力或首次停止转动指示的恒定力，将其分别除以试样原始横截面面积（S_0）得到上屈服强度和下屈服强度。

（3）可以使用自动装置（例如微处理机等）或自动测试系统测定上屈服强度和下屈服强度，可以不绘制拉伸曲线图。

4）断后伸长率（A）的测定

将试样断裂的部分仔细地配接在一起使其轴线处于同一直线上，并采取特别措施确保试样断裂部分适当接触后测量试样断后标距。这对于小横截面试样和低伸长率试样尤为重要。应使用分辨力优于 0.1 mm 的量具或测量装置测定断后标距（L_u），准确到 ±0.25 mm。

原则上只有断裂处与最接近的标距标记的距离不小于原始标距的 1/3 情况方为有效。但断后伸长率大于或等于规定值，不管断裂位置处于何处，测量均为有效。

断后伸长率按下式计算：

$$A = \frac{L_u - L_0}{L_0} \times 100\%$$

式中　L_0——________________________，mm；

L_u——________________________,mm。

5)抗拉强度(R_m)的测定

对于呈现明显屈服(不连续屈服)现象的金属材料,从记录的力—延伸曲线图或力—位移曲线图,或从测力度盘,读取过了屈服阶段之后的最大力;对于呈现无明显屈服(连续屈服)现象的金属材料,从记录的力—延伸曲线图或力—位移曲线图,或从测力度盘,读取试验过程中的最大力。最大力 F_m 除以试样原始横截面面积 S_0 得到抗拉强度,公式如下:

$$R_m = \frac{F_m}{S_0}$$

式中 F_m——________________________,N;

S_0——________________________,mm^2。

6)试验结果评定

均应符合相应标准中规定的指标。

2. 钢筋弯曲性能检测

1)检测方法

试样弯曲至规定弯曲角度的试验,应将试样放于两支辊或V形模具或两水平翻板上,试样轴线应与弯曲压头轴线垂直,弯曲压头在两支座之间的中点处对试样连续施加力使其弯曲,直至达到规定的弯曲角度。

试样弯曲至180°角两臂相距规定距离且相互平行的试验,采用支辊式弯曲装置的试验方法时,首先对试样进行初步弯曲(弯曲角度尽可能大),然后将试样置于两平行压板之间连续施加力压其两端使之进一步弯曲,直至两臂平行。采用翻板式弯曲装置的方法时,在力作用下不改变力的方向,弯曲直至达到180°角。

试样弯曲至两臂直接接触的试验,应首先将试样进行初步弯曲(弯曲角度尽可能大),然后将试样置于两平行压板之间连续施加力压其两端使之进一步弯曲,直至两臂直接接触。

弯曲试验时,应缓慢施加弯曲力。

2)试验结果评定

(1)应按照相关产品标准的要求评定弯曲试验结果。如未规定具体要求,弯曲试验后试样弯曲外表面无肉眼可见裂纹应评定为合格。

(2)相关产品标准规定的弯曲角度作为最小值,规定的弯曲半径作为最大值。

(3)作冷弯的两根试件中,如有一根试件不合格,可取双倍数量试件重新作冷弯试验。第二次冷弯试验中,如仍有一根不合格,即判该批钢筋为不合格品。

第四单元　细骨料

习题部分

一、判断题

1. 两种砂子的细度模数相同,它们的级配不一定相同。（　）

2. 山砂颗粒多具有棱角,表面粗糙,与水泥黏结性好,但流动性较差。（　）

3. 砂子过细,则砂的总表面积大需要水泥浆较多,因而消耗水泥量大。（　）

4. 细度模数真实反映了砂中粗细颗粒分布情况。（　）

5. 若砂试样的筛分曲线落在规定的三个级配区的任一个区中,则无论砂子的细度模数是多少,其级配和粗细程度都是合格的,适宜于配制混凝土。（　）

二、单选题

1. 两种砂子,以下说法中正确的是(　　)。

A. 级配相同则细度模数不一定相同　B. 细度模数不同,级配不一定相同

C. 细度模数相同但是级配不一定相同　D. 细度模数相同则级配相同

2. 混凝土用中砂配置时,应选细度模数为(　　)。

A. 2.1　B. 2.9　C. 3.4　D. 3.7

3. 普通混凝土用砂的细度模数范围一般在(　　),以其中的中砂为宜。

A. 3.7 ~ 3.1　B. 3.0 ~ 2.3　C. 2.2 ~ 1.6　D. 3.7 ~ 1.6

4. 细度模数为 1.6 ~ 3.7 的普通混凝土用砂,按(　　)划分为 3 个级配区。

A. 细度模数　B. 0.63 mm 筛孔的累计筛余百分率

C. 1.25 mm 筛孔的累计筛余百分率　D. 0.63 mm 筛孔的通过百分率

5. 对于选定的细骨料应按批做常规检验,以同一产地连续进场不超过(　　)为 1 批。

A. 400 t　B. 500 t　C. 600 t　D. 700 t

6. 砂的细度模数越大,表明砂的颗粒(　　)。

A. 越细　B. 越粗　C. 级配越差　D. 级配越好

7. 混凝土中最常用的细骨料是(　　)

A. 山砂　B. 海砂　C. 河砂　D. 机制砂

8. 配制混凝土用砂的要求是尽量采用(　　)的砂。

A. 孔隙率小　B. 总表面积小

C. 总表面积大　D. 孔隙率和总表面积均较小

9. 混凝土用砂的粗细及级配的技术评定方法是(　　)。
A. 沸煮法　　B. 负压筛析法　　C. 软炼法　　D. 筛分析法

三、多选题

1. 细骨料中有害杂质包括(　　　　)。
A. 轻物质含量　　B. 云母含量　　C. 含泥量和泥块含量
D. 硫化物和硫酸盐含量　　E. 针片状颗粒含量

2. 砂中云母含量过大,会影响混凝土的(　　　　)性质。
A. 拌合物和易性　　B. 吸水性　　C. 强度
D. 耐久性　　E. 级配

3. 限制骨料中的含泥量是因为其含量过高会影响(　　)。
A. 混凝土的强度　　B. 混凝土的需水量
C. 混凝土的凝结时间　　D. 骨料与水泥石黏附
E. 骨料粗程度

四、填空题

1. 骨料中不同粒径颗粒的组配情况称为(　　　　)。
2. 使用良好级配的骨料,不仅所需水泥浆量较少,经济性好,而且还可提高混凝土的(　　　　)、(　　　　)和(　　　　)。
3. 砂子的筛分曲线用来分析砂子的(　　　　),细度模数表示砂子的(　　　　)。
4. 砂过粗时,会引起混凝土拌合物(　　　　)、(　　　　)。
5. 中砂的细度模数在(　　　　)之间。
6. 骨料级配的表征参数有(　　　　)、(　　　　)和(　　　　)。
7. 砂的坚固性是指砂在气候、环境变化或其他物理因素作用下抵抗(　　　　)的能力。
8. 水泥混凝土用砂依据(　　　　)分为粗砂、中砂、细砂。

五、问答题

1. 砂石骨料在混凝土中可发挥哪些有益作用?

2. 对于混凝土用砂,为什么有细度要求还要有级配要求?

3. 对某工地的用砂试样进行筛分试验，筛孔尺寸由大到小的分计筛余量分别为：20 g、70 g、80 g、100 g、150 g、60 g，筛底为20 g，求此砂样的细度模数并判断级配情况。

4. 为什么要限制混凝土用砂的氯盐、硫酸盐及硫化物的含量？

5. 进行砂筛分时，试样准确称量500 g，但各筛的分计筛余量之和可能大于或小于500 g，在什么情况下结果是可以接受的？

6. 砂、石的空隙率小是不是就是质量好？

7. 砂的坚固性如何进行检验？

8. 砂的含水状态有哪几种？计算普通混凝土配合比时水利工程一般以什么状态的砂为基准？

试验部分

一、砂的颗粒级配检测

1. 检测目的

测定砂的颗粒级配,计算细度模数,评定砂料品质和进行施工质量控制。

2. 主要仪器设备

(1)方孔筛:孔径为0.15 mm、0.30 mm、0.60 mm、1.18 mm、2.36 mm、4.75 mm及9.5 mm的筛各一只,并附有筛底和筛盖;

(2)台秤:称量1 000 g,感量1 g;

(3)烘箱:能使温度控制在(105 ±5)℃;

(4)摇筛机;

(5)搪瓷盘、毛刷等。

3. 检测方法

1)试样制备

按规定取样,筛除粒径大于9.5 mm的颗粒(算出筛余百分率),并将试样缩分至约1 100 g,放在烘箱中于(105 ±5)℃下烘干至恒量(指试样在烘干3 h以上的情况下,其前后质量之差不大于该项试验所要求的称量精度),待冷却至室温后,分成大致相等的试样两份备用。

2)筛分

称烘干试样500 g(精确至1 g),倒入按孔径大小从上到下组合的套筛(附筛底)上,置套筛于摇筛机上筛10 min,取下后逐个用手筛,筛至每分钟通过量小于试样总量的0.1%为止。通过的颗粒并入下一号筛中,顺序过筛,直至各号筛全部筛完。

注:筛分后,各号筛的筛余量与筛底的量之和同原试样质量之差超过1%时,须重新试验。

4. 结果计算与评定

(1)计算分计筛余百分率。各号筛的筛余量与试样总质量的比值,精确至0.1%。

(2)计算累计筛余百分率。该号筛及其以上筛的分计筛余百分率之和,精确至0.1%。

(3)砂的细度模数计算(精确至0.01)。

(4)评定:累计筛余百分率取两次试验结果的算术平均值,精确至1%。细度模数取两次试验结果的算术平均值,精确至0.1;如两次的细度模数之差超过0.2,须重新试验。

二、砂的表观密度检测

1. 检测目的

通过检验测定砂的表观密度,为评定砂的质量和混凝土配合比设计提供依据。

2. 主要仪器设备

(1)鼓风烘箱:温度能控制在(105 ±5)℃;

(2)天平:称量1 000 g,感量0.1 g;

(3)容量瓶:500 mL;

(4)其他:干燥器、搪瓷盘、滴管、毛刷、温度计、毛巾等。

3. 检测方法

(1)按规定取样,并将试样缩分至约660 g,放入烘箱中于(105 ±5)℃下烘干至恒量,冷却至室温后,分为大致相等的两份备用。

(2)称取烘干砂300 g(精确至0.1 g),装入容量瓶中,注入冷开水至接近500 mL的刻度处,旋转摇动容量瓶,使砂样充分摇动,排除气泡,塞紧瓶盖,静置24 h。然后用滴管小心加水至容量瓶500 mL刻度处,塞紧瓶塞,擦干瓶外水分,称出其质量(精确至1 g)。

(3)倒出瓶内水和砂,洗净容量瓶,再向瓶内注水(应与前一步骤水温相差不超过2 ℃,并在15 ~25℃范围内)至500 mL处,塞紧瓶塞,擦干瓶外水分,称其质量(精确至1 g)。

注:在砂的表观密度试验过程中应测量并控制水的温度,试验的各项称量可在15 ~25 ℃的温度范围内进行。从试样加水静置的最后2 h起,直至试验结束,其温度相差不应超过2 ℃。

4. 结果评定

(1)按表观密度公式计算,精确至10 kg/m³:

$$\rho_0 = \left(\frac{G_0}{G_0 + G_2 - G_1} - \alpha_t\right) \times \rho_H$$

式中　ρ_0、ρ_H——____________,kg/m³;

G_0、G_1、G_2——____________,____________,____________ g;

α_t——水温对表观密度影响的修正系数,见下表。

不同水温对砂的表观密度影响的修正系数(GB/T 14684)

水温(℃)	15	16	17	18	19	20	21	22	23	24	25
α_t	0.002	0.003	0.003	0.004	0.004	0.005	0.005	0.006	0.006	0.007	0.008

(2)表观密度取________检验结果的算术平均值(精确至10 kg/m³),如两次之差大于20 kg/m³,须重新试验。

(3)采用修约值比较法进行评定。

三、砂的堆积密度与空隙率检测

1. 检测目的

测定砂的堆积密度,计算砂的空隙率,供混凝土配合比计算和评定砂的质量。

2. 主要仪器设备

(1)天平:称量10 kg,感量1 g;

(2)鼓风烘箱:能使温度控制在(105 ±5)℃;

(3)容量筒:圆柱形金属筒,内径108 mm,净高109 mm,容积1 L;

(4)方孔筛:孔径为4.75 mm的筛一只;

(5)其他:直径10 mm的垫棒,长500 mm的圆钢,直尺、小铲、浅盘、料勺、毛刷等。

3. 检测方法

1)试样制备

按规定取样,用浅盘装试样约3 L,在温度为(105 ±5)℃的烘箱中烘干至恒量,冷却至室温,筛除粒径大于4.75 mm的颗粒,分成大致相等的两份备用。

2)松散堆积密度检验

将一份试样通过漏斗或用料勺,从容积筒口中心上方________mm处徐徐装入,让试样以自由落体落下,当容量筒上部试样呈锥体,且容量筒四周溢满时,即停止加料。用直尺沿筒口中心线向两个相反方向刮平(勿触动容量筒),称出试样和容量筒总质量,精确至1 g。

3)紧密堆积密度

取试样一份分________装满容量筒。每次装完后在筒底垫放一根直径为________mm的圆钢(第二次垫放钢筋与第一次方向________),将筒按住,左右交替颠击地面________。再加试样直至超过筒口,用直尺沿筒口中心线向两边刮平,称出试样和容量筒总质量,精确至1 g。

4. 结果计算与评定

(1)松散或紧密堆积密度按下式计算,精确至________:

$$\rho_1 = \frac{G_1 - G_2}{V}$$

式中 ρ_1——________________________,kg/m³;

G_1——________________________,g;

G_2——________________________,g;

V——________________________,L。

(2)空隙率按下式计算,精确至________:

$$V_0 = \left(1 - \frac{\rho_1}{\rho_0}\right) \times 100\%$$

式中 V_0——________________________,%;

ρ_1、ρ_0——________________________,kg/m³。

(3)取________试验的算术平均值作为结果。

第五单元　粗骨料

习题部分

一、判断题

1. 单级配粗骨料只适宜配置干硬性水泥混凝土。（　）
2. 压碎值愈小的粗骨料,表示其强度越高。（　）
3. 水泥混凝土中粗骨料粒径大时可节省水泥,但应注意结构物的施工要求。（　）
4. 相同品质骨料,级配好的比级配差的堆积密度大。（　）
5. 间断级配能降低骨料的空隙率,节约水泥,故在建筑工程中应用较多。（　）
6. 针片状骨料含量多,会使混凝土的流动性提高。（　）
7. 级配良好的卵石骨料,其空隙率小,表面积大。（　）

二、单选题

1. 评价粗骨料力学性能的指标是(　　)。

A. 压碎值　B. 抗压强度　C. 磨耗率　D. 坚固性

2. 石子配级中,空隙率最小的级配是(　　)。

A. 单粒级　B. 连续　C. 间断　D. 没有一种

3. 下列有关混凝土用骨料(砂、石子)的叙述正确的是(　　)。

A. 级配好的砂石,其空隙率小;砂的细度模数小,表示砂较细,其总面积小

B. 配制低于 C30 强度等级的混凝土用砂,其含泥量不大于3.0%

C. 压碎指标可用来表示细骨料的密度

D. 当粗骨料中夹杂着活性氧化硅时,有可能使混凝土发生碱骨料破坏

4. 配制高强混凝土,粗骨料(　　)尤为重要。

A. 数量　B. 表面积　C. 级配　D. 粒径

5. 混凝土的碱骨料反应必须具备(　　)才可能发生。

(1)混凝土中的水泥和外加剂总含碱量偏高　(2)使用了活性骨料

(3)混凝土是在有水条件下使用　(4)混凝土是在干燥条件下使用

A. (1)(2)(4)　B. (1)(2)(3)　C. (1)(2)　D. (2)(3)

6. 某预制厂为某工程预制 C30 强度等级、厚度 60 mm 的混凝土实心板,已知混凝土选用中砂、碎石、自来水,钢筋最小间距 200 mm,则碎石的最大粒径应选(　　)mm。

A. 20　B. 40　C. 50　D. 60

7. 计算普通混凝土配合比时,一般以(　　)的骨料为基准。

A. 干燥状态　　B. 气干状态　　C. 饱和面干状态　　D. 湿润状态

8. 最大粒径是指粗骨料公称粒级的(　　)。

A. 上限　　B. 中限　　C. 下限　　D. 具体大小

三、多选题

1. 粗骨料中,与单级配相比,连续级配的优点是(　　　　)。

A. 可配制密实高强混凝土　　B. 水泥用量相对小

C. 混凝土有良好的工作性　　D. 拌合物不易产生离析

E. 骨料运输过程中不易产生分离

2. 混凝土粗骨料中针、片状颗粒含量过高将会影响混凝土的(　　　　)。

A. 拌合物的流动性　　B. 保水性

C. 单位用水量　　D. 强度　　E. 黏聚性

3. 粗骨料的质量要求包括(　　　　)。

A. 最大粒径及级配　　B. 颗粒形状及表面特征

C. 有害杂质　　D. 强度　　E. 耐水性

四、填空题

1. 粗骨料筛分时,集料最大粒径不同,筛分所用试样总量也(　　　　)。

2. 根据粒径的大小可将水泥混凝土用骨料分为两种:凡粒径小于(　　　　)者称为细骨料,大于(　　　　)者称为粗骨料。

3. 粗骨料的堆积密度由于颗粒排列的松紧程度不同又可分为(　　　　)与(　　　　)。

4. 由于水泥中的碱与集料中的活性 SiO_2 在潮湿环境中发生化学反应,导致混凝土发生不可修复的破坏,这种现象称为(　　　　)。

5. 混凝土中的碱骨料反应会使混凝土产生(　　　　)。

6. 粗骨料的最大粒径取决于混凝土构件的(　　　　)和(　　　　)。

7. 钢筋混凝土梁的截面最小边长为 320 mm,设计钢筋直径为 24 mm,钢筋的中心距离为 60 mm,则粗骨料最大粒径应为(　　)mm。

8. 凡石子长度大于该颗粒所属粒级平均粒径(　　)倍的为针状颗粒,厚度小于平均粒径(　　)倍的为片状颗粒。

五、问答题

1. 普通混凝土中使用卵石或碎石,对混凝土性能的影响有何差异?

2. 石子的最大粒径尺寸是如何确定的？规范规定石子的最大粒径有何意义？

3. 为什么要限制混凝土用砂石的氯盐、硫酸盐及硫化物的含量？

4. 什么是石子中的针、片状颗粒？其含量超过规定会对混凝土产生什么影响？

5. 混凝土对粗骨料有哪几个方面的要求？

6. 根据国家标准，采用广口瓶法测定石子的表观密度时，烘干后试样的质量为 1 100 g，试样、水、广口瓶及玻璃片的总质量为 2 185 g，水、广口瓶及玻璃片的总质量为 1 505 g，求该石子试样的表观密度为多少。

7. 为什么要进行石子的级配试验？若工程上使用级配不符合要求的石子有何缺点？

8. 什么是碱—骨料反应？

试验部分

一、石子的颗粒级配检测

1. 检测目的

通过筛分试验测定碎石或卵石的颗粒级配,以便于选择优质粗骨料,达到节约水泥和改善混凝土性能的目的,并作为混凝土配合比设计和一般使用的依据。

2. 主要仪器设备

(1)试验筛:孔径为2.36 mm、4.75 mm、9.50 mm、16.0 mm、19.0 mm、26.5 mm、31.5 mm、37.5 mm、53.0 mm、63.0 mm、75.0 mm、90.0 mm的筛各一只,并附有筛底和筛盖(筛框内径300 mm);

(2)台秤:称量10 kg,感量1 g;

(3)烘箱:能使温度控制在(105 ±5)℃;

(4)摇筛机;

(5)搪瓷盘、毛刷等。

3. 检测方法

(1)按规定取样,将试样缩分到略大于下表规定的质量,烘干或风干后备用。

颗粒级配所需试样质量

最大粒径(mm)	9.5	16.0	19.0	26.5	31.5	37.5	63.0	75.0
最少试样质量(kg)	1.9	3.2	3.8	5.0	6.3	7.5	12.6	16.0

(2)按上表规定质量称取试样一份,精确至1 g。将试样倒入按筛孔大小从上到下组合的套筛(附筛底)上。

(3)将套筛在摇筛机上筛10 min,取下套筛,按筛孔大小顺序再逐个用手筛,筛至每分钟通过量小于试样总量的0.1%为止。通过的颗粒并入下一号筛中,并和下一号筛中的试样一起过筛,直至各号筛全部筛完为止。对粒径大于19.0 mm的颗粒,筛分时允许用手拨动。

(4)称出各筛的筛余量,精确至1 g。

筛分后,若各筛的筛余量与筛底试样之和超过原试样质量的________,须重新试验。

4. 结果计算与评定

(1)计算各筛的分计筛余百分率(各号筛的筛余量与试样总质量之比),精确至0.1%。

(2)计算各筛的累计筛余百分率(该号筛的分计筛余百分率加上该号筛以上各分计筛余百分率之和),精确至1%。

(3)根据各号筛的累计筛余百分率,评定该试样的颗粒级配。

二、石子的表观密度检测

1.检测目的

测定石子的表观密度，作为评定石子质量和________的依据。

2.主要仪器设备

1）液体比重天平法

（1）鼓风烘箱：温度能控制在（105±5）℃；

（2）液体天平：称量5 kg，感量5 g；

（3）吊篮：直径和高度均为150 mm，由孔径为1～2 mm的筛网或钻有2～3 mm孔洞的耐蚀金属板制成；

（4）方孔筛：孔径为4.75 mm的筛一只；

（5）盛水容器：有溢水孔；

（6）其他：温度计、搪瓷盘、毛巾等。

2）广口瓶法

（1）天平：称量2 kg，感量1 g；

（2）广口瓶：容积1 000 mL，磨口，带玻璃片；

（3）其他：鼓风烘箱、方孔筛、温度计、搪瓷盘、毛巾等。

3.检测方法

1）液体比重天平法

（1）按规定取样，用四分法缩分至不少于规定的数量，风干后筛去4.75 mm以下的颗粒，洗刷干净后，分为大致相等的两份备用。

（2）将一份试样装入吊篮，并浸入盛水的容器内，液面至少高出试样表面50 mm。浸水________后，移放到称量用的盛水容器中，上下升降吊篮，排除气泡（试样不得露出水面）。吊篮每升降一次约1 s，升降高度为30～50 mm。

（3）测量水温后（吊篮应在水中），称出吊篮及试样在水中的质量，精确至______，称量时盛水容器中水面的高度由容器的溢水孔控制。

（4）提起吊篮，将试样倒入浅盘，在烘箱中烘干至恒量，冷却至室温，称出其质量，精确至5 g。

（5）称出吊篮在同样温度水中的质量，精确至________。称量时盛水容器中水面的高度由容器的溢水孔控制。

注：试验时各项称量可在15～25 ℃范围内进行，但从试样加水静止的2 h起至试验结束，温度变化不应超过2 ℃。

2）广口瓶法

广口瓶法为简易法，不宜用于石子的最大粒径超过________mm的试样。

（1）按规定取样，用四分法缩分至不少于规定数量，风干后筛去4.75 mm以下的颗粒，洗刷干净后，分为大致相等的两份备用。

（2）将试样浸水________，然后装入广口瓶（倾斜放置）中，注入清水，上下左右摇晃广口瓶排除气泡。

(3)向瓶内加水至凸出瓶口边缘,然后用玻璃片沿瓶口迅速滑行(使其紧贴瓶口水面)。擦干瓶外水分,称取试样、水、广口瓶及玻璃片总质量,精确至1 g。

(4)将瓶中试样倒入浅盘,然后放在(105 ±5)℃的烘箱中烘干至恒量,冷却至室温后称其质量,精确至1 g。

(5)将瓶洗净,重新注入饮用水,并用玻璃片紧贴瓶口水面,擦干瓶外水分后称出水、瓶、玻璃片的总质量,精确至1 g。

4. 结果计算与评定

(1)表观密度按下式计算,精确至________:

$$\rho_0 = \left(\frac{G_0}{G_0 + G_2 - G_1} - \alpha_t\right) \times \rho_H$$

式中 ρ_0——________________________,kg/m^3;

G_0——________________________,g;

G_1——________________________,g;

G_2——________________________,g;

ρ_H——水的密度,________________________;

α_t——水温对表观密度影响的修正系数。

(2)表观密度取两次试验结果的算术平均值,若两次结果之差大于________,须重新试验。对材质不均匀的试样,如两次结果之差大于________,可取________试验结果的算术平均值。

(3)采用修约值比较法进行评定。

三、石子的堆积密度与空隙率检测

1. 检测目的

测定石子的堆积密度和空隙率,作为混凝土配合比设计和一般使用的依据。

2. 主要仪器设备

(1)台秤:称量10 kg,感量10 g;

(2)磅秤:称量50 kg,感量50 g;

(3)容量筒:按石子最大粒径按规定选用;

(4)其他:直径16 mm的垫棒,长600 mm的圆钢,直尺、小铲等。

3. 检测方法

(1)按规定取样,烘干或风干,拌匀后分成大致相等的两份备用。

(2)松散堆积密度:将一份试样用小铲从容量筒口中心上方________处徐徐倒入,当容量筒上部试样呈锥体,并向四周溢出时,即停止加料。除去筒口表面以上的颗粒,并以合适的颗粒填入凹陷处,使凹凸部分体积大致相等。称出试样与筒的总质量。

(3)紧密堆积密度:将一份试样分________装入容量筒,每装一层,均在筒底垫放一根圆钢,将筒按住,左右交替颠击地面________(筒底垫放的钢筋方向与上一次方向________)。试样装填完毕,再加试样直至超过筒口,用钢尺沿筒口边缘刮去高出的试样,并以合适的颗粒填入凹陷处,使凹凸部分体积大致相等。称出试样与筒的总质量,精确至________。

4. 结果计算与评定

(1)松散或紧密堆积密度按下式计算,精确至________:

$$\rho_1 = \frac{G_1 - G_2}{V}$$

式中　ρ_1——________________________,kg/m³;

G_1——________________________,g;

G_2——________________________,g;

V——________________________,L。

(2)空隙率按下式计算,精确至________:

$$V_0 = \left(1 - \frac{\rho_1}{\rho_0}\right) \times 100\%$$

式中　V_0——________________________(%);

ρ_1、ρ_0——________________________,kg/m³。

(3)取________试验的算术平均值作为结果。

第六单元 水 泥

习题部分

一、判断题

1. 硅酸盐水泥中 C_3A 的早期强度低,后期强度高,而 C_3S 正好相反。 ( )
2. 用沸煮法可以全面检验硅酸盐水泥的体积安定性是否良好。 ( )
3. 硅酸盐水泥的细度越细,标准稠度需水量越高。 ( )
4. 硅酸盐水泥中含有 CaO、MgO 和过多的石膏都会造成水泥的体积安定性不良。 ( )
5. 六大通用水泥中,矿渣硅酸盐水泥的耐热性最好。 ( )
6. 硅酸盐水泥中不加任何混合材或混合材掺量小于5%。 ( )
7. 硅酸盐水泥熟料矿物组分中,水化速度最快的是铝酸三钙。 ( )
8. 体积安定性不良的水泥,重新加工后可以用于工程中。 ( )
9. 火山灰水泥不宜用于有抗冻、耐磨要求的工程。 ( )
10. 在大体积混凝土中,应优先选用硅酸盐水泥。 ( )
11. 普通硅酸盐水泥的初凝时间不得早于45 min,终凝时间不得迟于6.5 h。( )
12. 硅酸盐水泥是水硬性胶凝材料,只能在水中保持与发展强度。 ( )
13. 有抗渗要求的混凝土,不宜选用矿渣硅酸盐水泥。 ( )
14. 水泥越细,强度发展越快,混凝土性能也越好。 ( )
15. 铝酸盐水泥的耐高温性能好于硅酸盐水泥。 ( )
16. 在水泥中,石膏加入的量越多越好。 ( )
17. 体积安定性不好的水泥,可降低强度等级使用。 ( )
18. 水泥不仅能在空气中硬化,并且能在水中和地下硬化。 ( )
19. 硅酸盐水泥中 C_2S 早期强度低,后期强度高,而 C_3S 正好相反。 ( )
20. 硅酸盐水泥中游离氧化钙、游离氧化镁及石膏过多,都会造成水泥的体积安定性不良。 ( )
21. 按规定,硅酸盐水泥的初凝时间不迟于45 min。 ( )
22. 因水泥是水硬性的胶凝材料,所以运输和贮存中均无须防潮防水。 ( )
23. 任何水泥在凝结硬化过程中都会发生体积收缩。 ( )
24. 道路硅酸盐水泥不仅要有较高的强度,而且要有干缩值小、耐磨性好等性质。 ( )
25. 铝酸盐水泥具有快硬、早强的特点,但后期强度有可能降低。 ( )

26. 硫铝酸盐系列水泥不能与其他品种水泥混合使用。（　　）
27. 测定水泥的凝结时间和体积安定性时都必须采用标准稠度的浆体。（　　）
28. 硅酸盐水泥细度愈大，其标准稠度用水量愈大。（　　）
29. 体积安定性不好的水泥，可降低强度等级使用。（　　）
30. 水泥为水硬性胶凝材料，在运输及存放时不怕受潮。（　　）

二、单选题

1. 硅酸盐水泥熟料矿物中，（　　）的水化速度最快，且放热量最大。
   A. C_3S　B. C_2S　C. C_3A　D. C_4AF
2. 为硅酸盐水泥熟料提供氧化硅成分的原料是（　　）。
   A. 石灰石　B. 白垩　C. 铁矿石　D. 黏土
3. 硅酸盐水泥在最初四周内的强度实际上是由（　　）决定的。
   A. C_3S　B. C_2S　C. C_3A　D. C_4AF
4. 生产硅酸盐水泥时加适量石膏主要起（　　）作用。
   A. 促凝　B. 缓凝　C. 助磨　D. 膨胀
5. 属于活性混合材料的是（　　）。
   A. 粒化高炉矿渣　B. 慢冷矿渣　C. 磨细石英砂　D. 石灰石粉
6. 在硅酸盐水泥熟料中，（　　）矿物含量最高。
   A. C_3S　B. C_2S　C. C_3A　D. C_4AF
7. 用沸煮法检验水泥体积安定性，只能检查出（　　）的影响。
   A. 游离氧化钙　B. 游离氧化镁　C. 石膏　D. 水化硅酸钙
8. 对干燥环境中的工程，应选用（　　）。
   A. 火山灰水泥　B. 普通水泥　C. 粉煤灰水泥　D. 矿渣水泥
9. 大体积混凝土工程应选用（　　）。
   A. 硅酸盐水泥　B. 铝酸盐水泥　C. 矿渣水泥　D. 普通水泥
10. 以下水泥熟料矿物中早期强度及后期强度都比较高的是（　　）。
    A. C_3S　B. C_2S　C. C_3A　D. C_4AF
11. 水泥浆在混凝土材料中，硬化前和硬化后是起（　　）作用。
    A. 胶结　B. 润滑和胶结　C. 填充　D. 润滑和填充
12. 下列各项中，哪项不是影响硅酸盐水泥凝结硬化的因素。（　　）
    A. 熟料矿物成分含量、水泥细度、用水量
    B. 环境温湿度、硬化时间
    C. 水泥的用量与体积
    D. 石膏掺量
13. 配制有抗渗要求的混凝土时，不宜使用（　　）。
    A. 硅酸盐水泥　B. 普通硅酸盐水泥　C. 矿渣水泥　D. 火山灰水泥
14. 硅酸盐水泥中，对强度贡献最大的熟料矿物是（　　）。
    A. C_3S　B. C_2S　C. C_3A　D. C_4AF

15. 矿渣水泥比硅酸盐水泥抗硫酸盐腐蚀能力强的原因是矿渣水泥(　　)。

A. 水化产物中氢氧化钙较少　　B. 水化反应速度较慢

C. 水化热较低

D. 熟料相对含量减少,矿渣活性成分的反应,使其水化产物中氢氧化钙和水化铝酸钙都较少

16. 白色硅酸盐水泥加入颜料可制成彩色水泥,对所加颜料的基本要求是(　　)。

A. 耐酸颜料　　B. 耐水颜料　　C. 耐碱颜料　　D. 有机颜料

17. 高层建筑基础工程的混凝土宜优先选用(　　)。

A. 硅酸盐水泥　　B. 普通硅酸盐水泥

C. 矿渣硅酸盐水泥　　D. 火山灰质硅酸盐水泥

18. 铝酸盐水泥与硅酸盐水泥相比,具有如下特性,正确的是(　　)。

Ⅰ强度增长快,并能持续长期增长,故宜用于抢修工程;

Ⅱ水化热高,且集中在早期放出;

Ⅲ不宜采用蒸汽养护;

Ⅳ抗硫酸盐腐蚀的能力强;

Ⅴ铝酸盐水泥在超过 30 ℃的条件下水化时强度降低,故不宜用来配制耐火混凝土

A. ⅠⅡⅢ　　B. ⅡⅢⅣ

C. ⅢⅣⅤ　　D. ⅠⅢⅤ

19. 水泥安定性是指(　　)。

A. 温度变化时,胀缩能力的大小　　B. 冰冻时,抗冻能力的大小

C. 硬化过程中,体积变化是否均匀　　D. 拌合物中保水能力的大小

20. 下列四种水泥,在采用蒸汽养护制作混凝土制品时,应选用(　　)。

A. 普通水泥　　B. 矿渣水泥　　C. 硅酸盐水泥　　D. 矾土水泥

21. 由硅酸盐水泥熟料加入 6% ~15% 混合材料、适量石膏磨细制成的水硬性胶结材料,称为(　　)。

A. 普通水泥　　B. 矿渣水泥　　C. 硅酸盐水泥　　D. 粉煤灰水泥

22. 矿渣硅酸盐水泥中,粒化高炉矿渣的掺量应控制在(　　)。

A. 10% ~20%　　B. 20% ~70%　　C. 20% ~30%　　D. 30% ~40%

23. 对出厂日期超过三个月的过期水泥的处理办法是(　　)。

A. 按原强度等级使用　　B. 降级使用

C. 重新鉴定强度等级　　D. 判为废品

24. 水泥强度试件养护的标准环境是(　　)。

A. 20 ℃ ±3 ℃,90% 相对湿度的空气　　B. 20 ℃ ±1 ℃,90% 相对湿度的空气

C. 20 ℃ ±3 ℃的水中　　D. 20℃ ±1℃的水中

25. 硅酸盐水泥初凝时间不得早于(　　)。

A. 45 min　　B. 30 min　　C. 60 min　　D. 90 min

26. 硅酸盐水泥熟料中水化速率极快,水化热最高,早期强度增长率很快但强度不高且后期强度不再增加的成分是(　　)。

A. C_3S　　B. C_2S　　C. C_3A　　D. C_4AF

27. 欲使硅酸盐水泥具有快硬高强的特性，应(　　)。

A. 适当降低水泥中 C_3S 和 C_4AF 的含量

B. 适当降低水泥中 C_3S 和 C_3A 的含量

C. 适当提高水泥中 C_2S 和 C_4AF 的含量

D. 适当提高水泥中 C_3S 和 C_3A 的含量

28. 水泥中 MgO 含量过高，会造成混凝土(　　)。

A. 强度下降　　B. 安定性不良　　C. 水化热增大　　D. 碱—骨料反应

29. 为防止水泥速凝，水泥中应加入适量磨细的(　　)。

A. 生石灰　　B. 石灰石　　C. 粒化高炉矿渣　　D. 石膏

30. 某水泥胶砂试件 28 d 龄期的抗压强度测定值分别为：43.0 MPa、42.0 MPa、40.8 MPa、43.0 MPa、40.0 MPa、41.4 MPa，其抗压强度试验结果为(　　)MPa。

A. 41.7　　B. 41.8　　C. 41.4　　D. 40.0

31. 水泥的凝结时间(　　)。

A. 越长越好　　B. 初凝应尽早，终凝应尽晚

C. 越短越好　　D. 初凝不宜过早，终凝不宜过晚

32. 硅酸盐水泥细度指标愈大，则(　　)。

A. 水化作用愈快愈充分，质量愈好

B. 水化作用愈快，但收缩愈大，质量愈差

C. 水化作用愈快，早期强度愈高，但不宜久存

D. 水化作用愈充分，强度愈高且耐久性愈好

33. (　　)对水泥石侵蚀最小。

A. 纯净水　　B. 含重碳酸盐较多的水

C. 含 CO_2 较多的水　　D. 含硫酸盐较多的水

34. 以下不属于活性混合材料的是(　　)。

A. 粒化高炉矿渣　B. 火山灰　　C. 石灰石粉　　D. 粉煤灰

35. P·S、P·P、P·F 共同具有的优点是(　　)。

A. 抗侵蚀性强　　B. 抗冻性好　　C. 抗裂性好　　D. 强度高

36. 大体积重力坝所使用的水泥必须具有(　　)特性。

A. 高抗渗性　　B. 高强度　　C. 早强　　D. 低水化热

三、多选题

1. 硅酸盐水泥熟料中含有(　　　　)矿物成分。

A. C_3S　　B. C_2S　　C. CA

D. C_3A　　E. C_4AF

2. 下列水泥中，属于通用水泥的有(　　　　)。

A. 硅酸盐水泥　　B. 铝酸盐水泥　　C. 膨胀水泥

D. 矿渣水泥　　E. 自应力水泥

3. 硅酸盐水泥的特性有(　　　　　　)。

A. 强度高　　B. 抗冻性好　　C. 耐腐蚀性好

D. 耐热性好　　E. 抗渗性好

4. 属于活性混合材料的有(　　　　　　)。

A. 烧黏土　　B. 粉煤灰　　C. 硅藻土

D. 石英砂　　E. 慢冷矿渣

5. 作为水泥混合材料的激发剂,主要是指(　　　　　　)。

A. $Ca(OH)_2$　　B. $CaCl_2$　　C. $CaCO_3$

D. MgO　　E. $CaSO_4$

6. 铝酸盐水泥具有的特点有(　　　　　　)。

A. 水化热低　　B. 早期强度增长快　　C. 耐高温

D. 不耐碱　　E. 耐硫酸盐侵蚀

7. 对于高温车间工程用水泥,可以选用(　　　　　　)。

A. 普通水泥　　B. 矿渣水泥　　C. 铝酸盐水泥

D. 硅酸盐水泥　　E. 火山灰水泥

8. 造成水泥安定性不良的原因是熟料中含有过量的(　　　　　　)。

A. 氧化钙　　B. 氧化镁　　C. 氧化铝

D. 氧化硅　　E. 氧化铁

9. 大体积混凝土施工应选用(　　　　　　)。

A. 矿渣水泥　　B. 硅酸盐水泥　　C. 粉煤灰水泥

D. 火山灰水泥　　E. 普通水泥

10. 紧急抢修工程宜选用(　　　　　　)。

A. 硅酸盐水泥　　B. 矿渣水泥　　C. 粉煤灰水泥

D. 火山灰水泥　　E. 普通水泥

11. 有硫酸盐腐蚀的环境中,宜选用(　　　　　　)。

A. 硅酸盐水泥　　B. 矿渣水泥　　C. 粉煤灰水泥

D. 火山灰水泥　　E. 铝酸盐水泥

12. 有抗冻要求的混凝土工程,应选用(　　　　　　)。

A. 矿渣水泥　　B. 硅酸盐水泥　　C. 普通水泥

D. 火山灰水泥　　E. 粉煤灰水泥

13. 水泥侵蚀的基本原因是(　　　　　　)。

A. 水泥石本身不密实　　B. 水泥石中存在氢氧化钙　　C. 水泥中存在水化铝酸钙

D. 水泥中存在水化硅酸钙　　E. 腐蚀与通道的联合作用

14. 生产水泥时,掺加混合材料的目的是(　　　　　　)。

A. 调节性能　　B. 增加产量　　C. 降低成本

D. 提高等级　　E. 废物利用

四、简答题

1. 某工地建筑材料仓库存有白色胶凝材料三桶，原分别标明为磨细生石灰、建筑石膏和白水泥，后因保管不善，标签脱落，可用什么简易方法来加以辨认？

2. 现有甲、乙两个品种的硅酸盐水泥熟料，其矿物组成如下表所示。若用它们分别制成硅酸盐水泥，试估计其强度发展情况，说明其水化放热的差异，并阐述其理由。

品种及主要矿物成分	熟料矿物组成(%)			
	C_3S	C_2S	C_3A	C_4AF
甲	56	20	11	13
乙	44	31	7	18

3. 下列混凝土工程中应优先选用哪些水泥？并说明原因。

(1)大体积混凝土工程，如大坝

(2)采用蒸汽养护的混凝土构件

(3)高强度混凝土工程

(4)严寒地区受反复冻融的混凝土工程

(5)地下水富含硫酸盐地区的混凝土基础工程

(6)海港码头工程

(7)耐磨要求高的混凝土工程,如道路、机场跑道

(8)要求速凝高强的军事工程

4. 某工地需使用微膨胀水泥,但刚好缺此产品,请问可以采用哪些方法予以解决?

5. 某住宅工程工期较短,现有强度等级同为42.5的硅酸盐水泥和矿渣水泥可选用。从有利于完成工期的角度来看,选用哪种水泥更为有利?

6. 硅酸盐水泥熟料由哪些矿物成分组成?主要水化产物有哪些?

7. 何谓活性混合材料和非活性混合材料?它们掺入到水泥中有何作用?

8. 为何粒化高炉矿渣是活性混合材料,而慢冷矿渣则是非活性混合材料?

9. 为什么生产硅酸盐水泥时掺适量石膏对水泥不起破坏作用,而硬化水泥石在有硫酸盐的环境介质中生成石膏时就有破坏作用?

试验部分

一、水泥细度的测定

1. 检测目的

通过筛析法测定筛余量,从而测定水泥细度是否达到标准要求。

2. 主要仪器设备

(1)负压筛析仪;

(2)天平:最大称量为 100 g,最小分度值不大于 0.01 g。

3. 检测方法

(1)筛析检验前,应把负压筛放在筛座上,盖上筛盖,接通电源,检查控制系统,调节负压至__________范围内。

(2)称取水泥试样________,置于洁净的负压筛中,盖上筛盖,放在筛座上,开动筛析仪连续筛析 2 min,在此期间,应轻轻敲击筛盖,使附在筛盖上的试样落下。筛毕,用天平称量全部筛余物的质量。

(3)当工作负压小于 4 000 Pa 时,应清理吸尘器内水泥,使负压恢复正常。

4. 计算结果与评定

按下式计算水泥试样筛余百分率,计算结果精确至________。

$$F = \frac{R_s}{W} \times 100\%$$

式中　F——____________________(%);

R_s——____________________,g;

W——____________________,g。

二、水泥标准稠度用水量的测定

1. 检测目的

测定水泥的标准稠度用水量,以使水泥在一个统一的稠度下测定凝结时间和体积安定性。

2. 主要仪器设备

(1)水泥净浆搅拌机;

(2)标准法维卡仪,配用__________;

(3)试模;

(4)其他:量水器(最小刻度0.1 mL)、天平、小刀等。

3. 检测方法

(1)调整维卡仪并检查水泥净浆搅拌机。使得维卡仪上的金属棒能自由滑动,并调整至试杆接触玻璃板时的指针对准______________。搅拌机运行正常,并用湿布将搅拌锅和搅拌叶片________。

(2)称取水泥试样__________,拌合水量按经验确定并用量筒量好。

(3)将拌合水倒入搅拌锅内,然后在5~10 s内将水泥试样加入水中。将搅拌锅放在锅座上,升至搅拌位,启动搅拌机,先低速搅拌120 s,停15 s,再快速搅拌120 s,然后停机。

(4)拌合结束后,立即将适量水泥净浆一次性装入已置于玻璃底板上的试模中,浆体超过试模上端,用宽约25 mm的直边刀轻轻拍打超出试模部分的浆体______次,以排除浆体中的孔隙,然后在试模上表面约______处,略倾斜于试模分别向外轻轻锯掉多余净浆,再从试模边沿轻抹顶部一次,使净浆表面光滑,整个过程中,注意______________;抹平后迅速将试模和底板移到维卡仪上,调整试杆至与水泥净浆表面中心接触,拧紧螺丝,然后突然放松,试杆垂直自由地沉入水泥净浆中。

(5)在试杆停止沉入或释放试杆____时记录试杆距底板之间的距离。整个操作应在搅拌后1.5 min内完成。

4. 结果与评定

以试杆沉入净浆并距底板______________的水泥净浆为标准稠度水泥净浆。标准稠度用水量(P)以拌合标准稠度水泥净浆的水量除以水泥试样总质量的百分数为结果。

三、水泥凝结时间的测定

1. 检测目的

掌握水泥凝结时间的测定方法,通过测定水泥凝结时间,评定水泥质量是否合格。

2. 主要仪器设备

(1)标准法维卡仪,将试杆更换为__________;

(2)其他仪器设备同标准稠度用水量测定;

(3)湿气养护箱等。

3. 检测方法

(1)称取水泥试样________,按标准稠度用水量制备标准稠度水泥净浆,并一次装满试模,振动数次刮平,立即放入湿气养护箱中。记录水泥全部加入水中的时间,作为凝结时间的起始时间。

(2)测定初凝时间。

①调整____________,使其试针接触玻璃板时的指针为零。

②试模在湿气养护箱中养护至加水后________时进行第一次测定:将试模放在试针下,调整试针与水泥净浆表面接触,拧紧螺丝 1~2 s 后突然放松,试针垂直自由地沉入水泥净浆。

③观察试针停止下沉或释放指针 30 s 时指针的读数。

④临近初凝时,每隔______测定一次,当试针沉至距底板________时为水泥达到初凝状态。

(3)测定终凝时间。

①更换试针。

②在完成水泥初凝时间测定后,立即将试模连同浆体以平移的方式从玻璃板取下,翻转________,直径大端向上、小端向下放在玻璃板上,再放入湿气养护箱中继续养护。

③临近终凝时间时每隔________测定一次。

④当试针沉入水泥净浆只有________时,即环形附件开始不能在水泥浆上留下痕迹时,为水泥达到终凝状态。

(4)达到初凝时应立即重复测一次,当两次结论相同时才能确定达到初凝状态。达到终凝时,需要在试体另外两个不同点测试,确认结论相同才能确定达到终凝状态。每次测定不能让试针落入__________,每次测定后,须将试模放回湿气养护箱内,并将试针擦净,而且要防止试模受振。

4. 检验结果

(1)由水泥全部加入水中至初凝状态的时间为水泥的初凝时间,用"min"表示。

(2)由水泥全部加入水中至终凝状态的时间为水泥的终凝时间,用"min"表示。

四、水泥安定性的测定

1. 检测目的

掌握水泥安定性的测定方法及测定技术标准。

2. 主要仪器设备

(1)雷氏夹膨胀测定仪,其标尺最小刻度为 0.5 mm;

(2)雷氏夹;

(3)沸煮箱;

(4)其他仪器设备同标准稠度用水量测定;

(5)湿气养护箱等。

3. 检测方法

(1)准备工作:每个试样需成型________试件,每个雷氏夹需配备两块边长或直径约 80 mm、厚度 4~5 mm 的玻璃板,一垫一盖,并先在与水泥净浆接触的玻璃板和雷氏夹内表面涂一层机油。

(2)将制备好的标准稠度水泥净浆立即一次装满雷氏夹,用小刀插捣数次,抹平,并盖上涂油的玻璃板,然后将试件移至湿气养护箱内养护________。

(3)脱去玻璃板,取下试件,先测量雷氏夹指针尖的距离(A),精确至 0.5 mm。然后将试件放入沸煮箱水中的试件架上,指针朝上,调好水位与水温,接通电源,在________之内加热至沸腾,并保持________。

(4)取出沸煮后冷却至室温的试件,用雷氏夹膨胀测定仪测量试件雷氏夹两指针尖的距离(C),精确至________。

4. 检验结果

当两个试件的膨胀值(试件沸煮后增加的距离:$C-A$)的平均值不大于______时,即认为水泥安定性合格。当两个试件($C-A$)的平均值大于______时,应用同一样品立即重做一次试验。以复检结果为准。

五、水泥胶砂强度的测定

1. 检测目的

通过试验,确定水泥强度等级。

2. 主要仪器设备

(1)水泥胶砂搅拌机;

(2)胶砂振实台;

(3)三联试模,可同时成型三条____×____×____(mm)的棱形试件;

(4)抗折试验机;

(5)抗压试验机。

3. 检测方法

1)制作水泥胶砂试件

胶砂搅拌时先把________加入锅里,再加入________,把锅放在固定架上,上升至固定位置,立即开动机器,低速搅拌30 s后,在第二个30 s开始的同时均匀地将________加入。当各级砂是分装时,从最粗粒级开始依次将所需的每级砂量加完。把机器转至高速再拌30 s,停拌90 s,在第一个15 s用一胶皮刮具将叶片和锅壁上的胶砂刮入锅中间,在高速下继续搅拌60 s,各个搅拌阶段的时间误差应在±1 s以内。

胶砂搅拌后立即进行成型。将空试模和模套固定在振实台上,用一个适当的勺子直接从搅拌锅里将胶砂分__________装入试模,装第一层时,每个槽里约放300 g胶砂,用________垂直架在模套顶部沿每一个模槽来回一次将料层刮平,接着振实60次。再装第二层胶砂,用________刮平,再振实60次。移走模套,从振实台上取下试模,用一金属直尺以近似90°的角度架在试模模顶的一端,然后沿试模长度以横向锯割动作慢慢向另一端移动,一次将超过试模部分的胶砂刮去,并用同一直尺以近乎水平的情况下将试件表面抹平。

2)试件养护

将成型好的试件连同试模一起放入标准养护箱内,在温度________、相对湿度不低于________的条件下养护,养护________脱模。对于24 h龄期的,应在试验前20 min内脱模。对于24 h以上龄期的,应在20~24 h脱模,脱模前用防水墨汁或颜料对试件进行编号和做其他标记。两个龄期以上的试件,在编号时应将每只试模内的试件编在两个以上龄期内。

将做好标记的试件水平或垂直放在20 ℃±1 ℃水中养护,水平放置时刮平面应朝上，养护期间试件之间的间隔或试件上表面的水深不得小于5 mm。

3）强度检验

各龄期的试件必须在规定的时间内进行强度试验。试件从水中取出后，在强度试验前应用湿布覆盖。

4. 结果计算与评定

（1）抗折强度$f_{ce,m}$（MPa）按下式计算，精确至______。

$$f_{ce,m} = \frac{3FL}{2b^3} = 0.002\ 34F$$

式中　$f_{ce,m}$——________________________，MPa；

F——________________________，N；

L——________________________，$L = 100$ mm；

b——________________________，$b = 40$ mm。

以一组________试件抗折强度计算结果的平均值作为试验结果。当三个强度值中有超出平均值______时，应剔除后再取平均值作为抗折强度试验结果。

（2）抗压强度$f_{ce,c}$（MPa）按下式计算，精确至______。

$$f_{ce,c} = \frac{F}{A} = 0.000\ 625F$$

式中　$f_{ce,c}$——________________________，MPa；

F——________________________，N；

A——________________________，$A = 40\ \text{mm} \times 40\ \text{mm} = 1\ 600\ \text{mm}^2$。

以一组____棱柱体上得到的六个抗压强度测定值的算术平均值作为试验结果。如六个测定值中有一个超出平均值的______，就应剔除这个结果，而以剩下五个的平均值作为结果。如果五个测定值中再有超过它们平均值______的，则此组结果______。

第七单元　水泥混凝土及砂浆

习题部分

一、判断题

1. 在拌制混凝土中,砂越细越好。 (　　)
2. 在混凝土拌合物中水泥浆越多和易性就越好。 (　　)
3. 混凝土中掺入引气剂后,会引起强度降低。 (　　)
4. 级配好的骨料空隙率小,其总表面积也小。 (　　)
5. 混凝土强度随水胶比的增大而降低,呈直线关系。 (　　)
6. 用高强度等级水泥配制混凝土时,混凝土的强度能得到保证,但混凝土的和易性不好。 (　　)
7. 混凝土强度试验,采用的试件尺寸愈大,强度愈低。 (　　)
8. 当采用合理砂率时,混凝土能获得所要求的流动性、良好的黏聚性和保水性,而水泥用量最大。 (　　)
9. 砂浆和易性包括流动性、黏聚性、保水性三方面的含义。 (　　)
10. 混凝土是弹塑性体。 (　　)
11. 保水性较好的水泥,分层度较小。 (　　)
12. 砂浆和易性的内容与混凝土相同。 (　　)

二、单选题

1. 混凝土配合比设计中,水胶比的值是根据混凝土的(　　)要求来确定的。
   A. 强度及耐久性　B. 强度　C. 耐久性　D. 和易性与强度
2. 混凝土的(　　)强度最大。
   A. 抗拉　B. 抗压　C. 抗弯　D. 抗剪
3. 防止混凝土中钢筋腐蚀的主要措施有(　　)。
   A. 提高混凝土的密实度　B. 钢筋表面刷漆
   C. 钢筋表面用碱处理　D. 混凝土中加阻锈剂
4. 选择混凝土骨料时,应使其(　　)。
   A. 总表面积大,空隙率大　B. 总表面积小,空隙率大
   C. 总表面积小,空隙率小　D. 总表面积大,空隙率小
5. 普通混凝土立方体强度测试,采用100 mm×100 mm×100 mm的试件,其强度换算系数为(　　)。

A. 0.90　B. 0.95　C. 1.0　D. 1.00

6. 在原材料质量不变的情况下，决定混凝土强度的主要因素是(　　)。

A. 水泥用量　B. 砂率　C. 单位用水量　D. 水灰比

7. 厚大体积混凝土工程适宜选用(　　)。

A. 铝酸盐水泥　B. 矿渣水泥　C. 硅酸盐水泥　D. 普通硅酸盐水泥

8. 混凝土施工质量验收规范规定，粗骨料的最大粒径不得大于钢筋最小间距的(　　)。

A. 1/2　B. 1/3　C. 3/4　D. 1/4

9. 设计混凝土配合比时，选择水胶比的原则是(　　)。

A. 混凝土强度要求　B. 小于最大水胶比

C. 大于最大水胶比　D. 强度要求与最大水胶比的规定

10. 混凝土拌合物坍落度试验只适用于粗骨料最大粒径(　　)者。

A. ≤80 mm　B. ≤60 mm　C. ≤40 mm　D. ≤25 mm

11. 普通混凝土最常见的破坏形式是(　　)。

A. 水泥石最先破坏　B. 骨料与水泥石的黏结面最先破坏

C. 混凝土杂质最多处最先破坏　D. 骨料最先破坏

12. 同配比的混凝土用不同尺寸的试件，测得的强度结果是(　　)。

A. 大试件强度大，小试件强度小　B. 大试件强度小，小试件强度大

C. 强度相同　D. 试件尺寸与所测强度之间无必然联系；

13. 凡涂在建筑物或构件表面的砂浆，可统称为(　　)。

A. 砌筑砂浆　B. 抹面砂浆　C. 混合砂浆　D. 防水砂浆

14. 用于不吸水底面的砂浆，其强度取决于(　　)。

A. 水胶比及水泥强度　B. 水泥用量

C. 水泥及砂用量　D. 水泥及石灰用量

15. 在抹面砂浆中掺入纤维材料可以改变砂浆的(　　)。

A. 强度　B. 抗拉强度　C. 保水性　D. 分层度

三、多选题

1. 在混凝土拌合物中，如果水胶比过大，会造成(　　)。

A. 拌合物的黏聚性和保水性不良　B. 产生流浆

C. 有离析现象　D. 严重影响混凝土的强度

E. 混凝土耐久性提高

2. 以下(　　)属于混凝土的耐久性。

A. 抗冻性　B. 抗渗性　C. 和易性

D. 抗腐蚀性　E. 抗碳化

3. 混凝土中水泥的品种是根据(　　)来选择的。

A. 施工要求的和易性　B. 粗骨料的种类　C. 工程的特点

D. 工程所处的环境　E. 建设单位的要求

4. 影响混凝土和易性的主要因素有(　　　　　)。

A. 水泥浆的数量　　B. 骨料的种类和性质　　C. 砂率

D. 水胶比　　E. 阻锈剂

5. 在混凝土中加入引气剂,可以提高混凝土的(　　　　　)。

A. 抗冻性　　B. 耐水性　　C. 抗渗性

D. 抗化学侵蚀性　　E. 强度

6. 测定混凝土强度所用的标准试件规格是(　　　　　),测定砂浆强度所用的标准试件的规格是(　　　　　)。

A. 200 mm×200 mm×200 mm　　B. 100 mm×100 mm×100 mm

C. 150 mm×150 mm×150 mm　　D. 70.7 mm×70.7 mm×70.7 mm

E. 40 mm×40 mm×40 mm

7. 大体积混凝土常用的外加剂是(　　　　　)。

A. 早强剂　　B. 缓凝剂　　C. 速凝剂

D. 引气剂　　E. 缓凝减水剂

8. 为保证混凝土的耐久性,在配合比设计时,要控制(　　　　　)。

A. 砂率　　B. 粗骨料用量　　C. 最大水胶比

D. 细骨料用量　　E. 最小水泥用量

9. 用于砖砌体的砂浆强度主要决定于(　　　　　)。

A. 水泥用量　　B. 砂子用量　　C. 混合材料用量

D. 水灰比　　E. 水泥强度

10. 砌筑砂浆为改善其和易性和节约水泥,常掺入(　　　　　)。

A. 石灰膏　　B. 麻刀　　C. 纸筋

D. 石膏　　E. 黏土膏

11. 新拌砂浆应具备的技术性质是(　　　　　)。

A. 黏结性　　B. 流动性　　C. 保水性

D. 变形性　　E. 强度

四、填空题

1. 混凝土拌合物的和易性包括(　　　　　)、(　　　　　)和(　　　　　)三个方面的含义。

2. 测定混凝土拌合物和易性的方法有(　　　　　)法和(　　　　　)法。

4. 水泥混凝土的基本组成材料有(　　　　　)、(　　　　　)、(　　　　　)和(　　　　　)。

5. 混凝土配合比设计的基本要求是满足(　　　　　)、(　　　　　)、(　　　　　)和(　　　　　)。

6. 混凝土配合比设计的三大参数是(　　　　　)、(　　　　　)和(　　　　　)。

7. 混凝土用骨料常有的几种含水状态包括(　　　　　)状态、(　　　　　)状态、(　　　　　)状态和(　　　　　)状态。

五、名词解释

1. 砂率

2. 混凝土的和易性

3. 混凝土的立方体抗压强度

六、问答题

1. 某工程队于7月在湖南某工地施工，经现场试验确定了一个掺木质素磺酸钠的混凝土配比，经使用1个月情况均正常。该工程后因资金问题暂停5个月，随后继续使用原混凝土配比开工。发觉混凝土的凝结时间明显延长，影响了工程进度。请分析原因，并提出解决办法。

2. 某混凝土搅拌站原使用砂的细度模数为2.5，后改用细度模数为2.1的砂。改砂后原混凝土配比不变，发觉混凝土坍落度明显变小。请分析原因。

3. 普通混凝土由哪些材料组成？它们在混凝土中各起什么作用？

4. 影响混凝土强度的主要因素有哪些？

5. 试比较用碎石和卵石所拌制混凝土的特点。

6. 混凝土水胶比的大小对混凝土哪些性质有影响?确定水胶比大小的因素有哪些?

七、计算题

1. 一组边长 100 mm 的混凝土试块,经标准养护 28 d,送实验室检测,抗压破坏荷重分别为 110 kN、100 kN、80 kN。计算这组混凝土试块的立方体抗压强度。

2. 某混凝土的实验室配合比为 B: S: G = 1: 2. 1: 4. 0, W/B = 0. 60,粉煤灰掺量为 25%,混凝土的体积密度为 2 410 kg/m^3。求 1 m^{3}混凝土各种材料用量。

3. 已知混凝土经试拌调整后,各项材料用量为:水泥 3. 10 kg,水 1. 86 kg,砂 6. 24 kg,碎石 12. 8 kg,并测得拌合物的表观密度为 2 500 kg/m^3,试计算:

(1)每方混凝土各项材料的用量。

(2)如工地现场砂子含水率为 2.0%,石子含水率为 1.0%,求施工配合比。

八、混凝土配合比计算与和易性检测

某个工程段的纳潮闸(不受风雪影响)工程,所在地最冷月份平均气温为 -3 ℃,河水无侵蚀。该闸上游面水位涨落区的外部混凝土,一年内总冻融次数为 30 次,最大作用水头 50 m。混凝土设计强度等级为 C30,要求强度保证率为95%。施工要求坍落度为 30 ~ 50 mm,采用机械振捣。该施工单位无历史统计资料。

采用材料:32.5 级复合硅酸盐水泥,密度 $\rho_c = 3.1\ g/cm^3$;砂子细度模数为________,属于________砂,表观密度 ρ_{os} = ______g/cm^3,堆积密度 ρ'_{os} = ________g/cm^3;碎石粒径 5 ~ 40 mm,表观密度 ρ_{og} = ________g/cm^3,堆积密度 ρ'_{og} = ______g/cm^3;水为自来水。试设计该混凝土的配合比(以干燥状态为准)。施工现场砂含水率为_________,碎石含水率为______,求施工配合比。试拌制 20 L 进行混凝土和易性测试。

试验部分

一、混凝土实验室拌合方法

1. 目的

为室内试验提供混凝土拌合物。

2. 主要仪器设备

混凝土搅拌机(50 ~ 100 L,转速 18 ~ 22 r/min)、拌合钢板(平面尺寸不小于 1.5 m × 2.0 m,厚 5 mm 左右)、磅秤(称量 50 ~ 100 kg、感量 50 g)、台秤(称量 10 kg,感量 5 g)、天平(称量 1 000 g、感量 0.5 g)、盛料容器和铁铲等。

3. 拌合方法

1)人工拌合法

(1)干拌。用湿布润湿拌合板及拌合铲,将______平摊在拌合板上,再倒入______,用铲自拌合板一端翻拌至另一端,重复几次直至拌匀;加入________,再翻拌至均匀为止。

(2)湿拌。在混合均匀的干料堆上做一凹槽,倒入已称量好的水约一半左右,翻拌数次,然后徐徐加入剩余的水,再仔细翻拌,直至拌合均匀。

(3)拌合时间控制。拌合物少于 30 L 时,拌合 4 ~ 5 min;30 ~ 50 L 时,5 ~ 9 min;51 ~ 75 L 时,9 ~ 12 min。

2)机械拌合法

(1)预拌。拌合前应将搅拌机冲洗干净,并预拌少量同种混凝土拌合物或水胶比相同的______,使搅拌机内壁挂浆后将剩余料卸出。

(2)拌合。将称好的______、______、______、______(外加剂一般先溶于水)依次加入搅拌机,开动搅拌机搅拌 2 ~ 3 min。

(3)卸出拌合料。

注:拌和完成后,应立即做坍落度测定或试件成型。从开始加水时算起,全部操作须在____ min 内完成。

二、混凝土拌合物和易性测定

1. 目的

测定混凝土拌合物的坍落度,以评定混凝土拌合物的和易性。

2. 主要仪器设备

(1)坍落度筒;

(2)其他:捣棒、钢尺、装料漏斗、镘刀、小铁铲、温度计等。

3. 检测方法

(1)按标准方法拌制混凝土拌合物。

(2)将坍落度筒冲洗干净并保持湿润,放在测量用的钢板上,双脚踏紧踏板。

(3)将混凝土拌合物用小铁铲通过装料漏斗分______装入筒内,每层体积大致相等。

每装一层,用捣棒在筒内从边缘到中心按螺旋形均匀插捣______。插捣深度:底层应穿透该层,中、上层应分别插进其下层__________。

(4)浇灌顶层时,混凝土应灌到高出筒口。上层插捣完毕,取下装料漏斗,用镘刀将混凝土拌合物沿筒口抹平,并清除筒外周围的混凝土。

(5)垂直平稳地提起坍落度筒,轻放于试样旁边。当试样不再继续坍落时,用钢尺量出____,即为坍落度值,准确至1 mm。

(6)整个坍落度试验应连续进行,并应在__________内完成。

(7)若混凝土试样发生一边塌陷或剪坏,则该次试验作废,应取另一部分试样重做试验。如第二次试验仍出现上述现象,则表示该混凝土和易性不好,应予以记录备查。

(8)测记试验时混凝土拌合物的温度。

4.检验结果

(1)混凝土拌合物的坍落度以mm计,取__________。

(2)在测定坍落度的同时,可目测评定混凝土拌合物的下列性质:______________、__________、__________、__________。

三、混凝土拌合物表观密度的测定

1.目的

测定混凝土拌合物的表观密度,____________________。

2.主要仪器设备

(1)容量筒;

(2)磅秤;

(3)捣棒、玻璃板(尺寸稍大于容量筒口)、金属直尺等。

3.检测方法

(1)测定容量筒容积,并称其质量G_1。

(2)将混凝土拌合物装入容量筒内,在振动台上振至表面泛浆。若用人工插捣,则将混凝土拌合物分层装入筒内,每层厚度不超过______,用捣棒从边缘至中心螺旋形插捣。每层插捣次数按容量筒容积分为:5 L 15次、15 L 35次、80 L 72次。底层插捣至底面,以上各层插至其下层10~20 mm处。

(3)沿容量筒口刮除多余的拌合物,抹平表面,将容量筒外部擦净,称其质量G_0。

4.结果计算与评定

表观密度按下式计算(准确至10 kg/m^3)。

$$\rho_h = \frac{G_0 - G_1}{V_c} \times 1\,000$$

式中 ρ_h——________________________,kg/m^3;

G_0——________________________,kg;

G_1——________________________,kg;

V_c——________________________,m^3。

四、混凝土立方体抗压强度的测定

1. 目的

测定混凝土立方体试件的抗压强度。

2. 主要仪器设备

(1)压力机或万能试验机;

(2)钢制垫板;

(3)试模,_____×_____×_____(mm)。

3. 检测方法

(1)试件成型。

①制作试件前检查试模,拧紧螺栓并清刷干净。

②依混凝土设备条件、现场施工方法及混凝土稠度可采用振动台成型、振动棒成型或人工插捣方法成型。

(2)养护。标准养护室温度应控制在 20 ℃ ±5 ℃,相对湿度 95% 以上。

(3)强度检验。

4. 结果计算与评定

(1)混凝土立方体抗压强度按下式计算(准确至 0.1 MPa):

$$f_{cc} = \frac{P}{A}$$

式中 f_{cc}——________________,MPa;

P——________________,N;

A——________________,mm^2。

(2)以三个试件测值的平均值作为该组试件的抗压强度试验结果。单个测值与平均值允许差值为_____,超过时应将该测值剔除,取余下两个试件值的平均值作为检验结果。如一组中可用的测值少于两个,该组试验应重做。

(3)取 150 mm×150 mm×150 mm 试件的抗压强度为标准值。用其他尺寸试件测得的强度值均应乘以换算系数,其值为:对 200 mm×200 mm×200 mm 试件,换算系数为________;对 100 mm×100 mm×100 mm 试件,换算系数为________。

第八单元　砌筑块材

习题部分

一、判断题

1. 烧结空心砖和烧结多孔砖主要用于承重结构。（　　）
2. 空心砖:孔的尺寸小而数量大,常用于非承重部位。（　　）
3. 花岗岩属于火山岩。（　　）
4. 大理石和花岗岩都具有抗风化性好、耐久性好的特点,故制成的板材都适用于室内外的墙面装饰。（　　）
5. 石灰爆裂就是生石灰在砖体内吸水消化时产生膨胀,导致砖发生膨胀破坏。（　　）

二、单选题

1. 过火砖即使外观合格,也不宜用于保温墙体中,主要是因为其(　　)不理想。
   A. 强度　B. 耐水性　C. 保温隔热效果　D. 耐火性
2. 黏土砖在砌筑墙体前一定要经过浇水湿润,其目的是(　　)。
   A. 增强保温隔热效果　B. 保持砌筑砂浆的稠度
   C. 增加砂浆对砖的胶结力　D. 把砖冲洗干净

三、多选题

1. 过火砖和欠火砖的区别是(　　　　)。
   A. 砖的颜色深红或浅红　B. 砖的尺寸规格　C. 敲击时声音哑或清脆
   D. 生产工艺不同　E. 砖的颜色青或红
2. 普通黏土砖,既具有一定的(　　　),又因其多孔,且具有一定的(　　　)性能,因此适宜于做围护材料。
   A. 硬度　B. 抗冻性　C. 保温隔热性
   D. 强度　E. 抗渗性
3. 普通黏土砖评定强度等级的依据是(　　　　)。
   A. 抗压强度的平均值　B. 抗折强度的平均值　C. 抗冻等级
   D. 抗压强度单块最小值　E. 抗折强度单块最小值

四、填空题

1. 按地质形成条件不同,岩石可分为岩浆岩(火成岩)、(　　　　)、(　　　　)三大类。

2. 按地质形成条件不同,花岗岩属于(　　　　),石灰岩属于(　　　　),大理岩属于(　　　　)。

3. 石材的强度等级是根据(　　　　)来划分的。

4. 根据加工程度,工程中常用的岩石可分为(　　　　)、毛料石、(　　　　)、半细料石、(　　　　)。

5. 烧结普通砖的标准外形尺寸为(　　　　)。

6. 烧结普通砖中,(　　　　)适用于砌筑清水墙和装饰墙,(　　　　)可用于砌筑混水墙。

7. (　　　　)是指烧结砖在长期受干湿、冻融等因素的综合作用下抵抗破坏的能力。

8. (　　　　)指砖在使用中的一种盐析现象。

五、简答题

1. 天然石材按地质形成条件可分为哪些类型?

2. 什么叫砌墙砖?常用的有哪几类?

3. 烧结普通砖的技术要求有哪些?

4. 烧结普通砖、空心砖、多孔砖各分为哪几个强度等级?

5. 我国墙体材料的改革趋势是什么?墙体材料有哪几大类?

第九单元　防水材料

习题部分

一、判断题

1. 针入度值越大，沥青黏性越小；黏滞度越大，沥青的黏性越大。（　　）
2. 软化点愈高，温度稳定性愈好。（　　）
3. 地沥青质含量增加，沥青塑性降低，树脂含量增多，则塑性提高。（　　）
4. 蒸发损失越小，蒸发后针入度比越大，则沥青的温度稳定性越好。（　　）
5. 沥青在使用时，加热温度不宜过高，加热时间不宜过久。（　　）

二、单选题

1. 沥青标号是根据（　　）划分的。
   A. 耐热度　B. 针入度　C. 延度　D. 软化点
2. 针入度值可表示为 P(25 ℃，100 g，5 s)，其值按（　　）计。
   A. 10 mm　B. 1 mm　C. 1/10 mm　D. 5 mm
3. 已知某液体沥青的标准黏度为 $C_{25}^{5}55$，则该沥青在试验过程中流出（　　）沥青的时间为 55 s。
   A. 50 mL　B. 100 mL　C. 10 mL　D. 1 000 mL
4. 用标准黏度计测沥青黏度时，在相同温度和相同孔径条件下，流出时间越长，表示沥青的黏度（　　）。
   A. 越大　B. 越小　C. 无相关关系　D. 不变

三、填空题

1. 沥青分为（　　　）和（　　　）两大类。
2. 土木工程中最常采用的沥青为（　　　）。
3. 沥青在常温下，可以呈（　　　）、（　　　）和（　　　）状态。
4. 石油沥青的胶体结构可分为（　　　）、（　　　）和（　　　）三个类型。
5. 石油沥青的组分为（　　　）、（　　　）和地沥青质。
6. 石油沥青的主要技术性质有黏（滞）性、温度稳定性、（　　　）和（　　　）等。
7. 石油沥青的黏性通常用黏度表示，表示沥青黏度的指标有（　　　）和（　　　）。

8. 沥青的温度稳定性用(　　　　)指标表示,沥青的塑性用(　　　　)指标表示,沥青的大气稳定性用(　　　　)和(　　　　)指标来评定。

9. (　　　　)、(　　　　)和软化点三个指标是确定沥青牌号的主要依据。

10. 同一品种石油沥青的牌号愈高,针入度越(　　　　),延度越(　　　　),软化点越低。

11. 与牌号为30甲的石油沥青相比,牌号为100甲的石油沥青延度较(　　　　),软化点较(　　　　)。

12. (　　　　)是沥青微粒分散在含有乳化剂的水中形成的乳液。

13. 沥青胶的标号是以(　　　　)表示的,沥青胶有热用和(　　　　)用两种。

14. 以石油沥青为基料,加入改性材料、稀释剂及填充料混合制成的冷用膏状材料,简称(　　　　)。

15. 沥青的改性材料有(　　　　)、(　　　　)和矿物填料。

四、名词解释

1. 黏(滞)性

2. 温度稳定性(温度敏感性)

3. 塑性

4. 大气稳定性

五、简答题

1. 石油沥青的主要技术性质是什么?各用什么指标表示?

2. 试述石油沥青的主要组分及其作用。

3. 划分与确定石油沥青标号的主要依据是什么？标号大小与主要性质间的关系有何规律？

4. 什么是石油沥青的老化？沥青的性质在老化过程中发生哪些变化？

5. 与石油沥青比较，煤沥青有哪些特点？

六、计算题

某防水工程需用石油沥青 30 t，要求的软化点为 80 ℃。现有 40 号和 10 号石油沥青，测得它们的软化点分别为 60 ℃和 95 ℃，问这两种牌号的石油沥青如何掺配？

第十单元　土工合成材料

习题部分

一、判断题

1. 斜纹是最简单、应用最多的织法,其形式是经、纬纹一上一下。 (　　)
2. 在土工膜中掺入碳黑可提高抗日光紫外线能力,延缓老化。 (　　)
3. 三层复合土工膜指的是二膜一布。 (　　)
4. 排水带在水利工程和交通隧洞工程中应用广泛。 (　　)
5. 土工格栅强度高、延伸率低,宜于用作加筋材料。 (　　)
6. 土工合成材料的强度随单位面积质量增大而增大。 (　　)
7. 土工织物的厚度随加压持续时间的延长而增大。 (　　)
8. 土工织物的孔隙率大小不直接测定,由单位面积质量、密度和厚度计算得到。 (　　)
9. 胀破强度表示土工合成材料抵抗外部集中荷载的能力。 (　　)
10. 土工合成材料在有覆盖的情况下老化速度会变得非常缓慢。 (　　)

二、单选题

1. 在沥青类土工膜中,掺入(　　)可提高膜的强度。
   A. 碳黑　　B. 滑石　　C. 杀菌剂　　D. 细矿粉
2. 下列不属于土工特种材料的是(　　)。
   A. 土工网　　B. 土工模袋　　C. 土工格室　　D. 土工布
3. 土工模袋袋内充填(　　),凝固后形成整体混凝土板,可用作护坡。
   A. 水泥　　B. 混凝土　　C. 碎石　　D. 块石
4. 可用于软土地基的土工材料为(　　)。
   A. 土工格室　　B. 土工模袋　　C. 土工栅格　　D. 土工包
5. 在挡墙背面或水闸底板下,放置(　　)以防止冻胀。
   A. 土工管　　B. 土工包　　C. 聚苯乙烯板块　　D. 土工格室
6. 握持强度试验时,(　　)试样宽度被夹持。
   A. 1/3　　B. 2/3　　C. 1/2　　D. 3/4

三、多选题

1. 下列属于土工材料的是(　　　　)。

A. 土工布　B. 土工膜　C. 塑料排水带
D. 土工栅格　E. 土工包

2. 织造型土工织物三种基本的织造型式为(　　　　)。
A. 平纹　B. 斜纹　C. 竖纹
D. 缎纹　E. 横纹

3. 下列属于土工复合材料的是(　　　　)。
A. 软式排水管　B. 塑料排水带　C. 土工格栅
D. 土工管　E. 土工包

4. 土工合成材料的技术性能包括(　　　　)等。
A. 化学性能　B. 水力性能　C. 耐久性
D. 物理性能　E. 与土的相互作用

5. 土工合成材料物理性能指标有(　　　　)。
A. 厚度　B. 等效孔径　C. 孔隙率
D. 单位面积质量　E. 磨损

6. 影响抗拉强度的因素有(　　　　)。
A. 原料　B. 试样的宽度　C. 拉伸方向
D. 拉伸速率　E. 结构型式

7. 土工织物的水平渗透系数和导水率与(　　　　)有关。
A. 织物的结构　B. 织物的原材料　C. 水流状态
D. 织物平面的切向压力　E. 织物经纬向夹角

8. 土工合成材料的主要功能有(　　　　)等。
A. 反滤　B. 排水　C. 隔离
D. 防渗　E. 加筋

四、填空题

1. 土工织物按制造方法可分为(　　　　)与(　　　　)两大类。

2. 土工膜根据原材料不同,可分为(　　　　)和(　　　　)两大类。

3. 土工膜根据强度和变形需要分为(　　　　)和(　　　　)。

4. 复合土工膜是将(　　　　)和(　　　　)复合在一起的产品。

5. 土工合成材料的抗拉强度是指试样在拉力机上拉伸至(　　　　)时,单位宽度所承受的最大拉力。

6. 土工合成材料力学性能指标主要有:(　　　　)、(　　　　)、(　　　　)、(　　　　)、刺破强度等。

7. 土工合成材料的主要功能可归纳为六类,即(　　　　)、(　　　　)、隔离、(　　　　)、防护和(　　　　)。

8. 土工合成材料的物理性能指标主要是(　　　　)、(　　　　)、(　　　　)和孔隙率。

五、问答题

1. 土工合成材料的优点有哪些?

2. 用作反滤的土工织物的基本要求有哪些?

3. 土工膜防渗时应注意哪些问题?

4. 何谓土工合成材料的加筋?有什么优点?

5. 试说明在下列工程中,各选用何种土工合成材料。
(1)堤坝黏土斜墙和黏土心墙的反滤层

(2)土堤下游坡的排水层

(3)堤坝排水体与坝体的隔离层

(4)透水地基上堤坝的水平防渗铺盖和垂直防渗墙

(5)水闸护底

(6)堤坝边坡加筋

6. 土工合成材料有哪些种类？各有什么特点？

7. 土工合成材料的物理性能指标有哪些？分别如何测定？

8. 土工合成材料的力学性能指标有哪些？分别如何测定？

9. 土工合成材料的水力性能有哪些？分别如何计算？

10. 防止土工合成材料老化的措施有哪些？

第十一单元　气硬性胶凝材料

习题部分

一、判断题

1.水玻璃的黏结性好,硬化后具有较高的强度,很强的耐酸性、耐热性。(　　)

2.氟硅酸钠可提高水玻璃的耐水性。(　　)

3.石膏凝结硬化慢。(　　)

4.水玻璃模数越大,黏度越大,越难溶于水。(　　)

5.工程中常以石膏为胶凝材料配制耐酸混凝土和耐热混凝土。(　　)

6.生石灰中氧化钙含量大于5%时,称为钙质石灰;小于5%时,称为镁质石灰。(　　)

7.石膏具有良好的抗火性,故可用于高温环境。(　　)

8.建筑石膏的吸湿性很强,故可用于潮湿环境。(　　)

二、单选题

1.下列胶凝材料中属于气硬性胶凝材料的是(　　)。

A.沥青　　B.树脂　　C.石灰　　D.水泥

2.生石灰的主要成分为(　　)。

A.$CaCO_3$　　B.CaO　　C.$Ca(OH)_2$　　D.$CaSO_4$

3.氧化镁含量为(　　)是划分钙质石灰和镁质石灰的界限。

A.5%　　B.10%　　C.15%　　D.20%

4.建筑石膏是(　　)。

A.生石膏　　B.硬石膏　　C.α 型半水石膏　　D.β 型半水石膏

5.在砂浆中掺入石灰膏,可明显提高砂浆的(　　)。

A.流动性　　B.耐久性　　C.保水性　　D.强度

6.下列胶凝材料中凝结硬化最快的是(　　)。

A.硅酸盐水泥　　B.建筑石膏　　C.纯石灰浆　　D.水玻璃

7.下列不属于石灰的特性的是(　　)。

A.硬化慢、强度低　　B.耐水性差

C.硬化时体积微膨胀　　D.保水性好

8.(　　)在使用时,常加入氟硅酸钠作为促凝剂。

A.铝酸盐水泥　　B.石灰　　C.石膏　　D.水玻璃

9.建筑石膏在使用时,通常掺入一定量的动物胶,其目的是(　　)。

A.缓凝　B.促凝　C.提高强度　D.提高耐久性

10.浆体在凝结硬化过程中,其体积发生微小膨胀的是(　　)材料。

A.石灰　B.石膏　C.普通水泥　D.黏土

11.石灰浆体在空气中硬化是由于(　　)。

A.熟化和碳化作用　B.结晶作用

C.碳化和结晶作用　D.熟化和结晶作用

三、填空题

1.胶凝材料通常分为无机胶凝材料和(　　　　)两大类。其中无机胶凝材料又可分为(　　　　)和(　　　　)两类。

2.建筑石灰按其氧化镁的含量划分为(　　　　)和(　　　　)。

3.纯石灰浆在硬化时收缩较(　　　　),因此在工程中很少单独使用。

4.石灰与黏土可配制成(　　　　),再加入砂子配成(　　　　)。

5.石膏硬化时体积(　　　　),硬化后孔隙率(　　　　)。

6.影响水玻璃黏性和强度的两个主要指标是(　　　　)和(　　　　)。

7.为了加速水玻璃的硬化,常用的促硬剂是(　　　　)。

四、简答题

1.某房屋内墙抹灰的石灰砂浆,使用后出现裂纹,试分析其原因。

2.简述石灰的硬化过程。

3.石灰的特性是什么?在建筑工程中有哪些用途?

4.石灰是气硬性胶凝材料,为什么由它配制的石灰土和三合土可以用来建造灰土渠道、三合土滚水坝等水工建筑物?

5.石灰与石膏是气硬性胶凝材料,为什么石灰不宜单独使用,而石膏却可以单独使用?

6.用于内墙面抹灰时,建筑石膏与石灰相比具有哪些优点?建筑石膏及制品为什么适用于室内,而不适用于室外?

7.简述水玻璃的特性和应用。

第十二单元　止水材料

习题部分

一、判断题

1.作为止水用的紫铜片冷弯 180°不应出现裂缝。（　　）

2.金属止水是水工建筑物变形缝的传统止水材料，常作为接缝的第二道止水。（　　）

3.F 型止水铜片与两侧混凝土块体连接牢固，接缝变形时不易被拔出。（　　）

4.F 型止水铜片的平面剪切试验中，铜片长度对折曲段吸收剪切变形的能力影响不够明显。（　　）

5.金属止水材料中，紫铜片韧性比不锈钢好，但强度、焊接性能不如不锈钢。（　　）

6.在测试铜片与混凝土的黏附性能的铜片拉拔试验中，拉拔力随铜片位移的增大而减小。（　　）

7.对于 F 型止水铜片，其平直翼板埋入混凝土中的长度不宜大于 18~20 cm。（　　）

8.适用于变形缝的橡胶止水带撕裂强度应大于 25 kN/m。（　　）

二、单选题

1.规范规定作为止水用铜片(M)的抗拉强度要大于(　　)MPa。

A.196　　B.220　　C.240　　D.260

2.止水填料的(　　)，则能够满足混凝土温度变形引起的缝腔中止水结构腔体的伸缩变形和基础沉降引起的两侧腔壁相对不均匀沉降变形的要求。

A.流动变形性能　　B.耐水性

C.不透水性　　D.与混凝土面的黏附性

3.适用于施工缝的橡胶止水带，规范规定其拉断伸长率应大于(　　)。

A.200%　　B.300%　　C. 350%　　D.380%

4.下列叙述错误的是(　　)。

A.当止水键周围环境温度没有明显变化时，要求止水填料具有一定的密度

B.当气温骤降时，要求填料黏结剂的脆化温度低于实际工程运行过程中可能发生的绝对最低温度

C.止水填料的拉伸强度应大于填料与混凝土的黏结强度，且具有一定的低温拉伸变形性能

D.为防止在高温或低温时键腔破坏,选择填料时应选择有触变性的黏结剂

5.止水填料动水中自愈性测试使用仪器是(　　)。

A.针入度仪　B.流动止水试验仪

C.弗拉斯脆点仪　D.平行板式流变仪

6.在紫铜片的冷弯试验中,要求在0°~ 60°范围内连续张闭(　　)次不出现裂缝。

A.100　B.20　C.50　D.80

7.F型止水铜片的抗剪切性能需进行剪切试验来确定,剪切试验包括(　　)。

A.平面的剪切试验和三维变形试验　B.平面的剪切试验和拉拔试验

C.三维变形试验　D.拉拔试验

8.主体结构温度超过50 ℃的情况下,不能使用(　　)作为止水材料。

A.紫铜片　B.不锈钢　C.橡胶　D.塑料

三、填空题

1.金属止水带常用的断面形状有(　　)型和(　　)型。

2.F型止水铜片的平面剪切试验中,H/B值越大,其折曲段吸收剪切变形的能力(　　)。

3.按止水系统所用材料分,止水有(　　)、(　　)、(　　)、(　　)等种类。

4.橡胶止水带是由天然或者合成橡胶加入(　　)、(　　)、(　　)等添加剂后经成型硫化等工艺挤压而成的。

5.适用于有特殊耐老化要求接缝的橡胶止水带,其脆化温度应低于(　　)。

6.橡胶止水带表面允许有深度不大于(　　)mm、面积不大于(　　)mm^2的凹痕、气泡、杂质、明疤等缺陷,每延米不超过(　　)处。

7.水工混凝土接缝止水中的紫铜,其Cu含量应不低于(　　)。

8.反映填料流动变形力度的指标是(　　),利用(　　)测定。

9.橡胶和塑料止水带常用的断面型式有(　　)、(　　)、(　　)、(　　)等。

10.铜片止水抗绕渗性能优劣可通过(　　)试验来检测。

四、简答题

1.简述金属止水焊缝渗透常用的检测方法。

2.简述止水填料的工作机理。

3.简述止水填料黏性系数的测定方法。

4.简述橡胶及塑料止水的质量检测要点。

附　表

附表1　钢筋检测材料取样登记表

项目名称:____________________ 合同编号:____________________

施工单位:____________________ 试样编号:____________________

材料名称		材料产地	
材料规格		取样日期	
代表批量		取样人	
材料用途:(工程部位)			
取样地点:			
取样方法:			
其他说明:(如试验内容)			
现场(见证)人员签名:(第三方取样时可加上“见证”)			

附表 2 钢筋试验委托单

委托单位：＿＿＿＿＿＿ 工程名称：＿＿＿＿＿＿ 单位工程名称：＿＿＿＿＿＿

供货单位：＿＿＿＿＿＿ 进场日期：＿＿年＿＿月＿＿日 委托人：＿＿＿＿ 收样人：＿＿＿＿

委托编号：＿＿＿＿＿＿ 委托日期：＿＿年＿＿月＿＿日 接收日期：＿＿年＿＿月＿＿日

钢筋(材)种类	牌号	强度等级代号	规格、直径(mm)	生产厂家	代表数量(t)	质保书编号	炉批号	取样数量(根)		
								拉伸	弯曲	其他
备注										

见证单位： 见证人： 见证日期： 年 月 日

附表3 钢筋试验原始记录表

委托单编号：________ 试验记录编号：________ 试验日期：____年____月____日

委托单位：________ 工程名称：________ 单位工程名称：________

序号	质保书编号	钢筋(材)种类	规格直径(mm)	公称面积(mm^2)	屈服力 F (kN)	屈服点 σ_s (MPa)	最大力 F_m (kN)	抗拉强度 R_m (MPa)	试验前标距长度(mm)	试验后标距长度(mm)	伸长率 A (%)	冷弯性能 $d=$ a $\alpha=$	反复弯曲(次数)	备注

审核： 试验：

附表4 钢筋试验报告

委托单编号:______________试验记录编号:______________试验报告编号:__________

委托日期:____年___月___日 试验日期:____年___月___日 报告日期:____年___月___日

委托单位:______________工程名称:______________单位工程名称:______________

钢筋种类		牌号	
级别、外形		强度等级代号	
钢筋公称直径		质保书编号	
生产厂家		供货单位	
到货数量	t	到货日期	年 月 日

试验项目		拉伸			冷弯	反复弯曲
		屈服点 σ_s (MPa)	抗拉强度 R_m (MPa)	伸长率 A (%)	$d=$ a $\alpha=$	180° 次数
标准值						
测试值	1					
	2					
	3					
	4					
	5					
	6					
依据标准						
结论						
备注						

试验单位: 批准: 审核: 试验:

附表5　砂材料取样登记表

项目名称:________________合同编号:________________
施工单位:________________试样编号:________________

材料名称		材料产地	
材料规格		取样日期	
代表批量		取样人	

材料用途:(工程部位)
取样地点:
取样方法:
其他说明:(如试验内容)
现场(见证)人员签名:(第三方取样时可加上"见证")

附表 6 砂试验委托单

工程名称：________ 单位工程名称：________ 委托编号：________

委托单位：________ 委托日期：____年____月____日 规 格：________

产 地：________ 接收日期：____年____月____日 进场数量：________m^3

品 种：________ 样品数量：________kg 委托人：________ 收样人：________

筛分析		含泥量	泥块含量	堆积密度	表观密度	含水率	吸水率	云母含量	轻物质含量	坚固性
细度模数	颗粒级配									
备注										

见证单位： 见证人： 见证日期： 年 月 日

附表7　砂质量检测试验记录表

委托单位：________工程名称：________单位工程名称：________委托编号：________记录编号：________

产地：________品种：________规格：________进场数量：________试验日期：________

筛分析						
筛孔直径(mm)	筛余量(g)		分计筛余(%)		累计筛余(%)	
	1	2	1	2	1	2
9.50						
4.75						
2.36						
1.18						
0.60						
0.30						
0.15						
底			$M_x=$		$M_x=$	
细度模数 $M_x=$			级配区：			

含泥量：　%			吸水率：　%		
洗前干质量(g)			烧杯质量(g)		
洗后干质量(g)			总质量(g)		
含泥量(%)			吸水率(g)		
泥块含量：　%			**含水率：　%**		
洗前干质量(g)			容器质量(g)		
洗后干质量(g)			烘前总质量(g)		
泥块含量(%)			烘后总质量(g)		
			含水率(%)		

表观密度：　kg/m³		
试样干质量(g)		
水、瓶质量(g)		
试样、水、瓶质量(g)		
修正系数		
表观密度(kg/m³)		
堆积密度：　kg/m³		
容量筒质量(kg)		
砂、容量筒质量(kg)		
砂、容量筒体积(L)		
堆积密度(kg/m³)		
紧密密度：　kg/m³		
容量筒质量(kg)		
砂、容量筒质量(kg)		
砂、容量筒体积(L)		
堆积密度(kg/m³)		
轻物质含量：　%		
轻物质、烧杯质量(g)		
烧杯质量(g)		
试样干质量(g)		
轻物质含量(%)		

云母含量：　%	
试样干质量(g)	
云母质量(g)	
氯离子含量：　%	
滴定消耗溶液体积(mL)	
空白消耗溶液体积(mL)	
试样质量(g)	
硫酸盐、硫化物：　%	
试样质量(g)	
坩埚质量(g)	
试样、坩埚质量(g)	
硫酸盐、硫化物(%)	
有机物含量：　%	
坚固性：　%	

审核：　　　　　　　　　　　　试验：

附表8　砂质量检测试验报告

委托单编号:________________ 记录编号:________________ 报告编号:________________
委托日期:____年____月____日　试验日期:____年____月____日　报告日期:____年____月____日
委托单位:________________ 工程名称:________________ 单位工程名称:________________

产地		进场数量	m^3
品种		取样日期	年　月　日
规格		取样地点	

试验项目		标准值	测试值
筛分析	细度模数 M_x		
	颗粒级配		
表观密度(kg/m^3)			
堆积密度(kg/m^3)			
硫化物含量(%)			
含泥量(%)			
泥块含量(%)			
含水率(%)			
坚固性(%)			
压碎指标(%)			
轻物质含量(%)			
碱活性			
执行标准			
结论			
备注			

试验单位:　　　　批准:　　　　审核:　　　　试验:

附表9　碎(卵)石取样登记表

项目名称:________________________合同编号:________________

施工单位:________________________试样编号:________________

材料名称		材料产地	
材料规格		取样日期	
代表批量		取样人	
材料用途:(工程部位)			
取样地点:			
取样方法:			
其他说明:(如试验内容)			
现场(见证)人员签名:(第三方取样时可加上“见证”)			

附表10 碎(卵)石试验委托单

工程名称：________ 单位工程名称：________ 委托编号：________

委托单位：________ 委托日期：____年____月____日 规 格：________mm

产 地：________ 接收日期：____年____月____日 进场数量：________m^3

品 种：________ 样品数量：________kg 委托人：________ 收样人：________

颗粒级配	含泥量	泥块含量	堆积密度	表观密度	含水率	针片状含量	压碎指标	吸水率	坚固性	碱—骨料反应
备注										

见证单位： 见证人： 见证日期： 年 月 日

附表 11　碎(卵)石试验原始记录表

委托单位：________工程名称：________单位工程名称：________委托编号：________记录编号：________

产地：________品种：________规格：________进场日期：________进场数量：________

筛分析试样重：　g				含泥量：　%			表观密度：　kg/m^3			硫化物、硫酸盐含量：　%			有机物含量
筛孔直径(mm)	筛余量(g)	分计筛余(%)	累计筛余(%)	洗前干质量(g)			烘干后试样质量(g)			坩埚质量(g)			
				洗后干质量(g)			试样、水、器皿质量(g)			沉淀物、坩锅质量(g)			
100				含泥量(%)			水、器皿质量(g)			试样质量(g)			
80.0				泥块含量：　%			修正系数			硫化物、硫酸盐含量(%)			坚固性
63.0				5 mm 筛余量(g)			表观密度(kg/m^3)			压碎指标值：　%			
50.0				洗后干质量(g)			堆积密度：　kg/m^3			试样质量(g)			
40.0				泥块含量(%)			容量筒质量(kg)			试验后质量(g)			
31.5				含水率：　%			容量筒试样质量(kg)			压碎指标值(%)			
25.0				烘干前质量(g)			容量筒容积(L)			备注			
20.0				烘干后质量(g)			堆积密度(kg/m^3)						
16.0				容器重(g)			紧密密度：　kg/m^3						
10.0				含水率(%)			容量筒质量(kg)						
5.00				吸水率：　%			容量筒、试样质量(kg)						
2.50				烘干前质量(g)			容量筒容积(L)						
底				烘干后质量(g)			紧密密度(kg/m^3)						
颗粒级配	公称粒级(mm)			浅盘质量(g)			针、片状颗粒含量：　%						
连续粒级				吸水率(%)			针、片状颗粒含量(g)						
单粒级							试样总质量(g)						

审核：　　　　　　　　　　　　试验：

附表12　碎(卵)石试验报告

委托单编号:__________________记录编号:________________报告编号:__________________

委托日期:______年____月____日 试验日期:______年____月____日 报告日期:______年____月____日

委托单位:______________________工程名称:________________单位工程名称:______________

生产厂名称、产地		进场数量	m^3
品种		进厂日期	
规格		取样地点	

试验项目	标准值	测试值
颗粒级配		
表观密度(kg/m^3)		
堆积密度(kg/m^3)		
空隙率(%)		
含泥量(%)		
泥块含量(%)		
针、片状颗粒含量(%)		
含水率(%)		
吸水率(%)		
硫化物含量(%)		
压碎指标(%)		
有机物含量		
坚固性(%)		
碱—骨料反应		
执行标准		
结论		
备注		

试验单位:　　　　批准:　　　　审核:　　　　试验:

附表13　水泥材料取样登记表

项目名称:________________合同编号:________________
施工单位:________________试样编号:________________

材料名称		材料产地	
材料规格		取样日期	
代表批量		取样人	
材料用途:(工程部位)			
取样地点:			
取样方法:			
其他说明:(如试验内容)			
现场(见证)人员签名:(第三方取样时可加上"见证")			

附表 14　水泥试验委托单

委托单位		委托日期	年　月　日	委托单编号	
工程名称		接收日期	年　月　日	质保书编号	
单位工程名称		出厂日期	年　月　日	进场数量	t
厂名、牌号		进场日期	年　月　日	样品数量	kg
品种、强度等级		取、送样日期	年　月　日	取样地点	

细度	标准稠度	安定性	凝结时间	强度	密度	委托人
备注						

见证单位：　　　　见证人：　　　　收样人：

附表15　水泥试验原始记录表

<table>
<tr><td>委托单位</td><td></td><td>强度等级</td><td></td><td>出厂日期</td><td>年　月　日</td><td>出厂编号</td><td></td><td>委托编号</td><td></td></tr>
<tr><td>工程名称</td><td></td><td>品种</td><td></td><td>委托日期</td><td>年　月　日</td><td>进场数量</td><td>t</td><td>记录编号</td><td></td></tr>
<tr><td>单位工程名称</td><td colspan="3"></td><td>水泥厂名</td><td></td><td>试验日期</td><td>年　月　日</td><td>质保书编号</td><td></td></tr>
</table>

<table>
<tr><td colspan="2">龄期</td><td>3 d</td><td>7 d</td><td>28 d</td><td>快测</td><td colspan="3">标准稠度，　　法</td><td colspan="4">细　度(试验方法：　　　法)</td></tr>
<tr><td colspan="2">破型日期</td><td>月　日</td><td>月　日</td><td>月　日</td><td></td><td>加水量(mL)</td><td colspan="2"></td><td colspan="2">试样质量(g)</td><td colspan="2"></td></tr>
<tr><td rowspan="4">抗折
强度
(MPa)</td><td>1</td><td></td><td></td><td></td><td></td><td>沉入度(mm)</td><td colspan="2"></td><td colspan="2">筛余物质量(g)</td><td colspan="2"></td></tr>
<tr><td>2</td><td></td><td></td><td></td><td></td><td>标准稠度用水量(%)</td><td colspan="2"></td><td colspan="2">试样筛余百分数(%)</td><td colspan="2"></td></tr>
<tr><td>3</td><td></td><td></td><td></td><td></td><td colspan="3">安 定 性(雷氏法)</td><td colspan="2">密度</td><td colspan="2"></td></tr>
<tr><td>结果</td><td></td><td></td><td></td><td></td><td>次 数</td><td>1</td><td>2</td><td colspan="2">胶砂流动度</td><td colspan="2"></td></tr>
<tr><td rowspan="6">抗压
荷载
强度
(kN/MPa)</td><td>1</td><td></td><td></td><td></td><td></td><td>A(mm)</td><td></td><td></td><td colspan="4">凝结时间</td></tr>
<tr><td>2</td><td></td><td></td><td></td><td></td><td>C(mm)</td><td></td><td></td><td rowspan="2">加水时间</td><td rowspan="2">h　min</td><td rowspan="2">初凝</td><td rowspan="2">h　min</td></tr>
<tr><td>3</td><td></td><td></td><td></td><td></td><td>C−A</td><td></td><td></td></tr>
<tr><td>4</td><td></td><td></td><td></td><td></td><td>平均(mm)</td><td></td><td></td><td>到初凝时间</td><td>h　min</td><td rowspan="2">终凝</td><td rowspan="2">h　min</td></tr>
<tr><td>5</td><td></td><td></td><td></td><td></td><td colspan="3">安定性(试饼法)</td><td>到终凝时间</td><td>h　min</td></tr>
<tr><td>6</td><td></td><td></td><td></td><td></td><td colspan="3">试验结果</td><td rowspan="2">备　注</td><td rowspan="2" colspan="3"></td></tr>
<tr><td colspan="2">抗压强度结果
(MPa)</td><td></td><td></td><td></td><td></td><td colspan="3"></td></tr>
</table>

审核：　　　　　　　　　　　　　　　　　　　　试验：

附表16　水泥试验报告

委托单编号：________________记录编号：________________报告编号：________________

委托日期：_____年___月___日 试验日期：_____年___月___日 报告日期：_____年___月___日

委托单位：__________________工程名称：________________单位工程名称：______________

厂名、品牌		出厂日期	年　月　日
品种		进场日期	年　月　日
强度等级		进场数量	t
出厂编号		取样日期	年　月　日
质保书编号		取样地点	

<table>
<tr><td colspan="2">试验项目</td><td colspan="6">标准值</td><td colspan="6">测试值</td></tr>
<tr><td colspan="2">细度</td><td colspan="6">不得超过10%（80 μm筛筛析法）</td><td colspan="6">法　%</td></tr>
<tr><td colspan="2">标准稠度用水量</td><td colspan="6"></td><td colspan="6">用水量　%</td></tr>
<tr><td rowspan="2">凝结时间</td><td>初凝</td><td colspan="6">不得早于　h　min</td><td colspan="6">h　min</td></tr>
<tr><td>终凝</td><td colspan="6">不得迟于　h　min</td><td colspan="6">h　min</td></tr>
<tr><td colspan="2">安定性</td><td colspan="6">必须合格</td><td colspan="6">法</td></tr>
<tr><td rowspan="2">强度（MPa）</td><td>抗压强度</td><td rowspan="2">3 d</td><td></td><td rowspan="2">7 d</td><td></td><td rowspan="2">28 d</td><td></td><td rowspan="2">3 d</td><td></td><td rowspan="2">7 d</td><td></td><td rowspan="2">28 d</td><td></td></tr>
<tr><td>抗折强度</td><td></td><td></td><td></td><td></td><td></td><td></td></tr>
<tr><td colspan="2">密度</td><td colspan="12"></td></tr>
<tr><td colspan="2">执行标准</td><td colspan="12"></td></tr>
<tr><td colspan="2">结论</td><td colspan="12"></td></tr>
<tr><td colspan="2">备注</td><td colspan="12"></td></tr>
</table>

试验单位：　　　　　　批准：　　　　　　审核：　　　　　　试验：

附表 17 混凝土材料取样登记表

项目名称:________________合同编号:________________

施工单位:________________试样编号:________________

材料名称		材料产地	
材料规格		取样日期	
代表批量		取样人	
材料用途:(工程部位)			
取样地点:			
取样方法:			
其他说明:(如试验内容)			
现场(见证)人员签名:(第三方取样时可加上“见证”)			

附表 18　混凝土配合比试验委托单

委托单位		委托单编号	
工程名称		委托日期	年　月　日
单位工程名称		使用日期	年　月　日
结构部位		要求坍落度	mm
混凝土强度等级	C　W　F	委托人	
水泥:生产厂家、牌号、品种、强度等级			试验报告编号:
混凝土:产地、品种、规格			试验报告编号:
石:产地、品种、规格			试验报告编号:
外加剂:厂名、名称、型号			试验报告编号:
掺合料:产地、名称、级别			试验报告编号:
备注			

见证单位:　　　　见证人:　　　　见证日期:　　年　月　日　　收样人:

附表19　混凝土抗压强度委托单

委托单位:______________ 委托人:______________ 委托日期:______________

工程名称:______________ 单位工程名称:______________ 委托编号:______________

试件编号	结构部位	强度等级(C)	配合比编号	养护方法	立方体试件边长(mm)	试件成型日期	试件数量	备注

见证单位:　　　　见证人:　　　　见证日期:　　年　　月　　日　　　　收样人:

附表20 混凝土配合比试验原始记录表

委托单位		委托单编号	
工程名称		试验记录编号	
单位工程名称		试验报告编号	
结构部位		成型日期	年 月 日

设计强度	C W F	水灰比		混凝土砂率	%
配制强度	MPa	要求坍落度	mm	要求维勃稠度	s
标准差	MPa	振捣方法	手捣/振捣	混凝土密度	kg/m^3

水泥	厂名:	强度等级:	品种:	报告编号:
砂	粗、中、细	细度模数:	产地:	报告编号:
石	卵、碎石 mm		产地:	报告编号:
掺合料:名称、级别			产地:	报告编号:
外加剂:厂名、名称、型号				报告编号:

$1\ m^3$混凝土材料用量(kg)	水	水泥	砂	石	掺合料	外加剂

配合比:

试压日期	养护方法	龄期(d)	试件规格(mm)	荷载(kN)	强度(MPa)	强度代表值(MPa)	达到设计强度(%)

试拌用料	水(kg)	水泥(kg)	砂(kg)	石(kg)	掺合料(kg)	外加剂(kg)	坍落度(mm)

审核: 试验:

附表 21　混凝土抗压强度试验原始记录表

委托单位:__________ 工程名称:__________ 单位工程名称:__________ 委托编号:__________

试件编号	结构部位	设计强度	成型日期	试验日期	龄期(d)	养护方法	立方体试件边长(mm)	破坏荷载(kN)	抗压强度值(MPa)	强度代表值(MPa)	达到设计强度等级(%)	记录编号

审核:　　　　　　　　试验:

附表 22 混凝土配合比试验报告

委托单编号:________ 试验记录编号:________ 试验报告编号:________

委托单位:________ 工程名称:________

单位工程名称:________ 结构部位:________

强度等级:C____ 配制强度:____MPa 要求坍落度:____mm 实测坍落度:____mm

水泥:厂名:____ 强度等级:____ 牌号:____ 品种:____ 报告编号:____

砂:粗、中、细 产地:________ 细度模数:________ 报告编号:________

石:卵、碎石 产地:________ 规格:____mm 报告编号:________

掺合料:产地、名称________ 占胶凝材料用量:___% 报告编号:________

外加剂:厂名、名称、型号________ 占胶凝材料用量:___% 报告编号:________

其他:________

配合比:________ 水胶比:________

材料名称	水泥	水	砂	石	掺合料	外加剂
1 m^3混凝土 各材料用量 (kg)						

成型日期:____年___月___日 养护方法:________

试验日期 (月-日)	龄期 (d)	试件规格 (mm)	抗压强度值 (MPa)	强度代表值 (MPa)	达到强度等级 (%)
依据标准					
备注					

试验单位: 批准: 审核: 试验:

报告日期: 年 月 日

附表 23　混凝土抗压强度试验报告

委托编号:__________ 记录编号:__________ 报告编号:__________
委托日期:_____年___月___日 试验日期:_____年___月___日 报告日期:_____年___月___日
委托单位:__________ 工程名称:__________
单位工程名称:__________ 结构部位:__________

强度等级		试件成型方法	
配合比编号		试件养护方法	
立方体试件边长	mm		

成型日期 (年-月-日)	试验日期 (年-月-日)	龄期 (d)	抗压强度值 (MPa)	强度代表值 (MPa)	达到强度等级 (%)
依据标准					
备注					

试验单位:　　　　批准:　　　　审核:　　　　试验: